U0792921

国家职业技能鉴定考试辅导用书

制 图 员

（土 建 类）

主　编　尚凤武
副主编　杨幼平　陈晓月

机 械 工 业 出 版 社

本书是根据《国家职业标准　制图员》和《制图员国家职业资格培训教程》并结合近年来“制图员国家职业资格鉴定考试试卷”所要求的知识要点和技能要求组织编写的。

本书分四个部分。第一部分介绍手工绘图必备的理论知识和技能要求，共11章。第二部分介绍计算机绘图的知识和技能要求，内容包括：AutoCAD绘图的基本知识和计算机绘图技能训练。第三部分为知识与技能训练练习题。第四部分为国家职业技能鉴定统一考试测试样卷。全书涵盖了土建类初、中、高三个级别制图员职业技能鉴定统一考试的全部内容。

本书可作为制图员职业技能鉴定统一考试培训的辅导教材，也可作为高等职业技术学院、成人高职高专土建专业的辅助教材，还可供其他相近专业参考使用。

图书在版编目（CIP）数据

制图员（土建类）/尚风武主编．—北京：机械工业出版社，2007.4（2026.2重印）
国家职业技能鉴定考试辅导用书
ISBN 978-7-111-21174-7

Ⅰ.制…　Ⅱ.尚…　Ⅲ.工程制图-职业技能鉴定-教材
Ⅳ.TB23

中国版本图书馆CIP数据核字（2007）第036992号

机械工业出版社（北京市百万庄大街22号　邮政编码100037）
策划编辑：荆宏智　张立荣　责任编辑：张立荣
版式设计：霍永明　　　　　责任校对：申春香
封面设计：鞠　杨　　　　　责任印制：刘　媛
北京建宏印刷有限公司印刷
2026年2月第1版第9次印刷
184mm×260mm·17.25印张·423千字
标准书号：ISBN 978-7-111-21174-7
定价：45.00元

电话服务
客服电话：010-88361066
010-88379833
010-68326294

网络服务
机　工　官　网：www.cmpbook.com
机　工　官　网：weibo.com/cmp1952
机　工　官　博：www.golden-book.com
机工教育服务网：www.cmpedu.com

封面无防伪标均为盗版

前　言

制图员职业资格鉴定工作的开展，得到了全国众多院校与企业的积极响应。实践证明，参与制图员职业资格鉴定，对推动工程制图课程教学改革、提高教学质量，促进教师素质和业务水平提高以及普及和掌握计算机绘图技术能发挥积极的作用。

为了更好地配合制图员职业资格鉴定工作，我们编写了本书。本书具有以下作用和特点：

一、可以帮助读者明确国家职业标准对初级、中级、高级制图员职业鉴定考核的内容及要求，并在培训目标中，对各章知识点用“了解”、“掌握”和“熟练掌握”加以概括区分，便于读者把握投入的精力和检验学习效果。

二、将制图员必备的理论知识精选、提炼，按职业鉴定要求和培训特点，编写出知识要点和技能训练指导例题，引导读者把握重点，克服难点，以利于通过职业鉴定考核，对于考前组织集中培训更具有实用性。

三、参照近年来“制图员国家职业资格鉴定试卷”题型和鉴定要求，本教材编写了一定数量的具有代表性的复习题供读者练习。同时，读者通过本教材提供的职业鉴定考试样卷，能进一步明确各级制图员考试的题型和要求，使培训学习更具有针对性。

四、本书适合土建类专业初、中、高级制图员共同使用（书中将中、高级制图员的内容分别用“*”和“**”号表示），避免了不同级别分别成册造成的知识点分散、不利于教学和学习者学习的弊病。

本书由尚凤武任主编，杨幼平、陈晓月任副主编。全书共分四个部分。其中，第一和第二部分分别为手工绘图和计算机绘图必备的知识要点和技能训练题解，第三部分为各章的复习题，第四部分为各级制图员职业鉴定考试样卷。本书编写分工为：尚凤武、乌云编写第一部分的第一、五、十、十一章和第四部分；杨幼平、齐娜、郭凤娟编写第一部分的第二、三、四、六、七章；陈晓月编写第一部分的第八、九章和第二部分的第十二、十三章；第三部分由上述编者按各章内容分别承担。全书由尚凤武统稿。

机械工业出版社的编辑们为本书的出版付出了辛勤劳动，在本书出版之际，对关心、支持和帮助本书出版的各位人士表示衷心的感谢。

针对职业鉴定知识要点编写辅导用书是一项探索性的工作。由于时间仓促，缺乏经验，不足之处在所难免，真诚希望各使用单位和个人提出宝贵意见和建议。

编　者

目　　录

第二部分　计算机绘图

第一部分　手工绘图

第一章　基本要求

培训目标

知识要点	培训目标		
	初　级	中　级	高　级
一、国家标准中有关制图的一般规定	了解和掌握国家标准有关制图的一般规定，包括图纸幅面、比例、线型、字体		
二、尺寸标注的基本知识	了解和掌握国家标准中有关尺寸标注的基本知识		
三、绘图与描图工具	了解手工绘图和描图的仪器和工具		
四、几何作图	1. 掌握常见的正多边形、斜度与锥度及圆弧连接等几何图形的作图方法 2. 熟练掌握平面图形的尺寸分析和作图方法 3. 能正确地标注平面图形的尺寸		
五、投影法基础	1. 了解投影法的基本概念 2. 掌握点、线、面的投影特性 3. 掌握三视图的投影规律		

第一节　知识要点

一、国家标准有关制图的一般规定

1. 图纸幅面

国家标准规定了图纸的幅面尺寸和格式。国家制图标准规定的基本幅面有5种，分别用A0、A1、A2、A3、A4表示。其中，A0的幅面为$B \times L = 841\text{mm} \times 1189\text{mm} \approx 1\text{m}^2$。基本幅面的分割方法和尺寸如图1-1所示。绘图时，应优先采用基本幅面。必要时，允许采用加长幅面，加长幅面的尺寸应由基本幅面的短边成整数倍增加得出，以便于图纸的折叠和保管。

2. 比例

图样中的图形与其实物相应要素的线性尺寸之比称为比例。比值为1的比例为原值比例，即称为1:1；比值大于1的比例称为放大比例，如2:1、4:1等；比值小于1的比例称为

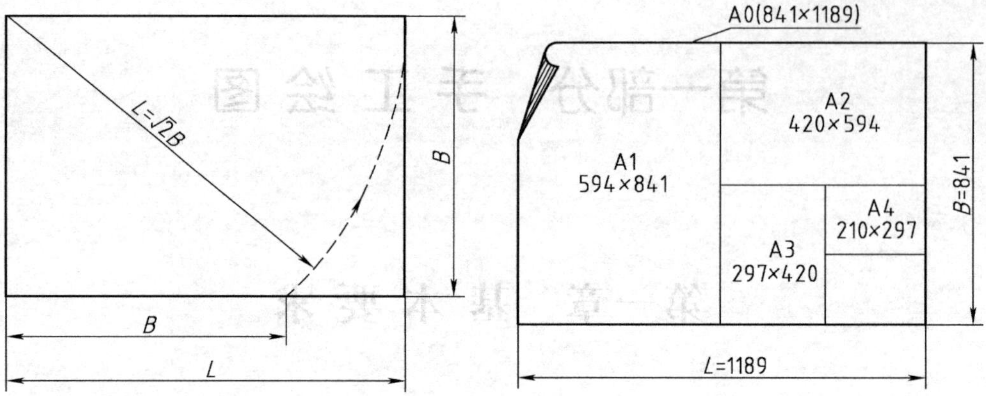

图 1-1　图纸幅面

缩小比例，如 1:2、1:5 等。

（1）比例的选择　绘制图样时，不能随意选用比例，而应在表 1-1 规定的系列中选取。

表 1-1　比例系列（摘自 GB/T 14690—1993）

种类	优先选择系列	允许选择系列
原值比例	1:1	
放大比例	5:1　2:1 5×10^n:1　2×10^n:1　1×10^n:1	4:1　2.5:1 4×10^n:1　2.5×10^n:1
缩小比例	1:2　1:5　1:10 1:2×10^n　1:5×10^n　1:1×10^n	1:1.5　1:2.5　1:3 1:1.5×10^n　1:2.5×10^n　1:3×10^n 1:4　1:6 1:4×10^n　1:6×10^n

注：n 为正整数。

（2）比例的标注　比例一般应标注在标题栏中的比例栏内。必要时，可在视图名称下方或右侧标注比例，如：

$\frac{\text{I}}{2:1}$　$\frac{A}{2:1}$　$\frac{A\text{—}A}{4:1}$　平面图 1:1000　$\frac{\text{墙体位置图}}{1:2000}$

必要时，允许在同一视图中的垂直和水平方向标注不同的比例（但两种比例的比值不得超过 5），如：

河流横断面图　垂直方向　1:1000
　　　　　　　水平方向　1:2000

3. 字体

（1）基本要求　图样及有关技术文件中的字体，必须做到字体工整，笔画清楚，间隔均匀，排列整齐。字体的号数，即字体的高度（h）的公称尺寸系列为 1.8、2.5、3.5、5、7、10、14、20 共 8 种，单位为 mm。如书写更大的字，其高度应按$\sqrt{2}$的比值递增。

（2）汉字　汉字应采用《汉字简化方案》中规定的简化汉字，并采用长仿宋字体。汉

字的字高 h 不应小于 3.5mm，字宽为 $h/\sqrt{2}$，约 $0.7h$。书写汉字的要领是：横平竖直、注意起落、结构均匀、填满方格。

（3）字母和数字　字母和数字按笔画的宽度分为 A 型和 B 型。其中，A 型字体的笔画宽度（d）为字高（h）的 1/14，B 型字体的笔画宽度（d）为字高（h）的 1/10。字母和数字可以写成直体，也可以写成斜体，但是全图应当统一。斜体字字头向右倾斜，与水平基准线成 75°。

4. 图线

根据国家标准《技术制图　图线》（GB / T17450—1998）和相关建筑制图标准的规定，土建类使用图线的线型有实线（粗、中、细）、虚线（粗、中、细）、点画线（粗、中、细）、双点画线（粗、中、细）、折断线及波浪线等共 14 种类型。图线的宽度（b）应按图样的类型和尺寸大小在下列宽度中选择：0.13、0.18 、0.25 、0.35 、0.5 、0.7 、1.0 、1.4、2.0（单位：mm）。

二、尺寸标注的基本知识

1. 尺寸标注的基本规则

1）物体的真实大小应以图样中所注尺寸数值为依据，与绘图时采用的比例以及绘图的准确度无关。

2）图样中的尺寸以毫米为单位，不需要标注计量单位符号“mm”或名称，如采用其他单位，则必须注明相应单位符号或名称。

3）物体上的每一个尺寸一般只标注一次，并应标注在反映物体形状最清晰的图形上。

4）图样中所标注的尺寸为该图样所示物体的最后完工尺寸，否则应另加说明。

2. 尺寸的组成

一个完整的尺寸由 3 个基本要素组成，即尺寸界线、尺寸线和尺寸数字，如图 1-2 所示。

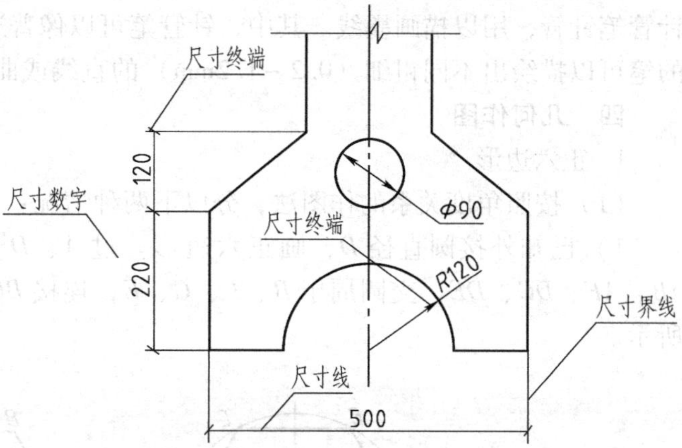

图 1-2　尺寸的组成

尺寸组成中的几点说明：

1）在标注圆的直径时，应在尺寸数字前加注符号“ϕ”；在标注圆弧的半径时，应在尺寸数字前加注符号“R”，如 ϕ90、R120 等。

2）尺寸线有终端，终端可用箭头和斜线两种形式。机械工程图样多用箭头形式，建筑工程图样多用斜线形式。当终端采用斜线形式时，尺寸线和尺寸界线必须相互垂直。同一张图样中只能采用一种终端形式。

3）线性尺寸数字的方向是：水平数字和倾斜数字头朝上、垂直数字头朝左。

4）角度尺寸的数字一律写成水平，且在数字的右上角加上角度单位符号“°”、“′”。

3. 尺寸的分类

1）尺寸按形式分类，可分为线性尺寸和角度尺寸。

线性尺寸——物体上某两点间的距离，如物体的长度、宽度、高度，圆的直径，圆弧的半径及中心距等。

角度尺寸——两相交直线所形成的夹角或两相交平面所形成的两面角中任一正截面的两面角的大小。

2）尺寸按作用分类，可分为定形尺寸和定位尺寸。

定形尺寸——确定各形体大小的尺寸。定形尺寸也称为大小尺寸。

定位尺寸——确定各形体间相互位置关系的尺寸。定位尺寸也称为位置尺寸。

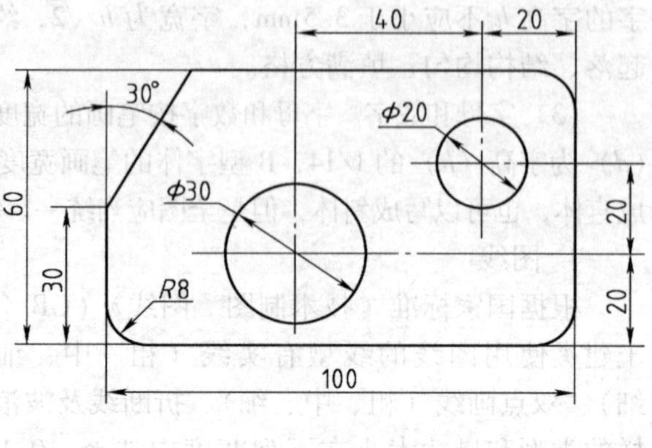

图 1-3　尺寸标注

如图 1-3 所示，尺寸 100，60，$\phi30$，$\phi20$，$R8$ 及 30°为定形尺寸，尺寸 20、20，20、40，30 为定位尺寸。

三、绘图、描图的仪器和工具

1. 绘图仪器和工具

手工绘图中常用的绘图仪器和工具一般包括铅笔、图板、丁字尺、三角板、圆规和分规、比例尺（三棱尺）、曲线板等。

2. 描图仪器和工具

上述介绍的绘图工具完全适用于描图，除此之外，描图仪器和工具一般还包括鸭嘴笔和针管笔针管，用以描画墨线。其中，针管笔可以像普通钢笔一样吸储墨水，用不同规格管径的笔可以描绘出不同粗细（0.2～1.2mm）的直线或曲线。

四、几何作图

1. 正六边形

（1）按照角度关系的作图法，分以下两种情况：

1）已知外接圆直径 D，画正六边形。过 A、D 两点分别作与水平线成 60°角的直线 AB、AF、DC、DE，交圆周于 B、F、C、E，连接 BC、EF，得六边形 $ABCDEF$，如图1-4a 所示。

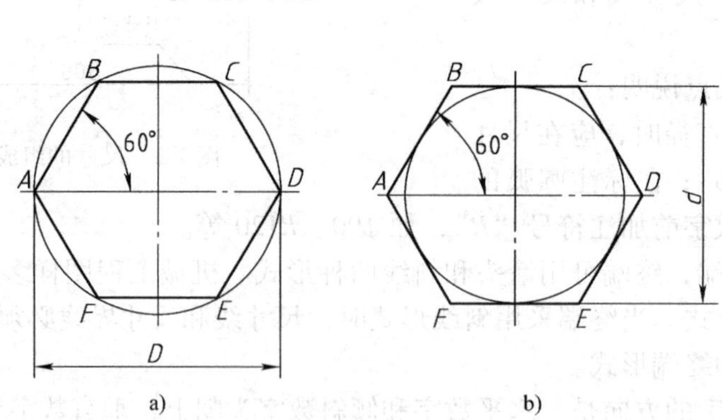

图 1-4　正六边形按角度关系的作图法
a）已知外接圆直径作图　b）已知内切圆直径作图

2）已知内切圆直径 d，画正六边形。先作出圆的上下两条水平切线，再分别以与水平线成 60°角、120°角作圆的另外 4 条切线，得正六边形 *ABCDEF*，如图 1-4b 所示。

（2）按照边长关系的作图法　分别以水平直径的两个端点为圆心，以外接圆的半径为半径画弧，得六边形的另外 4 个顶点，然后依次连接，如图 1-5 所示。

2. 斜度和锥度

（1）斜度（*S*）　斜度是指直线或平面对另一直线或平面的倾斜程度。如图 1-6 所示，斜度计算公式为

$$S=(H-h)/L=\tan\alpha$$

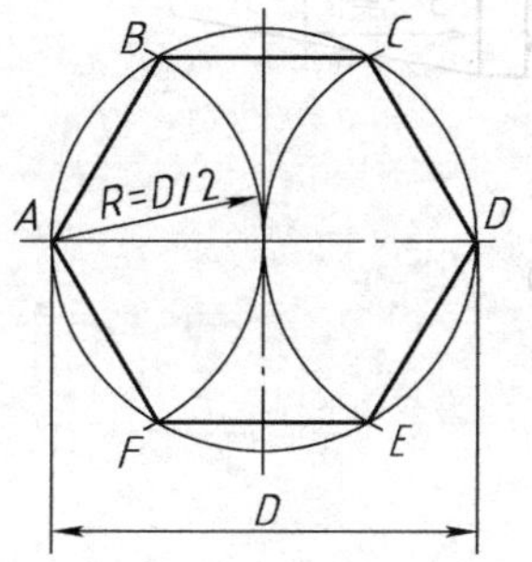

图 1-5　正六边形按边长关系的作图法

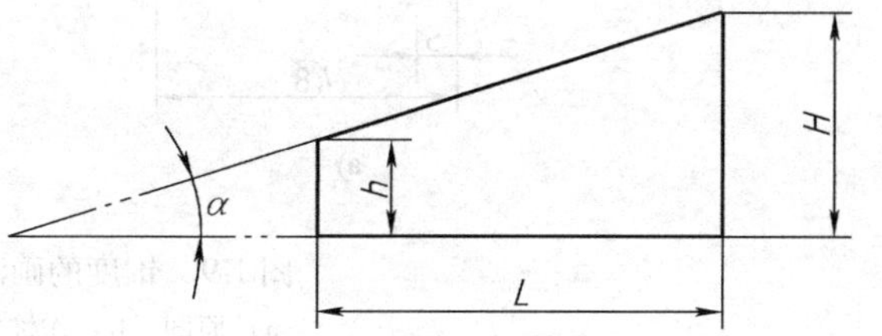

图 1-6　斜度

标注斜度时，通常将斜度化成 1∶*n* 的形式，并且在其前面加上斜度符号“∠”。国家标准规定，斜度符号的方向应与斜度的倾斜方向一致。

如绘制如图 1-7a 所示含有斜度 1∶10 的图形时，可按如下步骤进行：

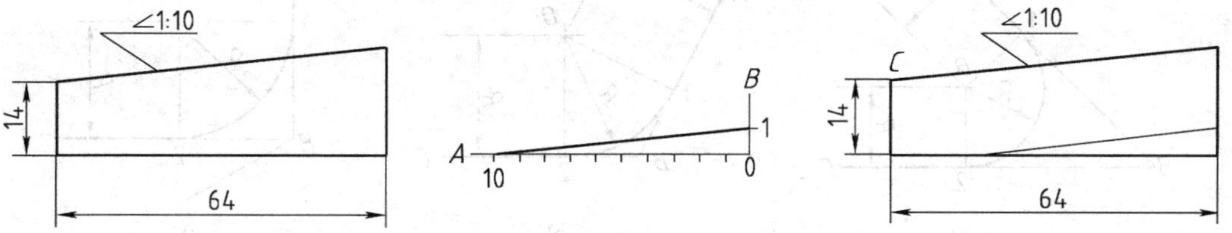

a)　　b)　　c)

图 1-7　斜度的画法与标注

a）原图　b）作斜度辅助线　c）作图结果

1）作互相垂直的基准线 *OA*⊥*OB*，在 *OA* 上任取 10 个单位长度，在 *OB* 上取 1 个单位长度，连接截取点，得到斜度辅助线，如图 1-7b 所示。

2）按给定尺寸确定 *C* 点。

3）过 *C* 点作斜度辅助线的平行线，即为所求的斜度线，如图 1-7c 所示。

（2）锥度（*C*）　锥度是指圆锥的底圆直径与高度之比，如果是圆锥台，则锥度是圆锥台的底圆直径和顶圆直径之差与高度之比。如图 1-8 所示，锥度的计算公式为

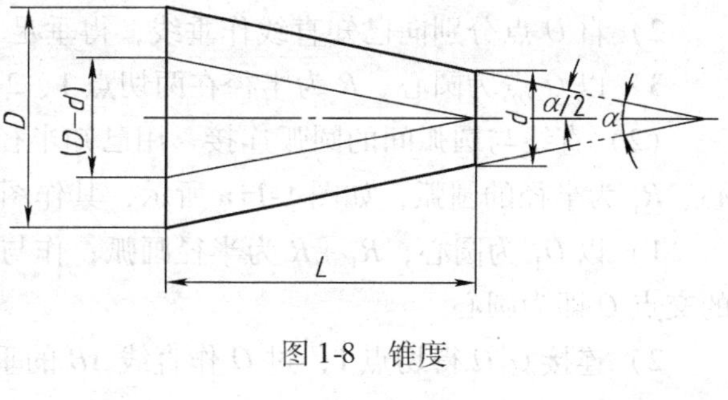

图 1-8　锥度

$$C = (D-d)/L = 2\tan(\alpha/2)$$

通常，锥度也写成1∶n的形式加以标注，并在1∶n的前面加上锥度符号。标准规定，锥度符号的方向应与锥度的方向一致，如图1-9a所示。锥度的画法与标注如图1-9b所示。

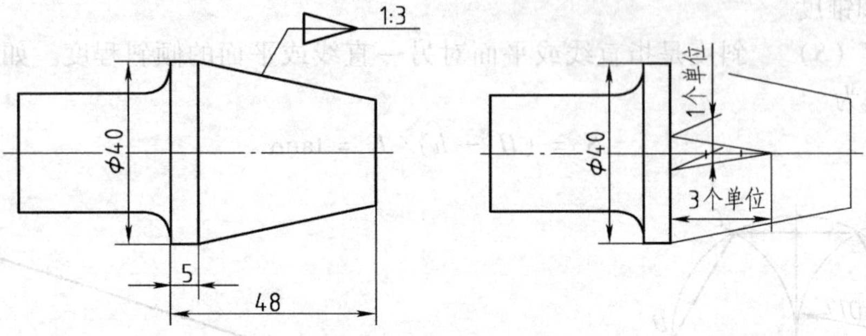

图1-9　锥度的画法与标注

a）原图　b）作锥度辅助线

3. 圆弧连接

圆弧连接的要点是根据已知条件准确地确定出连接圆弧的圆心和切点。

（1）直线间的圆弧连接　用已知半径的圆弧连接两条直线，有锐角、钝角和直角3种情况，如图1-10所示。

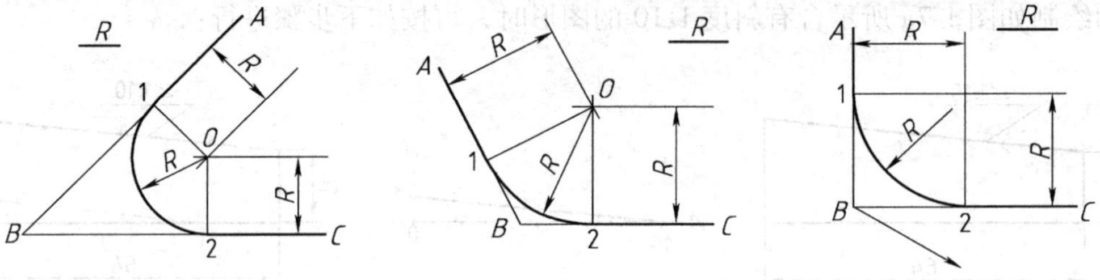

图1-10　圆弧连接两直线

a）两直线成锐角　b）两直线成钝角　c）两直线成直角

作图步骤：

1）分别作AB、BC的平行线，使它们与AB、BC的距离分别等于已知圆弧半径R，两平行线的交点O即为连接圆弧的圆心。

2）自O点分别向已知直线作垂线，得垂足1、2，即为切点。

3）以O点为圆心，R为半径在两切点1、2之间画弧即为所求。

（2）直线与圆弧间的圆弧连接　用已知半径为R的圆弧连接已知直线AB与以O_1为圆心、R_1为半径的圆弧，如图1-11a所示，其作图步骤如下：

1）以O_1为圆心，R_1+R为半径画弧；作与直线AB距离为R的平行线，圆弧与平行线的交点O即为圆心。

2）连接O_1O得切点1；过O作直线AB的垂线，得切点2；以O点为圆心，R为半径在

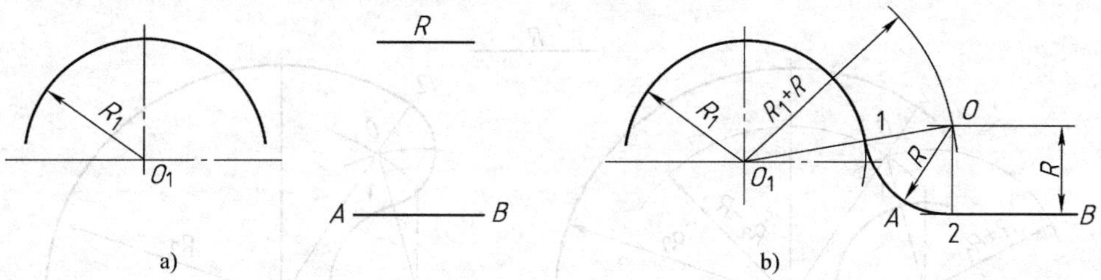

图 1-11　直线与圆弧间的圆弧连接

a）待连接圆弧与直线　b）连接结果

两切点 1、2 之间画弧即为所求，如图 1-11b 所示。

（3）圆弧间的圆弧连接

1）外连接：外连接是指用圆弧通过外切的形式将两个已知圆或圆弧连接起来。图 1-12 表示了用半径为 R 的圆弧采用外连接方式将两个已知圆连接的作图过程。

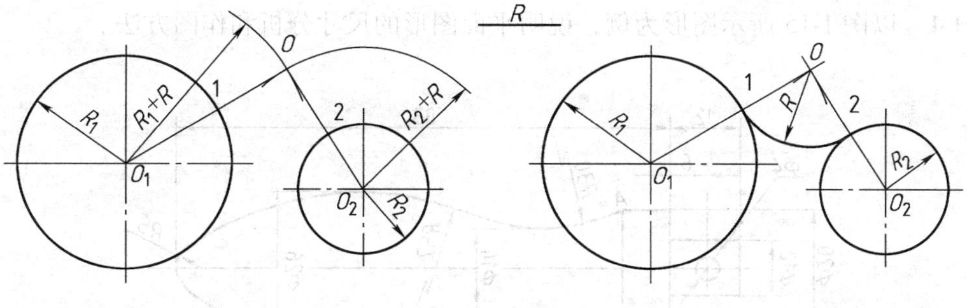

图 1-12　圆弧外连接两已知圆

2）内连接：内连接是指用圆弧通过内切的形式将两个已知圆或圆弧连接起来。图 1-13 表示了用半径为 R 的圆弧采用内连接方式将两个已知圆连接的作图过程。

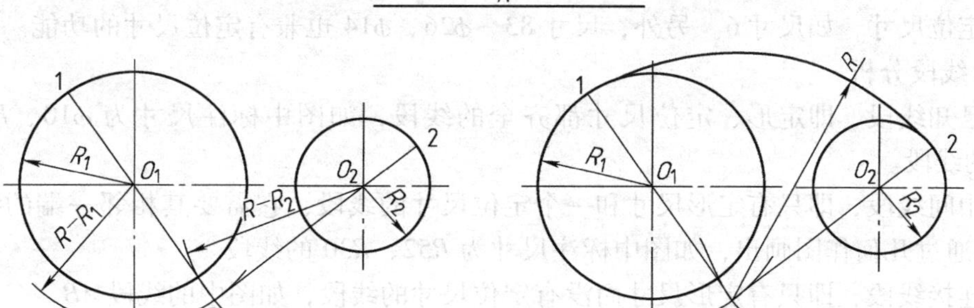

图 1-13　圆弧内连接两已知圆

3）混合连接：混合连接是指用圆弧通过内切和外切的混合形式，将两个已知圆或圆弧连接起来。图 1-14 表示了用半径为 R 的圆弧采用混合连接方式将两段已知圆弧连接的作图过程。

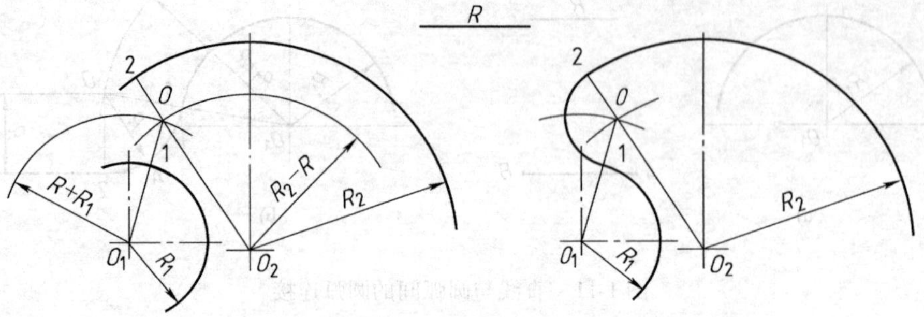

图 1-14　圆弧混合连接两已知圆弧

4. 平面图形的尺寸分析与绘制

平面图形由若干条线段连接而成，各线段由尺寸或几何关系确定其位置和形状。画图时，必须对图形的尺寸和线段进行分析，弄清每一线段由哪些尺寸确定，线段之间属于哪一种连接。在此基础上，拟定出各线段的画图次序。

例 1-1　以图 1-15 所示图形为例，说明平面图形的尺寸分析和作图方法。

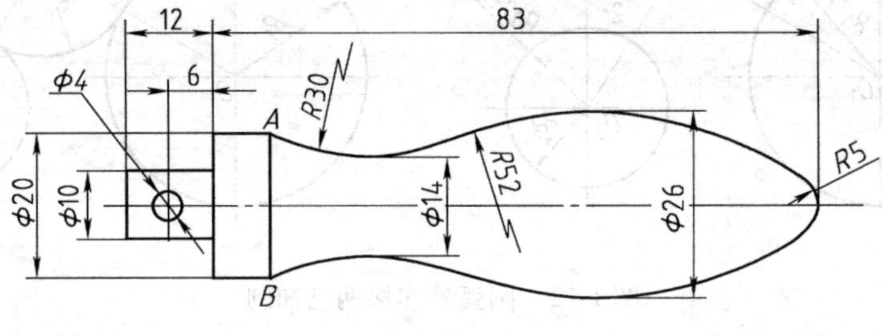

图 1-15　平面图形

（1）尺寸分析　图中的尺寸可分为两类：

1）定形尺寸，如 $\phi10$、$\phi20$、$\phi14$、$\phi26$、$\phi4$、$R5$、$R52$、$R30$、83、12 等。

2）定位尺寸，如尺寸 6。另外，尺寸 83、$\phi26$、$\phi14$ 也兼有定位尺寸的功能。

（2）线段分析

1）已知线段，即定形、定位尺寸都齐全的线段，如图中标注尺寸为 $\phi10$、$R5$、$\phi20$、$\phi4$、12 的线段。

2）中间线段，即只有定形尺寸和一个定位尺寸的线段，它需要其相邻一端的线段画出后，才能通过几何作图画出，如图中标注尺寸为 $R52$、$R30$ 的线段。

3）连接线段，即只有定形尺寸而没有定位尺寸的线段，如图中的线段 AB。

（3）平面图形的绘图步骤

1）画基准线，如图 1-16a 所示。

2）画已知线段（标注尺寸为 $\phi20$、$\phi10$、$\phi4$、$R5$ 及 12 的线段），如图 1-16b 所示。

3）由尺寸 $\phi26$ 及内切关系求标注尺寸为 $R52$ 的圆弧的圆心以及与标注尺寸为 $R5$ 的圆弧的切点，画标注尺寸为 $R52$ 的圆弧，如图 1-16c 所示。

4）由尺寸 $\phi 14$ 及外切关系求标注尺寸为 $R30$ 的圆弧的圆心以及与标注尺寸为 $R52$ 的圆弧的切点，画标注尺寸为 $R30$ 的圆弧，如图 1-16d 所示。

5）画连接线段 AB，擦去作图线，描深图形，标注尺寸，结果如图 1-15 所示。

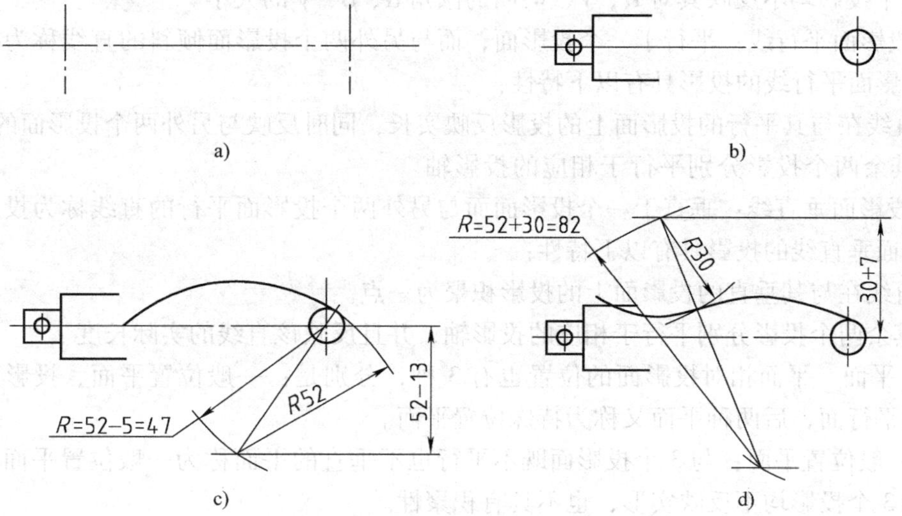

图 1-16　平面图形的尺寸分析与绘制

a）画基准线　b）画已知线段　c）画标注尺寸为 $R52$ 的中间线段　d）画标注尺寸为 $R30$ 的中间线段

五、投影法基础

1. 投影法及其分类

投射线通过物体向选定的平面进行投射，并在该平面上得到图形的方法称为投影法。其所得到的图形称为投影或投影图，选定的平面称为投影面。

投影法可分为中心投影法和平行投影法。平行投影法又分为正投影法和斜投影法。

2. 工程上常用的几种投影图

工程上常用的投影图有以下 4 种：多面正投影图、轴测投影图、透视投影图和标高投影图。一般将多面正投影图称为二维图，将其余 3 种投影图称为三维图。

3. 点、直线和平面的投影特性

（1）点　空间点的 3 个投影存在如下投影特性：

1）点的投影连线垂直相应的投影轴。

2）空间点到投影面的距离等于相应投影点到投影轴的距离。

3）每个投影点表示了空间点的两个坐标，两个投影点可以唯一确定点的空间位置。

点的投影和点的坐标存在如下关系：点到 W 面的距离等于点的 x 坐标；点到 V 面的距离等于点的 y 坐标；点到 H 面的距离等于点的 z 坐标。

（2）直线　直线在空间的位置可以由直线上任意两个点来确定，也可以由直线上的一点及直线的给定方向确定。

空间直线与投影面的相对位置关系有 3 种，即一般位置直线、投影面平行线和投影面垂直线。投影面平行线和投影面垂直线又称为特殊位置直线。

1）一般位置直线：与3个投影面既不平行也不垂直的直线称为一般位置直线。一般位置直线的投影具有以下特性：

① 3个投影的长度均不反映空间直线的实际长度，且小于实际长度。

② 3个投影均与投影轴倾斜。

③ 3个投影均不反映其对 H、V、W 面的倾角 α、β、γ 的大小。

2）投影面平行线：平行于一个投影面，而与另外两个投影面倾斜的直线称为投影面平行线。投影面平行线的投影具有以下特性：

① 直线在与其平行的投影面上的投影反映实长，同时反映与另外两个投影面的倾角。

② 其余两个投影分别平行于相应的投影轴。

3）投影面垂直线：垂直于一个投影面而与另外两个投影面平行的直线称为投影面垂直线。投影面垂直线的投影具有以下特性：

① 直线在与其垂直的投影面上的投影积聚为一点。

② 其余两个投影分别平行于相应的投影轴，并且反映该直线的实际长度。

（3）平面　平面相对投影面的位置也有3种，分别是：一般位置平面、投影面垂直面和投影面平行面，后两种平面又称为特殊位置平面。

1）一般位置平面：与3个投影面既不平行也不垂直的平面称为一般位置平面。一般位置平面的3个投影均不反映实形，也不具有积聚性。

2）投影面垂直面：垂直于一个投影面而与另外两个投影面倾斜的平面称为投影面垂直面。投影面垂直面的投影具有以下特性：

① 平面在与其垂直的投影面上的投影积聚为直线，并反映与另外两投影面的倾角。

② 其余两个投影为原平面的类似图形。

3）投影面平行面：平行于一个投影面而与另外两个投影面垂直的平面称为投影面平行面。投影面平行面的投影具有以下特性：

① 平面在与其平行的投影面上的投影反映实形。

② 其余两个投影分别积聚为与相应的投影轴平行的直线。

4. 三视图的形成及其投影规律

（1）三视图的形成　将物体放在三投影面体系中，由前向后投影，在正投影面上得到的投影图称为主视图；由上向下投影，在水平投影面上得到的投影图称为俯视图；由左向右投影，在侧立投影面上得到的投影图称为左视图，如图1-17所示。通常，将主视图、左视图和俯视图称为三视图。

（2）三视图的投影规律　三视图具有以下投影规律：

主视图与俯视图反映物体的长度（等长）——长对正。

主视图与左视图反映物体的高度（等高）——高平齐。

俯视图与左视图反映物体的宽度（等宽）——宽相等。

“长对正，高平齐，宽相等”，即“三等”关系，反映了3个视图之间的投影对应规律，“三等”关系是画图和读图的重要依据。

物体有长、宽、高3个方向的量度。通常，物体左右之间的距离为长，前后之间的距离为宽，上下之间的距离为高。由图1-18a可以看出：主视图反映物体的长度和高度；俯视图反映长度和宽度；左视图反映高度和宽度。

（3）三视图与物体方位的对应关系　物体有上、下、左、右、前、后 6 个方位。其中，主视图反映物体的上、下、左、右 4 个方位；俯视图反映物体的前、后、左、右 4 个方位；左视图反映物体的前、后、上、下 4 个方位，如图 1-18b 所示。

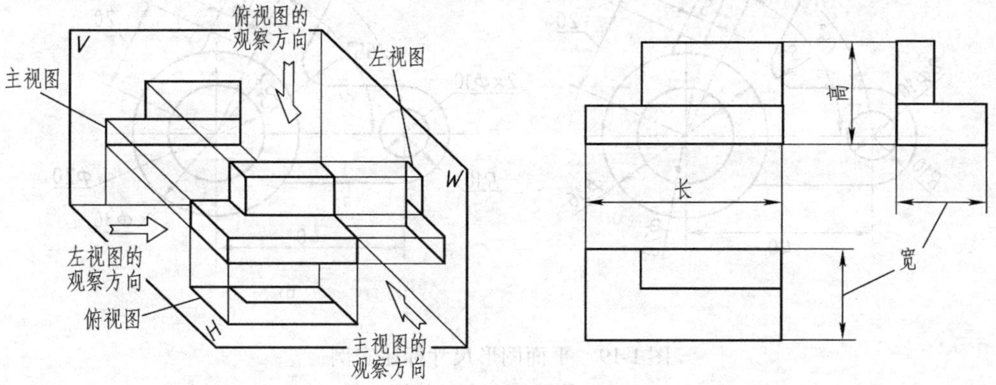

图 1-17　三视图的形成

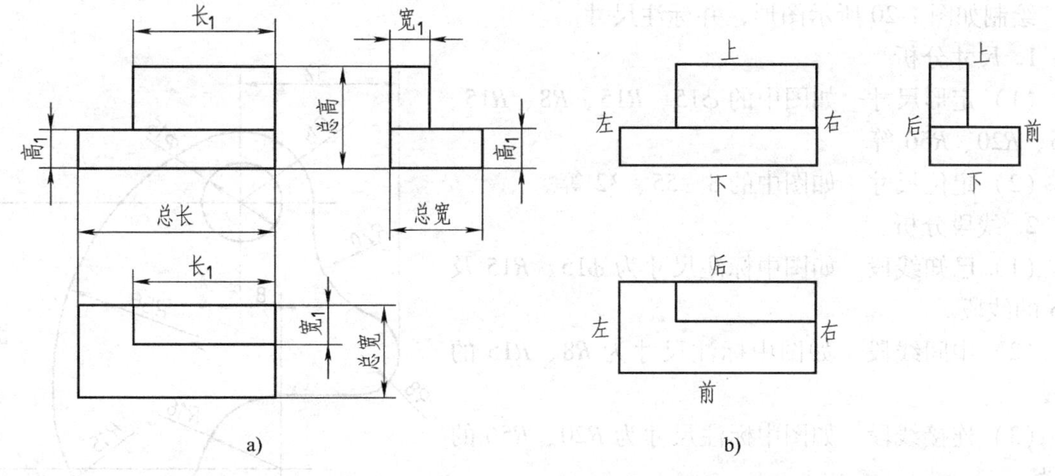

图 1-18　三视图的投影对应关系和方位关系

a）三视图投影对应关系　b）三视图方位关系

第二节　技能训练

训练 1　平面图形的尺寸标注

指出图 1-19a 中尺寸标注的错误，并在图 1-19b 中标出正确的尺寸。

由分析得知，其尺寸标注有如下错误：

1）尺寸数字位置错，如尺寸 40、12、$\phi20$。

2）尺寸数字方向错，如角度尺寸 65°。

3）不符合标准，如尺寸 $2\phi10$、5。

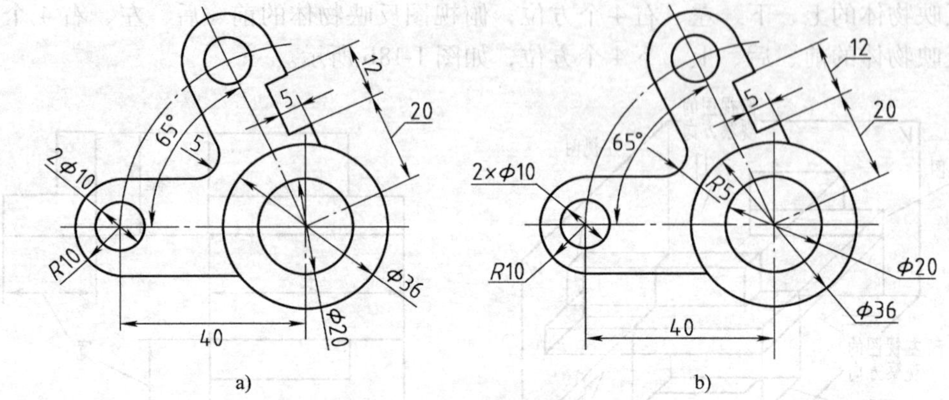

图 1-19　平面图形尺寸标注实例

a）原图　b）标注结果

改正后的结果如图 1-19b 所示。

训练 2　平面图形的尺寸分析与绘制

绘制如图 1-20 所示图形，并标注尺寸。

1. 尺寸分析

（1）定形尺寸　如图中的 ϕ15、*R*15、*R*8、*R*15、*R*16、*R*20、*R*56 等。

（2）定位尺寸　如图中的 8、55、32 等。

2. 线段分析

（1）已知线段　如图中标注尺寸为 ϕ15、*R*15 及 *R*16 的线段。

（2）中间线段　如图中标注尺寸为 *R*8、*R*15 的线段。

（3）连接线段　如图中标注尺寸为 *R*20、*R*56 的线段。

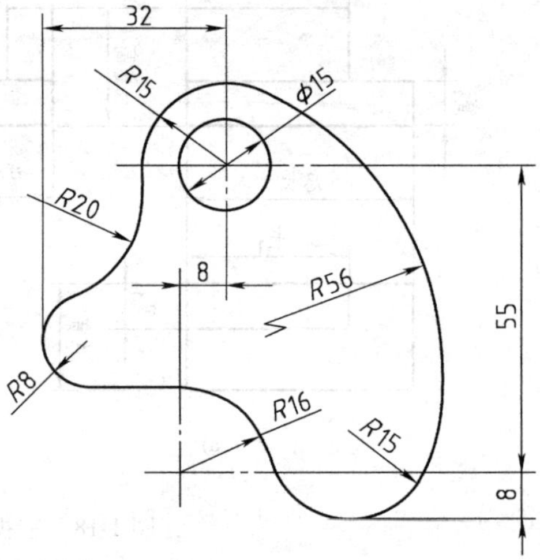

图 1-20　平面图形

3. 绘图步骤

1）画基准线，如图 1-21a 所示。

2）画已知线段（标注尺寸为 ϕ15、*R*15 及 *R*16 的线段），如图 1-21b 所示。

3）由尺寸 32、8 及相切关系求标注尺寸为 *R*8 和 *R*15 的圆弧的圆心，画标注尺寸为 *R*8 和 *R*15 的圆弧，如图 1-21c 所示。

4）由内切和外切关系求标注尺寸为 *R*20 和 *R*56 的圆弧的圆心，画标注尺寸为 *R*20 和 *R*56 的圆弧，如图 1-21d 所示。

5）擦去多余作图线，描深图形，如图 1-21e 所示。

6）标注尺寸，检查图形和尺寸，校对全图，结果如图 1-20 所示。

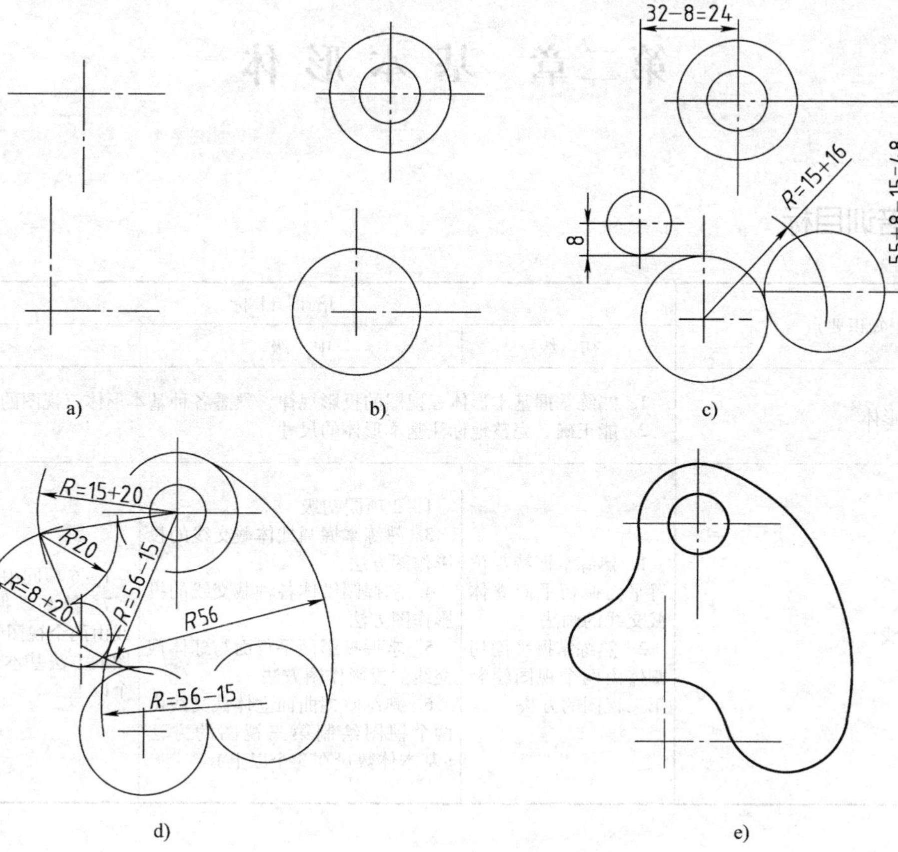

图 1-21　平面图形的尺寸分析与绘制

a）画基准线　b）画已知线段　c）画中间线段　d）画连接线段　e）描深全图

第二章　基本形体

培训目标

知识要点	培训目标		
	初　级	中　级	高　级
一、基本形体	1. 熟练掌握基本形体三视图的投影规律，熟悉各种基本形体三视图的画法 2. 能正确、完整地标注基本形体的尺寸		
二、截交线	1. 熟练掌握特殊位置平面截切平面立体截交线的画法 2. 熟练掌握平面切割体由两个视图绘制第三视图的方法	1～2 项同初级 3. 熟练掌握圆柱体截交线的投影作图方法 4. 掌握圆锥体各种截交线的投影作图方法 5. 掌握投影面平行面与球体截交线的投影作图方法 6. 熟练掌握曲面立体截交线由两个视图绘制第三视图的方法（基本体数量在 3 个以上）	1～6 项同中级 7. 熟练掌握复合截交线由两个视图绘制第三视图的方法基本体数量在 3 个以上

第一节　知识要点

一、基本体和简单组合体

1. 基本体的三视图

基本体按照其表面的组成分为两类：表面皆由平面图形围成的立体称为平面立体，如棱柱、棱锥等；表面由曲面或曲面与平面围成的立体称为曲面立体，如圆柱、圆锥和球等。由于圆柱、圆锥和球的曲面是由直线或曲线绕轴旋转而成，所以又称为回转体。

（1）棱柱体　如图 2-1a～d 所示，棱柱体是由底面、顶面（又称端面）和若干个侧面围成，侧面两两相交出棱线，棱线相互平行。棱柱体根据棱线的数目可分别称为三棱柱、四棱柱、五棱柱等。

现以如图 2-2a 所示的三棱柱为例，说明其投影及作图方法。

1）形状和位置：三棱柱的顶面和底面是两个互相平行的三角形，三个侧面均为矩形，各侧面均与顶面和底面垂直。为了便于作图，选择三棱柱的顶面、底面平行于水平面 H，并使其中的一个侧面与正面 V 平行，如图 2-2a 所示。

2）投影分析：画平面立体的投影就是要画出各侧面、棱线或顶点的投影。图 2-2b 中，三棱柱的 H 面投影为一个三角形，它反映三棱柱顶面和底面的实形，其三条边分别为三个侧面的积聚投影；在 V 面投影中，上、下两条横线是顶面和底面的积聚投影，三条竖线是三

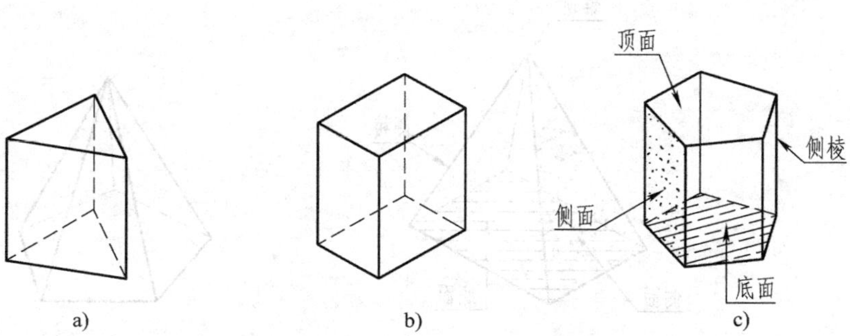

图 2-1　棱柱体

a）三棱柱　b）四棱柱　c）五棱柱　d）六棱柱

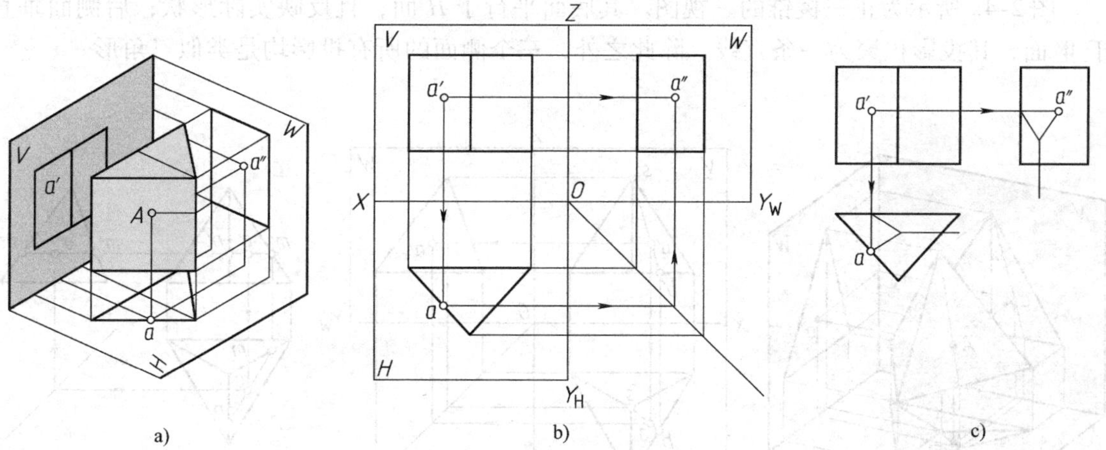

图 2-2　三棱柱的投影

a）立体图　b）投影展开图　c）三视图

条棱线的投影，两个封闭的线框则是侧面的投影；在 W 面投影中，上、下两条横线还是顶面和底面的积聚投影，两条竖线中，左边一条是后侧面的积聚投影，右边一条是三棱柱前棱线的投影。

3）作图步骤：用基准线确定各视图的位置，然后用细线画三棱柱的 H 面投影——三角形；再根据长对正的投影关系和三棱柱的高度画出其 V 面投影；再按高平齐以及宽相等的投影关系画出其 W 面投影；最后检查并描深，即得三棱柱的三视图，如图 2-2c 所示。

4）表面上取点：如图 2-2a 所示，点 A 在棱柱左侧面上，若已知它的 V 面投影 a'，求作 a 和 a''。则应先利用侧面在 H 面的投影有积聚性的特点求出 a；再根据高平齐、宽相等的关系求出 a''（宽相等可以用投影轴与 45°分角线的关系确定或直接量出点 A 至后侧面的距离确定，如图 2-2c 所示）；最后判断各投影点的可见性，由于点 A 所在的左侧面在 V 面和 W 面上可见，因此，a' 和 a'' 为可见。

（2）棱锥体　如图 2-3a ~ c 所示，棱锥体的棱线交于一点，根据棱线的数目分别称为三棱锥、四棱锥、五棱锥等。

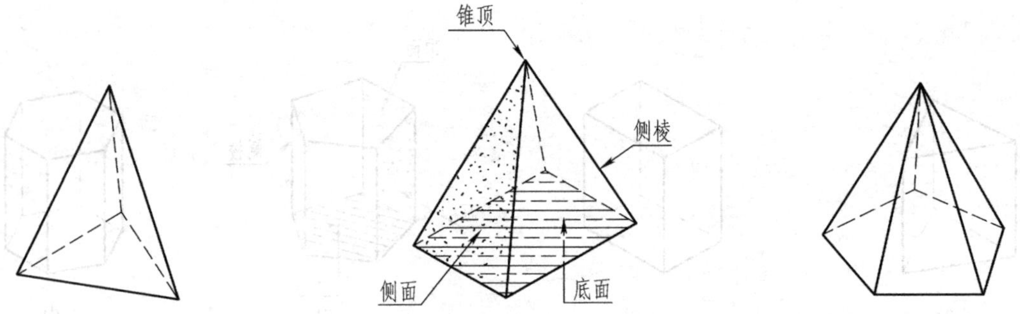

a)　　　　b)　　　　c)

图 2-3　棱锥体

a）三棱锥　b）四棱锥　c）五棱锥

图 2-4a 所示为正三棱锥的三视图。其底面平行于 H 面，且反映实际形状；后侧面垂直于 W 面，其投影积聚为一条直线。除此之外，三个侧面的所有投影均是类似三角形。

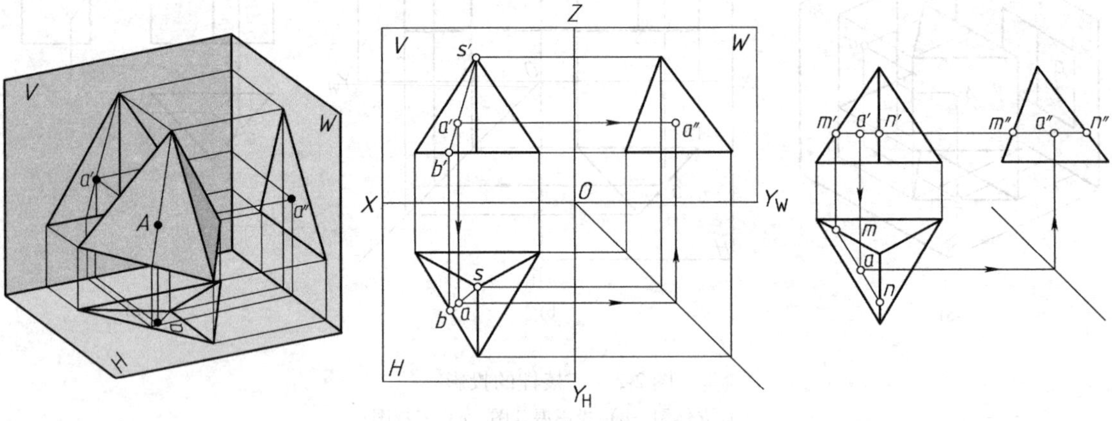

a)　　　　b)　　　　c)

图 2-4　三棱锥的投影

a）立体图　b）投影展开图　c）三视图

如图 2-4b 所示，若已知左侧面上点 A 的 V 面投影 a'，求作 a 和 a''。其分析作图过程如下：因点 A 所在的左侧面为一般位置平面，没有积聚性投影可利用。因此，在该面上过点 A 作一辅助线 SB，并作出其 H 面投影；然后根据投影关系在 sb 上确定 a，再由 a' 和 a 确定 a''。也可以在左侧面上过点 A 作水平辅助线 MN，如图 2-4c 所示，然后在 mn 和 $m''n''$ 上确定出 a 和 a''。因点 A 所在左侧面在 H 面和 W 面上可见，故 a 和 a'' 为可见。

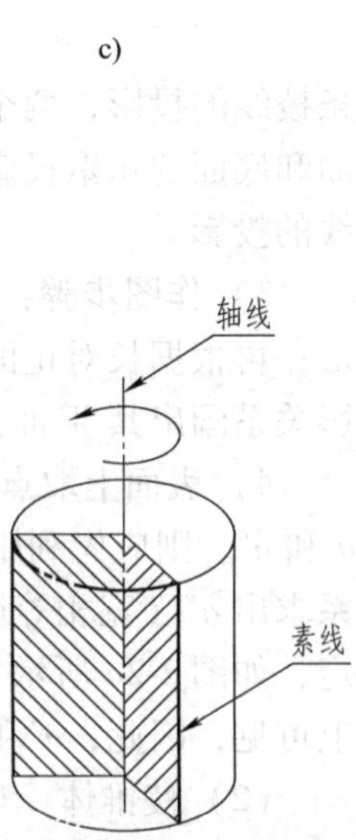

图 2-5　圆柱面的形成

（3）圆柱体　圆柱体由圆柱曲面与上、下端面围成。圆柱面可以看作是一条直线绕平行于它的轴线回转而成，圆柱面上任意一条平行于轴线的直线，称为圆柱面的素线，如图 2-5 所示。

如图2-6a所示的圆柱，其轴线为铅垂线，圆柱上、下端面的H面投影反映实形，V和W面投影积聚成直线。圆柱面的H面投影积聚为一圆，其V面投影因前、后两半圆柱面投影重合而成为一矩形，矩形的两条竖线分别是圆柱最左、最右两条素线的投影；圆柱面的W面投影因左、右两半圆柱面投影重合也为一矩形，该矩形的两条竖线是圆柱最后、最前两条素线的投影。作图时应先画圆的中心线和圆柱轴线的投影，然后从投影为圆的视图画起，逐步完成其他视图，如图2-6b、c所示。

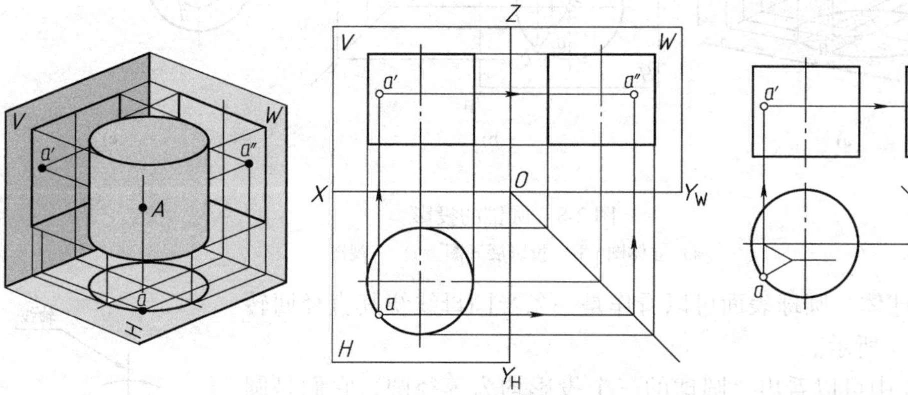

a)　　b)　　c)

图2-6　圆柱体的投影

a）立体图　b）投影展开图　c）三视图

若已知圆柱面上一点A的V面投影a'，求作a和a''，则应先利用圆柱面H面投影的积聚性求出a，再根据高平齐、宽相等的关系求出a''。因点A所在的左、前半圆柱面在W面上可见，所以a''为可见。

（4）圆锥体　圆锥体由圆锥面和底面围成。圆锥面可看作由一条直素线绕着与它斜交的轴线回转而成，如图2-7所示。

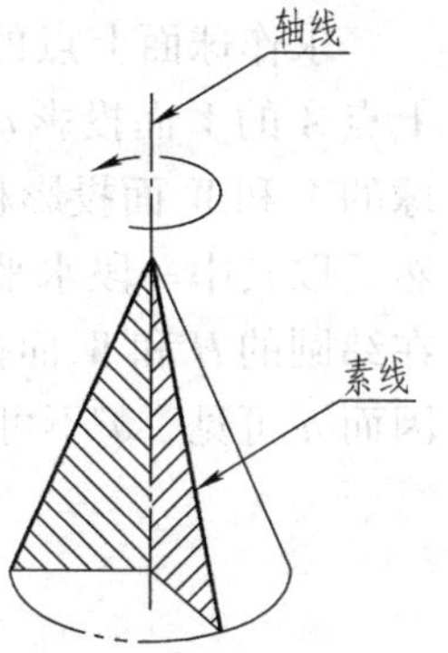

图2-7　圆锥面的形成

图2-8a～c表示了轴线为铅垂线的正圆锥的投影，其底面平行H面，故在H面上的投影反映实形，其V和W面投影积聚为直线。圆锥面的三个投影都没有积聚性，其H面投影与底面的投影重合；V面投影为一等腰三角形，三角形的两腰是圆锥的最左、最右两条素线的投影；圆锥面的W面投影也为一等腰三角形，该三角形的两腰是圆锥最后、最前两条素线的投影。

若已知圆锥面上一点A的正面投影a'，求作a和a''，作图方法有两种：

1）素线法：如图2-8b所示，过点A的V面投影a'作辅助线$s'b'$，求出其H面投影sb和W面投影$s''b''$，然后在sb和$s''b''$上定出a和a''。因A点在右前圆锥面上，而该面的W面投影不可见，所以a''为不可见；圆锥面的H面投影可见，所以a可见。

2）纬圆法：如图2-8c所示，过点A在锥面上作一垂直于圆锥轴线的纬圆，则点A的各个投影必在该圆的同面投影上。为此，先过a'作水平线与最左、最右两条素线相交，交点间的长度即是纬圆的直径，以此直径在H面画出纬圆实形，由a'向下作投影线与纬圆的前半圆周交于点a，再由a'和a求出a''。

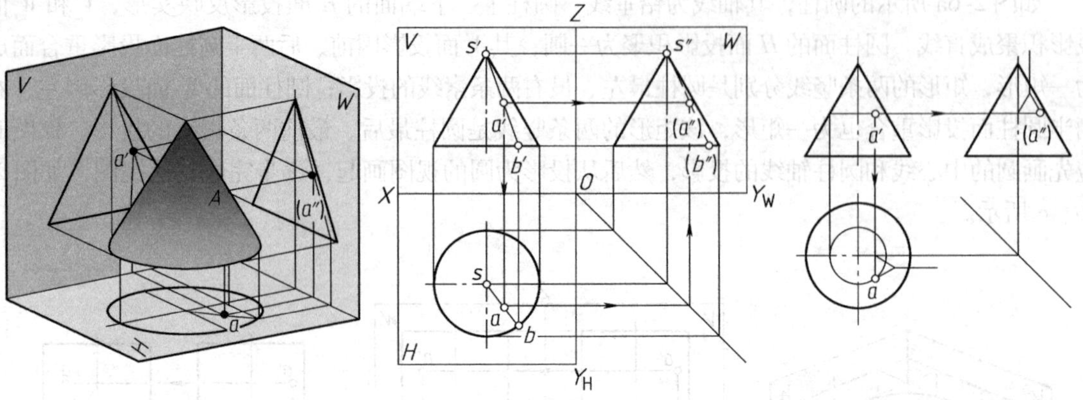

a)　　　　b)　　　　c)

图 2-8　圆锥的投影

a）立体图　b）投影展开图　c）三视图

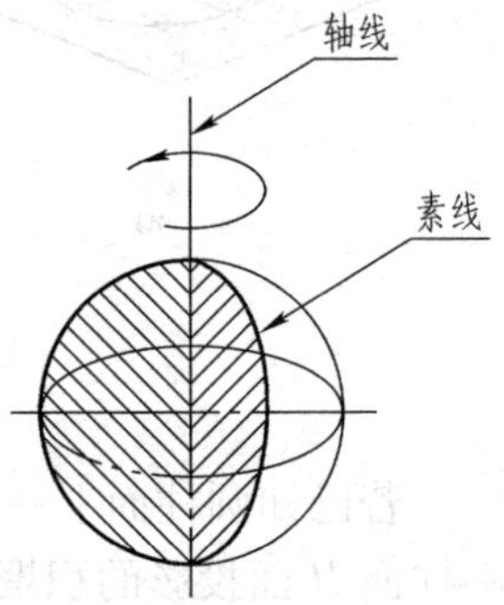

图 2-9　圆球表面的形成

（5）圆球体　圆球表面可以看作是一条半圆母线绕其直径回转而成，如图 2-9 所示。

从图 2-10 中可以看出，圆球的三个投影均为等径圆，它们是圆球上平行于相应投影面的三个不同位置的最大轮廓圆的投影。其 *V* 面投影是前、后两半球面的可见与不可见的分界线，*H* 面投影是上、下两半球面的可见与不可见的分界线，*W* 面投影是左、右两个半球面的可见与不可见的分界线。

求作球面上点的投影可用纬圆法。如图 2-10b 所示，已知球面上点 *A* 的 *V* 面投影 a'，求作 a 和 a''。则可过 a' 作水平线，分别与圆球的 *V* 和 *W* 面投影相交，这两段水平线即为纬圆的 *V* 和 *W* 面投影。然后以其中一段水平线的长为直径，在 *H* 面上画出纬圆的实形。根据点的投影规律，分别在纬圆的 *H* 和 *W* 面投影上确定 a 和 a''。从点 *A* 的 *V* 面投影可知，点 *A* 在右边后半球面上方，因而 a 可见，a''不可见，应用（a''）表示。

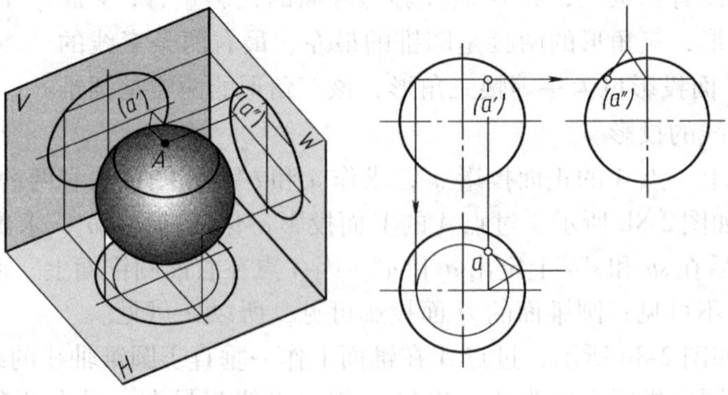

a)　　　　b)

图 2-10　圆球体的投影

a）立体图　b）三视图

2. 简单组合体的绘制与读图

组合体一般由基本体叠加、切割而成。图 2-11 所示的拱门由四棱柱 A 和四棱柱 B 叠加而成，而四棱柱 B 又被切割出拱形门洞 C，所以此拱门是叠加与切割形成的组合体。

(1) 简单组合体的绘制　首先分析组合体的组合形式，再按投影关系逐步完成各部分投影。绘制图 2-11 所示拱门的方法和步骤如图 2-12a ~ c 所示。

先绘制四棱柱 A 的三视图，再绘制四棱柱 B 的三视图，最后绘制门洞 C 的三视图。

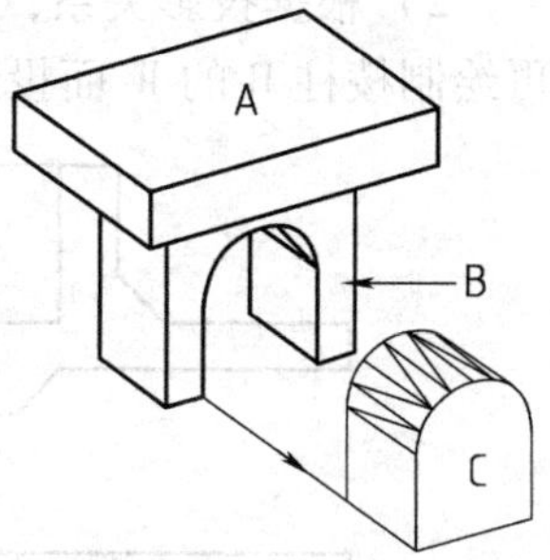

图 2-11　拱门

(2) 简单组合体的读图　根据组合体的视图看懂它的整体形状的过程称为读图。读图和绘图是认识形体的两个过程，读图常用的方法是形体分析法。

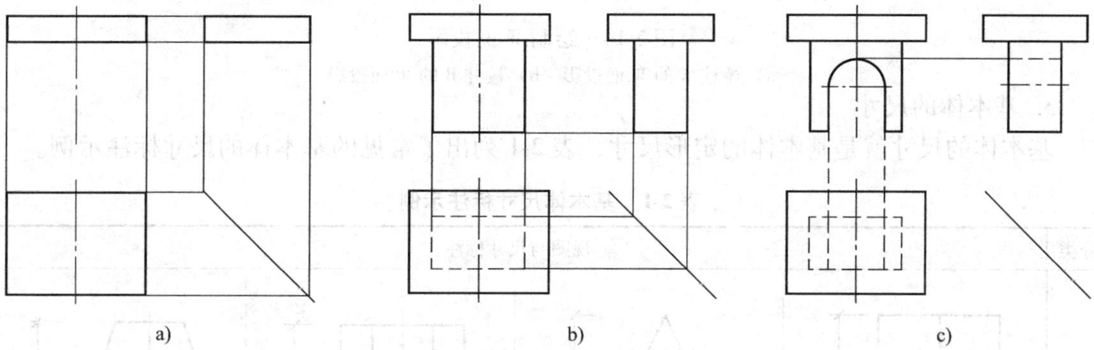

图 2-12　拱门三视图

a) 画上边棱柱 A　b) 画下边棱柱 B　c) 画门洞 C

例 2-1　由图 2-13a 所示的组合体的 V、H 面投影，补画 W 面投影。

图 2-13　组合体

a) 已知投影　b) 组合体形状分析

作图步骤如下：

1) 分析组合体投影，确定组合体形状。如图 2-13b 所示，由 V 面投影可想像该组合体由棱柱 A、B 两部分组成；将 V、H 面投影对照，运用对应关系，确定组合体的形状。

2）根据投影关系，绘制 *W* 面投影。如图 2-14a、b 所示：先绘制棱柱 A 的 *W* 面投影，再绘制棱柱 B 的 *W* 面投影。

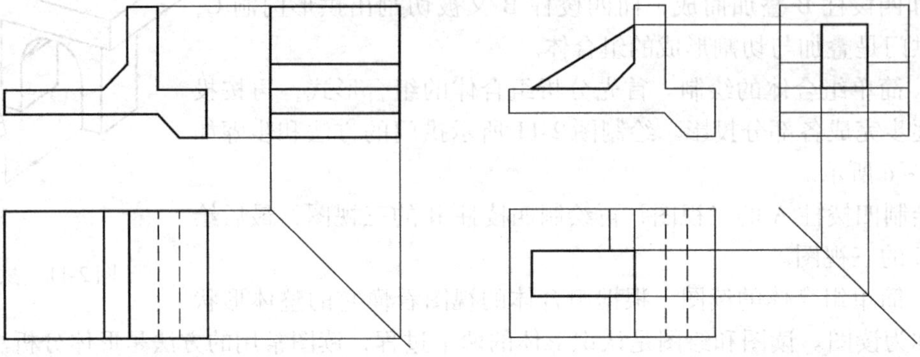

a）　　　　b）

图 2-14　绘制 *W* 面投影

a）棱柱 A 的 *W* 面投影　b）棱柱 B 的 *W* 面投影

3. 基本体的尺寸

基本体的尺寸就是基本体的定形尺寸，表 2-1 列出了常见的基本体的尺寸标注示例。

表 2-1　基本体尺寸标注示例

分类	视图与尺寸标注
平面立体	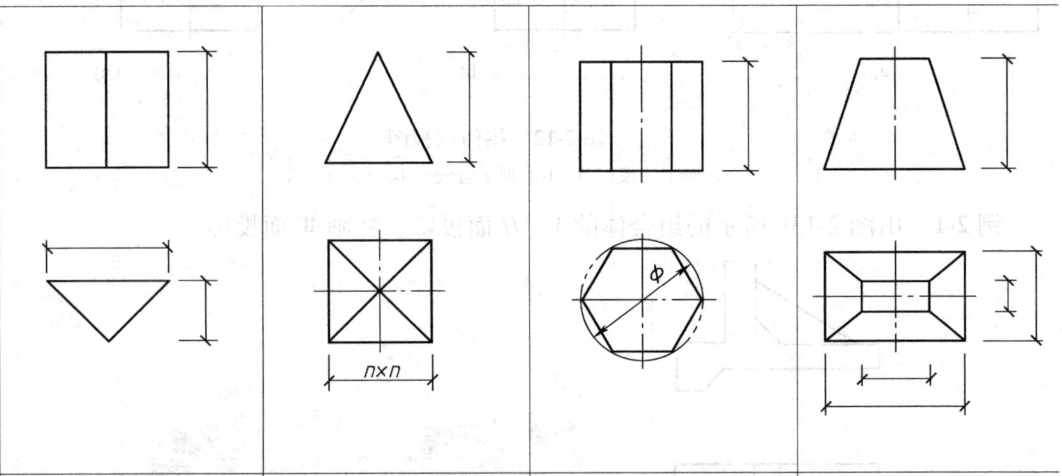
曲面立体	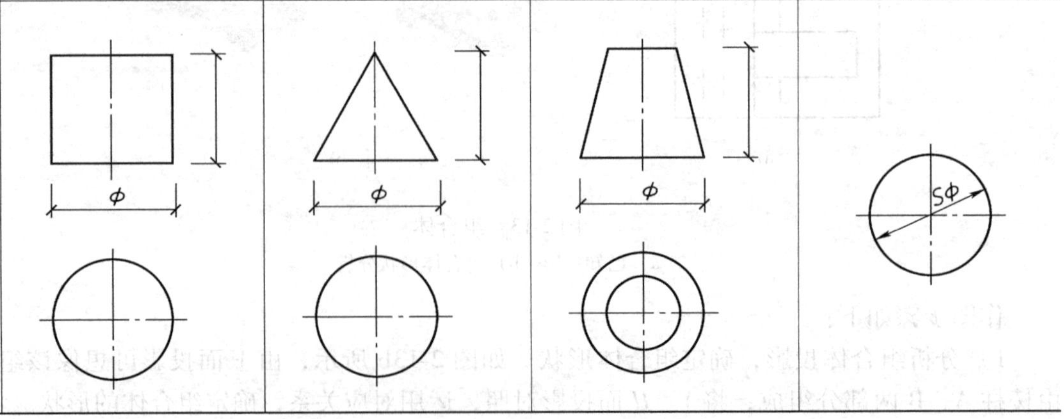

二、截交线

平面与立体相交称为截交或截切，用于截切立体的平面称为截平面，截平面与立体表面产生的交线称为截交线。截交线是截平面和立体表面共有点的集合，求作截交线的投影就是求截平面与立体表面的共有点。

1. 平面立体的截交线及其画法

平面立体的截交线是封闭的多边形。求作平面立体的截交线，只要求出平面立体上的棱线与截平面的交点，然后将交点依次连接即可得到截交线。

（1）三棱锥的截交线　如图 2-15a、b 所示，三棱锥被正垂面 P 截切，其截交线为一三角形，它由三棱锥的三条棱与 P 面的三个交点 A、B、C 连成。点 A、B、C 的 V 面投影是已知的，利用直线上的点具有从属性的特点，可求出点 A、B、C 的 H 和 W 面投影。

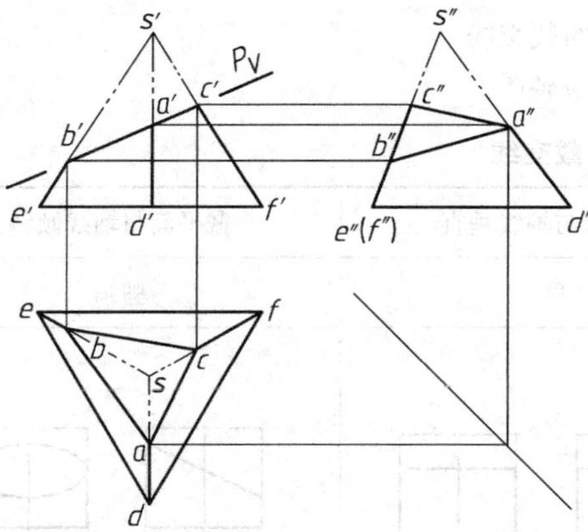

a)

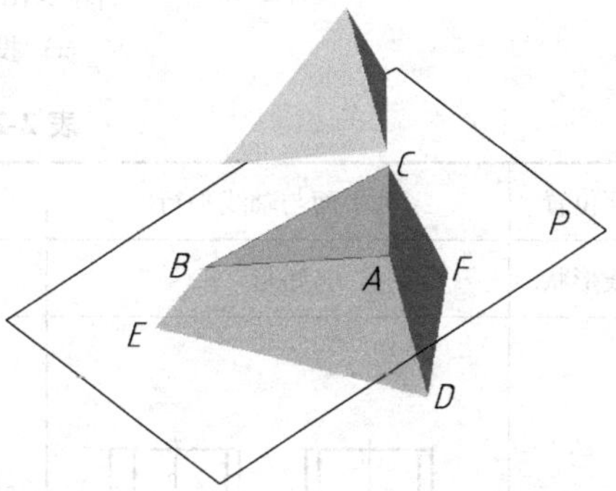

b)

图 2-15　三棱锥的截交线

a）投影图　b）立体图

（2）四棱柱的截交线　图 2-16a、b 所示是四棱柱被正垂面 P 和 Q 截切求作截交线的示例。由图中可以看出，四棱柱与 P 面相交于 A、B、C、G 点，与 Q 面相交于 C、D、E、F、G 点，P 面与 Q 面的交线 CG 为正垂线，求作四棱柱与 P 面和 Q 面的截交线，只要求出 A、B、C、D、E、F、G 点的各面投影，然后依次连接即可。

因截平面 P 和 Q 是正垂面，四棱柱的四个侧面是铅垂面，故点 A、B、C、D、E、F、G 的 V 和 H 面投影可直接得出，再根据点的 V 和 H 面投影求出 W 面投影。求出截交线之后，不要忘记检查每条棱线的切割情况，本例中的四棱柱最右棱线没有被截断，侧投影由 e'' 向上看不见的部分应画成虚线。

2. 回转体的截交线及其画法

回转体的截交线为封闭的平面图形。回转体不同，截平面的位置不同，其产生的截交线也不同。求回转体的截交线时，可将曲表面的素线当作棱线，求出素线与截平面的交点，然后将交点连成光滑的曲线，即可得出所求的截交线。

（1）圆柱的截交线　截平面与圆柱轴线的相对位置关系有 3 种，产生的截交线有矩形、圆和椭圆，见表 2-2。

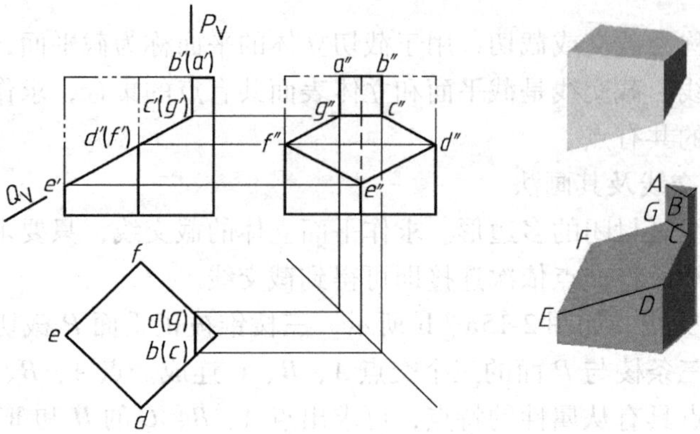

a)　　　　　　　　b)

图 2-16　四棱柱的截交线

a）投影图　b）立体图

表 2-2　圆柱的截交线

截平面位置	截平面与轴线平行	截平面与轴线垂直	截平面与轴线倾斜
截交线形状	矩形	圆	椭圆
投影图与立体图	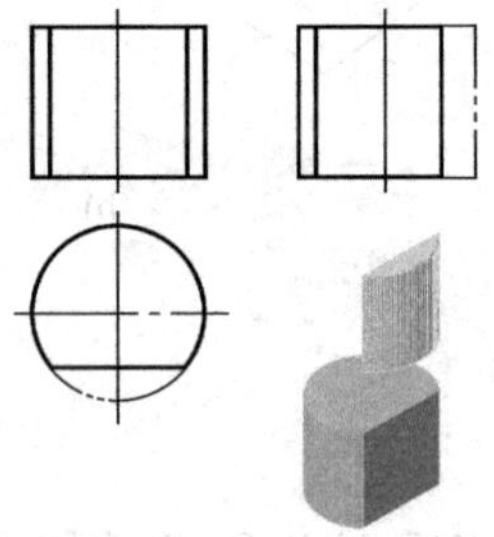	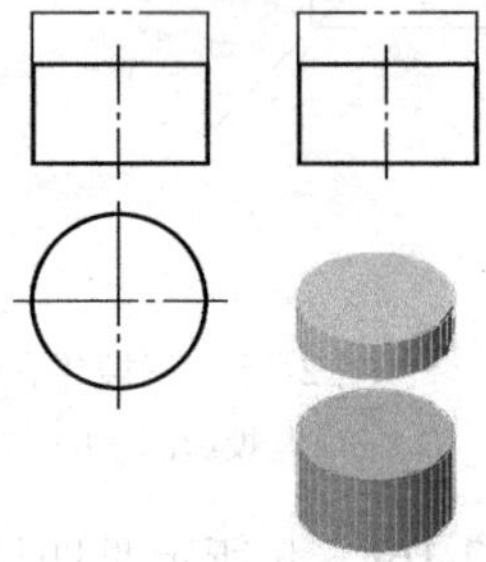	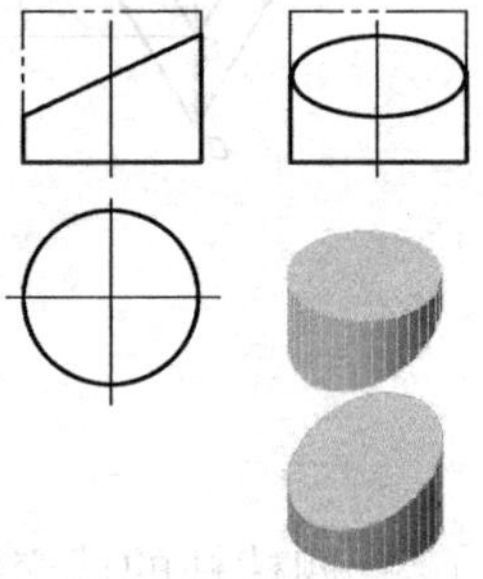

图 2-17a、b 所示为水平圆柱被铅垂面和正平面截切求作截交线的作图示例。首先求铅垂面与圆柱的截交线。铅垂面斜截圆柱，截交线的空间形状为一椭圆，椭圆的 V 面投影仍为椭圆（若截平面与圆柱轴线成 45°相交时，则投影为圆），其长短轴的端点分别在圆柱的最上、最下、最前、最后四条素线上。椭圆的短轴 BD 为铅垂线，长度等于圆柱的直径，椭圆的长轴 AC 为正平线。求出椭圆长、短轴的 H 面投影后，再利用 H 和 W 面投影求出椭圆上若干个对称的一般点（如Ⅰ、Ⅱ、Ⅲ、Ⅳ点）的 V 面投影，最后光滑地连接这些点，即获得椭圆的 V 面投影。再求作正平面与圆柱的截交线。正平面截割圆柱，截交线为一矩形，其两条横边是圆柱面上过Ⅲ、Ⅳ点的两条素线，其投影位置由 W 面投影确定。正平截面与铅垂截面相交，交线为铅垂线ⅢⅣ。

最后整理，完成全图。应注意圆柱的最上、最下两条素线的 V 面投影应从右向左画至截交线椭圆的短轴端点 B、D 处。

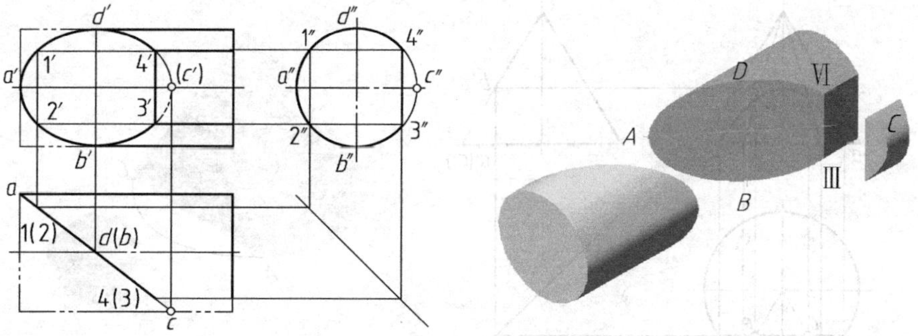

a) b)

图 2-17 圆柱被铅垂面和正平面截切

a）投影图 b）立体图

（2）圆锥的截交线 圆锥被平面截切，不同位置的截平面与圆锥截切，产生的截交线有圆、等腰三角形、抛物线、双曲线和椭圆 5 种，见表 2-3。

表 2-3 圆锥的截交线

截平面位置	截平面垂直于轴线	截平面通过锥顶	截平面平行于一条素线	截平面平行于轴线	截平面相交于所有素线
截交线形状	圆	等腰三角形	抛物线	双曲线	椭圆
投影图	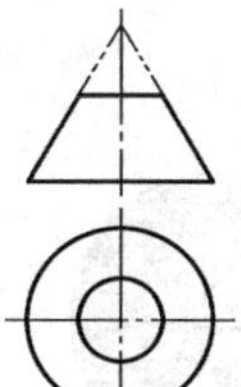	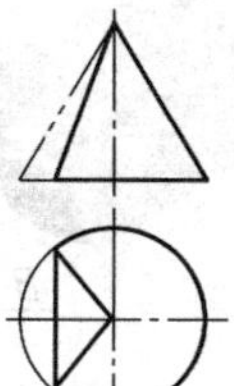	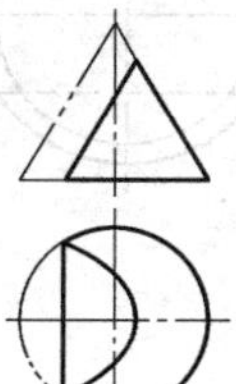	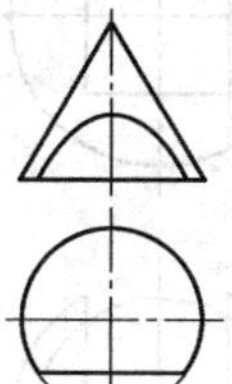	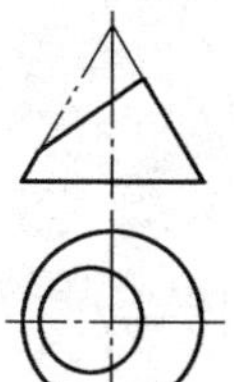
立体图		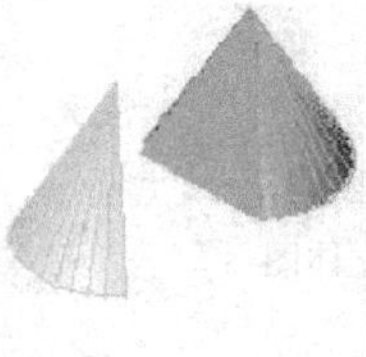			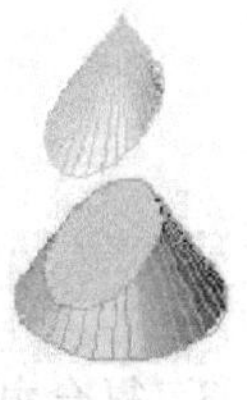

图 2-18a、b 所示为正平面截切圆锥求作截交线的作图示例。从 H 面投影可以看出，截平面平行于圆锥的轴线，截交线的空间形状是一双曲线，其 H 和 W 面投影都有积聚性。若求其 V 面投影，首先由 H 面投影确定双曲线上最下两个特殊点 A 和 C 的 V 面投影，其 W 面投影可以确定双曲线最上点 B 的 V 面投影；再利用“素线法”在 H 面上找出双曲线上一般点 D、E 的 V 面投影，最后光滑地连接这些交点，即获得双曲线的 V 面投影。

（3）圆球的截交线 平面与圆球相交，截交线的空间形状为圆。根据截平面位置的不同，截交线的投影可能为圆，也可能为椭圆或直线。

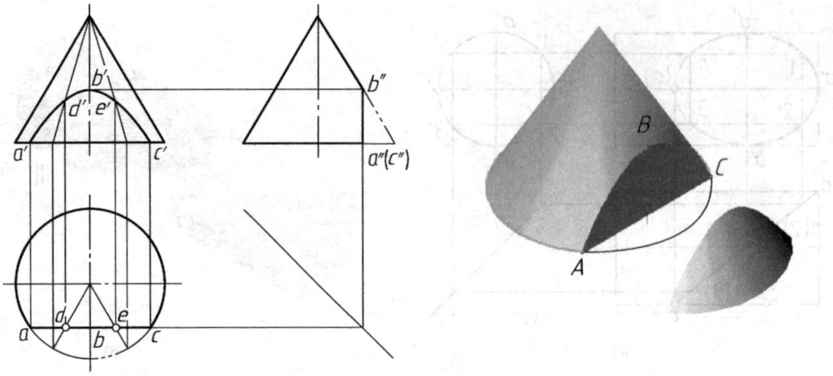

a)　　　　b)

图 2-18　圆锥被平面截切

a）投影图　b）立体图

图 2-19a、b 所示为圆球被两个水平面和两个侧平面截切求作截交线的作图示例，它相当于圆球被开了一个前后贯通的方孔。本例中截平面均为投影面的平行面，所以截交线在投影面的投影为圆或直线，利用“纬圆法”可求出相应的投影。截平面之间的交线为正垂线，其 H 和 W 面投影有可见和不可见之分，不可见部分应画成虚线。

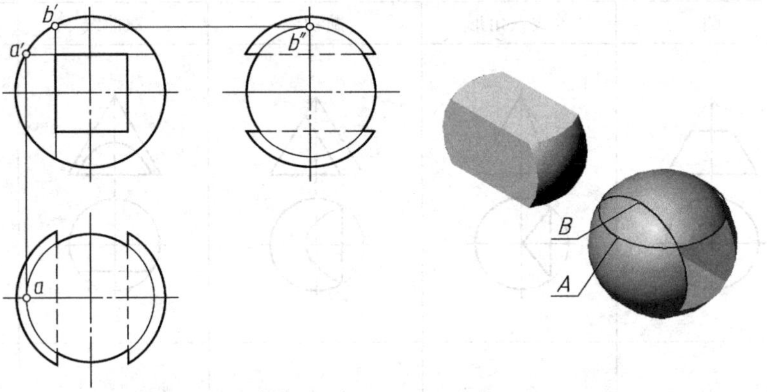

a)　　　　b)

图 2-19　圆球截切

a）投影图　b）立体图

3. 复合截交线及其画法

用一截平面切割两个以上的立体形成的截交线称为复合截交线。

图 2-20a、b 所示为复合截交线的作图示例。该立体由圆柱和半圆球组成，它被侧平面 P 和正垂面 Q 截切。侧平面 P 截切半圆球 1 的交线为半圆；截切圆柱 2 时，交线为两条铅垂线，并且与半圆球截交线相切；截切圆柱 3 时，交线为两条铅垂线。正垂面 Q 截切圆柱 3 的交线为部分椭圆。其投影作图可利用“纬圆法”求半圆球半圆截交线的侧面投影，利用圆柱面在 H 面投影的积聚性求圆柱 3 的椭圆截交线的侧面投影。

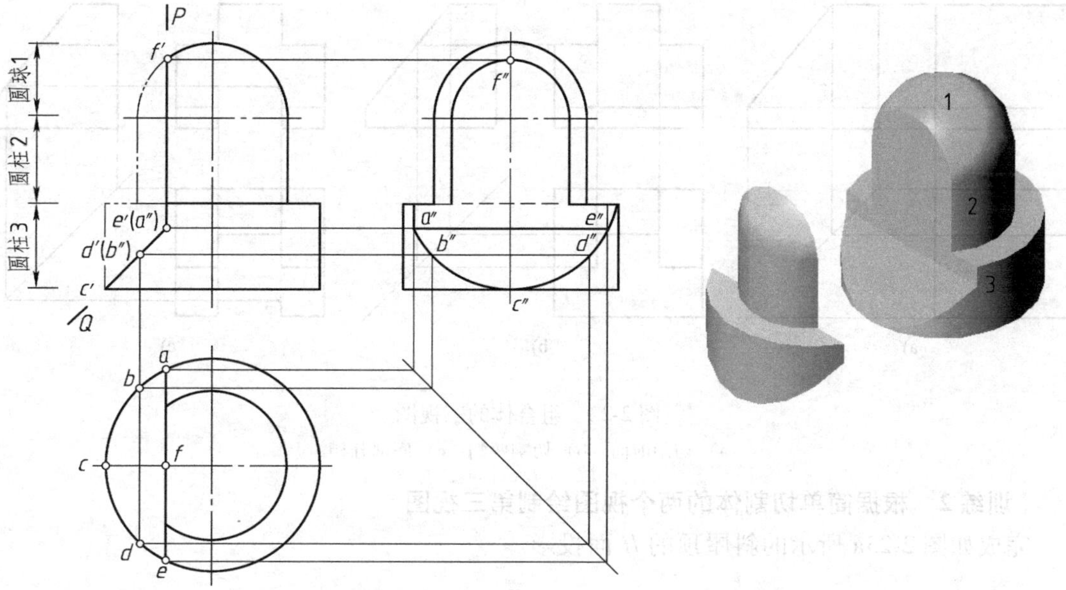

a)　　　　b)

图 2-20　复合截交线

a）投影图　b）立体图

第二节　技能训练

训练 1　根据立体图绘制三视图

根据图 2-21a 所示立体图绘制三视图。

分析：由图 2-21b 可知，该立体是一个四棱柱体经过三次切割形成的组合体。

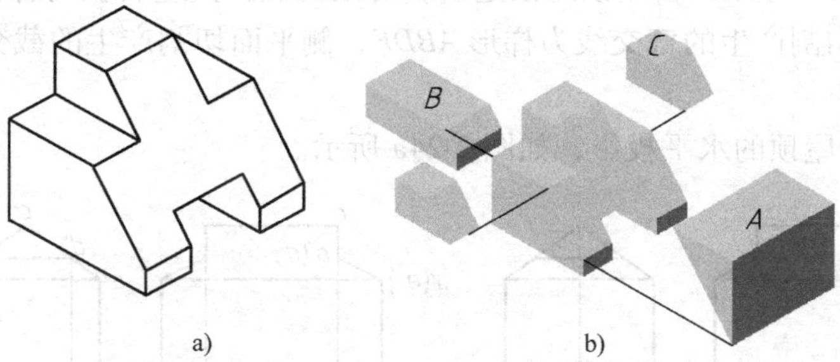

a)　　　　b)

图 2-21　立体图

a）已知立体图　b）形体分析图

作图步骤：

1）绘制四棱柱体被切割 A 部分后的三视图，如图 2-22a 所示。

2）绘制切割 B 部分后的三视图，注意在斜面上切割的投影对应关系，如图 2-22b 所示。

3）绘制切割 C 部分后的三视图，因为在立体的下面由前后开槽，注意判断 H 和 W 面投影的可见性，如图 2-22c 所示。

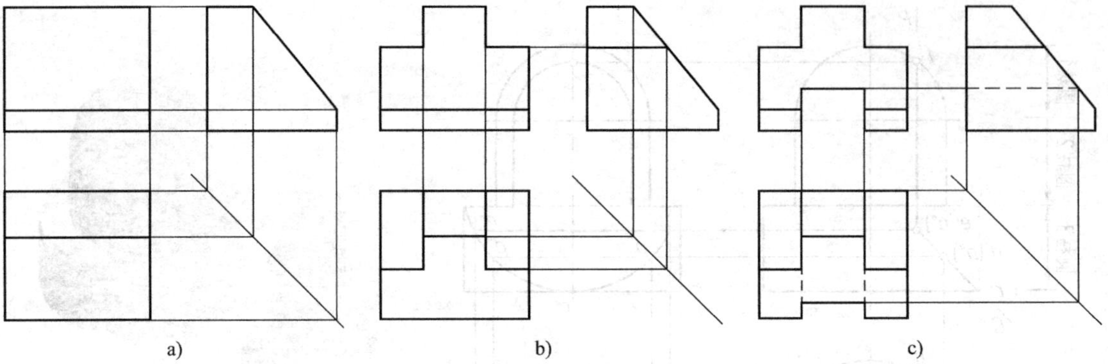

图 2-22　组合体的三视图

a）切割前面　b）切割两侧　c）底部开槽

***训练 2　根据简单切割体的两个视图绘制第三视图**

完成如图 2-23a 所示的斜屋顶的 *H* 面投影。

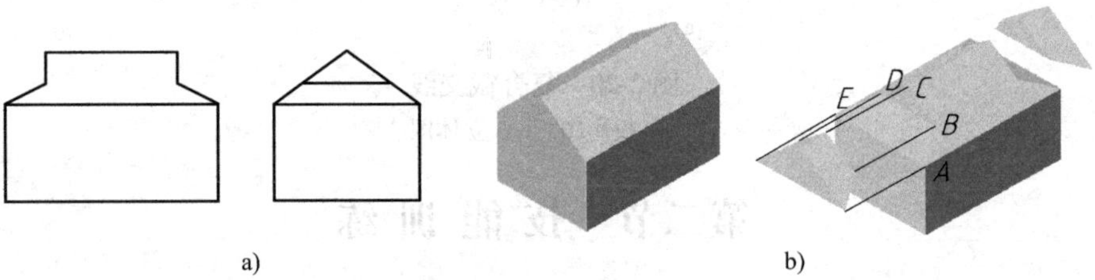

图 2-23　简单切割体

a）已知投影图　b）形体分析图

分析：由图 2-23b 可知，斜屋顶的顶是横躺的三棱柱，其左右被对称的正垂面和侧平面切去一角。正垂面切割产生的截交线为梯形 *ABDE*，侧平面切割产生的截交线为△*BCD*。

作图步骤：

1）绘制三棱柱屋顶的水平投影，如图 2-24a 所示。

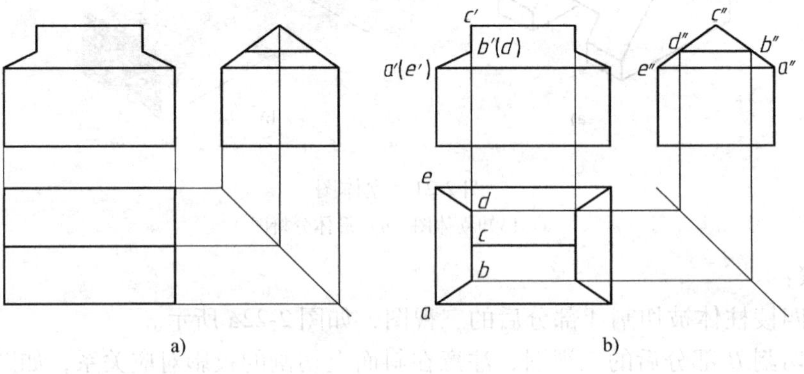

图 2-24　斜屋顶三视图

a）原图　b）作图结果

2）求作点 B、D 的水平投影，整理完成 H 面投影，如图 2-24b 所示。

****训练 3　根据曲面立体截交线的两个视图绘制第三视图（一）**

完成如图 2-25a 所示圆筒切口的 H、V 面投影。

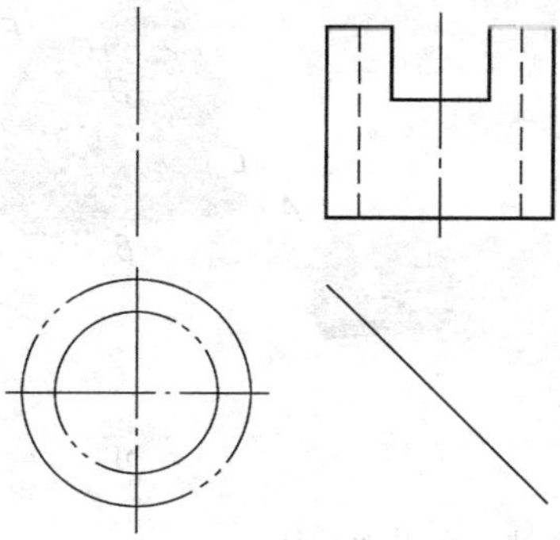

a)

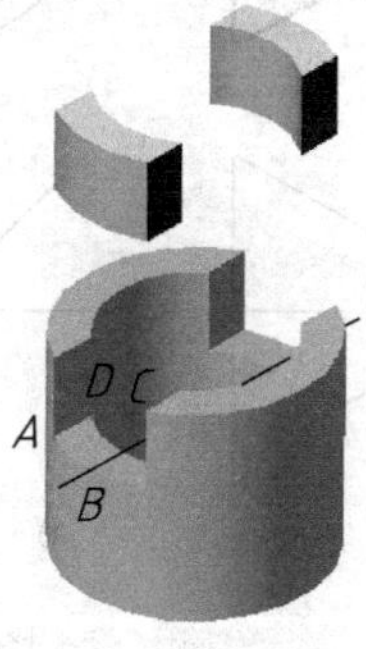

b)

图 2-25　带切口的圆筒

a）已知投影图　b）形体分析图

分析：当圆筒如图 2-25a 所示位置放置时，其切口由两个正平截面和一个水平截面切割形成。如图 2-25b 所示，正平截面与圆筒轴线平行，与圆筒内外表面相交，截交线为矩形，交线的 V 面投影位置由 H 面投影确定，交线高度由 W 面投影确定；水平截面与圆筒的轴线垂直，截交线为圆的一部分；两个正平截面与水平截面垂直相交，交线为侧垂线。

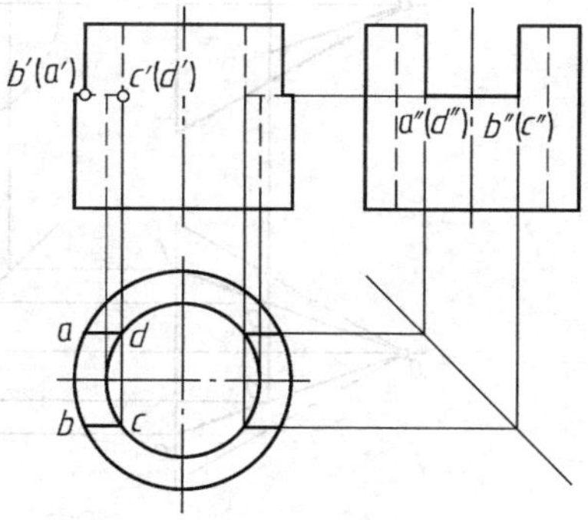

图 2-26　带切口的圆筒三视图

作图步骤：

1）由 W 面投影求作点 A、B 的 H、V 投影面。

2）由 W 面投影求作点 C、D 的 H、V 投影面。

3）整理完成 H、V 面投影，如图 2-26 所示，注意圆筒内表面的交线不可见，应画成虚线。

****训练 4　根据曲面立体截交线的两个视图绘制第三视图（二）**

完成如图 2-27a 所示截切圆锥的 H、W 面投影。

分析：从 V 面投影可以看出，圆锥被两个正垂截面和一个侧平截面切割。如图 2-27b 所示，两个正垂截面都通过圆锥锥顶，其截交线 ABC 为等腰三角形，截交线 $DEFG$ 为等腰梯形；侧平截面与圆锥轴线垂直，截交线 $CBDG$ 是部分圆平面；两个正垂截面和侧平截面相交，交线为正垂线 BC 和 DG。

作图步骤：

1）利用“素线法”求等腰梯形 $DEFG$ 的 H 和 W 面投影，如图 2-28a 所示。

2）利用“纬圆法”求部分圆平面 $CBDG$ 的 H 和 W 面投影，注意圆平面 $CBDG$ 的 H 面投影是ⅠⅡ直线段，如图 2-28b 所示。

3）求等腰三角形 ABC 的 H 和 W 面投影，如图 2-28c 所示。

4）整理，注意交线 BC 的 W 面投影不可见，应画成虚线，如图 2-28d 所示。

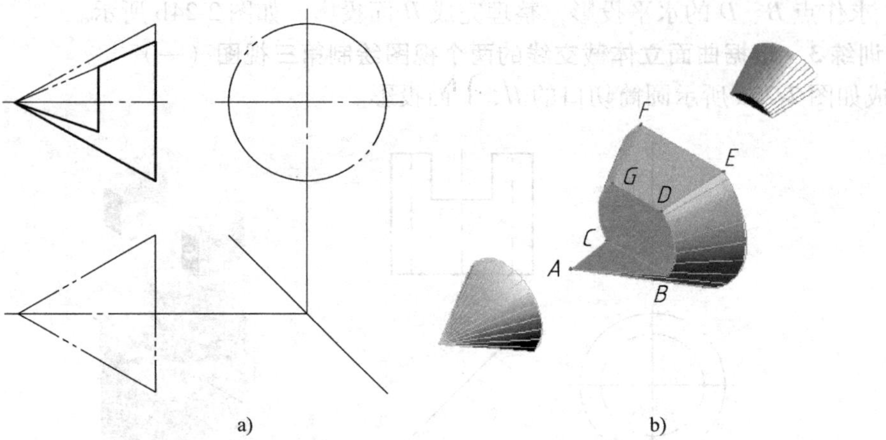

a) b)

图 2-27 圆锥被三个平面截切

a）已知投影图 b）形体分析图

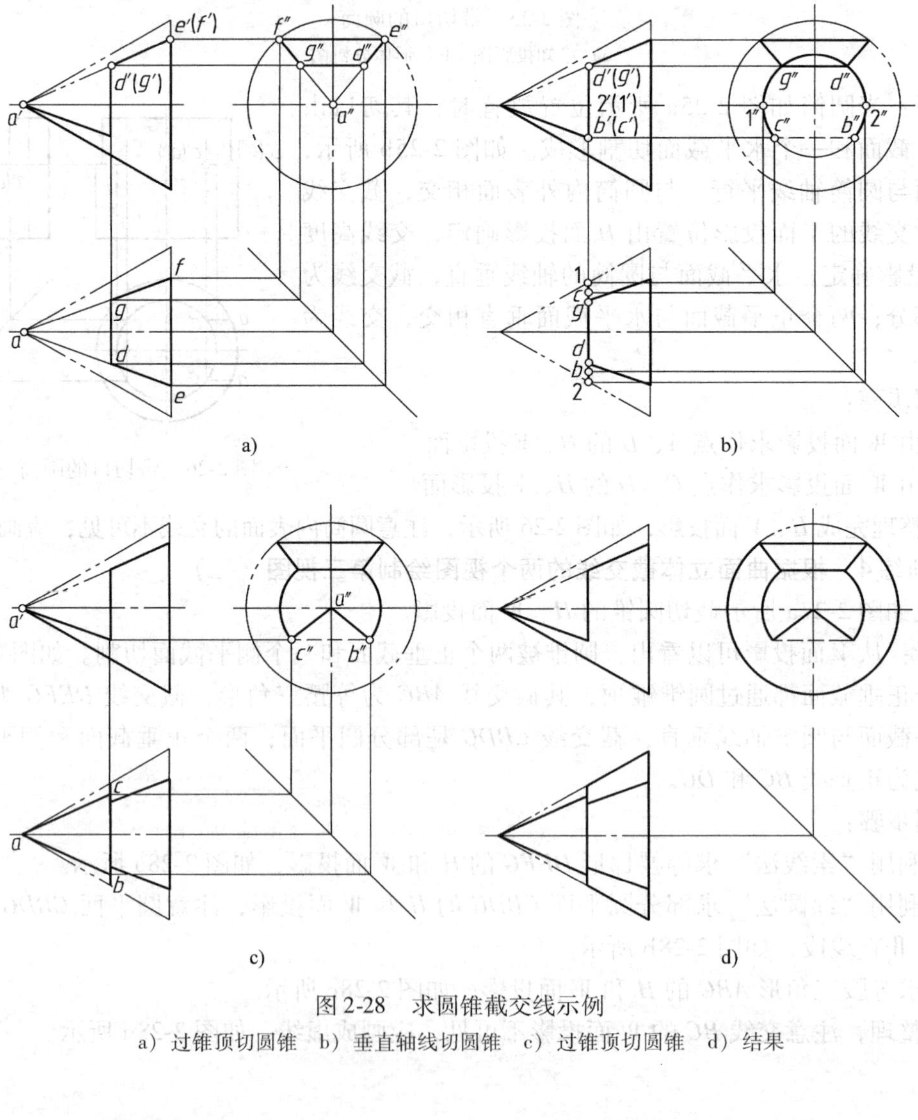

a) b) c) d)

图 2-28 求圆锥截交线示例

a）过锥顶切圆锥 b）垂直轴线切圆锥 c）过锥顶切圆锥 d）结果

第三章 组 合 体

培训目标

知识要点	培训目标		
	初 级	中 级	高 级
一、相贯线	无	1. 熟练掌握轴线正交的两圆柱体相贯线的简化画法 2. 掌握轴线正交的圆柱体和圆锥体相贯线的画法 3. 掌握圆柱体或圆锥体与球相交，且轴线通过球心时相贯线的画法（基本体数量在4个以下）	1～3项同中级 4. 掌握复合相贯线及其画法（基本体数量在3个以上）
二、组合体	1. 了解组合体及其组合方式 2. 掌握组合体不同连接方式的区别及画法 3. 掌握由立体图绘制三视图的方法	1～3项同初级 4. 能熟练运用形体分析法和线面分析法阅读组合体视图，掌握由两个视图绘制第三视图的基本方法 5. 较好地掌握正确、完整、清晰地标注组合体尺寸的方法	1～5项同中级 6. 熟练掌握复杂组合体由两个视图绘制第三视图的方法

第一节 知识要点

*一、相贯线

立体与立体相交，一般称为相贯。相贯时在立体表面产生的交线称为相贯线。相贯线是两相交立体的共有线，是两立体表面上共有点的集合；相贯线可以是平面曲线、直线，也可以是封闭的空间曲线。

1. 相贯线及其画法

求相贯线的方法有积聚性法和辅助平面法两种方法。

（1）积聚性法 利用积聚性求相贯线。

当相交两立体的表面与投影面垂直时，可利用垂直表面的积聚性直接求作相贯线。

例 3-1 圆柱与四棱柱相贯，求相贯线。

1）分析：由图3-1a可知，圆柱轴线垂直于H面，柱面的H面投影积聚成圆；四棱柱与圆柱面相交，且4个侧面垂直于W面，其在W面上的投影为四边形。两立体交线$ABCD$为封闭的空间曲线，如图3-1b所示，其中AB和CD为铅垂线，AD和BC为水平圆弧线。

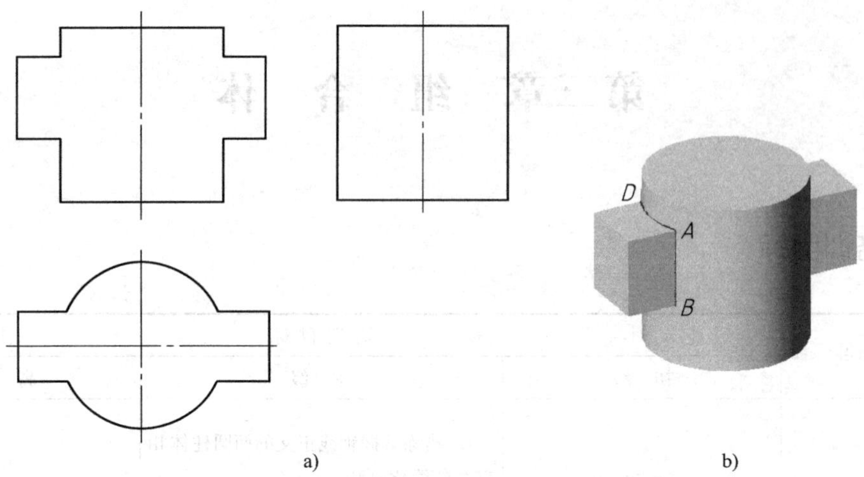

图 3-1　圆柱与四棱柱相贯
a）投影图　b）立体图

2）作图：由分析可知，相贯线的 W 面投影在四棱柱 4 个侧面的积聚线上，H 面投影为积聚圆中与四棱柱 H 面投影的共有部分，由相贯线的 H 面投影和 W 面投影可作出相贯线的 V 面投影，如图 3-2 所示。

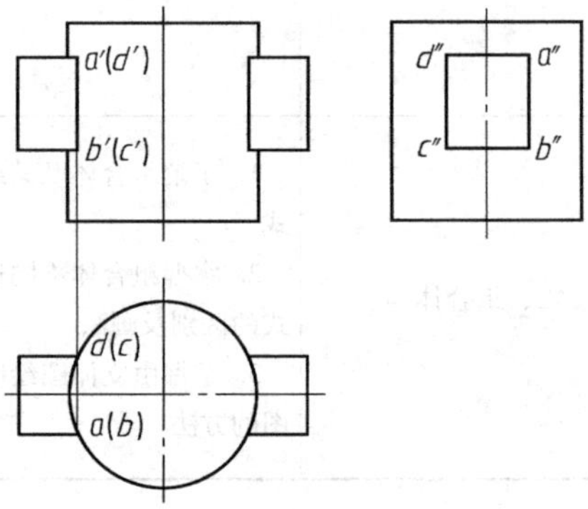

图 3-2　圆柱与四棱柱相贯线的投影图

例 3-2　两圆柱相贯，求相贯线。

1）分析：如图 3-3a 所示，水平圆柱轴线垂直于 W 面，柱面的 W 面投影积聚成圆；直立圆柱轴线垂直于 H 面，柱面的 H 面投影积聚成圆。两圆柱轴线垂直相交，直立圆柱贯穿于水平圆柱内，它们的相贯线是左右、前后对称的空间曲线，如图 3-3b 所示。

2）作图：两圆柱分别垂直于 H 和 W 面，相贯线的 H 面投影积聚为圆，W 面投影为积聚圆的一部分。

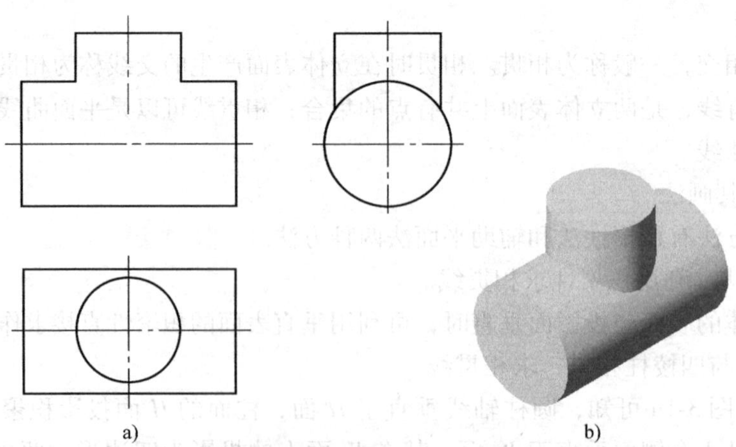

图 3-3　圆柱与圆柱相贯
a）投影图　b）立体图

① 求特殊点。如图 3-4 所示，点 A、B、C、D 分别在小圆柱最前、最后、最左、最右 4 条素线上，A、C 又在大圆柱最上面的素线上，其 H、W 面投影为已知，故 V 面投影很容易求出。

② 求一般点。在相贯线的 H 面投影上选取对称的 4 点，根据点的投影关系，求其 W 面投影（在大圆上），然后由 H、W 面投影再求出 V 面投影。

③ 连线。在 V 面上将各点按顺序光滑连接即得相贯线的 V 面投影。由于相贯的两圆柱前后对称，因此相贯线的不可见部分与可见部分重影。

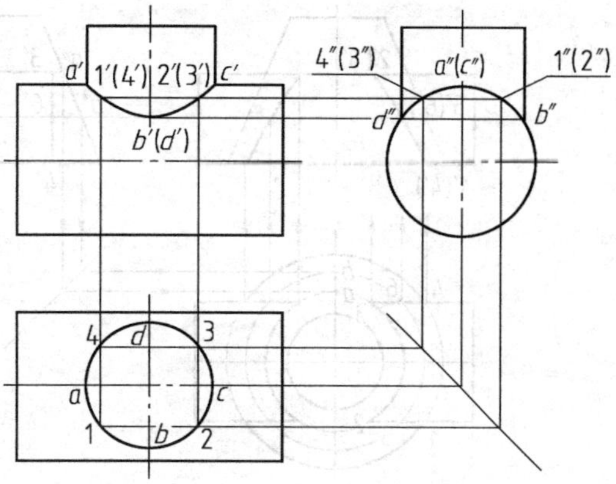

图 3-4　圆柱与圆柱相贯线的投影图

（2）辅助平面法　利用辅助平面求相贯线。

例 3-3　圆锥台与棱柱相贯，求相贯线。

1）分析：如图 3-5a、b 所示，圆锥台全贯于四棱柱，其相贯线为左右、前后对称的空间曲线。棱柱的上表面与圆锥台轴线垂直，交线为圆弧，下表面与圆锥台平齐；前后两侧面与圆锥台轴线平行，交线为双曲线。

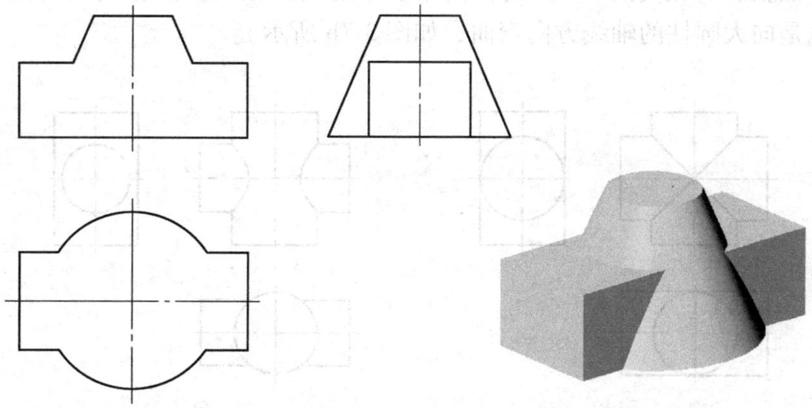

a)　　b)

图 3-5　棱柱与圆锥台相贯

a）投影图　b）立体图

2）作图：四棱柱在 W 面上积聚成矩形，而圆锥面没有积聚性，可利用辅助平面求作相贯线。相贯线左右对称，所以只介绍左半部分相贯线的作法。

① 如图 3-6a、b 所示，过棱柱上表面作辅助平面 P，P 与圆锥台相交，其交线圆的 H 面投影过 a 点，此圆与棱柱的水平投影相交于 2、3 点，根据点的投影关系作出 V 面投影 2′、3′。

② 用同样的方法作出Ⅰ、Ⅳ、Ⅴ、Ⅵ各点的 V、H 面投影。

③ 按顺序光滑连接相贯线的 V、H 面投影，其中 V 面投影Ⅰ、Ⅱ、Ⅴ与Ⅳ、Ⅲ、Ⅵ重影。

（3）相贯线的特殊情况　一般情况下，两曲面立体相贯，其相贯线为空间封闭曲线。

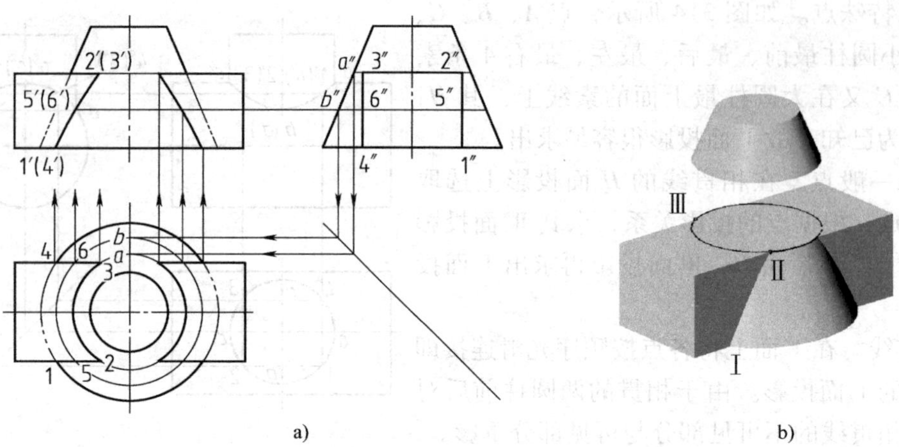

图 3-6　棱柱与圆锥台相贯线的作法

a）投影作图过程　b）立体图

但在特殊情况下，相贯线会退化为平面曲线。

1）等径圆柱相贯：如图 3-7a 所示，两圆柱的轴线正交，直径相等，它们的相贯线为两个椭圆，其 V 面投影为相交的 45°直线。直径不等的圆柱相贯，其相贯线的投影为双曲线，并且双曲线总是向大圆柱的轴线方向弯曲，如图 3-7b 所示。

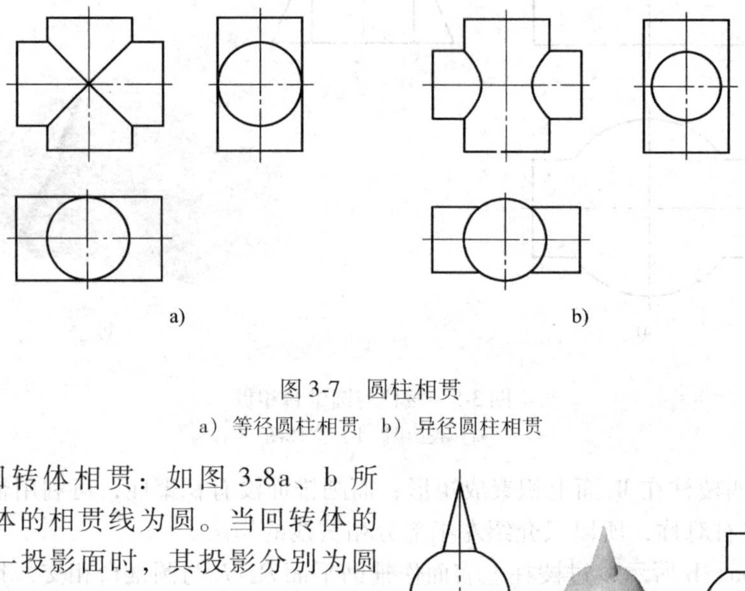

图 3-7　圆柱相贯

a）等径圆柱相贯　b）异径圆柱相贯

2）共轴回转体相贯：如图 3-8a、b 所示，共轴回转体的相贯线为圆。当回转体的轴线垂直于某一投影面时，其投影分别为圆或直线。

**2. 复合相贯线及其画法

两个以上的立体相贯形成的相贯线称为复合相贯线。

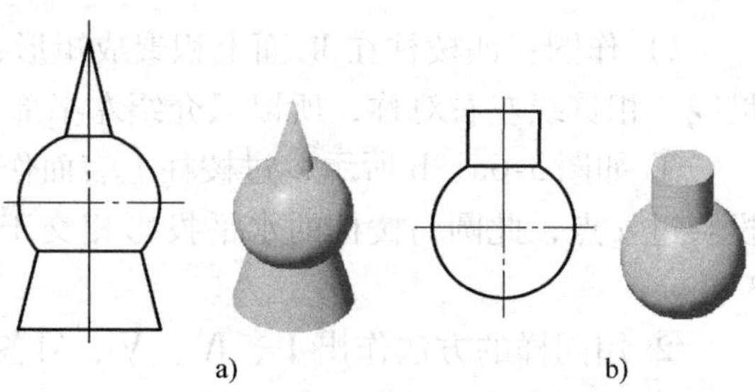

图 3-8　共轴回转体相贯

a）锥与球相贯　b）柱与球相贯

例 3-4　求三个回转体的相贯线。

（1）分析：如图 3-9a、b 所示，水平圆柱与直立圆柱和半圆球同时相贯，半圆球和直立圆柱相切。水平圆柱与直立圆柱轴线相交，相贯线是空间曲线；水平圆柱与半圆球轴线不相交，也不过球心，它们的相贯线是前后对称的空间曲线。

水平圆柱与直立圆柱的相贯线，可利用积聚性直接求出；而水平圆柱与半圆球的相贯线须用辅助平面法求出，本题选用水平面作为辅助平面。

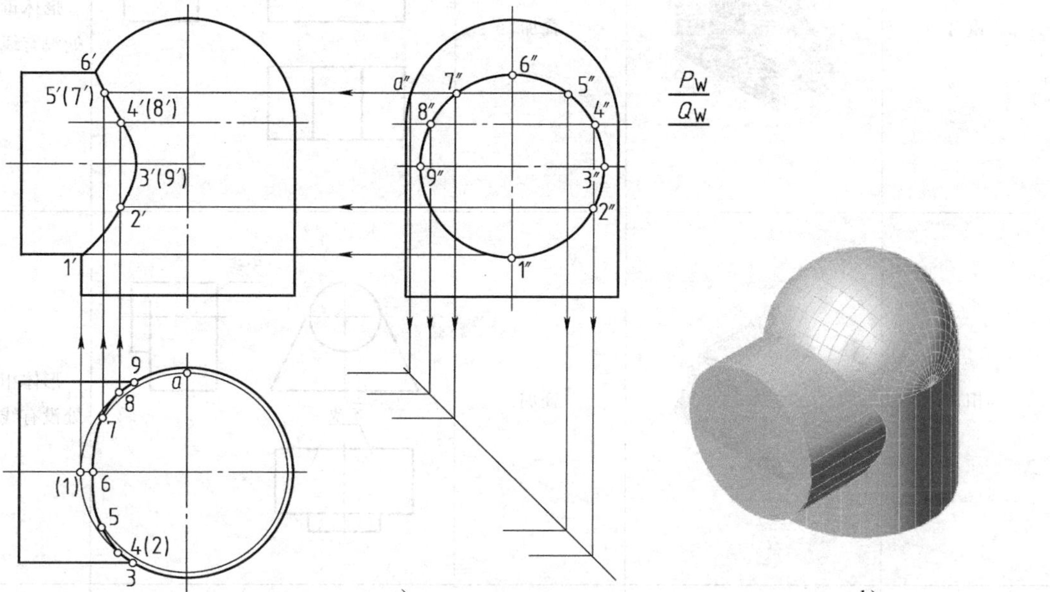

a) b)

图 3-9　复合相贯线

a）投影图　b）立体图

（2）作图

1）作水平圆柱与直立圆柱的相贯线。其 *W* 面投影为 8″→4″的圆弧（逆时针方向），*H* 面投影为 9→3 圆弧（逆时针方向），由 *H*、*W* 面投影，作出其 *V* 面投影。

2）作水平圆柱与半圆球的相贯线。其 *W* 面投影为 4″→8″的圆弧（逆时针方向），特殊点Ⅵ在圆柱最上轮廓素线和圆球的 *V* 面最大轮廓圆上，由 6′、6″可求出 *H* 面投影 6；为了求一般点Ⅴ和Ⅶ，可在 *W* 面上过点 5″、7″作辅助水平面 *P*，该面与半圆球相交于过 *A* 点的水平圆，与圆柱相交于过Ⅴ和Ⅶ的侧垂素线。由 *W* 面投影作出交线的 *H* 面投影，交线在 *H* 面的交点即为 *H* 面投影 5 和 7，由Ⅴ和Ⅶ的 *H*、*W* 面投影作出 *V* 面投影 5′和 7′。

3）光滑连线相贯线，补全各视图的轮廓线。

二、组合体

1. 组合体的绘制与读图

（1）组合体的表面连接　组合体由基本体叠加或切割组合时，基本体的表面间会出现重合、相切、相交、相贯等不同的连接形式，见表 3-1。

表 3-1 组合体的组合方式与表面的连接

表面连接	组合体	组合形式	投影图	投影特点
重合		叠加	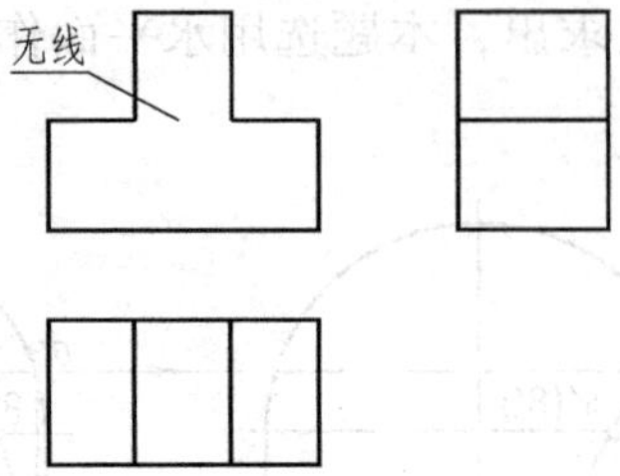	形体重合表面处没有线
相切	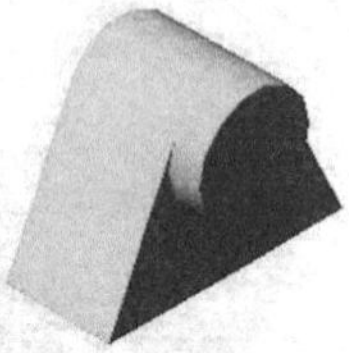	叠加	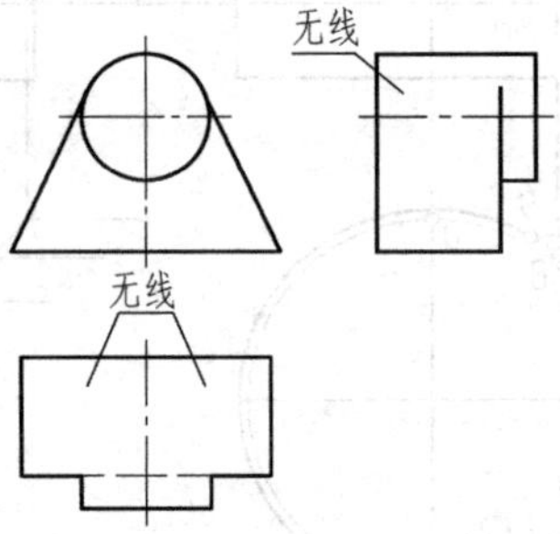	形体相切表面处没有线
相交	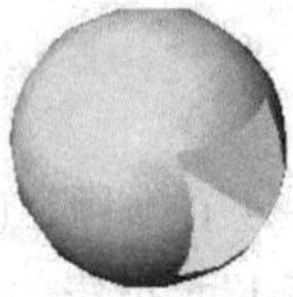	切割	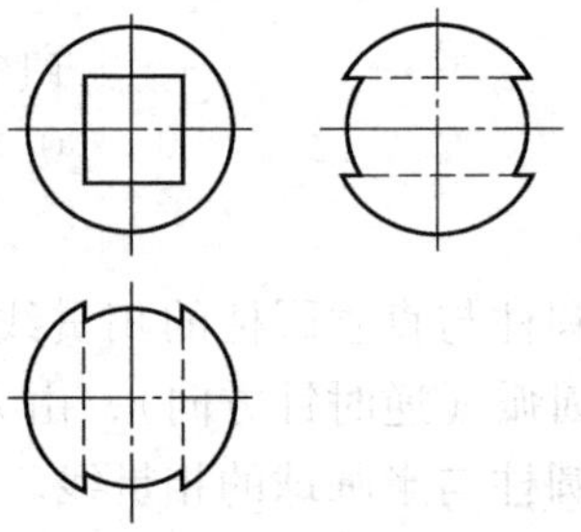	形体切割表面处有截交线
相贯		叠加	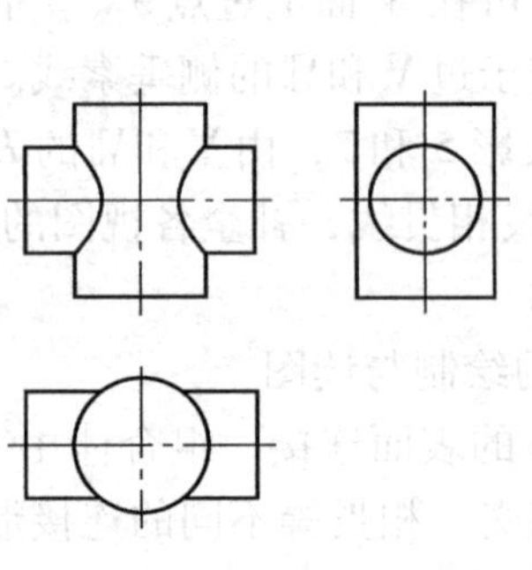	两形体相贯表面处有相贯线

（2）组合体的绘制　绘制组合体应遵循以下步骤：

1）形体分析。画图之前，应首先分析组合体的组成、各基本体的形状及组合方式，分析组合体表面的连接形式，必要时还需要分析组合体上的各表面或直线的空间位置。

2）选择合理的投射方向。合理的投射方向是指将最能反映组合体形状特征的方向作为正面 V 的投射方向，同时还应使组合体在各投影面上的投影虚线最少。

3）有条理性地绘图。绘制组合体投影图时，应逐个完成组合体各部分的投影，切忌画完一个投影，再画另一个投影。绘制的顺序是先画尺寸大的形体，再画尺寸小的形体；先画外形轮廓，后画局部细节。

例 3-5　绘制如图 3-10 所示的肋式杯形基础立体。

1）形体分析，确定投射方向。由图 3-10b 可知，肋式杯形基础是由四棱柱的底板、四棱柱内截割棱台的基础杯和 8 块肋板组成。它们属叠加组合，除左右肋板各有一表面与基础杯前后表面重合外，其余皆为相交。其 V、H、W 面投影，可按图 3-10a 中箭头指向绘制。

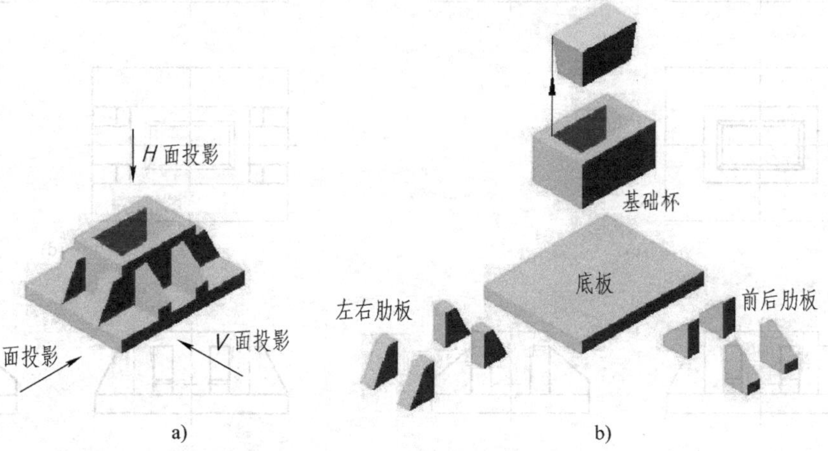

图 3-10　肋式杯形基础

a）投射方向　b）形体分析

2）选比例，定图幅。根据肋式杯形基础的形状和尺寸，选择 A3 图幅，用 1∶15 的比例绘制。

3）布置图面，画基准线。首先固定好图纸，然后根据各视图的大小和位置，画出基准线（即对称中心线和确定主要表面的基线等）。基准线是画图时测量尺寸的起点，每个投影图都应画出两个方向的基准线，如图 3-11a 所示。

4）画底稿。用细实线画出各投影的底稿。顺序是：先画主要形体，后画次要形体，先画外形轮廓，后画内部细节；先画可见部分，后画不可见部分。对称中心线和轴线要用细点画线直接画出，不可见部分的虚线也可直接画出，如图 3-11b ~ e 所示。

5）标注尺寸。底稿完成后，标注出组合体的定形尺寸和定位尺寸（标注方法后面介绍）。

6）检查、描深，完成全图。认真检查所绘底稿，纠正图中错误和补充遗漏。检查无误后，再用标准图线加深，填写标题栏，完成全图，如图 3-11f 所示。

（3）组合体的读图　组合体的读图，是组合体绘制的逆过程。组合体的读图，就是根

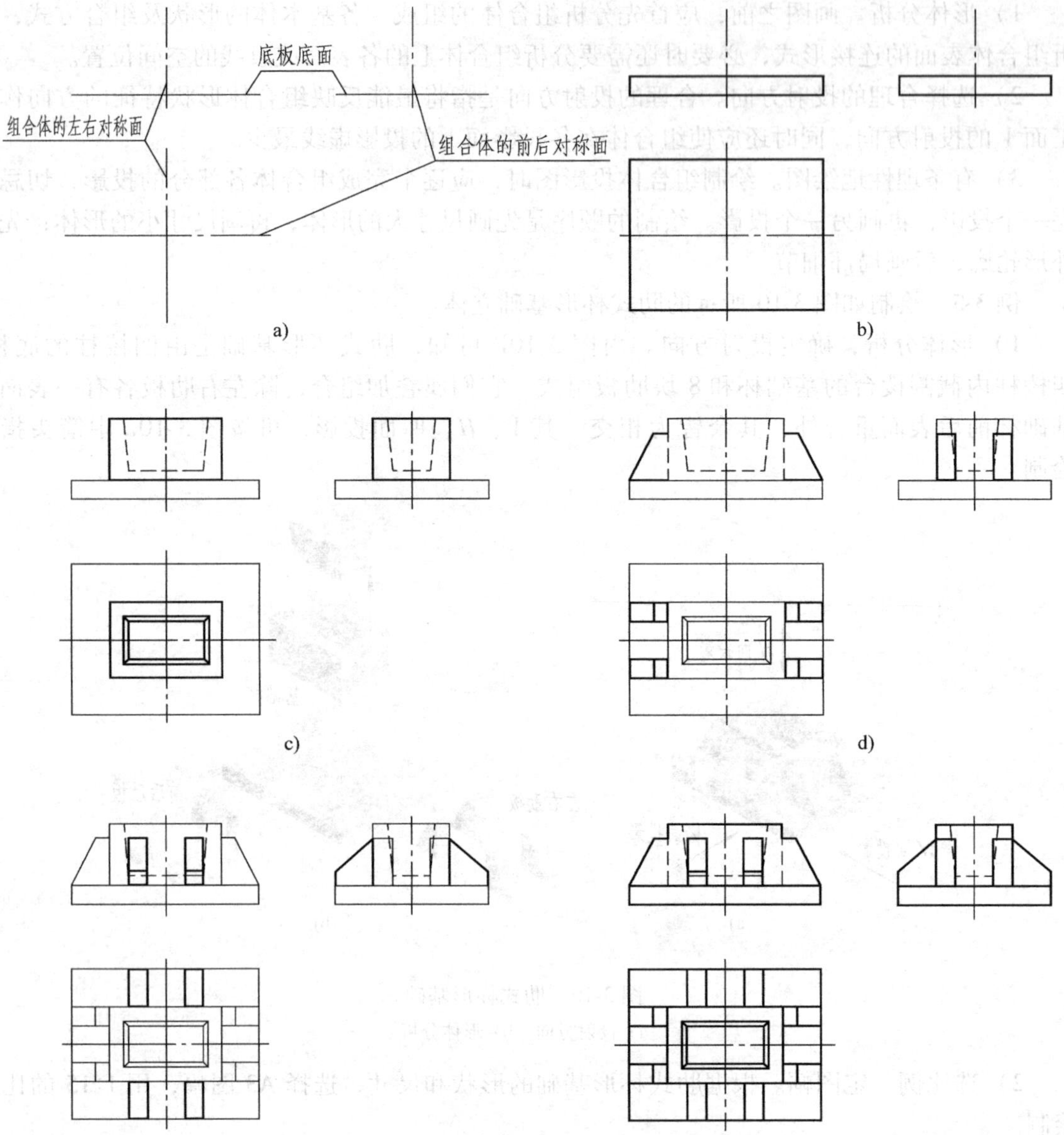

图 3-11　肋式杯形基础的绘制

a）画基准线，布置图位　b）画底板　c）画基础杯　d）画左右肋板　e）画前后肋板　f）描深

据组合体的投影图，想象出构成组合体的各部分形状及相互位置关系。

1）读图的基本知识。

① 根据各基本体三视图的特点，利用三视图“高平齐、长对正、宽相等”的投影规律，寻找图中的基本体，进而想象组合体的形状。

② 熟悉各种位置下几何体的投影，对切割后不完整的几何体应采用完整化的观点，从整体入手，想象其演变过程，表 3-2 表示了部分基本体的变化。

表 3-2　基本体及切割的基本体投影

名称	三棱柱	四棱锥	切割的圆柱	圆锥	切割的圆球
投影图	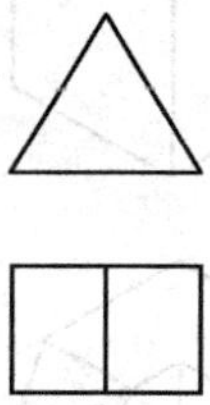	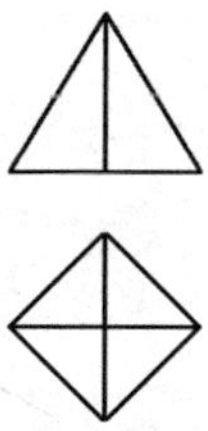	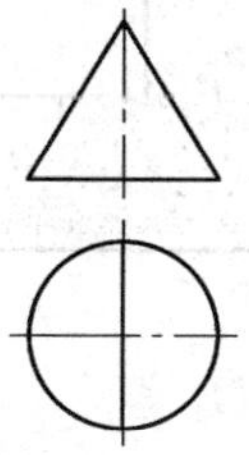	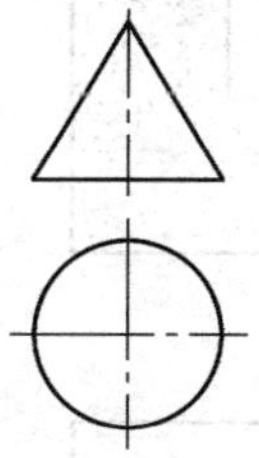	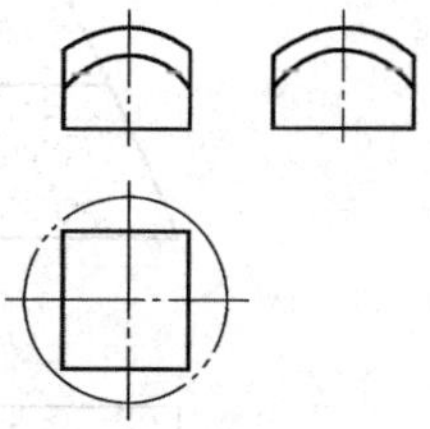
立体图					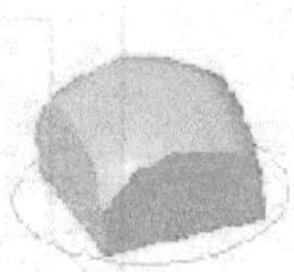

③ 掌握投影图上线框及图线的含义。投影图中一个封闭的线框表示形体上一个面（平面或曲面）的投影，相邻的线框表示不同的表面。图 3-12 所示的 *V* 面投影 *A*、*B*、*C* 三个封闭线框分别表示了前后不同的三个表面。

投影图上的图线，可能是面的积聚线，也可能是面与面的交线。图 3-12 所示的 Ⅰ 为铅垂圆柱面的积聚线圆，代表面；Ⅱ 为平面的积聚线，代表平面；Ⅲ 为圆柱和圆锥被平面截割的截交线；Ⅳ 为圆锥和圆柱的轮廓素线。

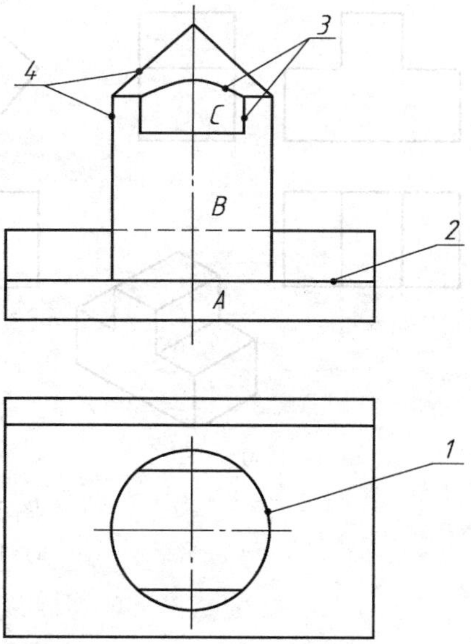

图 3-12　线框及图线分析

④ 面的投影有线段（直线或曲线）和线框两种，若为线框，则必与其实形类似。如图 3-13 所示，四棱柱杯被切割，其中正垂面 *T* 的 *V* 面投影为直线，*H*、*W* 面投影为类似的六边形，侧垂面 *U* 的 *W* 面投影为直线，*V*、*H* 面投影为类似的六边形。

⑤ 将几个投影图联系起来阅读，以形成整体形象。如图 3-14a ~ c 所示，三个组合体的 *H*、*W* 面投影相同，*V* 面投影不同。

2）组合体读图的方法和步骤：组合体的读图方法有形体分析法和线面分析法。形体分析法是根据基本体的投影特点，分析组合体的组成以及各组成部分的形状和相对位置关系，从而确定组合体的整体形状。线面分析法是分析组合体投影图上的线、面性质，进而确定组合体整体形状。

例 3-6　根据图 3-15a 所示的 *H*、*W* 面投影，补画 *V* 面投影。

分析组合体投影图，确定组合体形状。如图 3-15b 所示，由 *H* 和 *W* 面投影的基本轮廓设想组合体的基本形状是长方体；由 *H* 面投影的缺角设想长方体被铅垂面 *P* 和 *Q* 截切；由 *W* 面投影的缺角设想长方体被侧垂面 *R* 截切；将 *H* 面投影中间的线框与 *W* 面投影对应，正好是 *W* 面投影的虚线处，设想形体前后开槽。

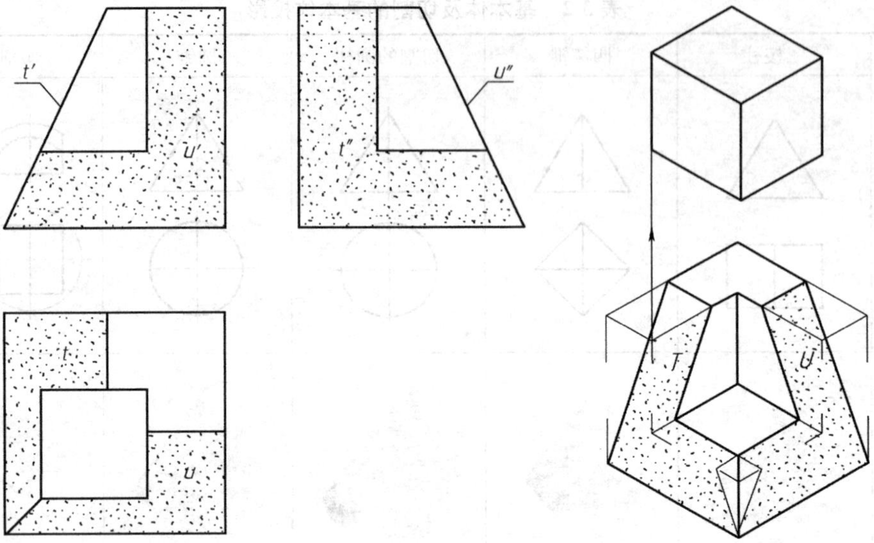

图 3-13　线面分析

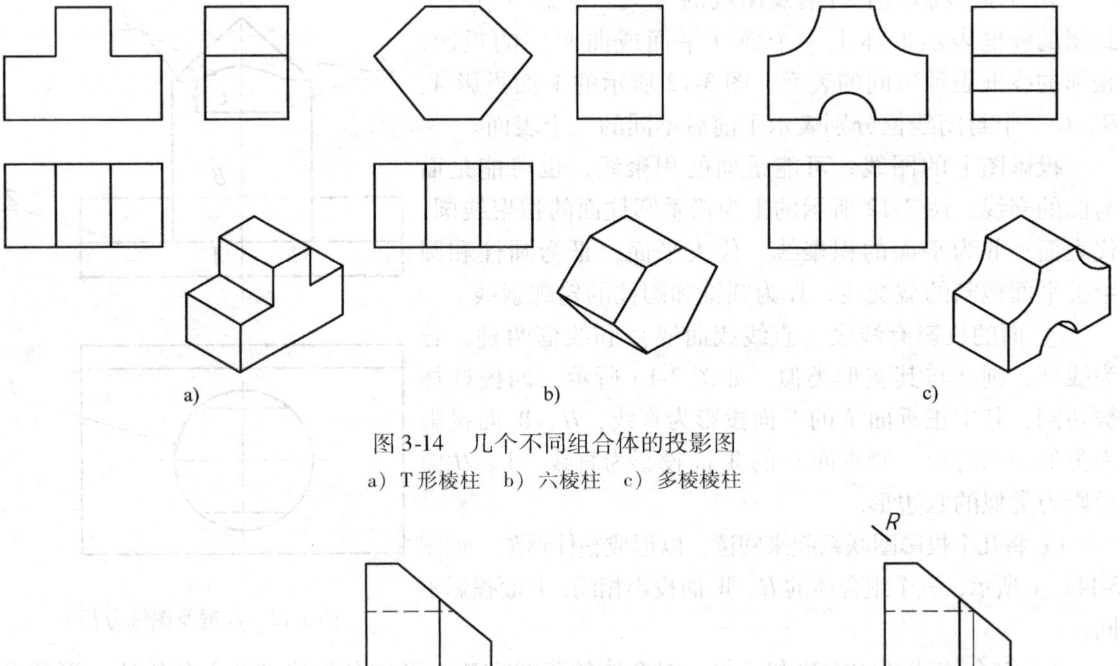

图 3-14　几个不同组合体的投影图

a）T 形棱柱　b）六棱柱　c）多棱棱柱

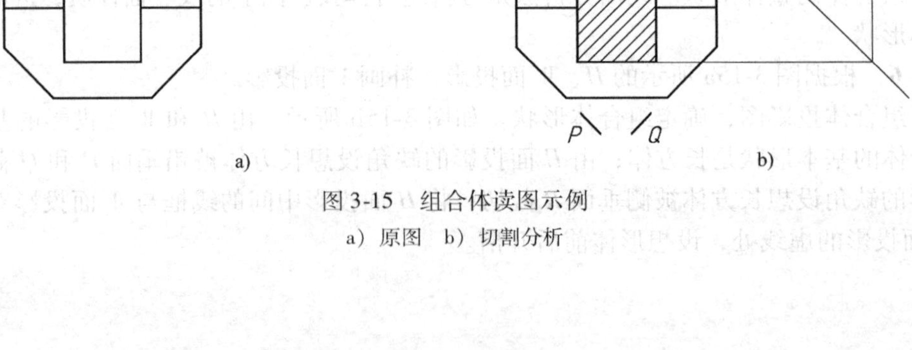

图 3-15　组合体读图示例

a）原图　b）切割分析

补画 V 面投影，作图步骤见表 3-3。

表 3-3　组合体形状分析与补画 V 面投影步骤

形体分析步骤及对应的立体图		补画 V 面投影步骤
长方体		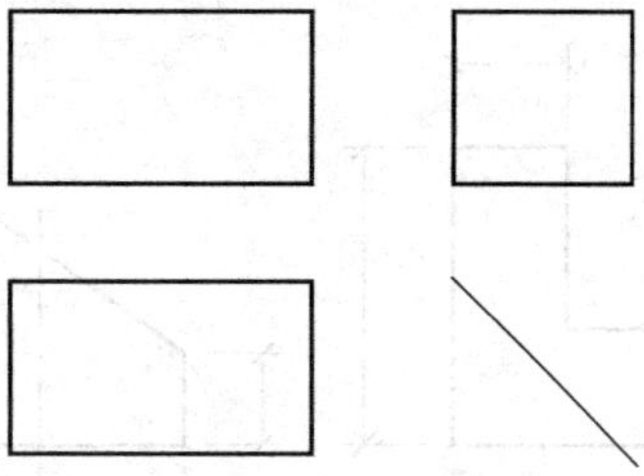
被侧垂面截割	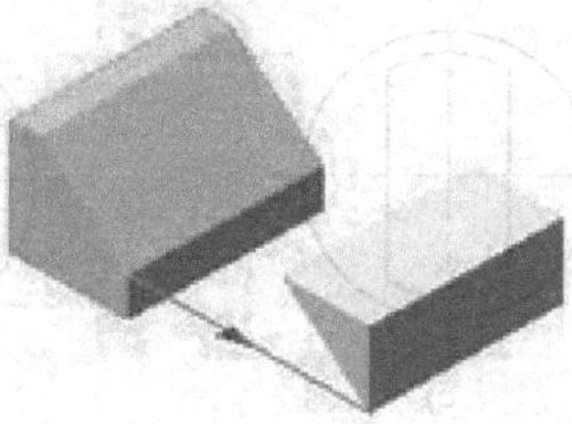	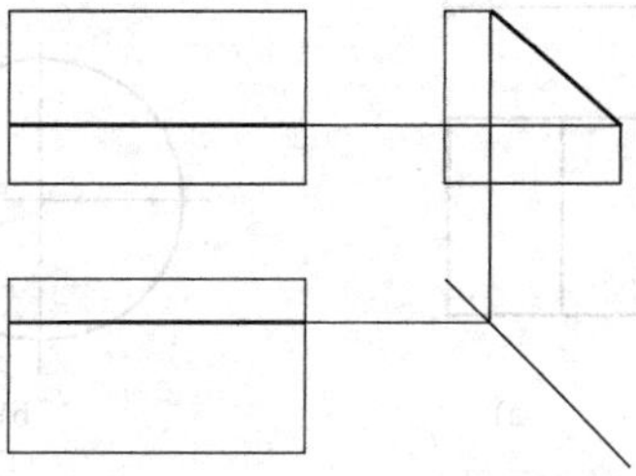
被铅垂面截割	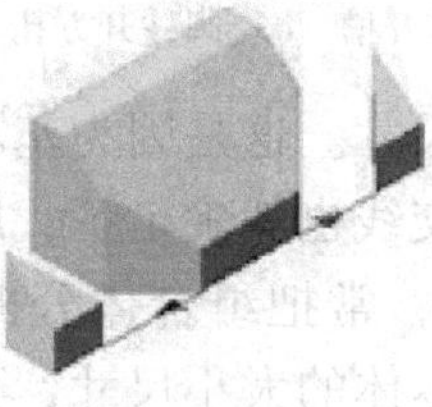	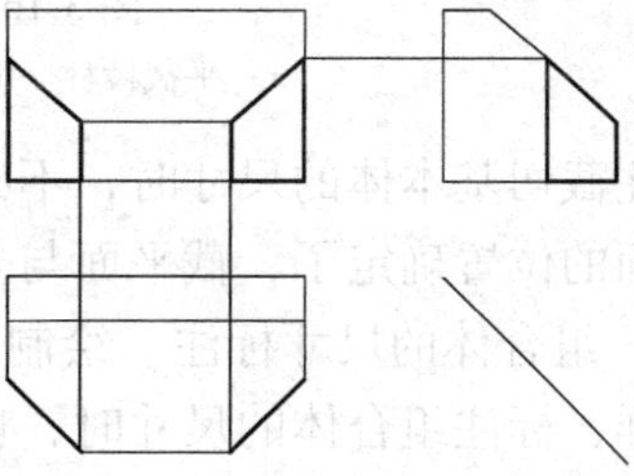
前后开槽		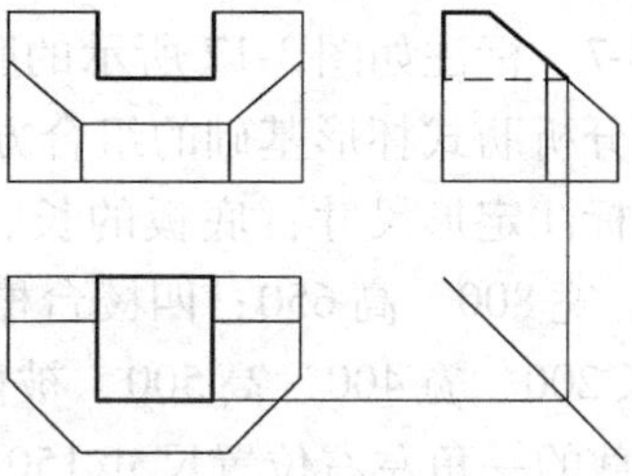
组合体形状		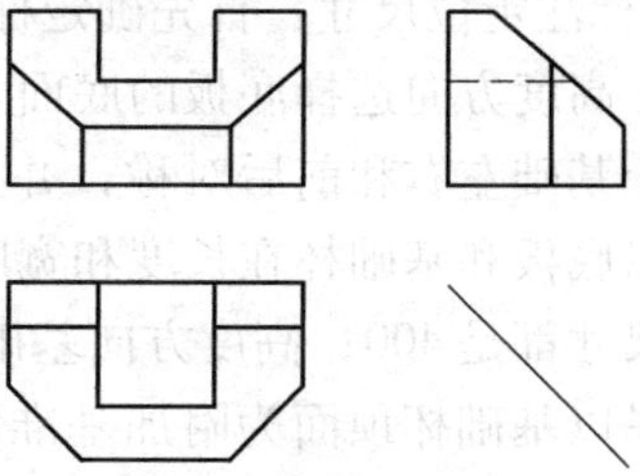

*2. 组合体的尺寸标注

组合体的尺寸包括定形尺寸、定位尺寸和总体尺寸三部分。定形尺寸确定各部分形状的大小，定位尺寸确定各部分之间的相对位置，总体尺寸则用于确定组合体外形的大小。组合体的尺寸标注要求完整、清晰、正确。

（1）截切基本体的尺寸标注　截切的基本体除了要标注基本体的定形尺寸外，还要标注截平面与基本体的相对位置尺寸，如图3-16a～d所示。

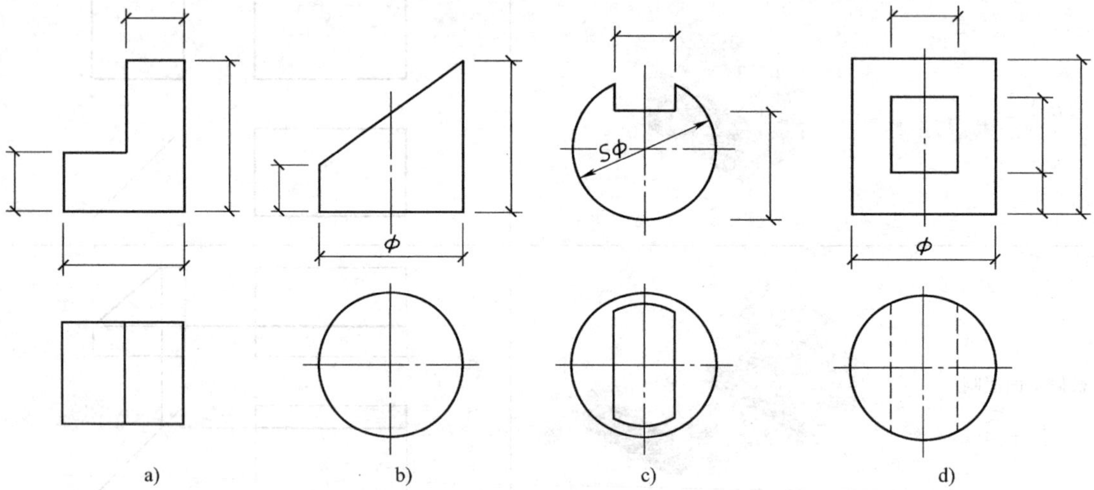

图3-16　常见基本体截切尺寸标注示例

a）平截棱柱　b）斜截圆柱　c）球体开槽　d）圆柱开方孔

标注截切基本体的尺寸时，不必标注截交线的尺寸。这是因为基本体被截平面截切，如果截平面的位置确定了，截平面与基本体形成的截交线也就确定了，所以不用标注。

（2）组合体的尺寸标注　绘制组合体投影图时，常把组合体分拆成若干基本体逐个绘制。同样，标注组合体的尺寸时，也要先标注各基本体的大小尺寸，再标注它们之间的位置尺寸，最后标注总体尺寸。

例3-7　标注如图3-17所示的肋式杯形基础的尺寸。

1）分析肋式杯形基础的组合方式及表面之间的关系（参看图3-10的分析）。

2）标注定形尺寸：底板的长、宽、高尺寸分别为2000、1600、200；基础杯的四棱柱长1200、宽800、高650；四棱台槽的上口长900、宽500，下底长800、宽400，高650；前后肋板长200、宽400、高500，被截的一角高度位置尺寸150；左右肋板长400、宽200、高500，被截的一角左右位置尺寸150。

3）标注定位尺寸：首先确定标注基准，长度和宽度方向分别选择基础的左右和前后对称平面，高度方向选择底板的底面。

整个基础左右和前后对称，并且整个基础的对称平面与底板和基础杯的对称平面相重合，所以底板和基础杯在长度和宽度方向的定形尺寸也是定位尺寸。肋板在长度和宽度方向的定位尺寸都是400；高度方向基础杯和肋板定位尺寸都是200，而基础杯开的四棱台槽孔的深度是以基础杯顶面为附加基准而标注的定位尺寸550。（提示：有些尺寸兼有定形、定位双重功能，既是定位尺寸也是定形尺寸。）

4）标注总体尺寸：总长2000、总宽1600、总高850。

（3）组合体尺寸标注应注意的问题

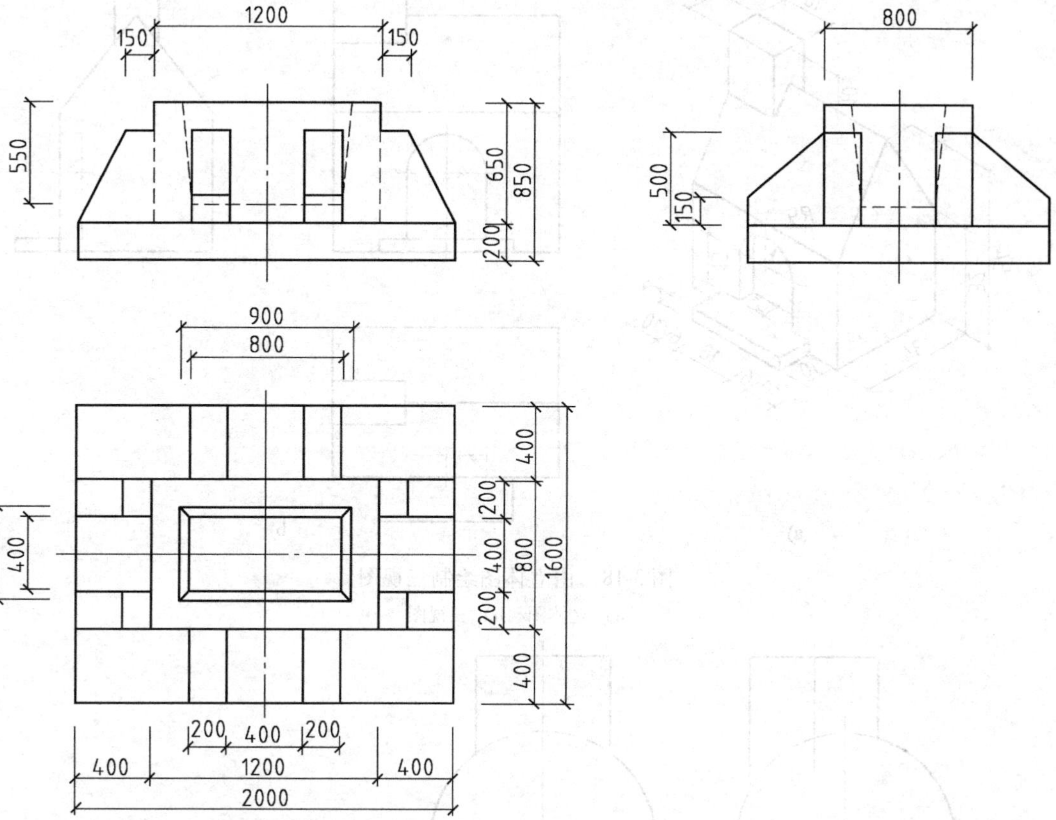

图 3-17　肋式杯形基础尺寸标注

1）尺寸一般应标注在图形轮廓线之外，为了避免尺寸界线与尺寸线的交错，标注时应将小尺寸注在里（即靠近图形），大尺寸注在外（即远离图形）；一些细部结构尺寸，允许标注在图形轮廓线之内。

2）同一个形体的定形和定位尺寸，应尽量标注在最能反映该形体特点的投影图上，并要排列有序。

3）应尽量避免在虚线上标注尺寸。

第二节　技能训练

训练 1　根据立体图绘制三视图

根据房屋的立体图及尺寸绘制其三视图。

分析：如图 3-18a 所示，该立体为两坡平房，在屋顶上有一个四棱柱，正中为半圆形门洞，平台延伸至门洞里。

作图步骤：依次画出立体各部分的三视图，如图 3-18b 所示。

***训练 2　根据相贯体的两个视图绘制第三视图（一）**

已知圆柱与半圆球相贯，补画投影图上的相贯线，如图 3-19a、b 所示。

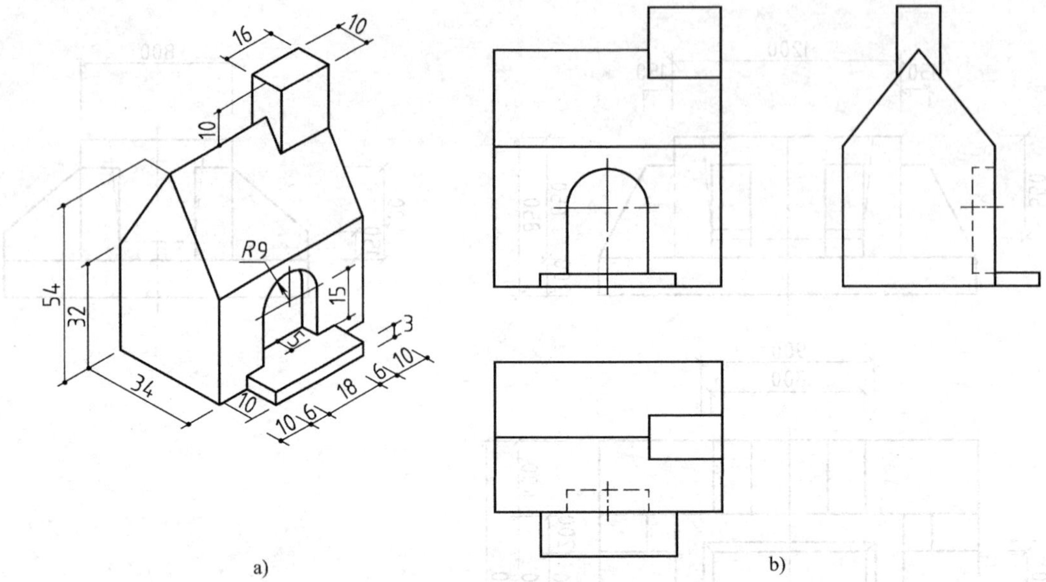

a) b)

图 3-18 由立体图绘制三视图

a）立体图 b）三视图

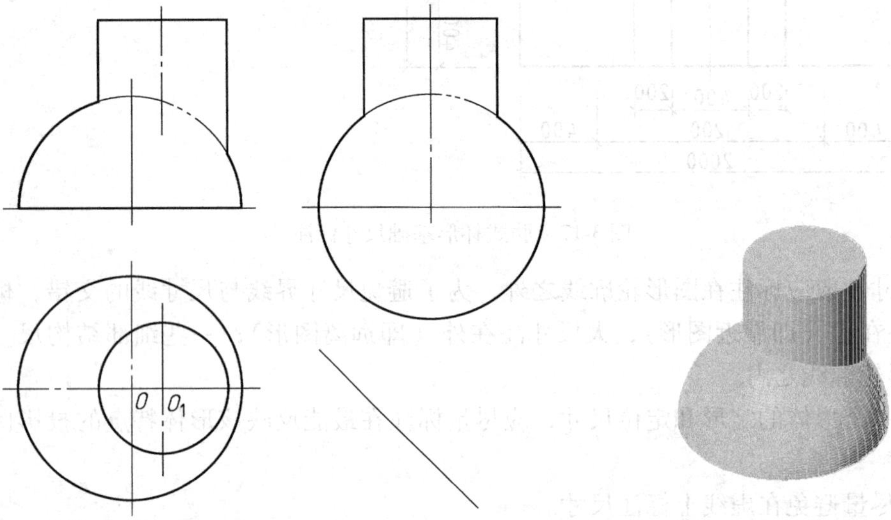

a) b)

图 3-19 圆柱与半圆球相贯

a）投影图 b）立体图

分析：由图 3-19 可知，圆柱轴线不过球心，与圆球的轴线平行，因而该立体的对称平面是过 OO_1 的正平面，故相贯线的投影前后对称。圆柱面的 H 面投影有积聚性，相贯线的 H 面投影与圆柱面投影重合，因而只需求相贯线的 V、W 面投影即可。

对于圆柱与圆球都适用的辅助面为正平面、侧平面和水平面，本题选用水平面作为辅助面。

作图步骤：

1）求特殊点。如图3-20a所示，由H面投影可知，1、2、3、4、5、6、7、8都是轮廓素线上的点，均为特殊点。

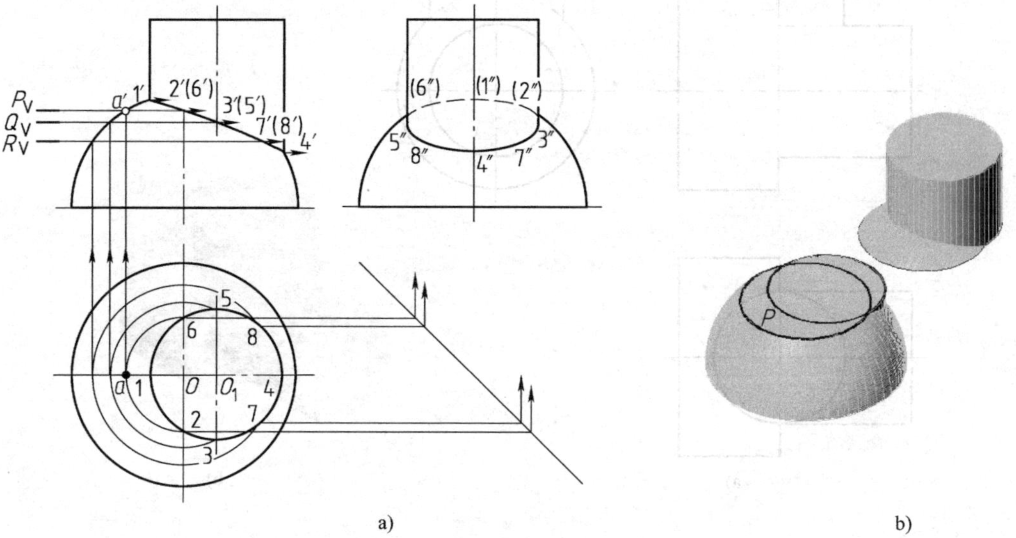

a) b)

图3-20 圆柱与半圆球相贯的相贯线求法

a）投影图 b）立体图

求作Ⅰ、Ⅳ点投影：Ⅰ、Ⅳ点在圆柱最左和最右两条轮廓素线上，又在半圆球的最大轮廓圆上，V面投影已知，W面投影在前后对称轴线上。

求作Ⅱ、Ⅵ点投影：假设作水平面P，如图3-20b所示，它与球面相交成水平圆，其H面投影即为半径为$O_1 6$的圆，由a向上引垂线得到P平面的位置线，它与由6向上引垂线相交于2′（6′）；由2、6和2′、（6′）可得2″、6″。同理可作辅助平面Q，求出3′、3″，5′、5″点。

2）求一般点。利用辅助面求出足够多的一般点，如图中的7、7′、7″和8、8′、8″等。

3）分辨可见性，光滑连接各点。在W面投影上3″、5″为可见与不可见的分界点。V面投影上相贯线前后重合，只画出可见线即可。

****训练3 根据相贯体的两个视图绘制第三视图**（二）

图3-21a、b所示为三个圆柱构成的组合体，求作相贯线并完成各视图。

分析：由图3-21可知，直立圆柱与两个水平圆柱相贯，且与左边水平圆柱的直径相等，相贯线为1/2椭圆弧，其在主视图上为45°的直线段，在俯视图和左视图上有积聚性；直立圆柱与右边水平圆柱相贯，该圆柱端面与直立圆柱相交，交线为两条铅垂线，两圆柱柱面相交的相贯线为空间曲线。所求相贯线前、后对称，在俯视图、左视图上有积聚性。

作图步骤：

1）求直立圆柱和左边水平圆柱的相贯线：相贯线为椭圆弧，其H、W面投影已知，V面投影为45°直线。

2）求水平大圆柱左端面与直立圆柱柱面的交线：交线为铅垂线，即W面上的2″3″、7″1″直线段，V面上的2′3′直线段。

3）求右边水平圆柱与直立圆柱的相贯线：可由该段相贯线的H、W面投影求出其V面投影。

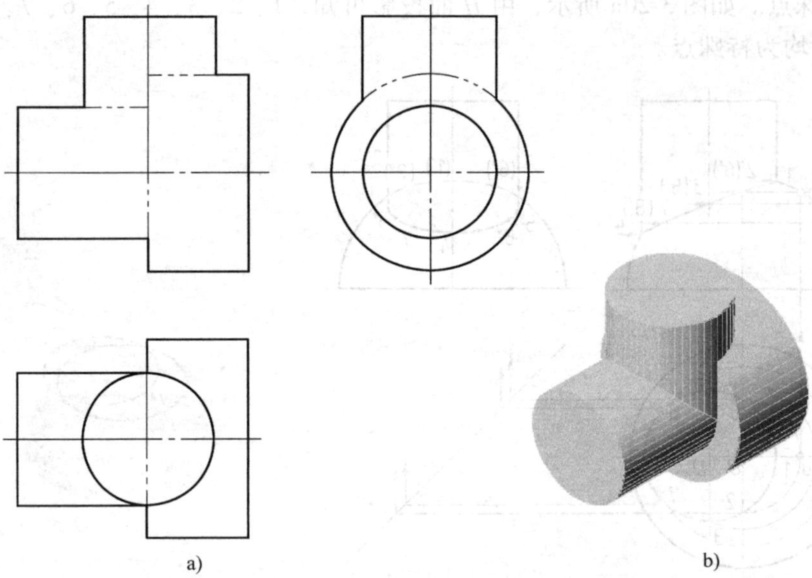

图 3-21　三个圆柱复合相贯

a）投影图　b）立体图

4）光滑连接各段相贯线，补全各视图的轮廓线，结果如图 3-22 所示。

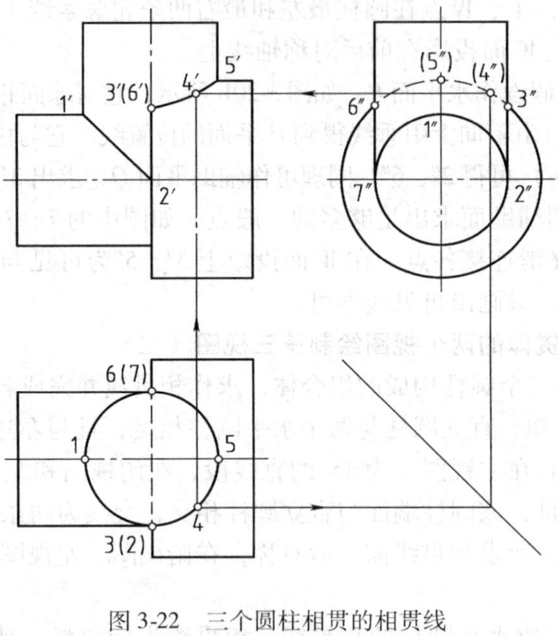

图 3-22　三个圆柱相贯的相贯线

***训练 4　根据组合体的两个视图绘制第三视图（一）**

根据图 3-23a 所示组合体的俯视图和左视图，绘制主视图。

分析：对照图 3-23a 所示组合体的俯视图和左视图，可知该组合体由四棱柱切割而成。由左视图的 1、2、3 和俯视图的 4、5、6 封闭线框，设想组合体上下、左右面的变化；由俯视图上的小圆对应的左视图上的虚线，确定此处有圆柱孔；由左视图上的缺口对应俯视图中的实线，确定此处左右开槽。综合想象出组合体的形状如图 3-23b 所示。

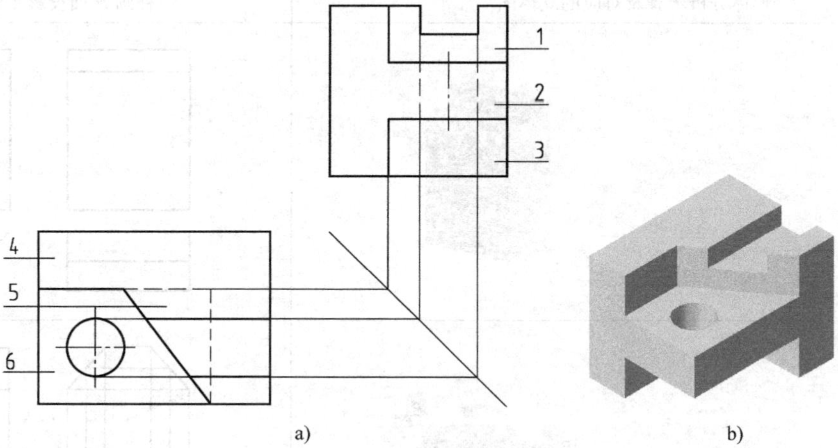

a)　　b)

图 3-23　由两视图求第三视图

a）投影图　b）立体图

作图步骤：依次画出组合体各部分的主视图，结果如图 3-24 所示。

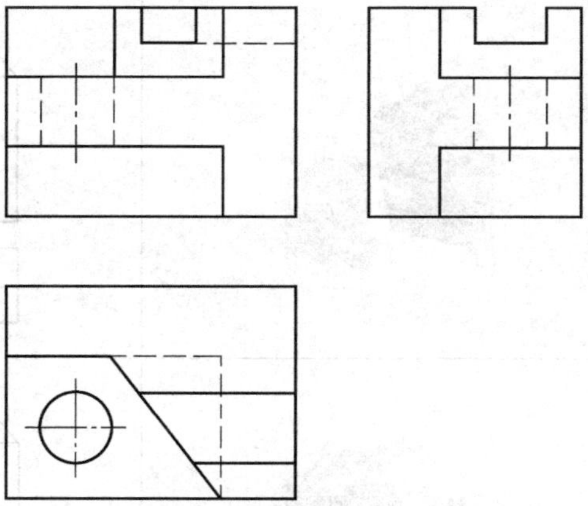

图 3-24　作图结果

****训练 5　根据组合体的两个视图绘制第三视图（二）**

根据组合体的主视图和左视图，如图 3-25 所示，补画俯视图。

分析：

1）按先整体后局部的原则，忽略组合体的切割和开孔，组合体为一简单的六棱柱体。

2）将主、左视图对应起来，分析细部形状：棱柱体上部被两个正垂面对称地切去两角，下部被一侧垂面切去前面一角，并且在居中部分由前向后打一圆柱通孔。

作图步骤：补画 H 面投影，步骤见表 3-4。

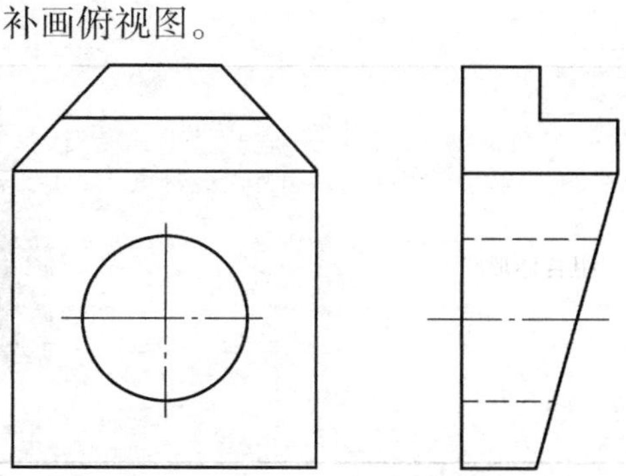

图 3-25　已知的组合体视图

表 3-4　组合体形状分析与补画 *H* 面投影步骤

形体分析步骤及对应的立体图		补画 *H* 面投影步骤
六棱柱 *A*	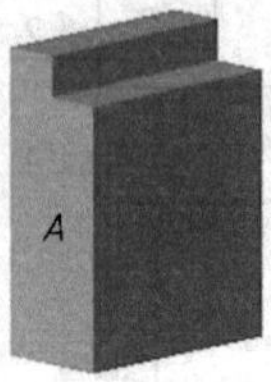	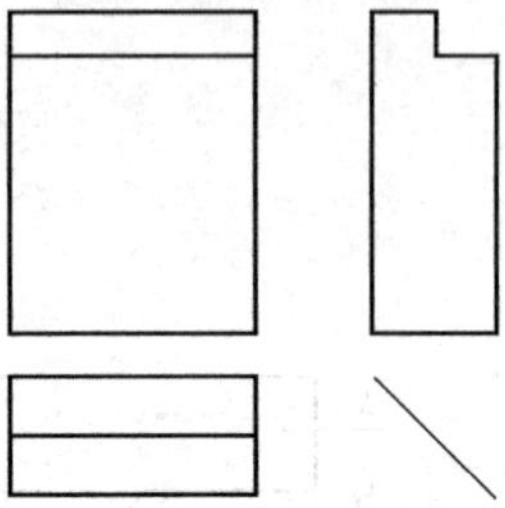
截割上部左右角 B_1、B_2	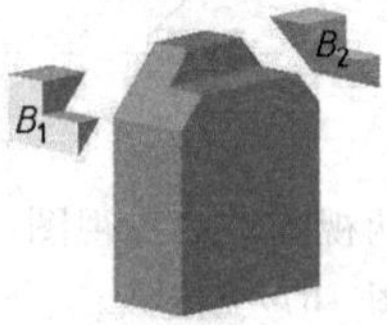	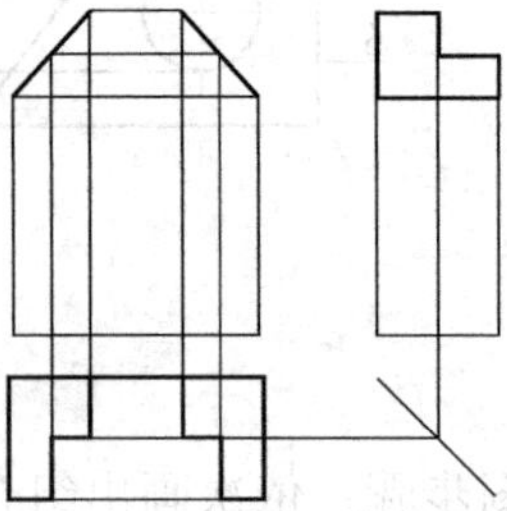
截割下部楔形体 *C*	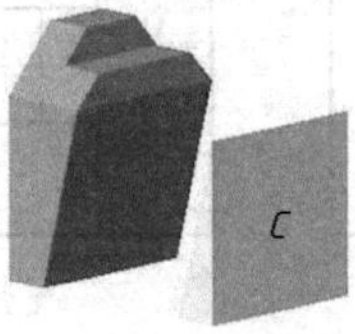	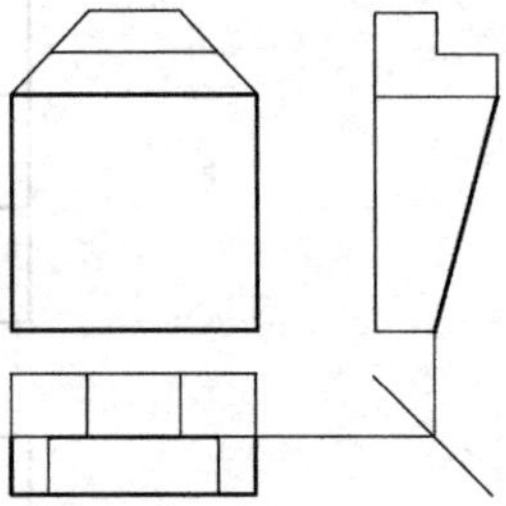
截割圆柱 *D*		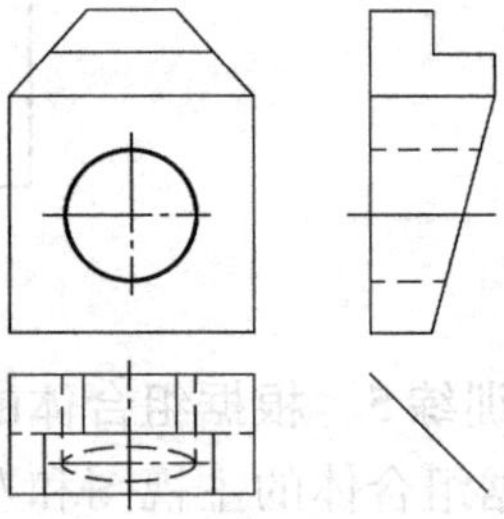
组合体形状		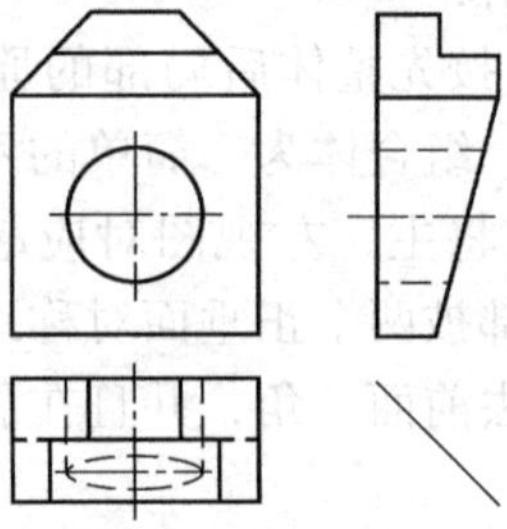

第四章 建筑形体表达方法

培训目标

知识要点	培训目标		
	初级	中级	高级
一、视图 1. 基本视图及其配置 2. 斜视图及标注方法 3. 局部视图及标注方法	1. 了解视图的知识要点 2. 能根据立体图及尺寸绘制三视图	1～2 项同初级 3. 能根据组合体的两个视图补画第三视图 4. 能阅读局部视图	1～4 项同中级 5. 能根据复杂组合体的两个视图补画第三视图 6. 能绘制局部视图
二、剖视图 1. 全剖视图画法及标注 2. 半剖视图画法及标注 3. 局部剖视图画法及标注	1. 掌握全剖、半剖视图的画法及标注 2. 能根据立体图及尺寸绘制有全剖视或半剖视的三视图	1～2 项同初级 3. 能根据组合体两个视图补画第三视图，并作全剖视或半剖视 4. 能阅读局部剖视图	1～4 项同中级 5. 能根据复杂组合体的两个视图补画第三视图并作全剖视或半剖视 6. 能绘制局部剖视图
三、剖切面 1. 剖切面种类 2. 剖切面应用场合	了解剖切面的种类及应用场合	1 项同初级 2. 能绘制和阅读旋转剖视图和阶梯剖视图	1～2 项同中级 3. 能绘制和阅读不同剖切面的剖视图
四、断面图 1. 断面图的概念及分类 2. 断面图的标注	1. 掌握移出断面图的画法及标注 2. 能阅读断面图	1. 熟练掌握断面图的画法及标注 2. 能绘制和阅读断面图	同中级
五、其他表达方法 1. 简化画法 2. 规定画法	了解简化画法和规定画法	能阅读利用简化画法和规定画法绘制的图样	1 项同中级 2. 能运用简化画法和规定画法作图
六、换面法 1. 换面法的概念及点、直线和平面的换面 2. 求作截口真形 3. 斜视图和斜剖视图画法	无	1. 了解换面法的概念和几何元素投影作图方法 2. 能求作截口真形 3. 能绘制斜视图和斜剖视图	1. 掌握换面法的概念和投影作图方法 2. 能求作截口真形 3. 能绘制和阅读斜视图与斜剖视图

第一节 知识要点

一、视图

将建筑形体向投影面投射所得到的图形称为视图。视图主要用于表达建筑形体的外部结构和形状。为看图方便，视图一般只画形体的可见部分，必要时采用虚线表达其不可见部分。

1. 基本视图

将建筑形体向基本投影面投射所得到的视图称为基本视图。根据规定，正立面上的视图称为正立面图，水平面上的视图称为平面图，左侧立面上的视图称为左侧立面图，背立面上的视图称为背立面图，右侧立面上的视图称为右侧立面图，由下向上投影形成的视图称为底面图，它们统称为基本视图。

基本视图的展开如图 4-1 所示，其中正立面不动，水平面向下转 90°，左侧立面向右转 90°，背立面随左侧立面向右转 90°后再向右转 90°，右侧立面是向左转 90°，底面是向上转 90°，展开的六面投影图仍保持着“高平齐、长对正、宽相等”的三等关系，如图 4-2a 所示。在实际绘图中，为了合理地利用图纸，各图可按主次关系从左至右依次排列，如图 4-2b 所示，但必须在每个图的下方或一侧注写图名，并在图名下绘制粗实线。

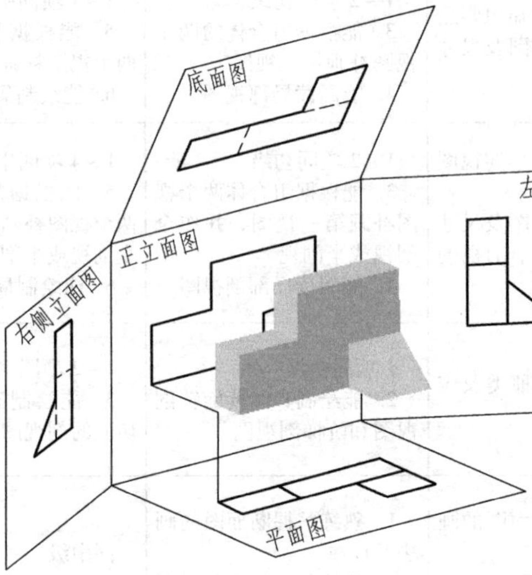

图 4-1　基本视图的形成

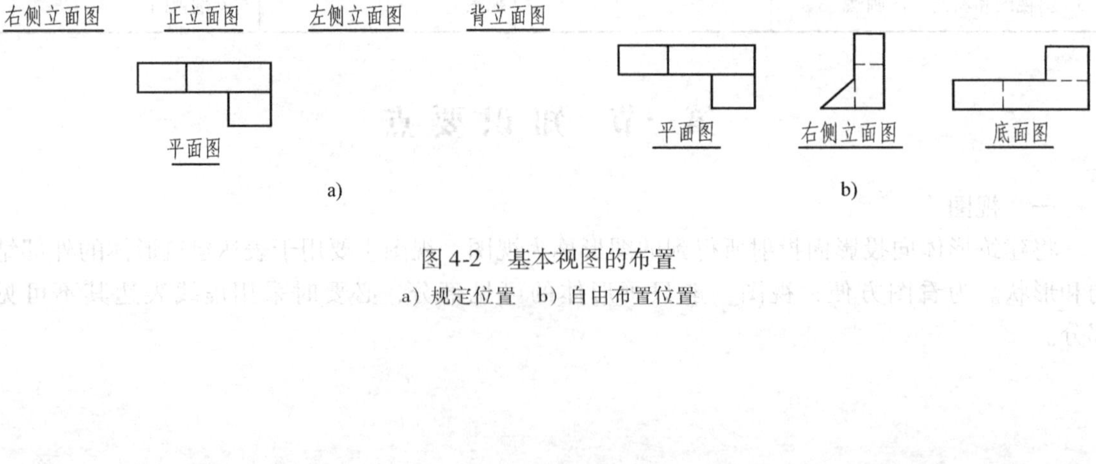

图 4-2　基本视图的布置

a）规定位置　b）自由布置位置

2. 向视图

向视图是自由配置的基本视图。如图4-3所示，在向视图的上方标注该向视图的名称“X”（“X”为大写拉丁字母）；在相应视图的附近用箭头指明投射方向，并标注相同的字母。

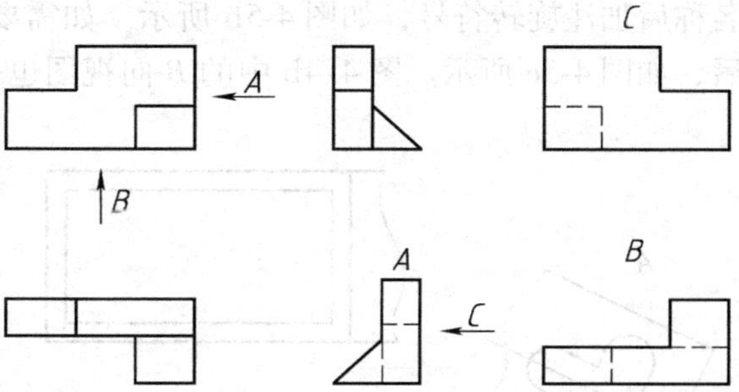

图4-3　向视图

绘制向视图时注意以下几点：

1）向视图中表示投射方向的箭头应尽可能配置在主视图上，对于后视图的投射箭头可配置在左视图或右视图上。

2）向视图的视图名称“X”在书写时，要与读图方向相一致，以便于识别。

3. 局部视图

将物体的某一部分向基本投影面投射所得的视图称为局部视图，如图4-4a、b所示。

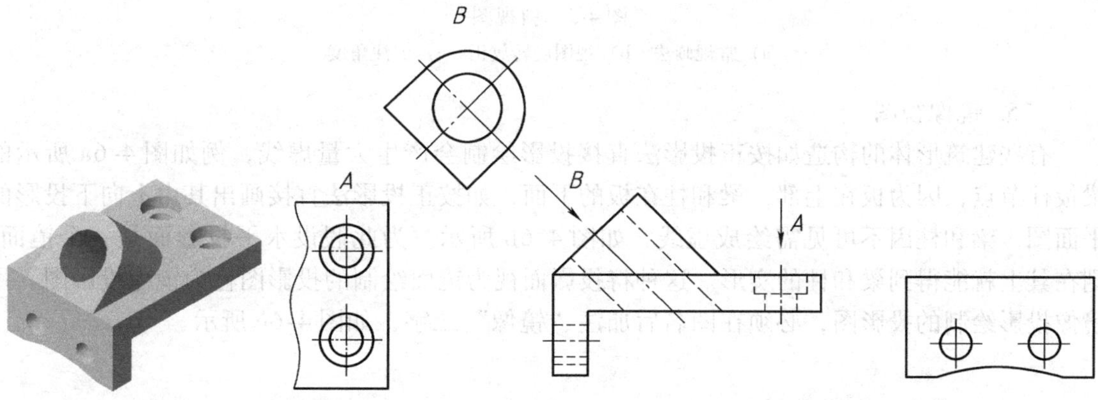

a)　　b)

图4-4　局部视图

a）立体图　b）视图

局部视图画法和标注的要求：

1）局部断裂处用波浪线（或折断线）表示，如图4-4b中的A视图。

2）当表示的局部视图外轮廓封闭时，不用画波浪线，如图4-4b中的左向视图。

3）当局部视图没有按投影关系配置时，按向视图标注，如图4-4b中的A视图。

4）当局部视图按投影关系配置时可省略标注，如图4-4b中的左向视图。

*4. 斜视图

当物体的某个表面与基本投影面不平行时，为了表示该表面的真实形状，可增加与倾斜表面平行的辅助投影面，倾斜表面在辅助投影面上的正投影，称为斜视图。

斜视图是表示物体某一局部形状的视图，需要用波浪线表示出断裂边界，并在视图上方用大写拉丁字母A、B、C……进行标注。同时，在相应的视图附近用箭头指出投射方向，并标注相同的字母，如图4-5a所示。斜视图也可旋转成垂直或水平位置绘制，但须在视图的名称后加注旋转符号，如图 4-5b 所示。如需要标注旋转角度，则可将角度值标注在字母之后，如图 4-5c 所示。图 4-4b 中的 *B* 向视图也是斜视图。

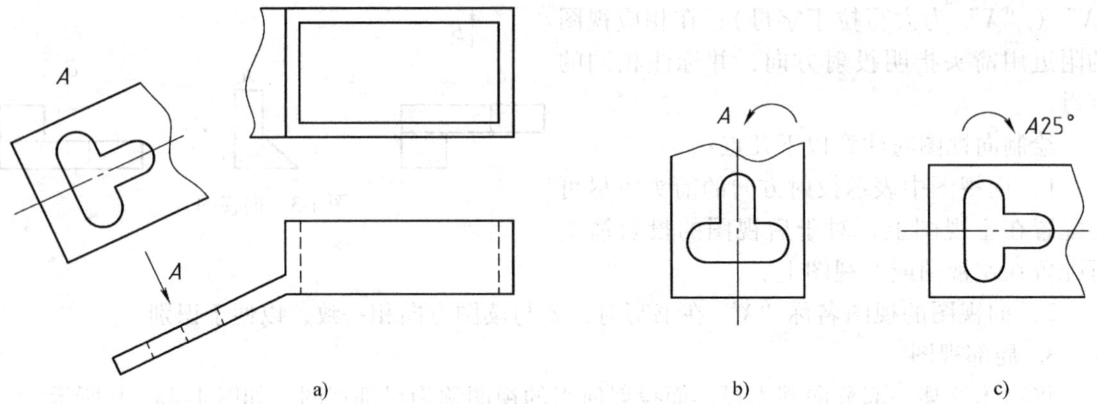

图 4-5　斜视图

a）常规画法　b）视图旋转放正　c）加注角度

**5. 镜像视图

有些建筑形体的构造如按正投影法直接投影绘制会产生大量虚线，例如图 4-6a 所示的梁板柱节点，因为板在上部，梁和柱在板的下面，如按正投影法直接画出其由上向下投影的平面图，梁和柱因不可见需绘成虚线，如图 4-6b 所示。为此假设水平投影面是一个镜面，则在其上就能得到梁和柱的实形。这种将投影面视为镜面绘制的投影图称为镜像投影图。用镜像投影绘制的投影图，必须在图名后加注“镜像”二字，如图 4-6c 所示。

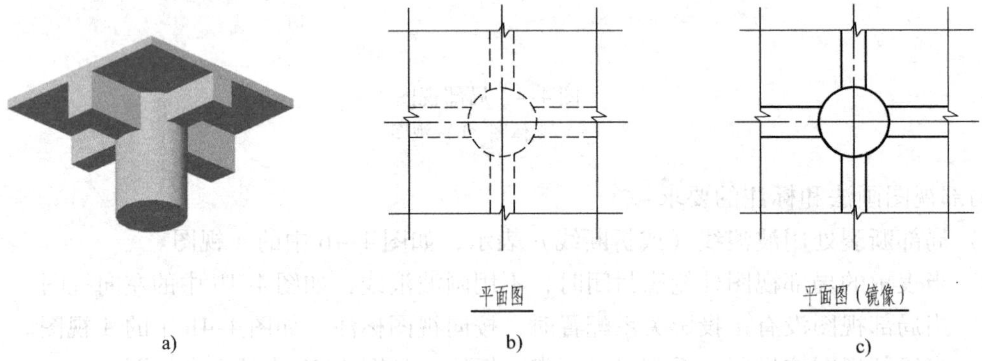

图 4-6　梁板柱节点的镜像视图

a）立体图　b）平面图表示　c）镜像视图表示

二、剖视图与断面图

1. 剖视图

在画建筑形体的投影时，形体上不可见的轮廓线要用虚线画出。这样，对于内部形状复杂的形体，必然会形成图面虚实线交错，出现图形表达不清晰、尺寸标注困难等现象。为此采用剖视画法，既能将形体内部形状表达清楚，又能避免产生虚线。

（1）剖视图的形成　如图 4-7a 所示的双柱杯形基础，其柱杯在正立面和左侧立面的投影都是虚线，如图 4-7b 所示。

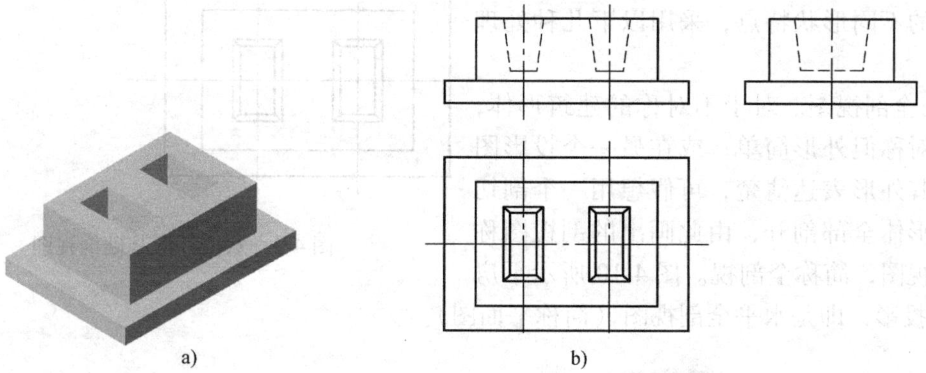

图 4-7　双柱杯形基础

a）立体图　b）投影图

假想用剖切平面 P 在基础前后对称的位置将其剖开，移去前半部分，将后半部分向正立面 V 投射；用剖切平面 Q 在基础柱杯左右的位置将其剖开，将左半部分移去，右半部分向左侧立面 W 投射；则不可见的部分将变成可见的部分，原来的虚线可画成实线，如图 4-8a、b 所示。

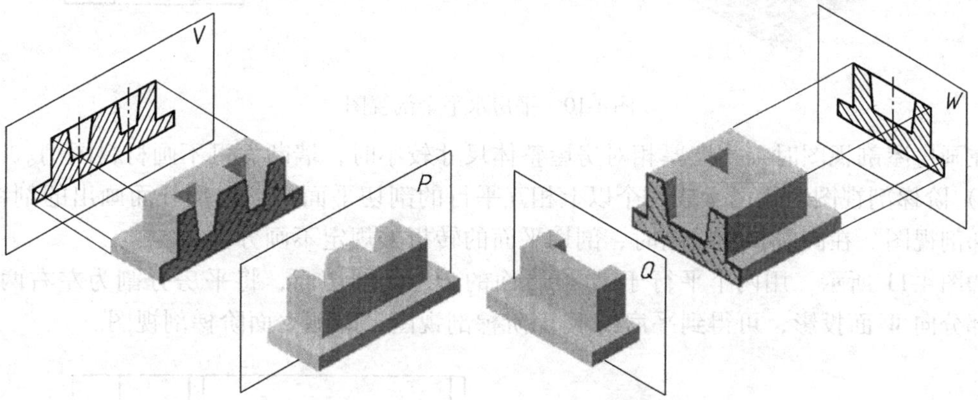

图 4-8　双柱杯形基础的剖切

a）V 向剖切　b）W 向剖切

这种假想用一剖切平面将形体剖开，将处于观察者和剖切平面之间的部分移去，剩余的部分向所平行的投影面投射得到的视图称为剖视图。双柱杯形基础剖视图如图 4-9 所示。

从上述剖视图的形成可以看出，形体剖切之后，都有一个截口，即截交线围成的平面图形，这个平面图形称为断面。在剖视图中规定，断面的轮廓线应用粗实线画出，并要在断面上画出建筑材料图例，在不需指明材料时，可以用平行且等距的45°细斜线来表示，以突出断面部分。图4-9所示的剖视图中断面的材料图例是钢筋混凝土。

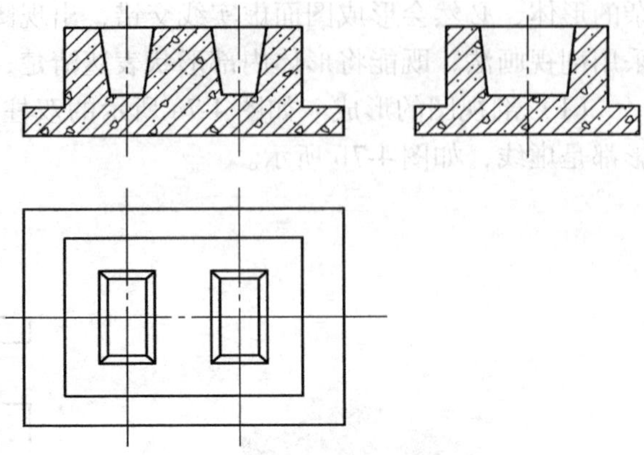

图4-9　双柱杯形基础剖视图

（2）剖视图的种类　在画剖视图时，根据形体的不同形状特点，采用以下几种处理方式：

1）全剖视图。对于不对称的建筑形体，或虽然对称但外形简单，或在另一个投影图中已将其外形表达清楚，可假想用一个剖切平面将形体全部剖开，由此画出的剖视图称为全剖视图，简称全剖视。图4-10所示平房的H面投影，即是水平全剖视图（简称平面图）。

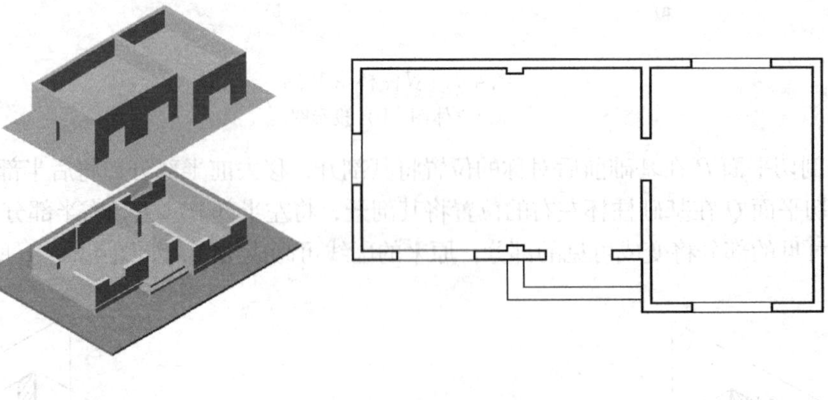

图4-10　平房水平全剖视图

在画房屋剖视图时，当墙厚相对房屋整体尺寸较小时，墙断面可不画材料图例。

2）阶梯剖视图。用两个或两个以上相互平行的剖切平面将形体剖开而画出的剖视图称为阶梯剖视图。在画阶梯剖视图时，剖切平面的转折处规定不画分界线。

如图4-11所示，用两个平行于W投影面的P、Q剖切面，将平房分割为左右两部分，右半部分向W面投影，可得到平房的W面阶梯剖视图，即侧立面阶梯剖视图。

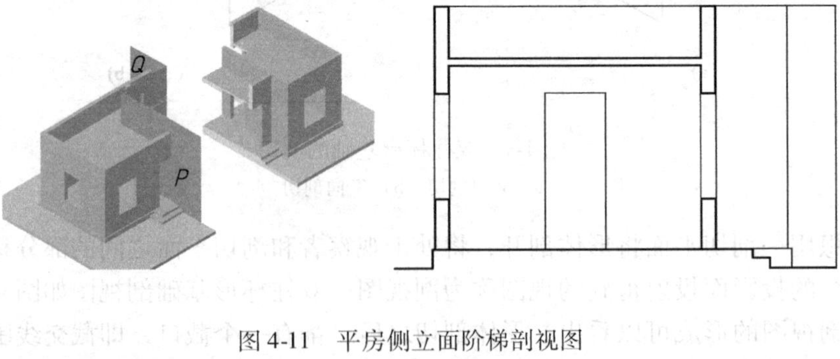

图4-11　平房侧立面阶梯剖视图

在绘制房屋建筑施工图中，规定要绘制的建筑平面图、立面图和剖面图，简称平、立、剖面图，如图4-12所示。其中平面图即是H面的全剖视图，立面图是V面投影图，剖面图一般是W面（阶梯）剖视图。

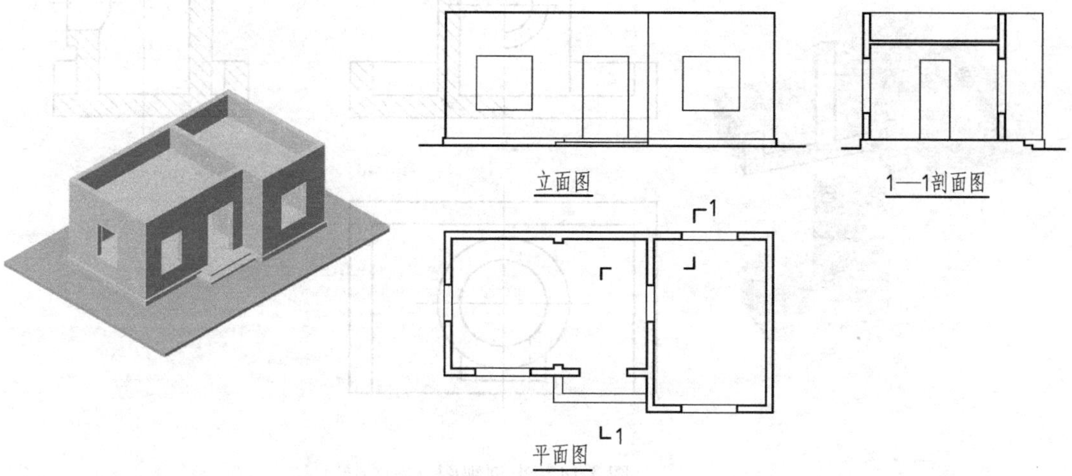

图4-12　平房的平、立、剖面图

3）局部剖视图。当建筑形体的外形比较复杂、完全剖开无法表示清楚它的外形时，可以保留原投影图的大部分，而只将局部位置画成剖视图，这种剖视图称为局部剖视图。

图4-13所示的杯形基础，为了表示钢筋的平面布置和外部形状，平面图绘制成局部剖视图。在局部剖视图中，剖切与未剖切的两部分用波浪线分界。

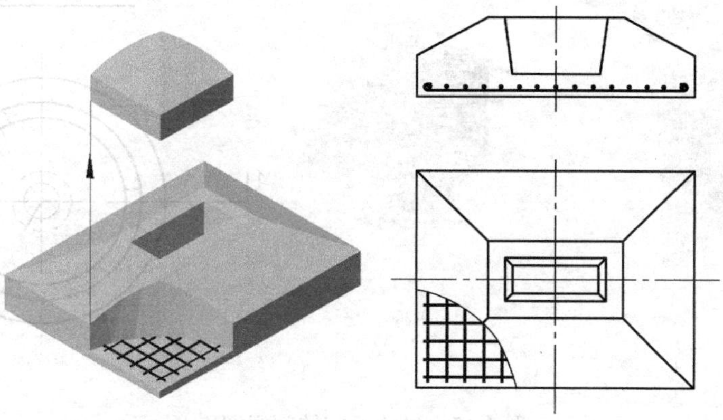

图4-13　杯形基础立面全剖视图和平面局部剖视图

4）半剖视图。当形体外形较复杂而且对称时，可以形体的对称中心面为界，一半画成表示外部形状的视图，另一半画成表示内部形状的剖视图，这种剖视图称为半剖视图。图4-14所示的形体左右对称，其立面图绘制成了半剖视图。

5）旋转剖视图。如图4-15所示，为表示过滤池池壁上三个相互成120°角的圆柱孔，用两个相交（且交线与水平面垂直）的剖切平面将其剖开，将其中半个剖面图形绕剖面的交线旋转至两剖面在一平面上，然后再向正面投影，由此得到的剖视图称为旋转剖视图。

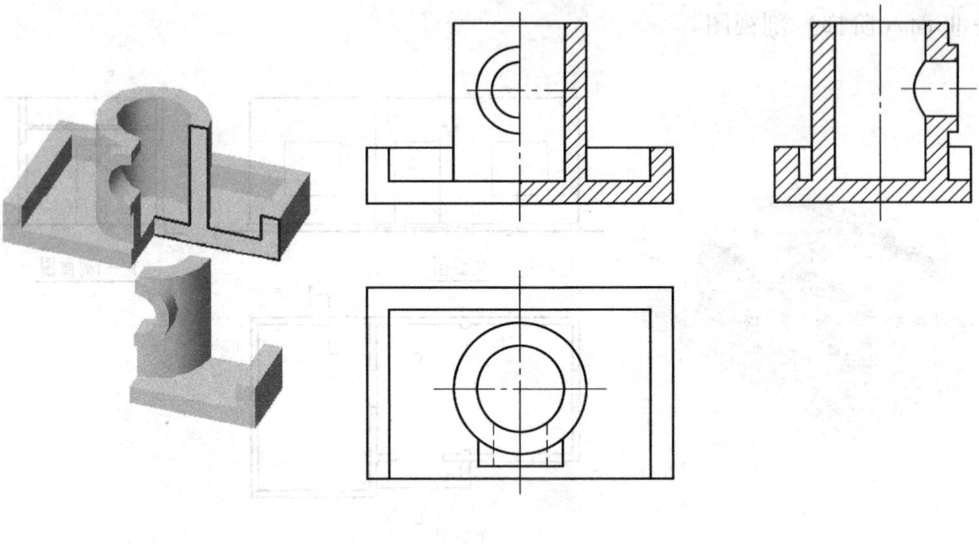

图 4-14　半剖视图

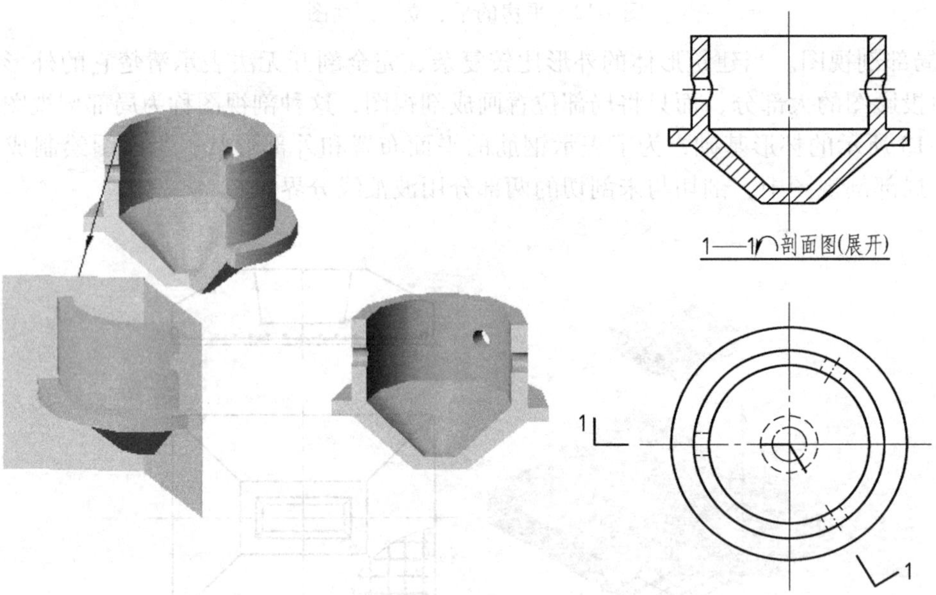

图 4-15　过滤池旋转剖视图

在绘制旋转剖视图时，应在图名后加注“展开”两字。

（3）剖视图的标注　为了读图方便，一般情况下，剖视图需要标注出剖切位置、投射方向、剖视图编号和剖视图名称，具体规定如下：

1）在剖切平面的起始和终止位置画 6～10mm 长的粗实线表示剖切平面的位置，如图 4-16a所示。

2）用与剖切平面垂直的 4～6mm 长的粗实线表示剖视图的投射方向，如图 4-16a 所示。

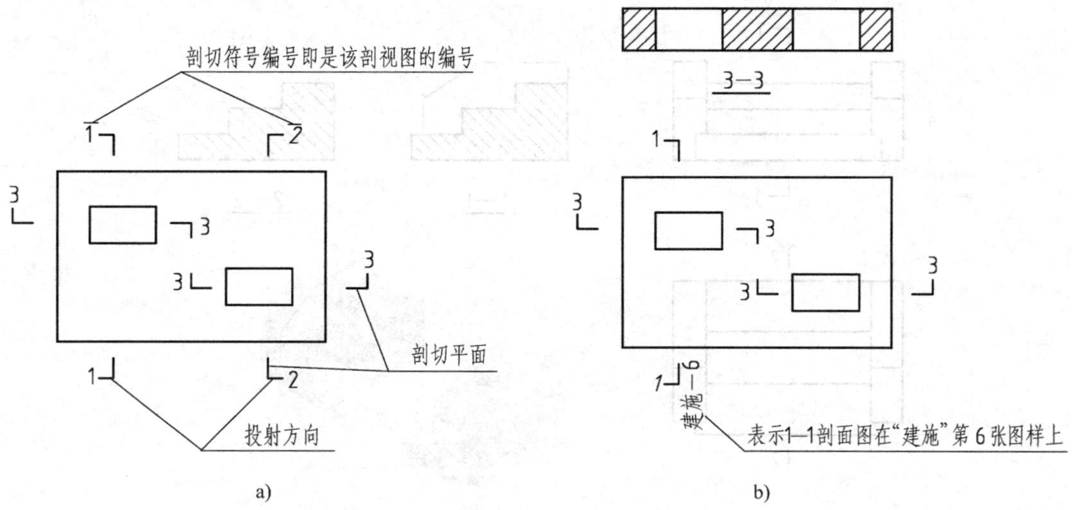

图 4-16 剖视图的标注

a）标注投射方向 b）注写编号

3）剖视图编号一般采用阿拉伯数字，按顺序由左至右、由下至上连续编排，并注写在投射方向线的端部，如图 4-16a 所示。

4）剖视图如与被剖切的图样不在同一张图纸内，可在剖切平面位置线的另一侧注明其所在图纸的图纸号。如图 4-16b 中“建施—6”表示 1—1 剖视图在建筑施工图的第 6 张图样上。

5）剖视图的名称标注在剖视图的下方或一侧，写上与该图相对应的剖切平面编号，作为剖视图的图名，如图 4-16b 中的 3—3 剖视图。

6）对于习惯上使用的剖视，如房屋平面图中，通过门、窗洞的剖切平面，或者通过形体对称平面的剖切平面，可以不在视图上作任何标注。

2. 断面图

（1）断面图的形成 假想用一个剖切平面将形体剖开，移去观察者与剖切平面之间的部分，将剩余剖分的截口（即断面）向投影面投射，此时得到的图形称为断面图。

断面图与剖视图很类似，都是用剖切平面将形体剖开，以表达形体的内部形状，但两者在绘制和标注上存在着以下区别（图 4-17 所示即为台阶的断面图与剖视图）：

1）绘制的内容不同。剖视图是形体剖切之后剩下部分形体的投影，断面图则是剖切之后剩下部分形体的断面投影，所以断面图包含于剖视图中。

2）剖切符号标注不同。剖视图用剖切平面位置线、投射方向和编号来表示，而断面图只画剖切平面的位置线与编号，投射方向则用编号的注写位置来取代，即编号注写在剖切平面位置线的哪一侧，就表示向哪一侧的方向投射。

3）剖视图可有两个或多个剖切平面，剖切平面也可以转折，而断面图则不行，只能用单一剖切平面。

（2）断面图的种类和画法 断面图分为移出断面图、重合断面图和中断断面图三种。

1）移出断面图：绘制在视图外面的断面图称为移出断面图，如图 4-18 所示 T 形梁的 1—1、2—2、3—3 断面图。

移出断面图的轮廓线用粗实线绘制，当一个形体需要画出多个断面图时，最好将断面图

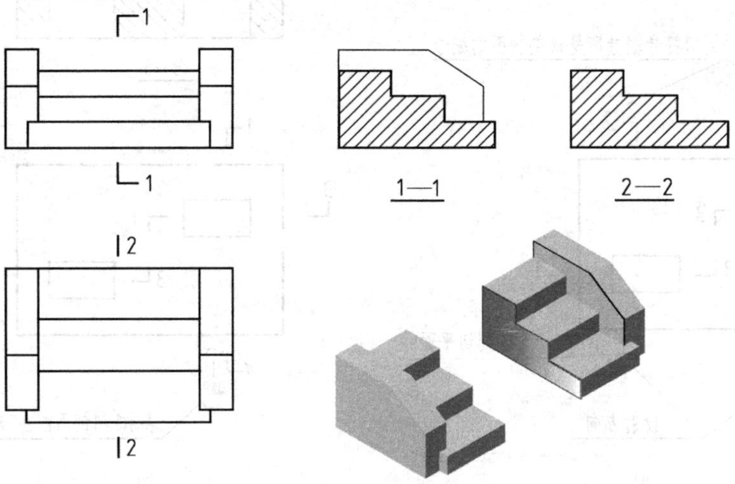

图 4-17　台阶的 1—1 剖视图与 2—2 断面图

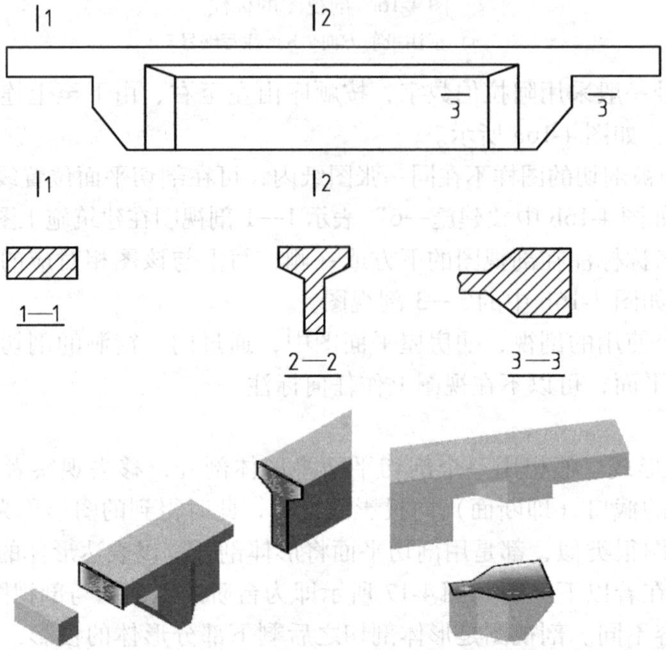

图 4-18　T 形梁移出断面图

整齐地排列在相应的剖切面位置线附近，绘图比例可按标准选择 1:1 或放大比例。

2）重合断面图：画在视图之内的断面图称为重合断面，如图 4-19 所示的槽钢和丁字钢断面图、图 4-20 所示的坡屋顶断面图。重合断面图可不加任何标注，为了使其与视图区分开，其轮廓线一般用细实线绘制。

3）中断断面图：将断面图置于视图的断开处，即为中断断面图，如图 4-21 所示。中断断面图可不加任何标注，它多用于表达长而横断面形状无大变化的杆件。

图 4-19　槽钢和丁字钢重合断面图

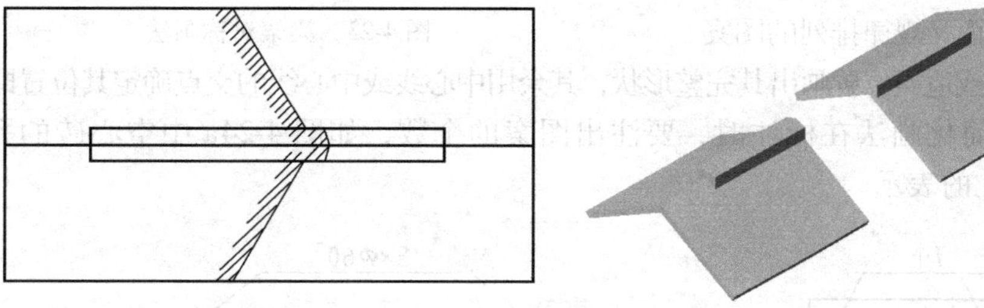

图 4-20　坡屋顶重合断面图

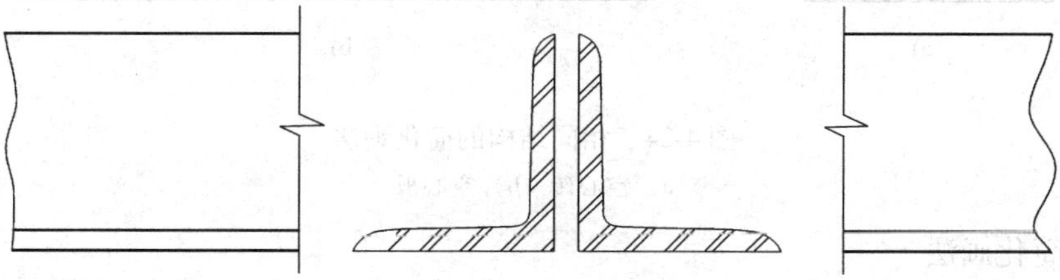

图 4-21　中断断面图

三、其他表达方法

为了提高画图速度、节约时间，或为了节约图幅的幅面，建筑制图国家标准允许在必要时采用以下简化画法：

1. 对称画法

如图 4-22a 所示的某基础平面图形，其左右和前后对称，绘制时可以只画一半或 1/4，但一定要加注对称符号，如图 4-22b、c 所示。对称符号为两条相互平行的细实线，两条平行线长度宜为 6～10mm，间距宜为 2～3mm。

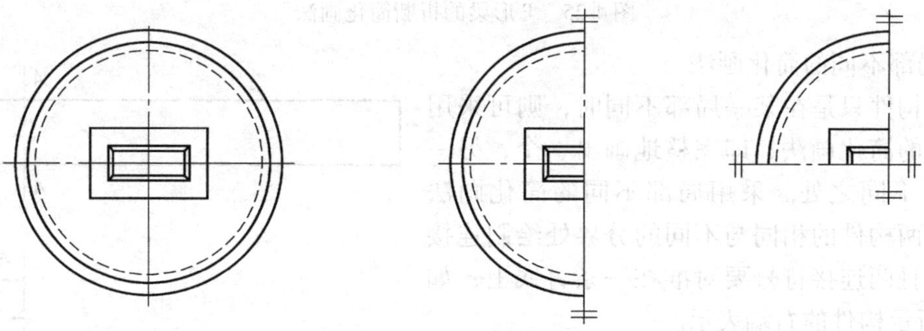

a)　　b)　　c)

图 4-22　对称画法

a）对称图形　b）左右对称画法　c）上下、左右对称画法另外，采用对称画法时，对称图形也可以略超出对称线，但要在超出对称线部分画出折断线，如图 4-23 所示。

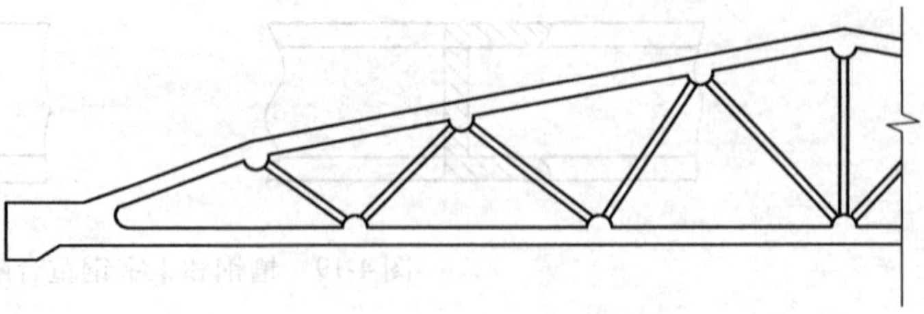

图 4-23　梁架对称画法

2. 相同结构的简化画法

在建筑物或构配件的图形中，如果有多个完全相同而又规律排列的图案时，可以仅在两端或适当位置画出其完整形状，其余用中心线或中心线的交点确定其位置即可。

相同结构的简化画法在标注时，要注出图案的个数，如图 4-24a 中空心砖的孔和图 4-24b 中空心板的孔的表示。

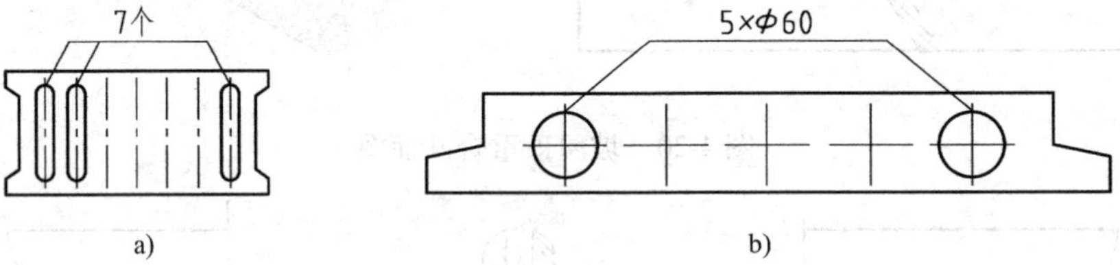

图 4-24　相同结构的简化画法

a）空心砖　b）空心板

3. 折断简化画法

当构件较长，并且在长度方向上形状相同或有规律变化时，可用折断省略画法表示。折断省略画法在标注尺寸时，应标注构件的全长，如图 4-25 所示的 T 形梁的长度表示。

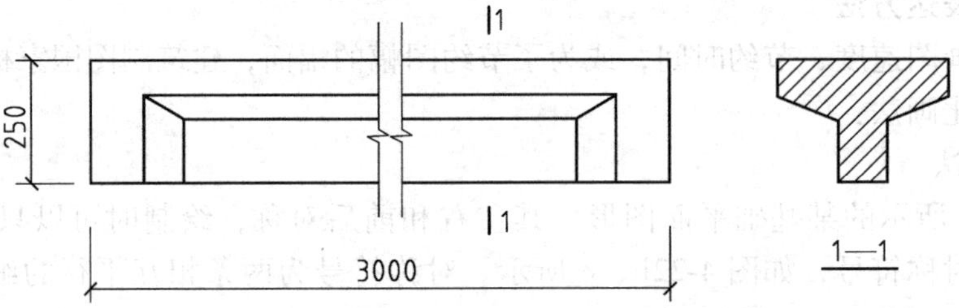

图 4-25　T 形梁的折断简化画法

4. 局部不同的简化画法

当两构件只是在某一局部不同时，则可采用局部不同的简化画法，即完整地画出一个，另一个只画出不同之处。采用局部不同的简化画法时，应在两构件的相同与不同的分界处绘制连接符号，并且两连接符号要对准在一条直线上，如图 4-26 所示构件的右端表示。

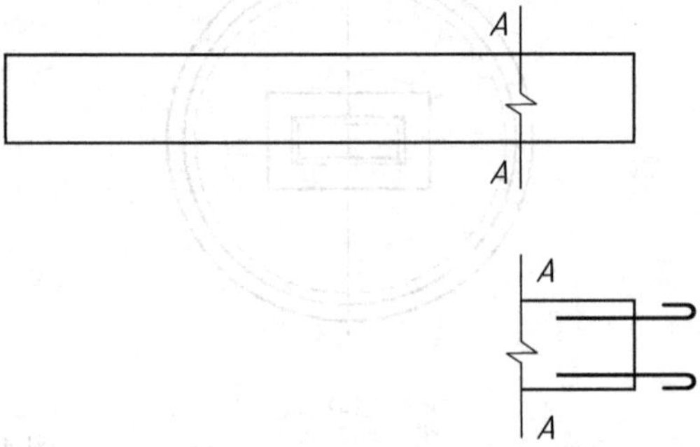

图 4-26　构件局部不同的简化画法

*四、换面法

当直线或平面与投影面平行时，其投影能反映出实际长度和实际形状，而当其与投影面倾斜时则不能。换面法通过建立新的投影面，组成新的投影体系，可以将处于倾斜位置的直线和平面转换成与投影面平行，从而得到直线的实长和平面的实形。

1. 换面法的概念及点的换面

（1）换面法的概念　如图4-27a所示，在V/H投影体系中，一般位置直线AB的两个投影都不反映实长，为此增设一个新投影面V_1，使V_1面平行于直线AB，并且与H面垂直，则新投影面V_1和原投影面H构成新的投影体系V_1/H，直线AB在V_1/H体系中由于与V_1面平行，投影$a_1'b_1'$反映实长；以V_1面和H面的交线X_1为轴，使V_1面旋转到与H面重合，就得出V_1/H体系的投影图，如图4-27b所示。

其中，V面为被替换的原投影面，H面为保留的原投影面，V_1面为新投影面；V/H为原投影体系，V_1/H为新投影体系；X轴为原投影轴，X_1轴为新投影轴。

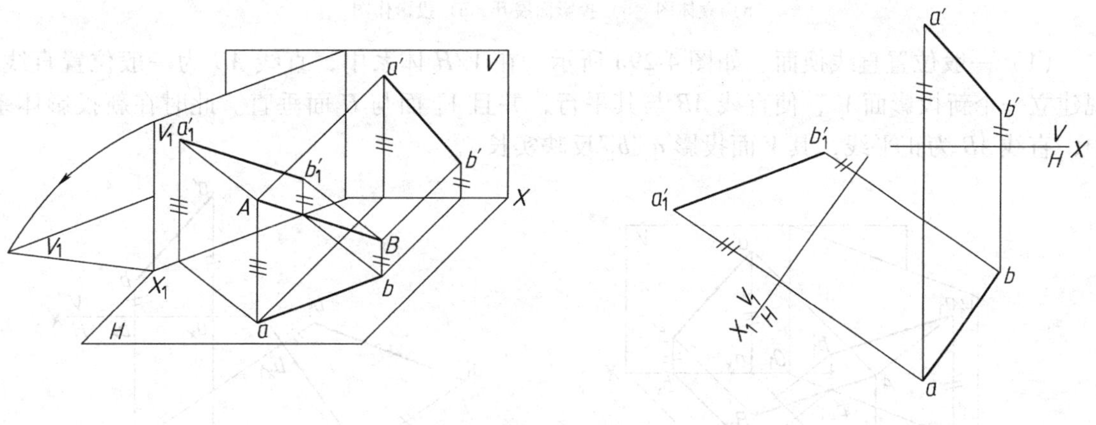

a)　　b)

图4-27　V/H体系变换为V_1/H体系

a）立体图　b）投影作图

在换面法中，新投影面建立的条件为：

1）新投影面必须垂直于某一个原投影面。

2）新投影面必须使空间几何元素处于有利于解题的位置。

（2）点的换面　如图4-28a、b所示，在V/H体系中，空间点A的投影为a'和a；在V_1/H组成新的投影体系中，过A点向新投影面V_1作垂线，垂足a_1'为点A在V_1面上的投影。在V_1/H新投影体系中，投射线分别垂直于V_1面和H面，所以点的投影同样符合点的投影规律，即点的V_1面投影和H面投影的连线垂直于X_1轴，即$aa'_1 \perp X_1$轴。另外，新旧两个投影体系中，有一个共同的水平投影面H，空间点A到H面的距离是不变的，即：$Aa = a'a_x = a_1'a_{x1}$。

通过以上分析，得出点的投影变换规律：

1）点的新投影和原投影连线垂直于新投影轴，即$aa_1' \perp X_1$轴。

2）点的新投影到新投影轴的距离等于点的旧投影到旧投影轴的距离，即$a'a_x = a_1'a_{x1}$。

根据上述规律，图4-28c表示了空间点A的换面作图步骤：

1）作新投影轴X_1，过点a作$aa_{x1} \perp X_1$轴。

2）在aa_{x1}的延长线上截取$a_1'a_{x1} = a'a_x$，则a_1'为点A的新投影。

2. 直线、平面的换面

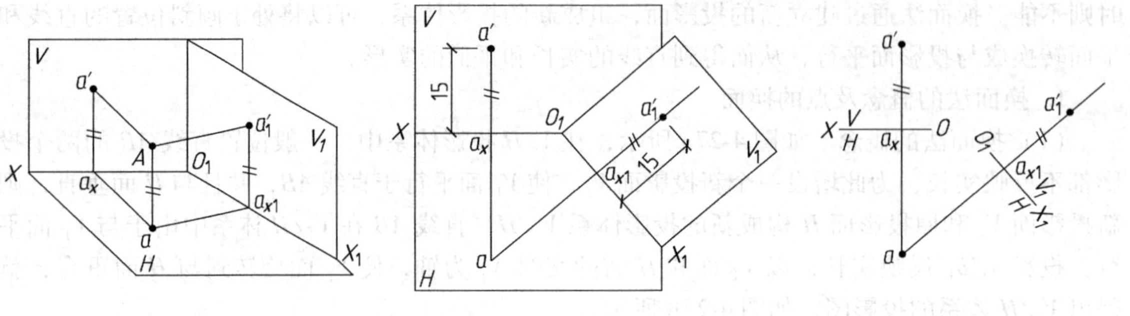

a)　　　　　　　　b)　　　　　　　　c)

图 4-28　换 *V* 面

a）立体图　b）投影面展开　c）投影作图

（1）一般位置直线换面　如图 4-29a 所示，在 *V*/*H* 体系中，直线 *AB* 为一般位置直线。现建立一个新投影面 V_1，使直线 *AB* 与其平行，并且 V_1 面与 *H* 面垂直。此时在新投影体系中，直线 *AB* 为正平线，其 *V* 面投影 $a_1'b_1'$反映实长。

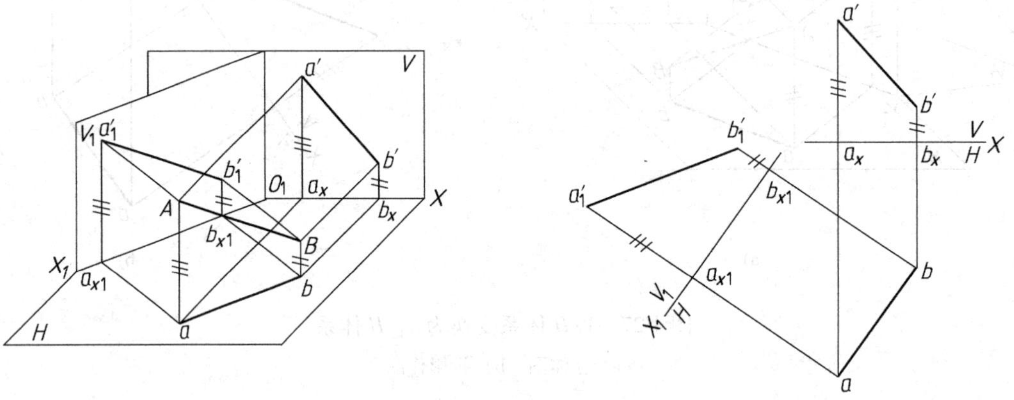

a)　　　　　　　　b)

图 4-29　一般位置直线换面

a）立体图　b）投影图

其换面作图步骤如图 4-29b 所示：

1）作新投影轴 X_1，使 X_1 轴 $/\!/ ab$（X_1 轴和 *ab* 之间的距离可以任取）。

2）过投影点 *a* 和 *b* 分别作 X_1 轴的垂线，在垂线上量取 $a_1'a_{x1}=a'a_x$，$b_1'b_{x1}=b'b_x$。

3）连接 $a_1'b_1'$，即为反映直线 *AB* 实长的投影。

（2）投影面平行线换面　如图 4-30a 所示，在 *V*/*H* 体系中直线 *AB* 为正平线。为把它变换为投影面的垂直线，建立一个新投影面 H_1，使 *AB* 直线与 H_1 面垂直，并且 H_1 面与 *V* 面垂直。此时直线 *AB* 在新投影体系 V/H_1 中成为投影面的垂直线，其新投影积聚为一点。

其换面作图步骤如图 4-30b 所示：

1）作新投影轴 X_1，使 X_1 轴 $\perp a'b'$。

2）按投影规律求出 *AB* 的积聚投影 $(a_1)\ b_1$。

（3）投影面的垂直面换面　如图 4-31a 所示，在 *V*/*H* 体系中 △*ABC* 为铅垂面，要求△*ABC* 的实形，需建立一个新投影面 V_1，使△*ABC* 与其平行，并且 V_1 面与 *H* 面垂直。此时

$\triangle ABC$ 在新投影体系 V/H_1 中成为投影面的平行面，其 V_1 面投影反映实形。

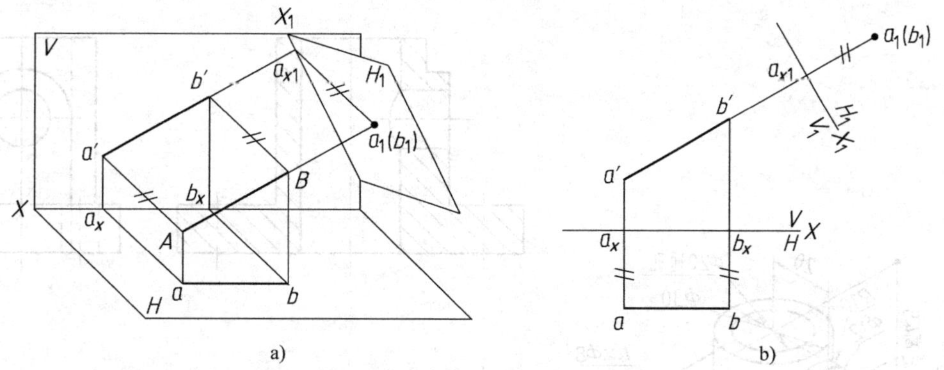

图 4-30　投影面平行线换面

a）立体图　b）投影作图

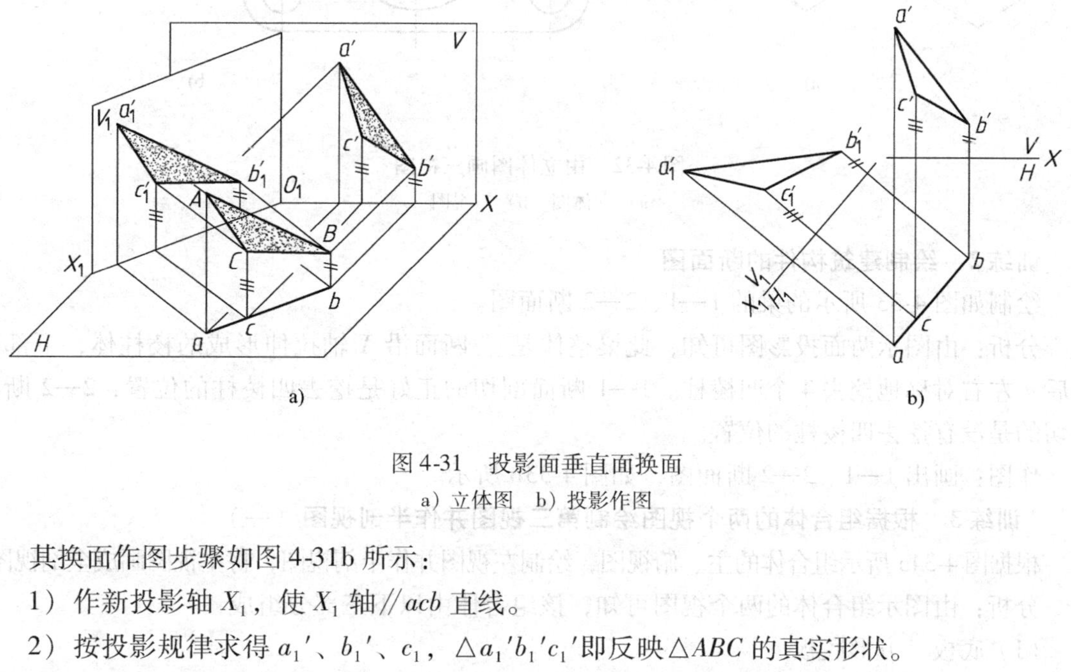

图 4-31　投影面垂直面换面

a）立体图　b）投影作图

其换面作图步骤如图 4-31b 所示：

1）作新投影轴 X_1，使 X_1 轴 $/\!/ acb$ 直线。

2）按投影规律求得 $a_1{}'$、$b_1{}'$、c_1，$\triangle a_1{}'b_1{}'c_1{}'$即反映$\triangle ABC$ 的真实形状。

第二节　技能训练

训练 1　根据立体图绘制三视图并作全剖视图

根据图 4-32a 所示的组合体立体图，绘制其三视图，并将主视图画成全剖视图。

分析：由图示立体图可知，组合体由以下三部分组成：

（1）底板　方形底板的四角为圆角，并有小圆孔。

（2）圆柱　在底板上居中，内有通孔至底板底面。

（3）立板　在底板上与圆柱相交，立板上部是半圆柱，并有与其同心的通孔与圆柱孔相贯。

作图：依次画出组合体各部分的三视图，主视图画成全剖视，如图 4-32b 所示。

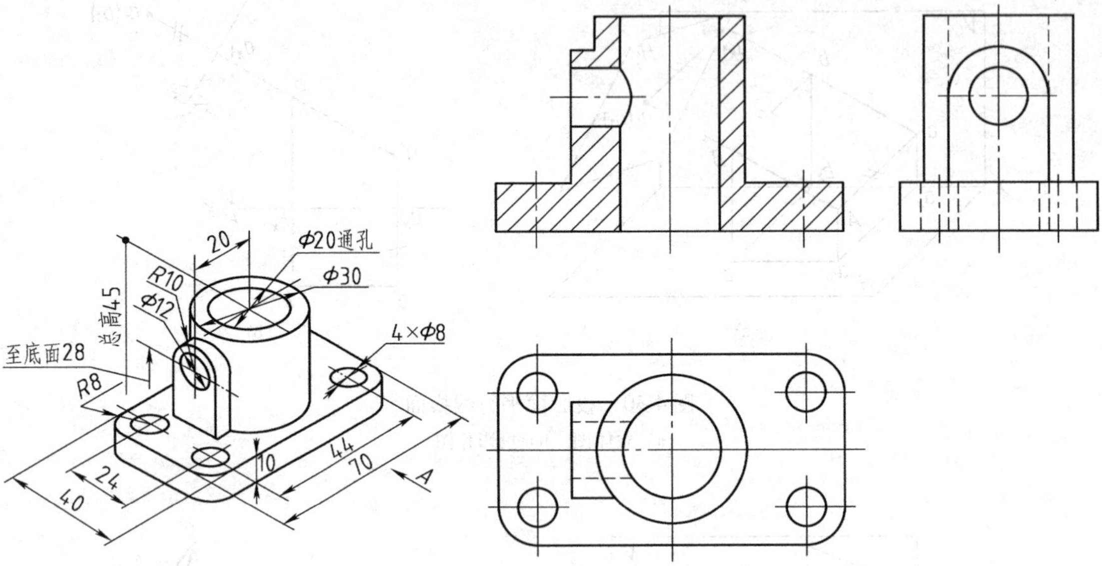

a)　　　b)

图 4-32　由立体图画三视图

a）立体图　b）三视图

训练 2　绘制建筑构件的断面图

绘制如图 4-33 所示的梁的 1—1、2—2 断面图。

分析：由图示两面投影图可知，此梁整体是断面沿 *X* 轴拉伸形成的棱柱体，下部被前后、左右对称地挖去 4 个四棱柱。1—1 断面剖切的正好是挖去四棱柱的位置，2—2 断面剖切的是没有挖去四棱柱的位置。

作图：画出 1—1、2—2 断面图，如图 4-33b 所示。

***训练 3　根据组合体的两个视图绘制第三视图并作半剖视图（一）**

根据图 4-34a 所示组合体的主、俯视图，绘制左视图并作半剖视图，将主视图画成全剖视图。

分析：由图示组合体的两个视图可知，该组合体由以下三部分组成：

（1）底板　方形底板。

（2）圆柱　在底板上靠右边，内有圆形孔至底板顶面，前后开槽，槽的上部是棱柱形，且与圆柱和圆柱孔相交，下部是半圆柱形，与圆柱和圆柱孔相贯。

（3）四棱柱　在底板上靠左边，与圆柱相交，内有方形孔至底板顶面，并与圆柱孔相交，左侧壁上有一圆孔。

作图：依次画出组合体各部分的左视图并作半剖视图，改主视图为全剖视图，如图 4-34b所示。

****训练 4　根据组合体的两个视图绘制第三视图并作半剖视图（二）**

根据图 4-35a 所示组合体的两视图，绘制左视图并作半剖视图，将主视图画成全剖视图。

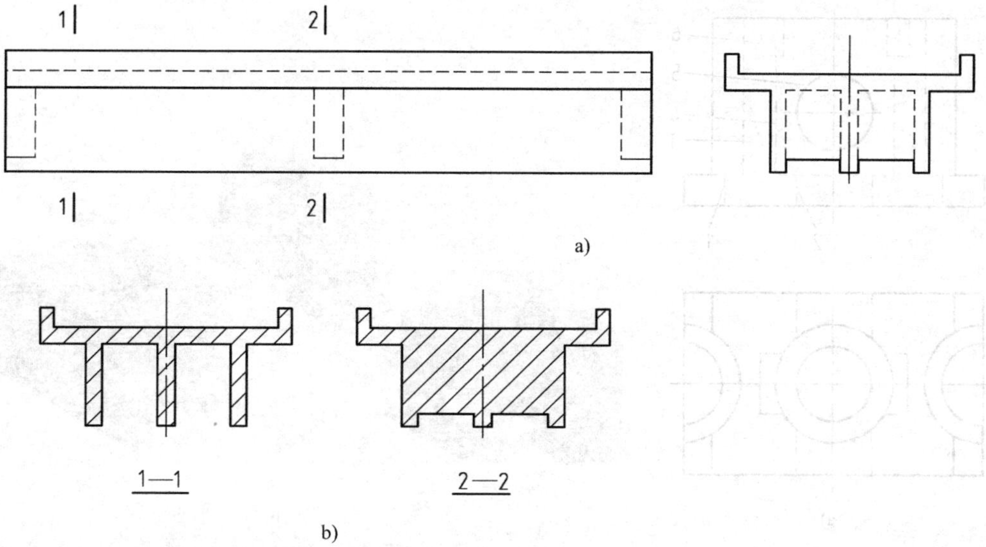

图 4-33　绘制梁的断面图

a）梁　b）断面图

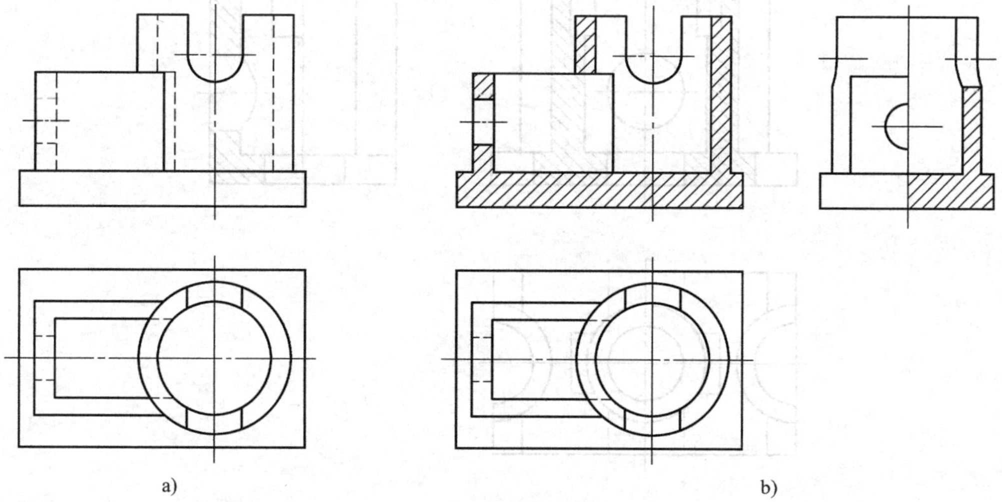

图 4-34　由两视图画第三视图

a）原图　b）作图结果

分析：由已知组合体的两个视图可知，组合体由两部分组成：

（1）底板　四棱柱体左右两边各切去半圆柱 1，居中挖去半圆柱 2。

（2）棱柱　在底板上与底板前后平齐，左右两边各切去小于 1/2 的圆柱 3；居中上下挖去圆柱 4，前后挖去圆柱 5，两圆柱孔相贯；另外在圆柱 4 的左右两边又各挖去四棱柱 6，四棱柱 6 与圆柱 4 相交。

由此可以看出该组合体的切割较为复杂，如图 4-35b 所示。

作图：依次画出组合体各部分的左视图并作半剖视图，画主视图为全剖视图，结果如图 4-36 所示。

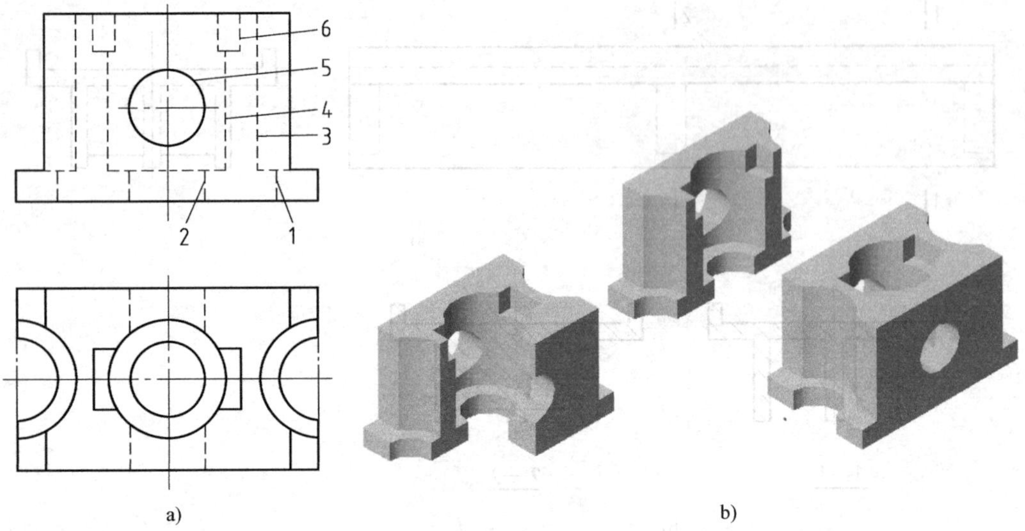

图 4-35　复杂组合体

a）原图　b）立体图

图 4-36　作图结果

*训练 5　用换面法求作立体的斜截口真形

如图 4-37a 所示，绘制阳榫的俯视图，并求作斜截口真形。

分析：已知主、左两视图很容易想象出阳榫的形状，斜截口真形可用换面法求作。

作图：补画 H 面投影；求作正垂面实形，以此完成截面各点的换面。

例如，点 A 的换面，过 a'作 X_1 轴垂线，截取 A_y 得到 a_1 投影，因截面前后对称，由 X_1 轴线前后截取能同时得到 h_1 投影。结果如图 4-37b 所示。

*训练 6　用换面法绘制斜剖视图

绘制图 4-38 所示物体的 A—A 斜剖视图。

分析：A—A 剖切面通过形体倾斜部分的轴线，剖到的内容有两头的圆柱和连接板，圆

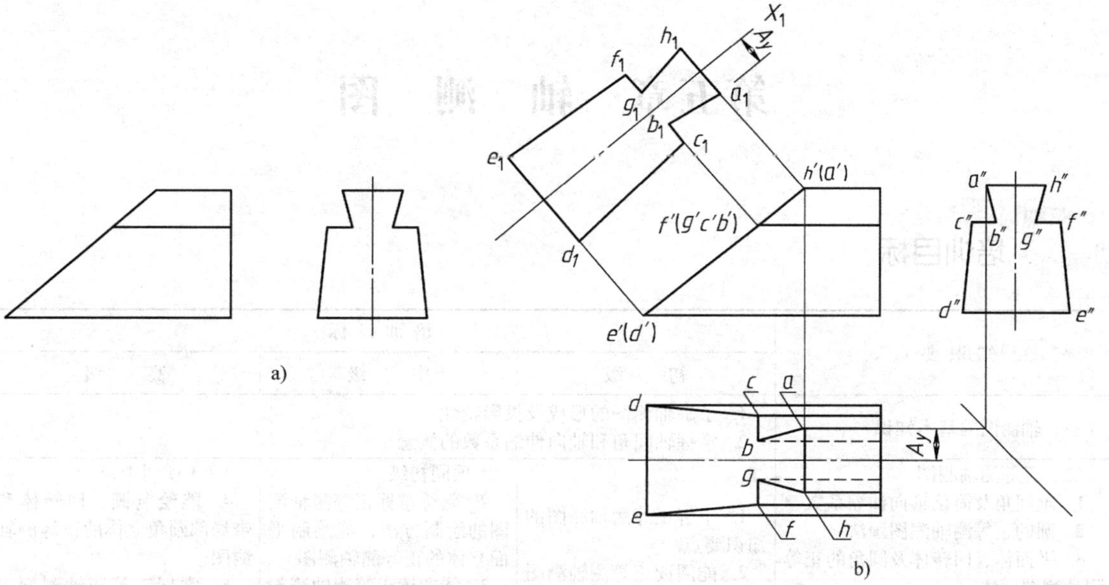

图 4-37　求作阳榫的斜截口真形

a）原图　b）投影作图

柱有孔，其中一个是阶梯孔。

作图：在适当位置画出一条平行于剖切迹线 $A—A$ 的线段作为基准线，然后根据投影对应关系绘制 $A—A$ 剖视图，其长度尺寸沿 V 面轴线截取，前后宽度在 H 面对应截取（例如连接板宽 B）。结果如图 4-38 所示。

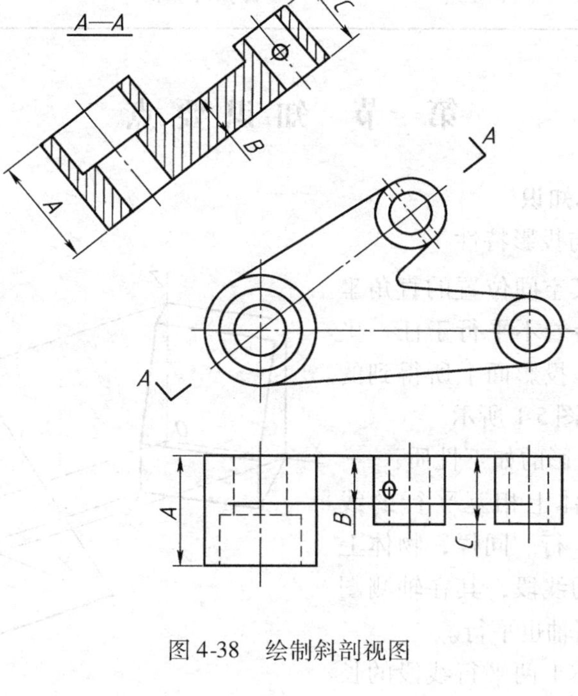

图 4-38　绘制斜剖视图

第五章　轴　测　图

培训目标

知识要点	培训目标		
	初　级	中　级	高　级
一、轴测图的基本知识	1. 了解轴测图的形成及投影特性 2. 掌握轴间角和轴向伸缩系数的概念		
二、正等测轴测图 1. 轴间角及简化轴向伸缩系数 2. 圆的正等测轴测图画法 3. 平面体、回转体及圆角的正等测轴测图画法 4. 轴测剖视图画法	1. 了解正等测轴测图的知识要点 2. 能阅读正等测轴测图	1 项同初级 2. 熟练掌握正等测轴测图的绘制方法，能绘制平面立体的正等测轴测图 3. 能阅读正等测轴测剖视图	1 ~ 3 项同中级 4. 能绘制圆、回转体和带局部圆角立体的正等测轴测图 5. 掌握正等测轴测剖视图的绘制方法和步骤
三、正二等轴测图 1. 轴间角及简化轴向伸缩系数 2. 正二等轴测图的画法	了解正二等轴测图的知识要点	掌握正二等轴测图的知识要点	1 项同中级 2. 能绘制正二等轴测图
四、正面斜二测图 1. 轴间角及简化轴向伸缩系数 2. 正面斜二测图的画法	了解正面斜二测图的知识要点	掌握正面斜二测图的知识要点	1 项同中级 2. 能绘制正面斜二测图及其剖视图
五、水平斜二测图 1. 轴间角及简化轴向伸缩系数 2. 正面斜二测图的画法	了解水平斜二测图的知识要点	掌握绘制水平斜二测图的基本知识	1 项同中级 2. 能正确绘制斜二测图

第一节　知识要点

一、轴测图的基本知识

1. 轴测图的形成与投影特性

将物体连同确定其空间位置的直角坐标系，用平行投影法沿着不平行于任一坐标面的方向投射在单一投影面上所得到的投影图称为轴测图，如图 5-1 所示。

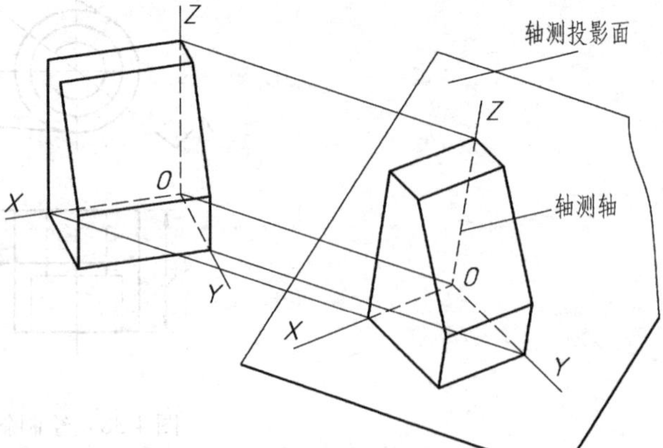

图 5-1　轴测图的形成

轴测图具有平行投影的如下性质：

（1）平行性　物体上相互平行的线段，其轴测投影仍然平行。同样，物体上与某直角坐标轴平行的线段，其在轴测图上的投影与相应的轴测轴也平行。

（2）定比性　物体上两平行线段的长度与其轴测投影的长度的比值相等。也就是说，凡是沿着投影轴测量的线段，画在轴测轴上，其长度与原长度的比值均相等。

2. 轴间角和轴向伸缩系数

（1）轴间角　两轴测轴之间的夹角称为轴间角。

（2）轴向伸缩系数　轴测轴上单位长度与相应投影轴上单位长度之比称作轴向伸缩系数。通常，OX、OY 和 OZ 轴的轴向伸缩系数分别用 p、q、r 表示。

3. 轴测图的分类

按投射方向与轴测投影面之间的关系，轴测图可分为两类：

（1）正轴测图　投射方向与轴测投影面垂直所形成的轴测图称为正轴测图。

（2）斜轴测图　投射方向与轴测投影面倾斜所形成的轴测图称为斜轴测图。

根据投射方向和轴向伸缩系数的不同，轴测图可分为如图 5-2 所示的不同类型。

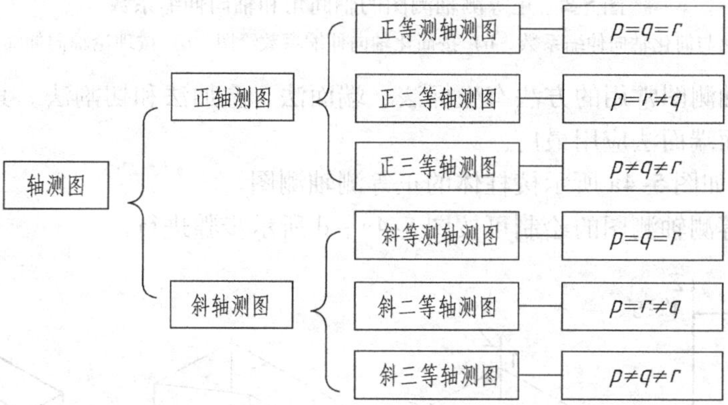

图 5-2　轴测图的分类

另外，按照物体上的某一个参考坐标面与不同轴测投影面平行的不同，斜轴测图又可分为正面斜轴测图和水平斜轴测图。一般将以正立面为轴测投影面形成的斜轴测图称为正面斜轴测图，将以水平面为轴测投影面形成的斜轴测图称为水平斜轴测图。

二、正等测轴测图

1. 正等测轴测图与其轴间角和轴向伸缩系数

轴间角互成 120°，轴向伸缩系数 $p=q=r$ 的正轴测图称为正等测轴测图，简称正等轴测图或正等测（图）。经推导，正等测图的轴向伸缩系数为 $p=q=r=0.82$。

为简便作图，取 $p=q=r=1$。通常将 $p=q=r=1$ 的轴向伸缩系数称为简化轴向伸缩系数，见图 5-3a 所示。

用简化轴向伸缩系数画出的轴测图比用理论伸缩系数（即 0.82）画出的轴测图沿轴测方向放大了 1.22 倍，如图 5-3b、c 所示。

*2. 绘制正等测轴测图的方法和步骤

在看懂所画物体投影图的基础上，可按如下步骤绘制正等测轴测图：

1）在投影图中画出物体上的直角坐标系。

2）在适当位置画出相应的轴测轴。

3）画物体的正等测轴测图的底稿。

4）擦掉所有不需要的线条和不可见线，并描深图形。

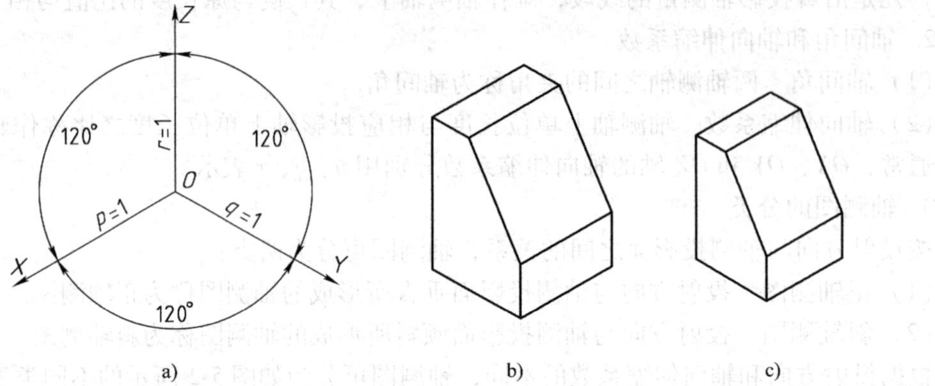

图 5-3　正等测轴测图的轴间角和轴向伸缩系数

a）轴间角与简化轴向伸缩系数　b）按简化轴向伸缩系数绘图　c）按理论轴向伸缩系数绘图

绘制正等测轴测图常用的方法有坐标法、端面法、叠加法和切割法。其中，坐标法是各种画法的基础，而端面法应用最广。

例 5-1　绘制如图 5-4a 所示棱柱体的正等测轴测图。

棱柱体的正等测轴测图的绘制可按图 5-4a ~ d 所示步骤进行。

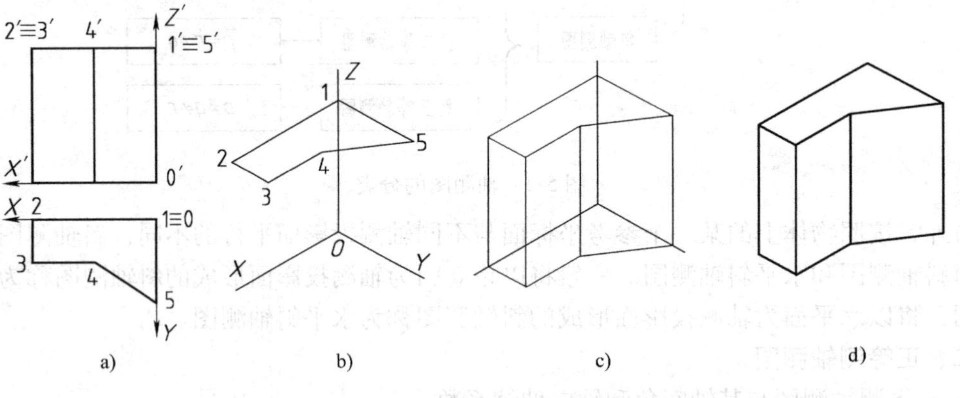

图 5-4　棱柱体正等测轴测图的画图步骤

a）投影图　b）画轴测轴和顶面　c）画棱线并截取等长　d）描深全图

**3. 圆和圆柱体的正等测轴测图的画法

凡是平行于坐标面的圆，其轴测投影均为椭圆，如图 5-5a、b 所示。

（1）椭圆长、短轴的方向　椭圆长轴的方向是菱形长对角线的方向，短轴的方向是短对角线的方向。

（2）椭圆长、短轴的大小　在取 $p = q = r = 0.82$ 时，椭圆的长轴长度为 D，椭圆的短轴长度约为 $0.58D$；取简化伸缩系数 $p = q = r = 1$ 时，椭圆长轴的长度约为 $1.22D$，短轴的长度约为 $0.7D$。

（3）椭圆的近似画法　轴测图上画椭圆，一般采用四心法，即找出 4 个圆心，用 4 段圆弧近似地代替椭圆。下面以平行于 XOY 坐标面、直径为 D 的圆为例介绍画椭圆的步骤。

1）在投影图上画直径为 D 的圆的外切正方形，如图 5-6a 所示。

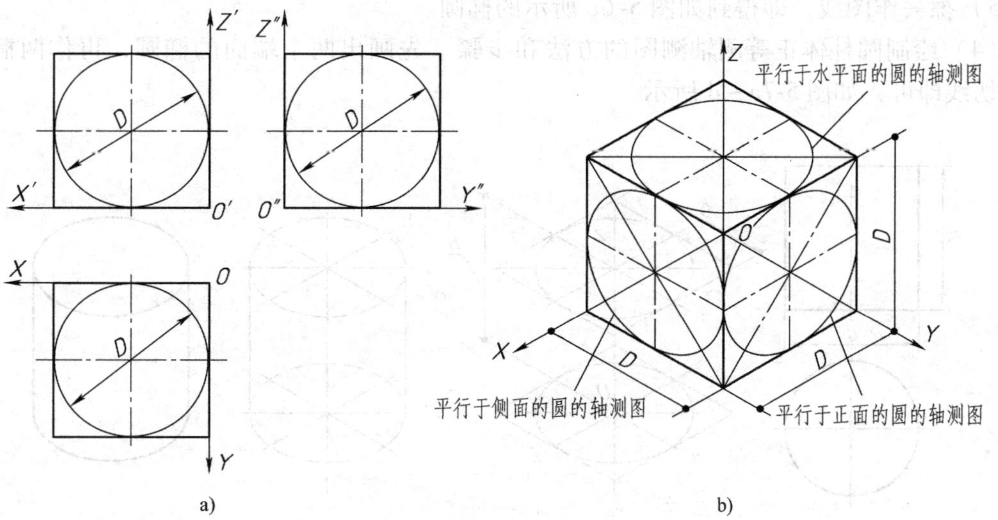

图 5-5　平行于坐标面的圆的轴测图——椭圆

a）投影图　b）椭圆长、短轴的方向和大小

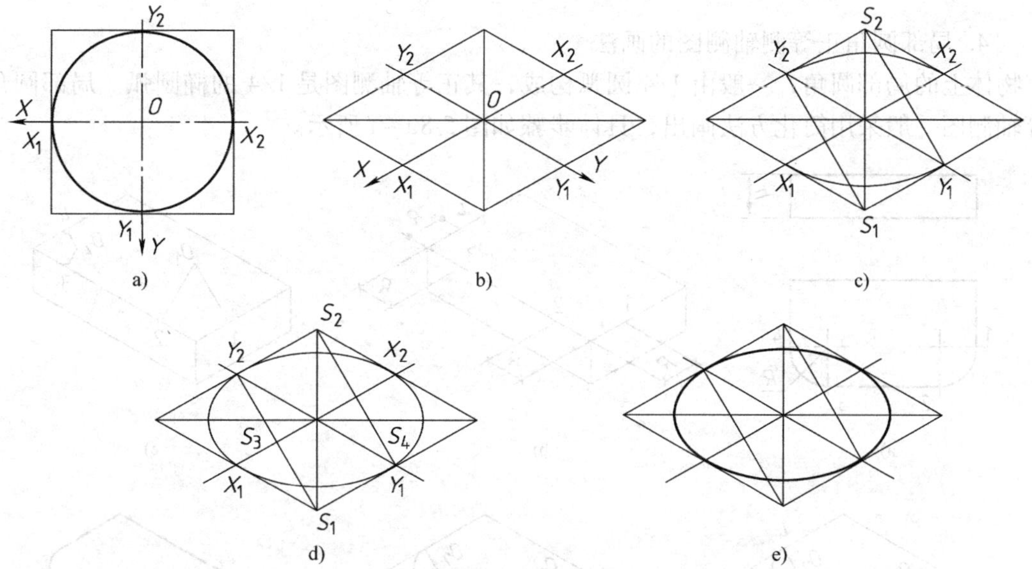

图 5-6　菱形法画椭圆的步骤

a）投影图　b）根据直径画菱形　c）画大圆弧　d）画小圆弧　e）描深椭圆

2）画轴测轴 OX 及 OY，并截取 $X_1X_2=Y_1Y_2=D$，过 X_1、Y_1、X_2 及 Y_2 各点作 OY 及 OX 的平行线，得菱形，如图 5-6b 所示。

3）以菱形短对角线的端点 S_1 和 S_2 为圆心，以 S_1X_2 和 S_2X_1 为半径画弧，两弧分别与菱形切于 X_1、Y_1 及 X_2、Y_2，如图 5-6c 所示。

4）连 S_1Y_2 和 S_2Y_1 分别交菱形长对角线于 S_3、S_4 两点，以 S_3 及 S_4 为圆心，以 S_3Y_2、S_4X_2 为半径画弧，如图 5-6d 所示。

5）擦去作图线，即得到如图 5-6e 所示的椭圆。

（4）绘制圆柱体正等测轴测图的方法和步骤　先画出两个端面的椭圆，再作两椭圆的外公切线即可，如图 5-7a ~ d 所示。

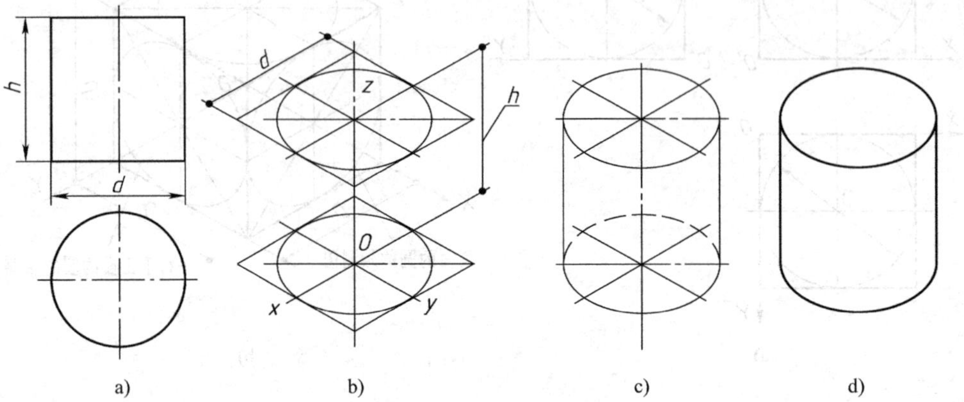

图 5-7　绘制圆柱体正等测轴测图的步骤

a）投影图　b）画顶面和底面的椭圆　c）作椭圆公切线　d）描深全图

**4. 局部圆角正等测轴测图的画法

物体上的局部圆角，一般由 1/4 圆弧构成，其正等轴测图是 1/4 的椭圆弧。局部圆角的正等轴测图一般采用简化方法画出，具体步骤如图 5-8a ~ f 所示。

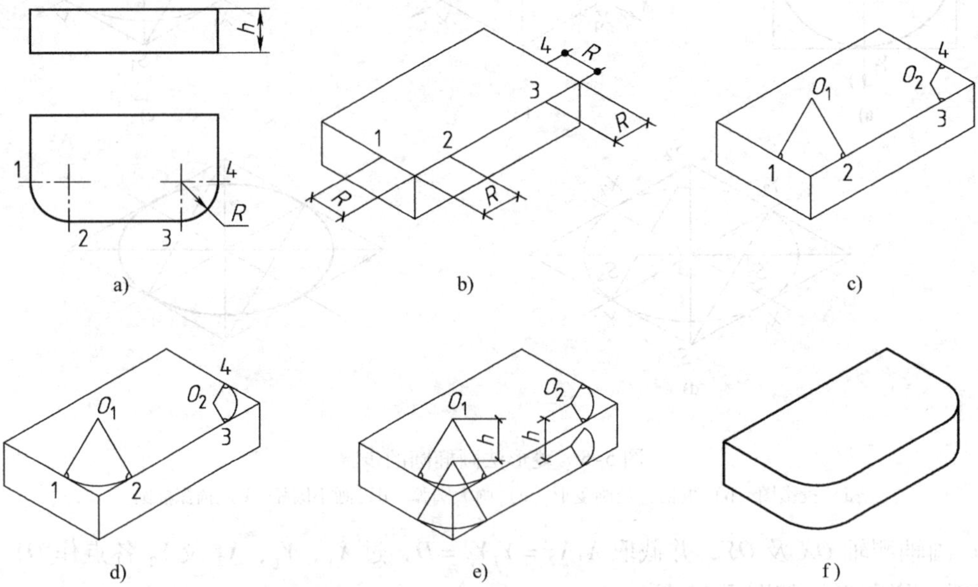

图 5-8　局部圆角正等测轴测图的画图步骤

a）投影图　b）画四棱柱，在顶面截取 R　c）过截取点作垂线求圆心

d）画圆弧　e）求底面圆弧的圆心　f）描深全图

*三、斜二等轴测图

1. 正面斜二等轴测图（简称正面斜二测图）

(1) 轴间角与轴向伸缩系数　画正面斜二测图时，使 XOZ 坐标面平行于正立面，即 OZ 与 OX 轴的夹角为90°，OY 轴与水平线的夹角为45°。轴向伸缩系数 $p=r=1$，$q=0.5$，如图5-9所示。

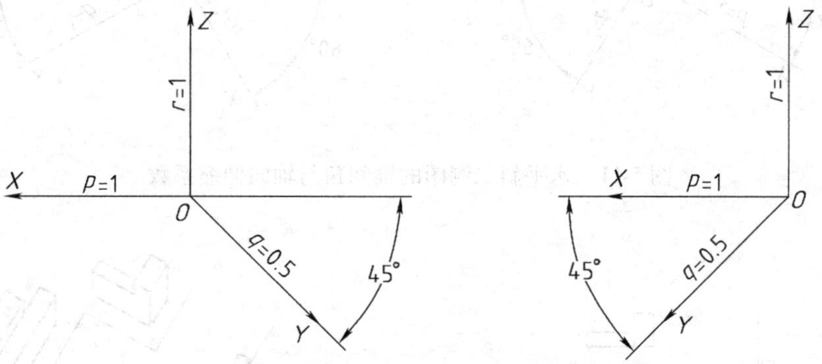

图5-9　正面斜二测图的轴间角与轴向伸缩系数

** (2) 正面斜二测图的画法　在正面斜二测图中，凡是与 XOZ 轴测投影面平行的圆，其正面斜二测图仍为圆。因此，正面斜二测图适用于物体上有较多平行于同一坐标面的圆的情况。作图时，与 XOZ 面平行的图形按投影图 1:1 绘制，OY 方向取简化伸缩系数 0.5 绘制即可。图5-10所示为绘制支座正面斜二测图的作图步骤。

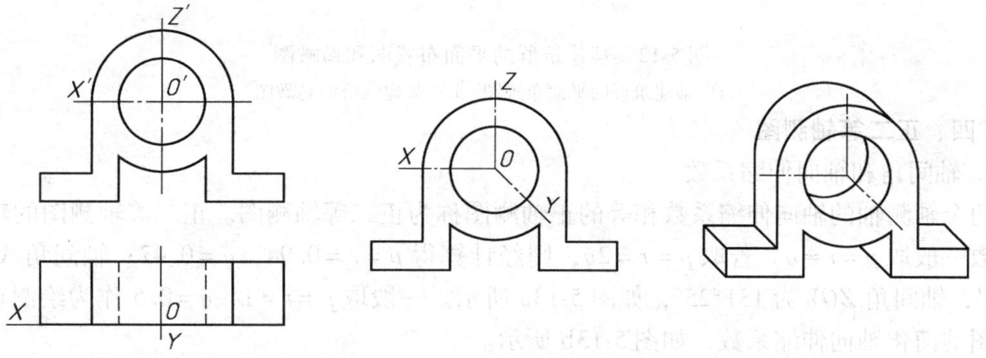

a)　　b)　　c)

图5-10　绘制正面斜二测图的步骤

a) 投影图　b) 画前端面　c) 画后端面及棱线、公切线

2. 水平斜二等轴测图（简称水平斜二测图）

(1) 轴间角与轴向伸缩系数　画水平斜二测图时，使 XOY 坐标面平行于 XOY 轴测投影面，即轴间角 XOY 为90°，物体上平行于 XOY 轴测投影面的表面其投影反映真形。轴间角 XOZ 与 YOZ 分别为150°和120°，轴向伸缩系数 $p=q=1$，$r=0.5$ 或 $r=1$，如图5-11所示。

** (2) 水平斜二测图的画法　画水平斜二测图时，先将水平投影图向左旋转30°，然后按建筑物的高度或高度的1/2，画出每一个建筑物即可。水平斜二测图常用于建筑总平面图的布置，这种轴测图也称为鸟瞰图。图5-12a、b所示为某建筑群的平面布置图和鸟瞰图。

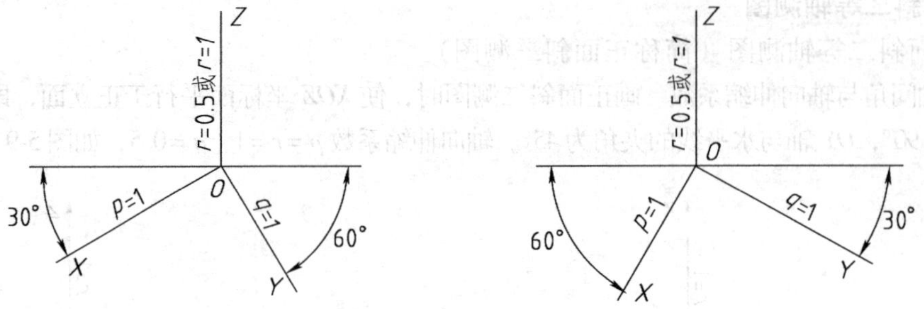

图 5-11 水平斜二测图的轴间角与轴向伸缩系数

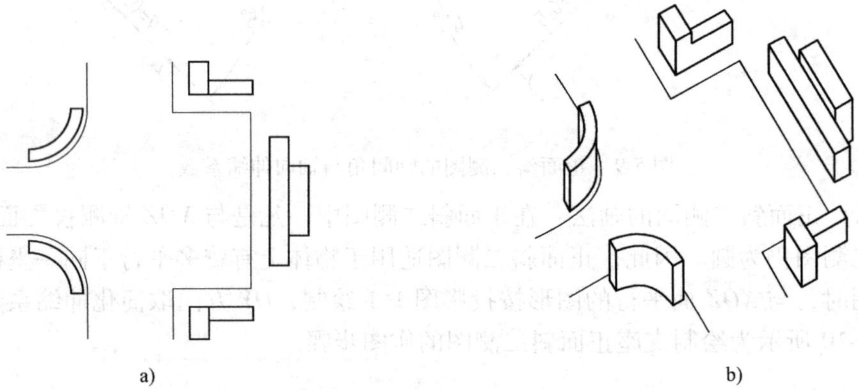

图 5-12 某建筑群的平面布置图和鸟瞰图

a）某建筑群的平面布置图 b）某建筑群的鸟瞰图

*四、正二等轴测图

1. 轴间角和轴向伸缩系数

两个轴测轴的轴向伸缩系数相等的正轴测图称为正二等轴测图。正二等轴测图的轴向伸缩系数一般取 $p=r\neq q$。若取 $p=r=2q$，则经计算得 $p=r=0.94$，$q=0.47$；轴间角 XOZ 为 97°10′，轴间角 ZOY 为 131°25′，如图 5-13a 所示。一般取 $p=r=1$，$q=0.5$ 作为绘制正二等轴测图的简化轴向伸缩系数，如图 5-13b 所示。

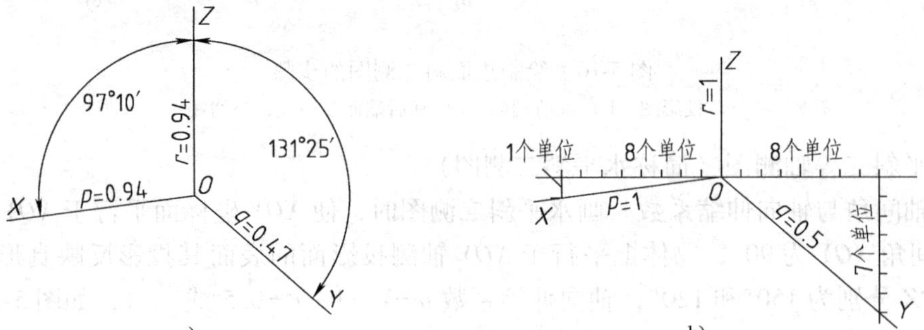

图 5-13 正二等轴测图的轴间角与轴向伸缩系数及轴测轴的简化作法

a）正二等轴测图的轴间角和轴向伸缩系数 b）正二等轴测轴的简化作法

**2. 正二等轴测图的画法

在画图时，常取 OZ 轴为竖直方向，OX 和 OY 轴可按图 5-13b 所示的方法画出，即过 O 沿水平线向右和向左各量 8 个单位，再从所得端点沿竖直方向分别量 7 个单位和 1 个单位，然后过原点与截取点相连，即可以画出 OX 和 OY 轴。画好轴测轴以后其余作图步骤与正等轴测图相似，这里不再叙述。

**五、轴测剖视图

1. 绘制轴测剖视图的方法

假想用两个通过轴线且相互垂直的剖切平面将物体剖去 1/4，画出的轴测图称为轴测剖视图。绘制轴测剖视图的方法有两种：

1）先画出完整的轴测图，然后将其剖开，实例如图 5-14a ~ d 所示。

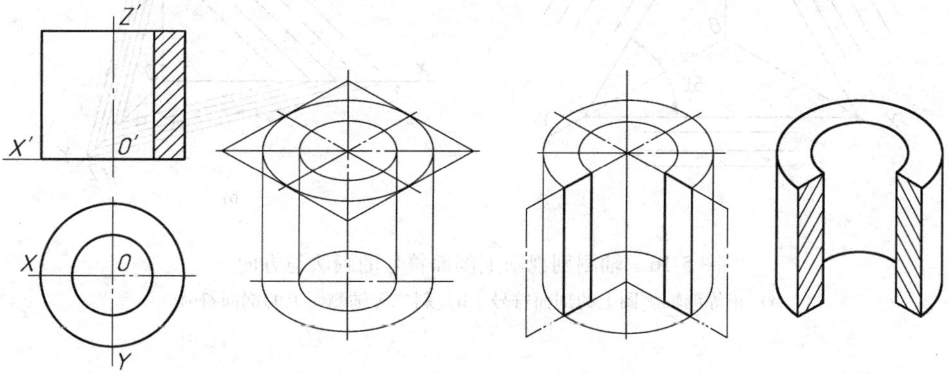

a)　b)　c)　d)

图 5-14　画轴测剖视图的方法（一）

a）投影图　b）画空心圆柱体的轴测图　c）剖切圆柱体　d）画剖面符号、描深全图

2）先画断面形状，再画出全部图形，即先在轴测轴上分别画出两个方向的断面，然后再画断后的可见部分，实例如图 5-15a ~ d。

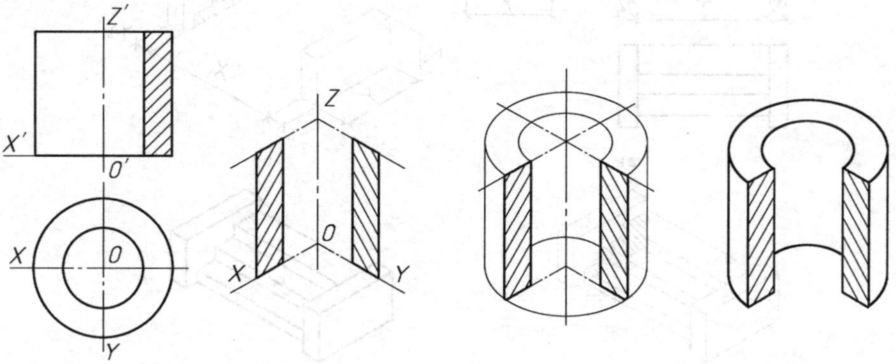

a)　b)　c)　d)

图 5-15　画轴测剖视图的方法（二）

a）投影图　b）在轴测轴上画断面　c）画断面后面的形状　d）描深全图

2. 轴测剖视图上剖面符号的画法

在正等测轴测图上绘制剖面符号按如下规定：*YOZ* 和 *XOZ* 轴测面上的剖面符号与水平线成60°角，*XOY* 轴测面的剖面符号与水平线平行，如图 5-16a 所示。

在正面斜二测图上绘制剖面符号时，首先按 $p=r=1$，$q=0.5$ 的伸缩系数在各轴测轴上截取相应的点，然后连接各截取点，再作连线的平行线，即为轴测面上的剖面符号方向，如图 5-16b 所示。

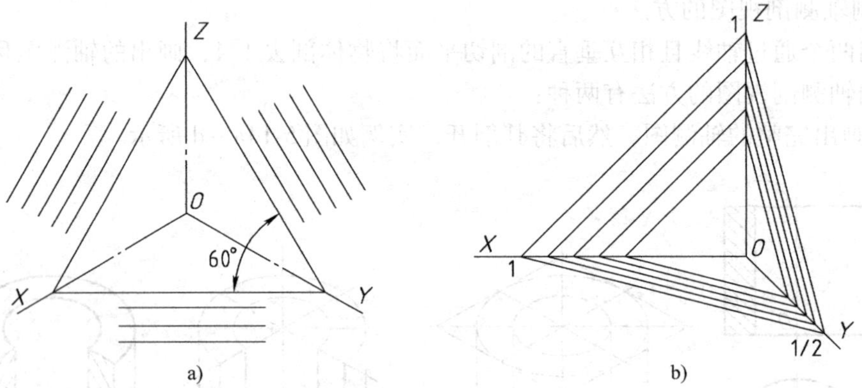

图 5-16　轴测剖视图上剖面符号的画法与方向

a）正等测轴测图上的剖面符号　b）斜二等轴测图上的剖面符号

第二节　技能训练

***训练 1　用端面法绘制台阶的正等测轴测图**

根据图 5-17a 所示台阶的投影图绘制其正等测轴测图。

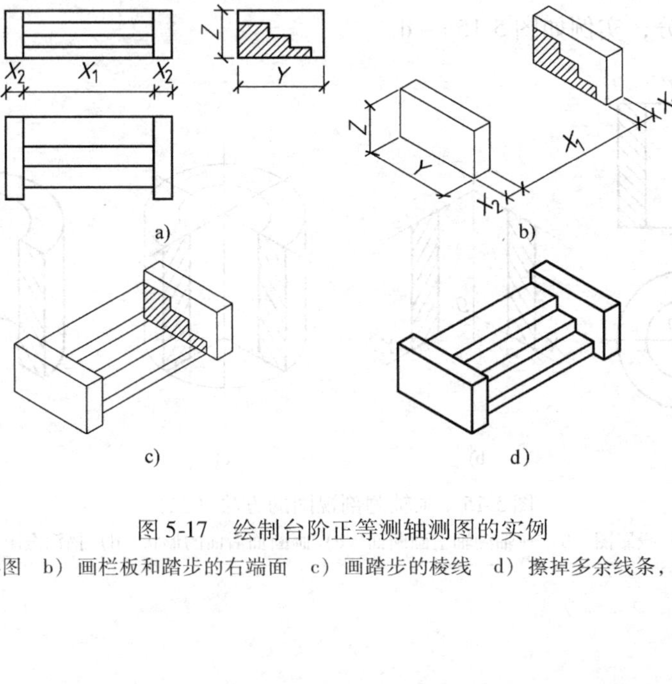

图 5-17　绘制台阶正等测轴测图的实例

a）投影图　b）画栏板和踏步的右端面　c）画踏步的棱线　d）擦掉多余线条，描深全图

由投影图可以看出，台阶是由不同的棱柱体构成的立体，绘制其正等轴测图可以采用端面法。作图时，首先画出栏板和踏步的右端面（见图5-17b），然后画踏步线（见图5-17c），最后擦除多余线条，并描深全图，结果如图5-17d所示。

*训练2　绘制切割型平面立体的正等测轴测图

根据图5-18a所示切割体的三视图，绘制其正等测轴测图。

绘制切割型平面立体的轴测图时，应先画出其基本体的轴测图，然后用切割平面逐一切割该基本体即可。

图5-18a所示切割体可看作成是一个被水平面、侧平面切割形成的棱柱体。画图时，以左端面为基面，画出该立体完整的正等测轴测图，然后在正等测图上分别用水平面和侧平面切割，作图过程如图5-18b～f所示。之后，擦去全部作图线，描深可见线，完成作图，结果如图5-18h所示。

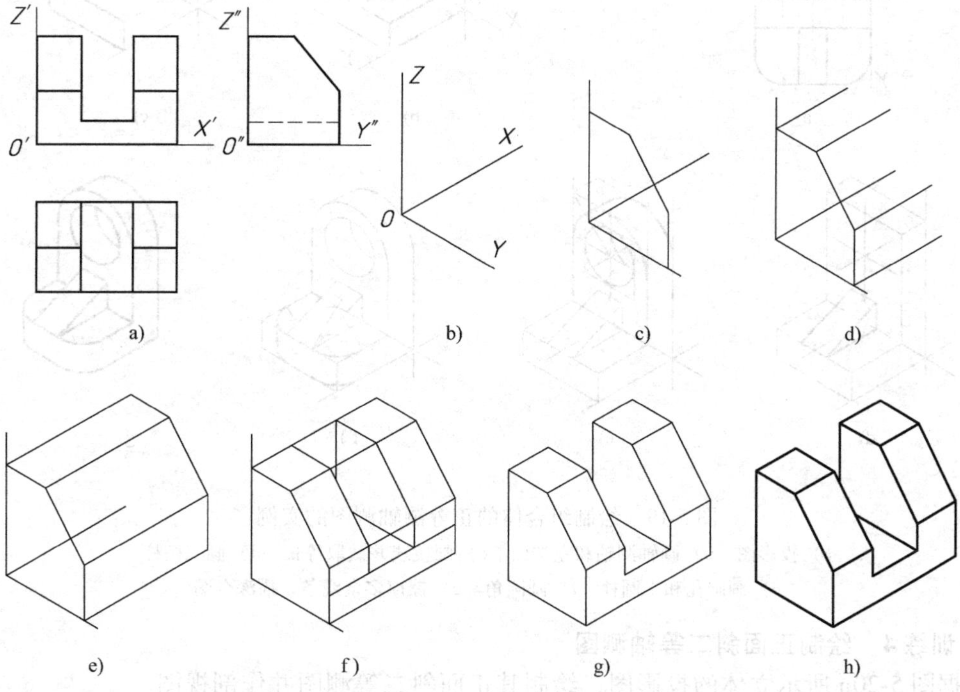

图5-18　绘制切割型平面立体的正等测轴测图的实例
a）投影图　b）画轴测轴　c）画左端面　d）画棱线　e）在棱线上截取等长
f）用水平面、侧平面切割　g）擦掉多余线条　h）描深全图

**训练3　绘制组合体的正等测轴测图

根据图5-19a所示组合体的三视图，绘制其正等测轴测图。

绘制组合体的正等轴测图，最适合用叠加法作图。

作图前，先用形体分析法对组合体进行形体分析，弄清组合体的构成，然后按照给定的位置用叠加的方法逐一画出各基本体的正等测轴测图即可。

1）形体分析：该组合体由L形棱柱体、三棱柱、半圆柱、圆孔以及1/4圆柱组成。

2）确定投影轴及其原点，如图5-19a所示。

3）绘制轴测轴，并以左端面为基面画出左端面的图形，如图 5-19b 所示。

4）过左端面各顶点画棱柱体的棱线，并截取等长，完成棱柱作图，如图 5-19c 所示。

5）按给定位置绘制三棱柱，如图 5-19d 所示。

6）绘制半圆柱和圆孔，如图 5-19e 所示。

7）绘制两个 1/4 圆柱，如图 5-19f 所示，擦去多余线条，描深全图，结果如图 5-19g 所示。

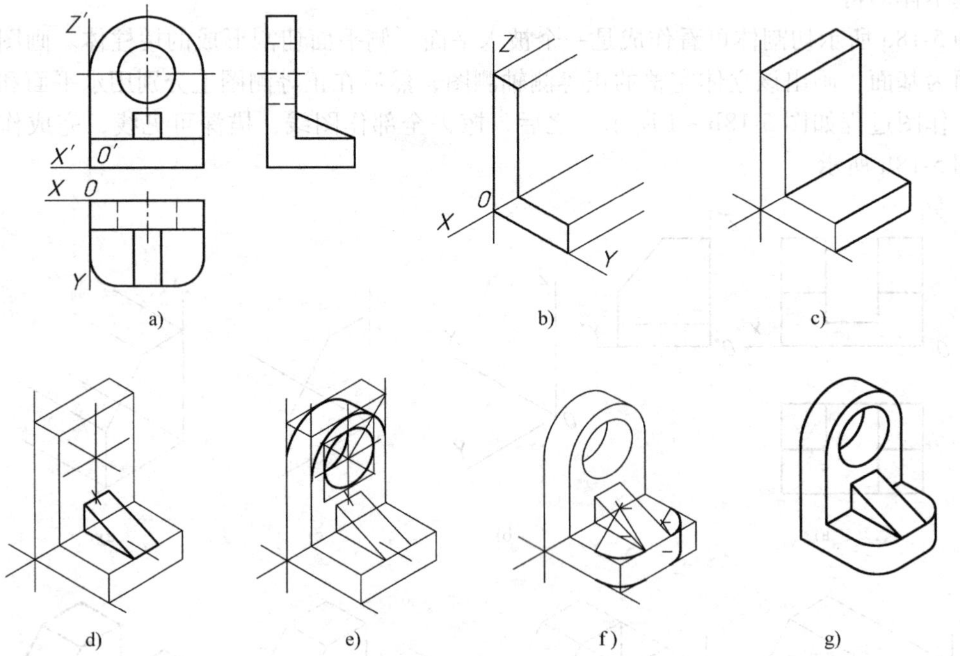

图 5-19　绘制组合体的正等测轴测图的实例

a）投影图　b）画轴测轴和左端面　c）画棱线并截取等长　d）画三棱柱

e）画圆孔和半圆柱　f）画圆角　g）擦掉多余线条，描深全图

****训练 4　绘制正面斜二等轴测图**

根据图 5-20a 所示立体的投影图，绘制其正面斜二等测图并作剖视图。

1）选好投影轴，绘制轴测轴，绘制立体的前端面，如图 5-20b 所示。

2）沿 OY 取 $q=0.5$，画后端面和内孔底面，擦去多余线条，如图 5-20c 所示。

3）沿 OX 和 OZ 作剖切，描深全图，画剖面符号，结果如图 5-20d 所示。

***训练 5　绘制建筑构件的正等测轴测图**

根据图 5-21a 所示建筑构件投影图，绘制其正等测轴测图。

建筑构件一般属于叠加类组合体。画图前，应对其进行形体分析，然后根据分析的结果，整理出画图顺序，并逐一画出每个形体。

1）首先画出底板及四棱锥台上表面在底板上的投影，如图 5-21b 所示。

2）画四棱锥台和四棱柱，如图 5-21c、d 所示。

3）画中间部分及交线，如图 5-21e 所示，擦去多余线条，描深全图，结果如图 5-21f 所示。

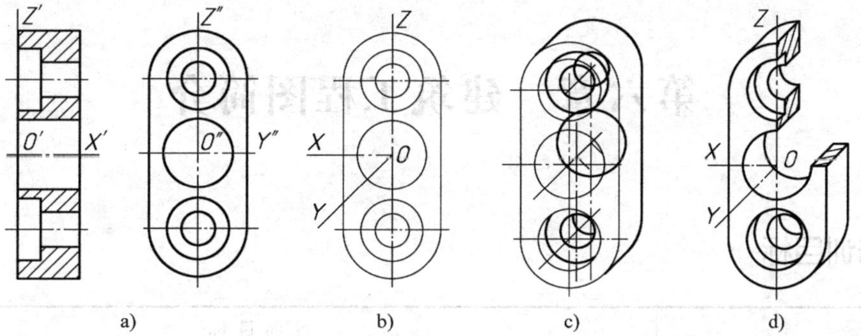

图 5-20　绘制正面斜二等测图的实例

a）投影图　b）画轴测轴和前端面　c）画后端面　d）作剖切、描深全图

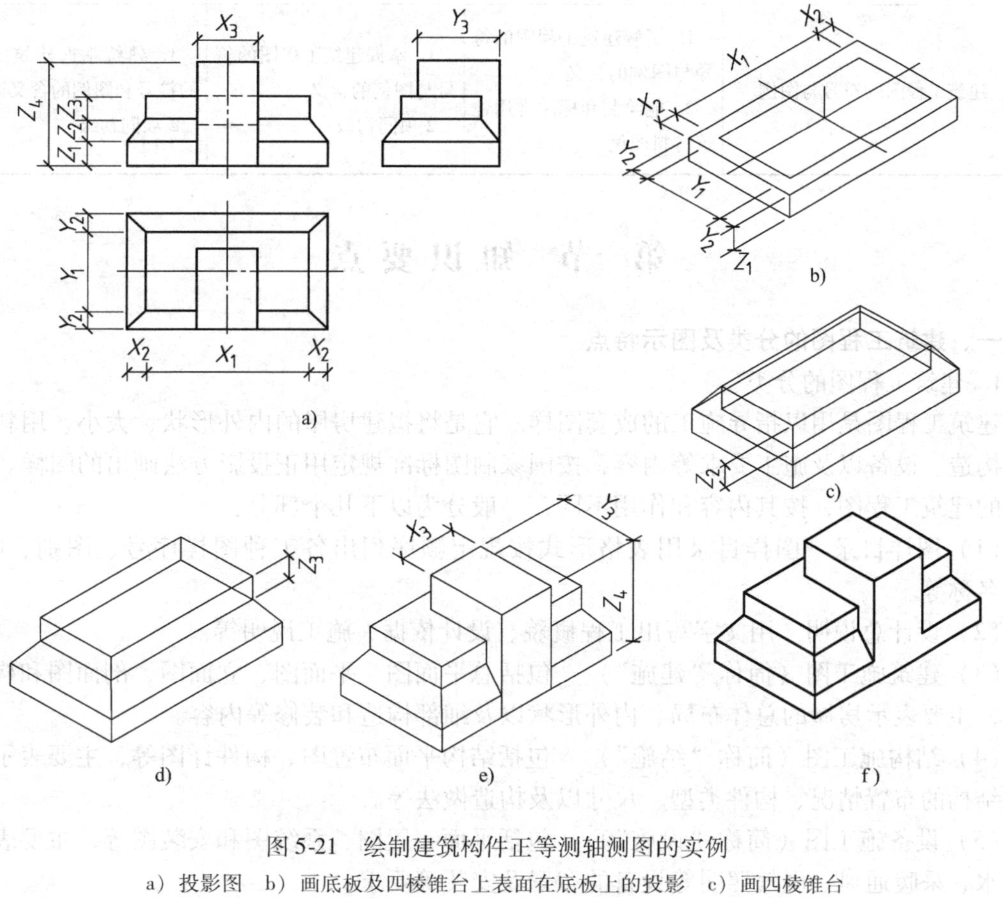

图 5-21　绘制建筑构件正等测轴测图的实例

a）投影图　b）画底板及四棱锥台上表面在底板上的投影　c）画四棱锥台

d）画四棱柱　e）画中间部分及交线　f）擦掉多余线条，描深全图

第六章　建筑工程图简介

培训目标

知识要点	培训目标		
	初　级	中　级	高　级
一、建筑工程图的分类及图示特点	了解建筑工程图的分类及图示特点	掌握建筑工程图的分类及图示特点	熟练掌握建筑工程图的分类及图示特点
二、建筑工程图的符号与图例	1. 了解建筑工程图的符号与图例的含义 2. 能绘制和标注常用建筑材料图例	1. 掌握建筑工程图的符号与图例的含义 2 项同初级	1. 熟练掌握建筑工程图的符号和图例的含义 2 项同初级

第一节　知识要点

一、建筑工程图的分类及图示特点

1. 建筑工程图的分类

建筑工程图是用以指导施工的成套图样。它是将拟建房屋的内外形状、大小、用料、结构、构造、设备以及施工要求等内容，按国家制图标准规定用正投影方法画出的图样。一套完整的建筑工程图，按其内容和作用不同，一般分为以下几个部分：

（1）图样目录　图样目录用表格形式按规定顺序列出各工种图样序号、图别、图号、图样名称等。

（2）设计总说明　用文字写出工程概貌、设计依据、施工说明等。

（3）建筑施工图（简称“建施”）　包括总平面图、平面图、立面图、剖面图和构造详图等，主要表示房屋的总体布局、内外形状以及细部构造和装修等内容。

（4）结构施工图（简称“结施”）　包括结构平面布置图、构件详图等，主要表示房屋承重结构的布置情况、构件类型、尺寸以及构造做法等。

（5）设备施工图（简称“设施”）　包括平面布置图、系统图和安装图等，主要表示给水排水、采暖通风、电气照明等设备的布置及安装等要求。

2. 建筑工程图的图示特点

1）建筑施工图是用正投影法绘制的。由于房屋形体较大，图样幅面有限，所以施工图一般都用缩小的比例绘制。平、立、剖面图可以分别单独画出。

2）在用缩小比例绘制的工程图中，对于一些细部构造、配件及卫生设备等内容可能不易如实画出，为此，多采用统一规定的图例或代号来表示。

3）施工图中的不同内容，须采用不同规格的图线绘制，选取规定的线型和线宽，用以表明内容的主次并增加图面效果。

二、建筑工程图中的符号与图例

在建筑工程图中，国家制图标准规定了许多图形符号。画图时，应遵照规定正确画出这些符号。表6-1列出了房屋施工图的常用符号，表6-2列出了常用的建筑材料图例。

表6-1　房屋施工图的常用符号

名称		注法		说明
定位轴线	一般标注	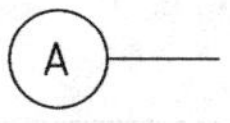 横轴	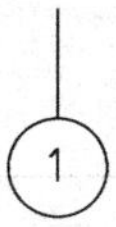 纵轴	1. 定位轴线是确定房屋承重构件位置及标注尺寸的基准线 2. 横向轴线由左向右用数字1、2、3…顺序编号，竖向轴线由下向上用大写拉丁字母A、B、C…（I、O、Z除外）顺序编号 3. 定位轴线用细单点长画线绘制；编号圆用细实线绘制，直径8mm，详图可增至10mm 4. 在两根轴线之间的附加轴线用分数表示，分子为附加轴线的编号，分母为前一定位轴线的编号
	详图标注	 通用详图的轴线号	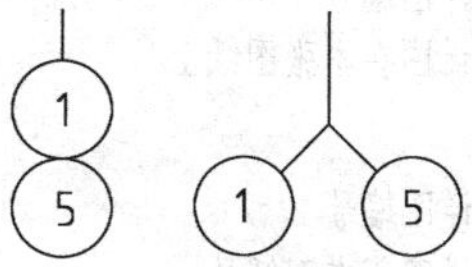 用于两根轴线时	
		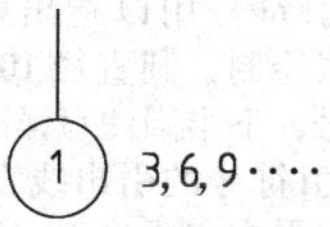 用于三根或三根以上轴线时	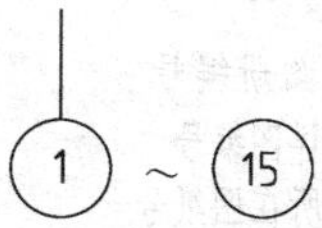 用于三根以上连续编号的轴线时	
	附加轴线	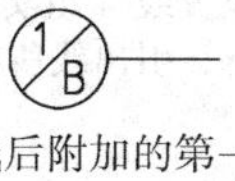 B号轴线后附加的第一根轴线	 3号轴线后附加的第二根轴线	
标高		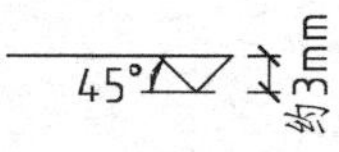 相对标高	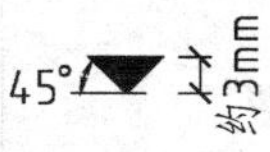 绝对标高	1. 标高用以表示地面或房屋某一部位的高度，数字单位“米” 2. 绝对标高是以青岛黄海平均海平面定值“零”高度，注写在总平面图上，数值保留到小数点后两位 3. 相对标高是以房屋的首层地面为“零”高度，数值保留到小数点后三位 4. 零点标高应写成±0.000，正数标高不注“+”号，负数标高要注“-”号 5. 标高符号用细实线绘制
		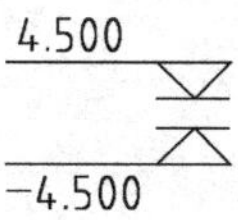	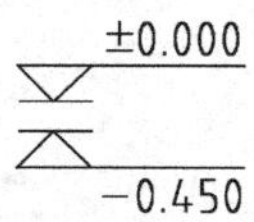 标高符号的尖端指向被注的高度	
		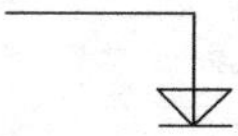 位置不够时	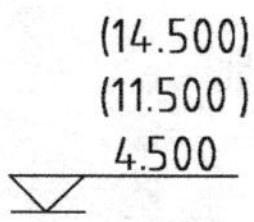 多层标注时	

（续）

名称		注　法	说　明
指北针		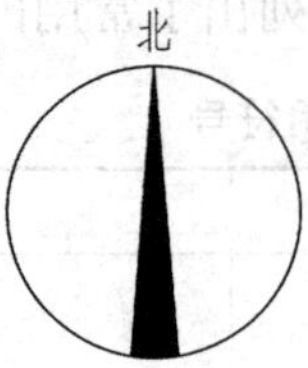	1. 指北针表示房屋的朝向，标注在总平面图和建筑首层平面图上 2. 指北针符号圆为细实线，直径 24mm，指针尾部宽度 3mm，指尖方向为北向
索引符号	直接索引	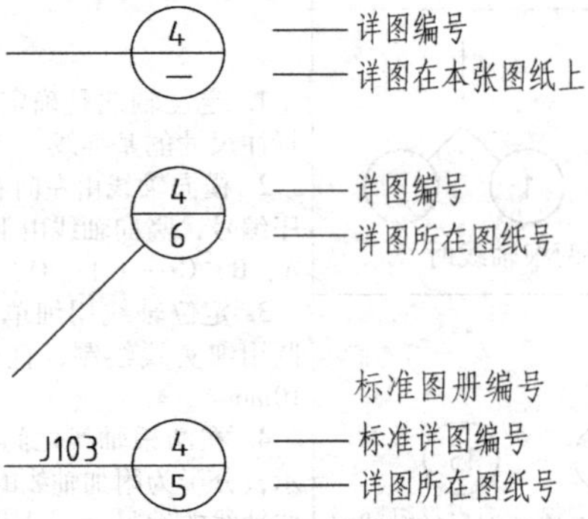	1. 索引符号用以指出要画详图的位置，用细实线绘制，圆直径 10mm，上半圆注写详图编号，下半圆注写详图所在图样编号 2. 索引符号的引出线宜采用水平方向直线及与水平方向成 30°、45°、60°、90°的直线，或经过上述角度再折为水平线，引出线应对准索引符号的圆心 3. 索引剖面详图时，应在被剖切的部位绘制剖切位置线（粗实线），剖切位置线与引出线平行，引出线所在一侧为剖视方向
	剖面索引	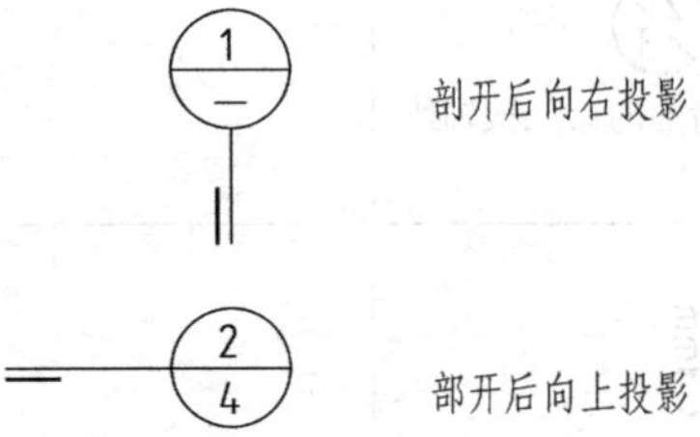	
详图符号		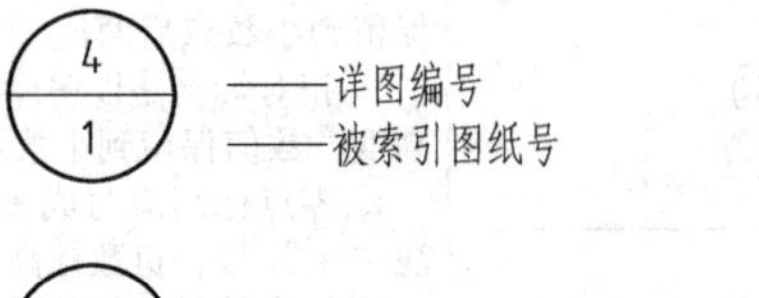	详图符号表示详图的索引图样和编号，用粗实线绘制，圆直径 14mm，上半圆注写详图编号，下半圆注写被索引图样的图样号

表 6-2　常用的建筑材料图例

名　称	图　例	说　明	名　称	图　例	说　明
自然土壤	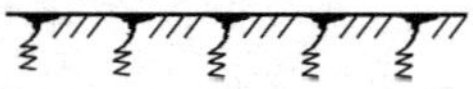	各种自然土壤	混凝土	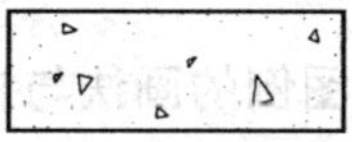	
夯实土壤	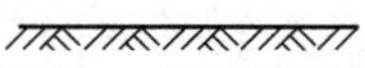	分层洒水素土夯实	钢筋混凝土	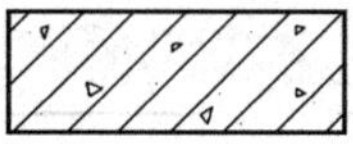	在剖面上画出钢筋时，不画图例线；断面较窄、不易画出图例时，可涂黑
天然石材	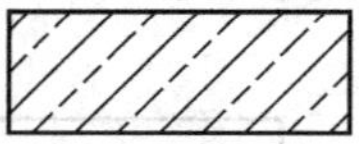	包括岩层、砌体等材料	焦渣、矿渣	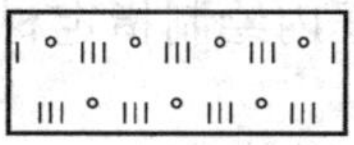	包括与水泥、石灰等混合而成的材料
金属	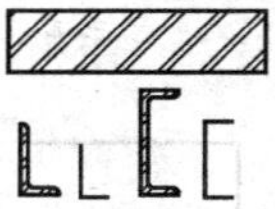	各种金属，图形小时可涂黑	毛石	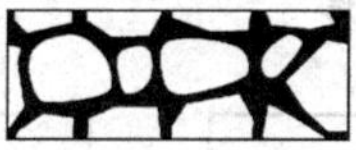	
砂、灰土	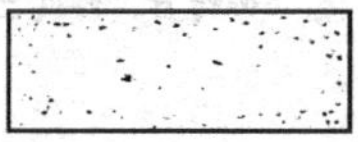	靠近轮廓线的点较密	普通砖	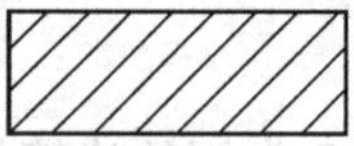	包括砌体、砌块，断面较窄时可不画图例或涂黑
空心砖	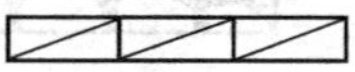	各种多孔砖	胶合板		应注明×层胶合板
砂砾石、碎砖三合土	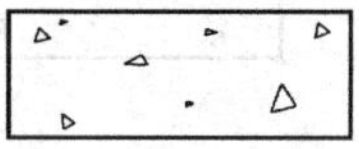		防水材料	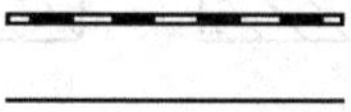	构造层次多或比例较大时采用上图
玻璃	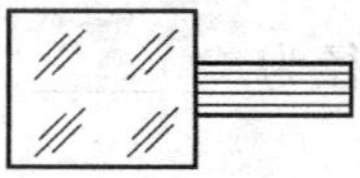	必要时注出名称，如磨砂玻璃	饰面砖	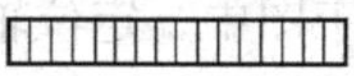	包括地砖、陶瓷锦砖、人造大理石等
石膏板	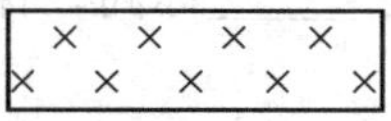		多孔材料	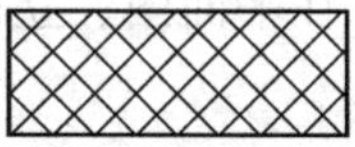	包括水泥珍珠岩、泡沫混凝土、加气混凝土等
木材	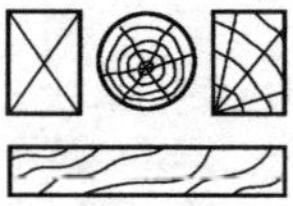	上图为横断面，左上图为木砖、垫木或木龙骨下图为纵断面	耐火砖	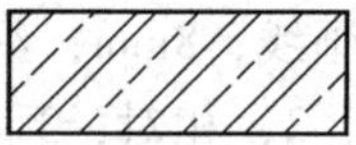	包括耐酸砖

第二节 技能训练

训练 1 建筑图例的画法与标注

1. 写出下列图例的含义。

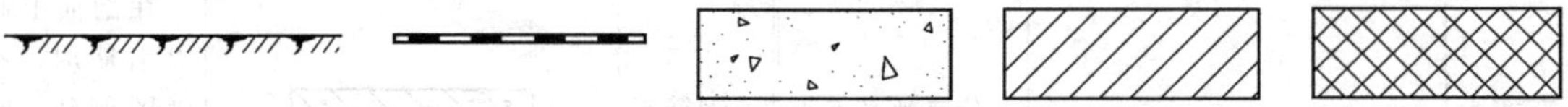

__________ __________ __________ __________ __________

分析：由表 6-2 常用的建筑材料图例，可知以上图例分别是自然土壤、防水材料、混凝土、普通砖和多孔材料。

2. 在下列方框内绘制指定材料的图例。

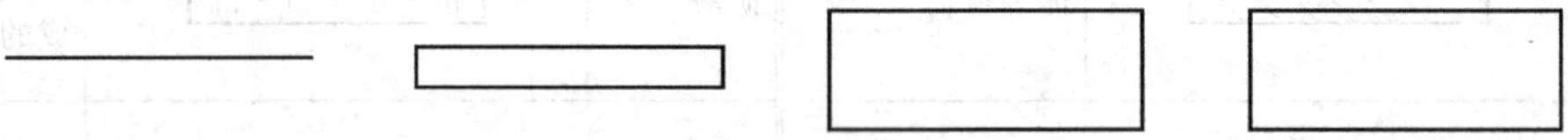

夯实土壤　饰面砖　金属　毛石

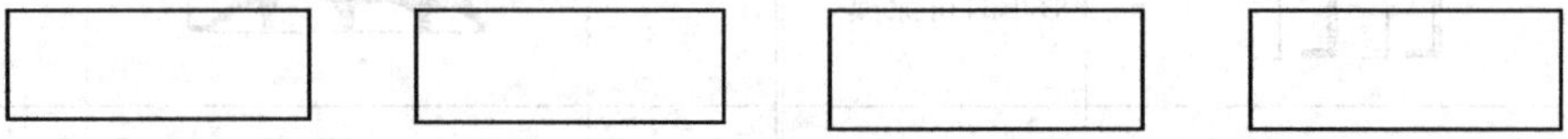

天然石材　钢筋混凝土　砂、灰土　砂砾石、碎砖三合土

分析：由表 6-2 常用的建筑材料图例，绘制以上图例如下：

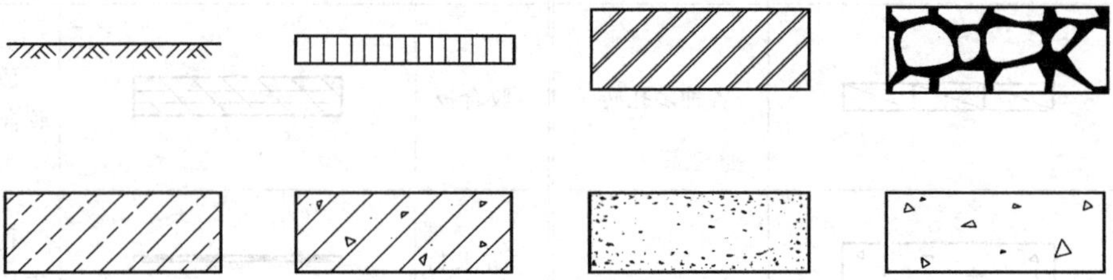

训练 2 单层楼房平面图与立面图的基本知识

1. 填空。

1）在建筑施工图中，定位轴线用________绘制，编号圆直径为________。索引符号圆用________绘制，圆直径为________。

2）在建筑施工图中，标高以____为单位，在总平面图中标注的是______标高，保留小数点后______位，在平面图、立面图、剖面图及详图中标注的是______标高，保留小数点后______位。

3）在建筑施工图中，详图符号圆用________线绘制，圆直径为________。

分析：参照表 6-1 房屋施工图常用符号，填空答案如下：

1）细单点长画线，8mm，细实线，10mm。

2）米，绝对，2，相对，3。

3）粗实线，14mm。

2. 回答问题。

1）说明下列附加定位轴线的含义。

2）说明下列索引符号的含义。

3）说明下列详图符号的含义。

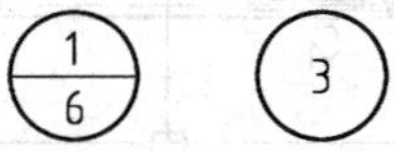

分析：参照表 6-1 房屋施工图常用符号，各题答案如下：

1）表示 4 号轴线后附加的第 2 根轴线；表示 A 号轴线前附加的第 1 根轴线。

2）索引符号的含义如下：

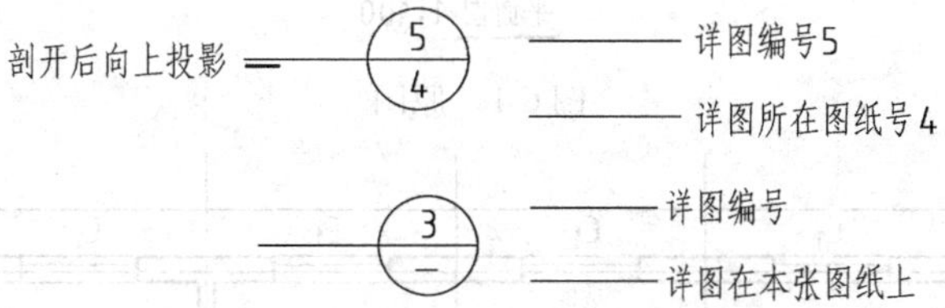

3）详图符号的含义如下：

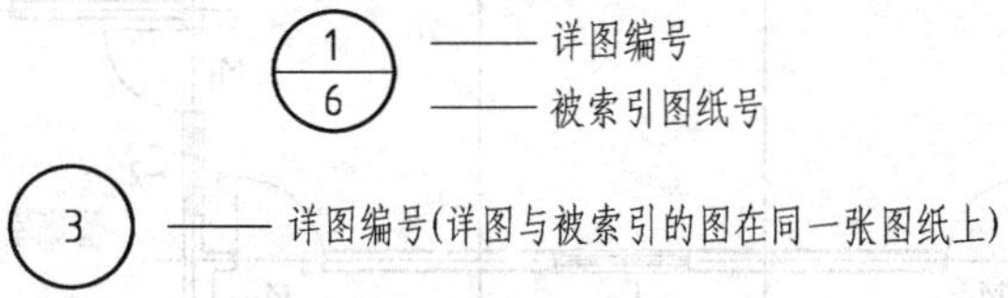

训练 3　根据规定线型要求描绘建筑平面图

根据建筑制图标准中规定的线型，描绘给出的图 6-1 所示平面图（细线不用描），并给定位轴线编号。

分析：

（1）定位轴线编号　在建筑施工图中凡是承重构件（如墙或柱）处都应画定位轴线，并对轴线进行编号，横轴用阿拉伯数字从左至右编号，纵轴用大写的拉丁字母（I、O、Z 除外）从下至上编号。在本图中横轴由 1 至 5 轴，纵轴由 A 至 D 轴。

（2）描图　建筑平面图对线型要求：剖切到的柱子、墙体的断面轮廓线绘制成粗实线，门扇的开启示意线绘制成中粗实线，其余的可见轮廓线绘制成细实线，不可见轮廓线绘制成虚线。描绘完成的平面图如图 6-2 所示。

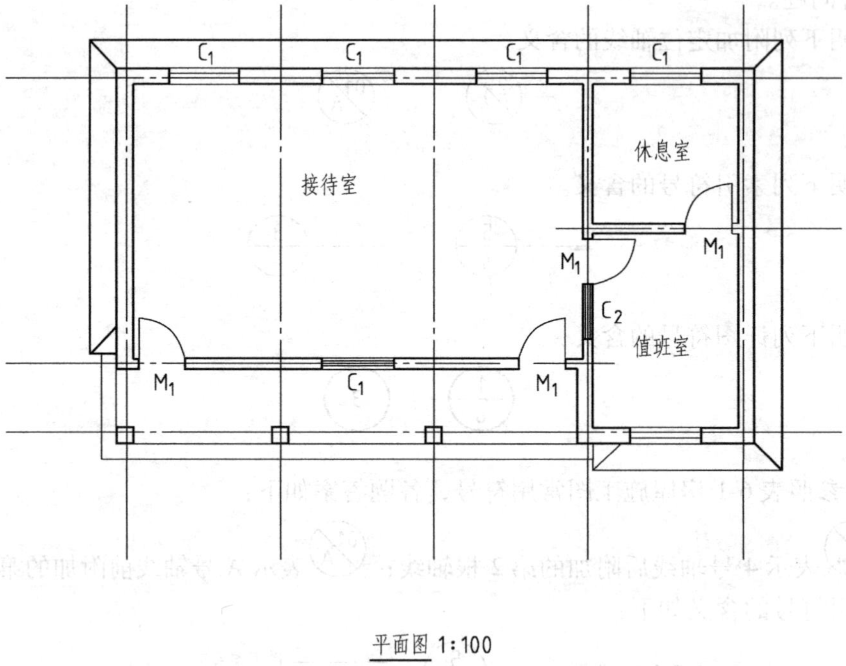

图 6-1　原图

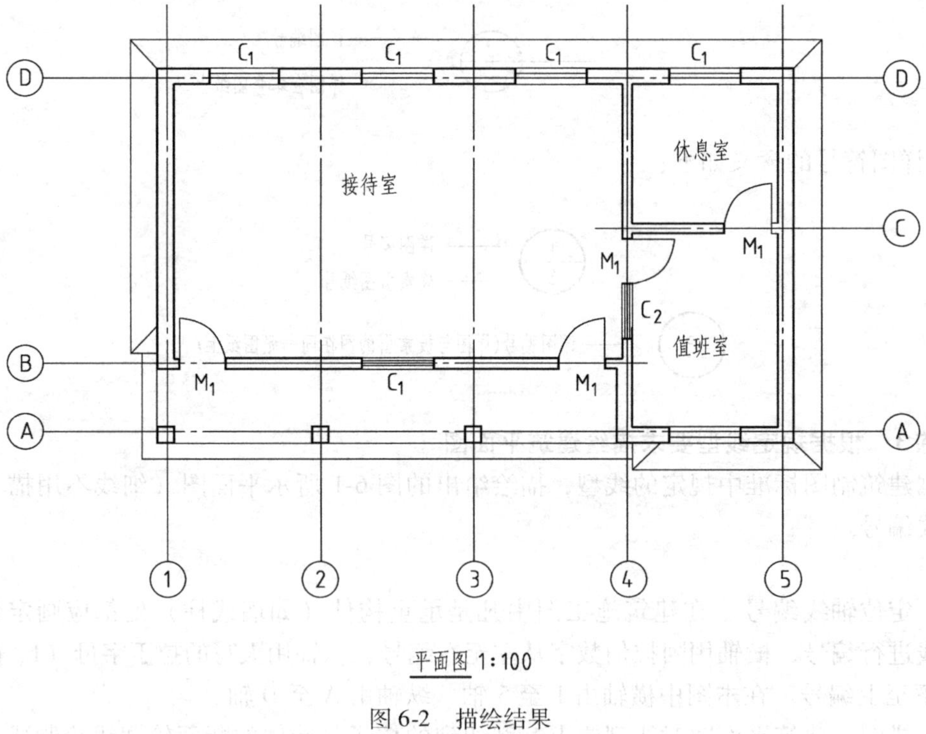

图 6-2　描绘结果

第七章　建筑施工图

培训目标

知识要点	培训目标		
	初　级	中　级	高　级
一、总平面图	了解总平面图的内容、作用和常用比例	同初级	掌握总平面图的内容、作用、常用比例和图例
二、建筑平面图 1. 轴线 2. 图线和比例 3. 材料图例 4. 门窗 5. 楼梯 6. 尺寸与标高 7. 指北针 8. 其他	1. 掌握轴线画法和图中图线的线型与线宽及比例 2. 掌握比例的注写要求 3. 掌握材料图例画法 4. 了解门窗代号含义 5. 掌握尺寸、标高的画法，了解尺寸标注的内容 6. 掌握指北针画法 7. 掌握剖切符号画法	1. 掌握轴线画法和图中图线的线型与线宽及比例 2. 掌握比例的注写要求 3. 掌握材料图例画法 4. 掌握门窗代号含义 5. 掌握尺寸、标高的画法，掌握尺寸标注的内容 6. 掌握指北针画法 7. 掌握剖切符号画法 8. 了解平面图中需要标注的内容	1. 熟练掌握轴线画法和图中图线的线型与线宽及比例 2. 熟练掌握比例的注写要求 3. 熟练掌握材料图例画法 4. 熟练掌握门窗代号含义 5. 熟练掌握尺寸、标高的画法，掌握尺寸标注的内容 6. 熟练掌握指北针画法 7. 熟练掌握剖切符号画法 8. 熟练掌握平面图中需要标注的内容 9. 熟练掌握楼梯表达方式 10. 能根据资料标注尺寸和标高 11. 根据总平面图，在平面图上绘制指北针 12. 熟练掌握平面图中所包含的各项内容
三、建筑立面图 1. 立面图的名称 2. 内容 3. 图线 4. 标注	1. 了解立面图的命名原则 2. 了解立面图的图示内容 3. 掌握立面图的图线要求 4. 了解标注原则，掌握标注方法	1. 掌握立面图的命名原则 2. 掌握立面图的图示内容 3. 掌握立面图的图线要求 4. 掌握标注原则，掌握标注方法	1. 熟练掌握立面图的命名原则 2. 熟练掌握立面图的图示内容 3. 熟练掌握立面图的图线要求 4. 熟练掌握标注原则，掌握标注方法
四、建筑剖面图	1. 掌握图线要求及图例画法 2. 了解图示内容 3. 了解尺寸、标高的内容，掌握标注方法	1. 掌握图线要求及图例画法 2. 掌握图示内容 3. 掌握尺寸、标高的内容，掌握标注方法	1. 熟练掌握图线要求及图例画法 2. 熟练掌握图示内容 3. 熟练掌握尺寸、标高的内容，掌握标注方法
五、建筑详图 1. 外墙身详图	1. 掌握图线要求 2. 了解图示特点 3. 了解文字、尺寸及标高注写的内容，掌握标注方法	1. 掌握图线要求 2. 掌握图示特点 3. 掌握文字、尺寸及标高注写的内容，掌握标注方法 4. 了解索引与详图符号的含义及对应关系	1. 熟练掌握图线要求 2. 熟练掌握图示特点 3. 熟练掌握文字、尺寸及标高注写的内容，掌握标注方法 4. 能编注索引及对应的详图符号的含义及对应关系

（续）

知识要点	培训目标		
	初　级	中　级	高　级
2. 楼梯详图 1）楼梯平面图 2）楼梯剖面图	1. 了解形成及表达方式 2. 掌握图线要求 3. 了解标注内容、标注方法 4. 了解索引与详图对应关系	1. 掌握形成及表达方式 2. 掌握图线要求 3. 掌握标注内容、标注方法 4. 掌握索引与详图对应关系	1. 熟练掌握形成及表达方式 2. 熟练掌握图线要求 3. 熟练掌握标注内容、标注方法 4. 能根据资料进行尺寸标注和编写索引及详图编号
六、建筑施工图的绘制方法和步骤	掌握画图步骤和典型施工图的画法，重点掌握建筑平面图和楼梯平面详图的画法		熟练掌握画图步骤和典型施工图的画法

第一节　知识要点

一、总平面图

总平面图是指表明新建建筑物及其周围环境的水平投影图。它表示出新建房屋的平面形状、位置、朝向及与周围地形、地物的关系等，是新建建筑物定位、放线及布置施工现场的依据。

总平面图因包括的范围较大，绘制时常用较小的比例（如1:500、1:1000、1:2000等），并按国家制图标准规定的图例表示，总平面图常用图例见表7-1。

表7-1　总平面图常用图例

名　称	图　例	说　明	名　称	图　例	说　明
新建建筑物		1. 用粗实线表示，可不画入口 2. “6”表示层数	坐标	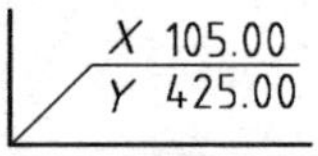	测量坐标
原有建筑物		应注明拟利用者，用细实线表示		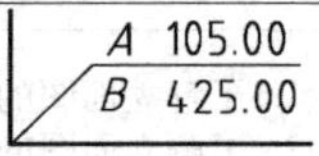	施工坐标
计划扩建的预留地或建筑物		用中虚线表示	护坡	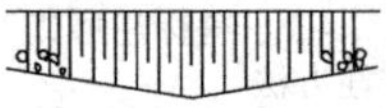	边坡较长时，可在一端或两端局部表示
拆除的建筑物	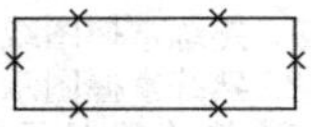	用细实线表示	原有道路	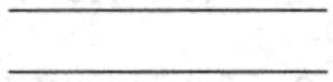	用细实线表示
围墙及大门	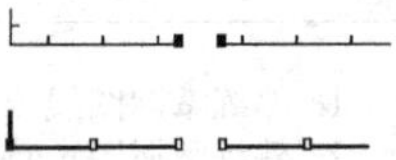	上图为砖石、混凝土或金属材料围墙 下图为镀锌铁丝网、篱笆等围墙	植草砖铺地		
铺砌场地	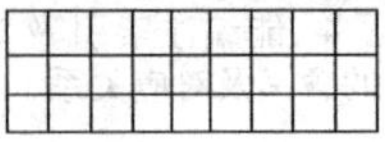		草坪	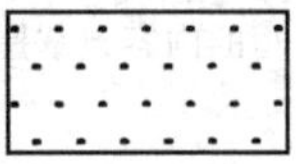	
挡土墙		被挡土在“突出”的一侧	绿化		分别为：阔叶灌木、阔叶乔木、针叶树、竹类

图 7-1 所示是某公司拟建综合楼的总平面图。总平面图一般应包括下列基本内容：

1. 新建建筑物

图 7-1 中，新建建筑物按 1:500 的比例用粗实线框表示，并在线框内用小黑点表示建筑层数，有几个黑点就表示几层。原有建筑用细实线框表示。

2. 新建建筑物的定位

总平面图的主要功能是确定新建建筑物的位置。一般是利用原有建筑物或道路等定位。在图 7-1 中，拟建综合楼的西墙面距原平房 8.5m，南墙距原平房 9m。

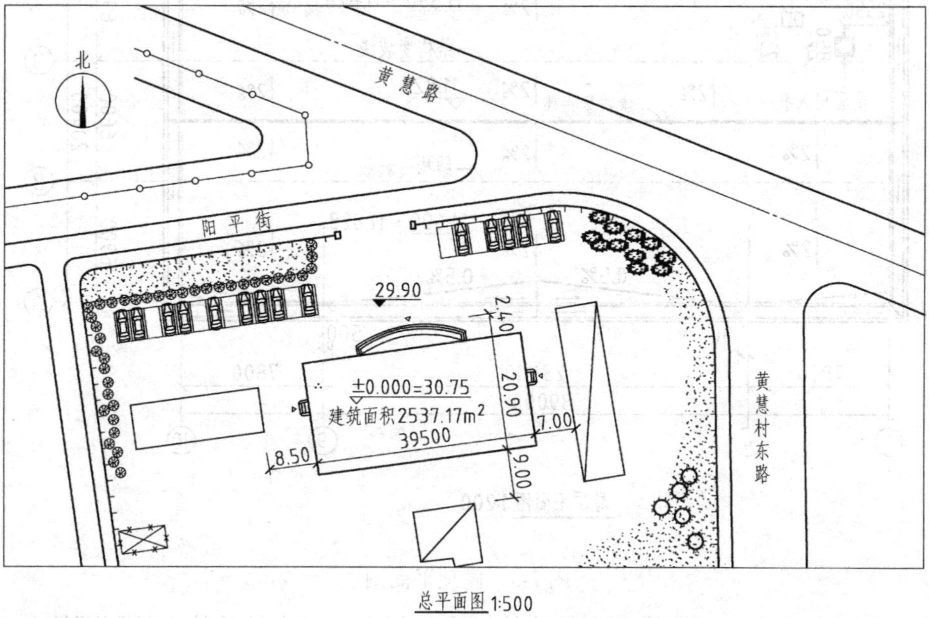

图 7-1　某公司拟建综合楼的总平面图

3. 绝对标高

新建房屋应注出室内地坪和室外整平后地坪的绝对标高（以青岛市黄海海平面为零点而测定的高度尺寸），标高单位为米，并应标注到小数点后两位。室外地坪标高符号要用涂黑的三角形表示。在图 7-1 中，拟建住宅楼底层地面的绝对标高是 30.75m，楼外整平地面的绝对标高是 29.90m。

4. 指北针和风向频率玫瑰图

在总平面图中，建筑物的朝向可用指北针或风向频率玫瑰图表示。风向频率玫瑰图既可表示房屋的朝向，又可表示全年的最大风向频率，如图 7-2 所示。

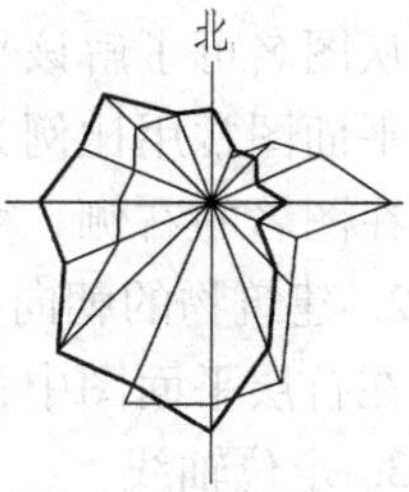

图 7-2　风向频率玫瑰图

二、建筑平面图

假想用一个水平剖切平面沿房屋门窗洞口的位置将房屋切开，移去剖切平面以上的部分，将剩余的部分作水平全剖视图所得的图样，称为建筑平面图（简称平面图）。在一般情况下，建筑物有几层就应画出几层的平面图，但当楼层平面图相同时，可以只画出其中一个，该平面图称为标准层平面图。平面图主要表示房屋的平面形状、大小、房间的布置与功能、内外交通联系、墙或柱的位置以及门窗的编号和位置等。

此外，房屋的屋顶可用较小的比例画成水平投影图，称为屋顶平面图。屋顶平面图表明屋面坡向、坡度、天沟、分水线、雨水口和通风道出口位置等，如图 7-3 所示。

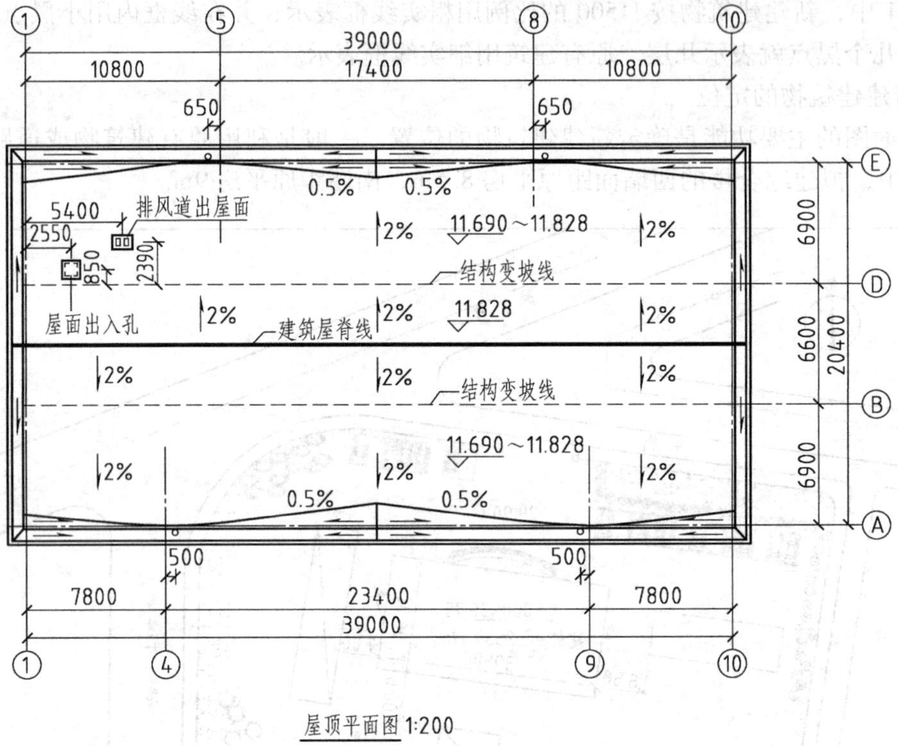

图 7-3　屋顶平面图

建筑平面图主要为施工放线、砌筑墙体、安装门窗、室内外装修、编制预算及备料等工作提供依据。

现以某综合楼首层平面图为例，简要说明平面图的图示内容及特点（见图 7-4）。

1. 平面图的图名、比例

从图名可了解该平面图是属于哪一层平面图以及该平面图的比例。

平面图常用比例为 1:50，1:100，1:200，本例选用 1:100。建筑制图标准规定，比例宜注写在图名的右侧，字高应比图名的字高小一号或二号。

2. 建筑物的朝向

在首层平面图中，用指北针表明建筑整体朝向，本例综合楼正门朝北。

3. 定位轴线

定位轴线是用来确定房屋主要结构与构件位置的线，用细点画线表示。本例横向轴线有 1 ~ 10 轴，纵向轴线有 A ~ E 轴。该建筑为框架结构，图中轴线上涂黑的矩形部分是钢筋混凝土柱。

4. 墙体

墙体分隔室内空间，从墙体的布置和房间的名称，可了解房屋内部各房间的功能、面积、数量及其相互间的联系。

5. 门窗

在平面图中，门窗应按建筑制图标准规定的图例画出，并标注代号。门的代号为

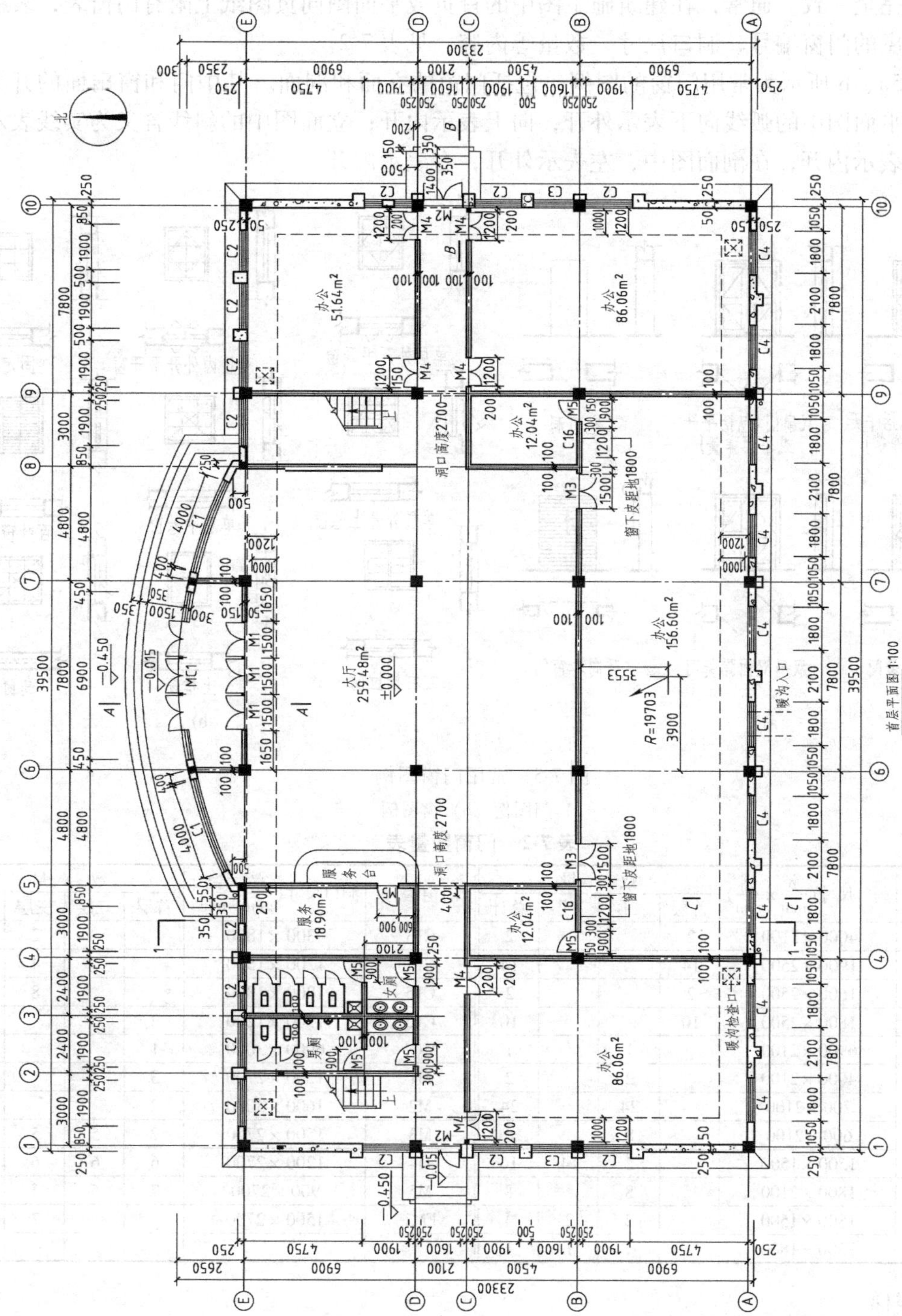

图7-4　某综合楼首层平面图

“M”，窗的代号为“C”，在代号后面加上编号，同一编号表示同一类型的门窗，它们的构造和尺寸完全一致。通常，在建筑施工图中的首页或平面图同页图纸上附有门窗表，表中列出整幢房屋的门窗编号、洞口尺寸、数量等内容，见表 7-2。

图 7-5a、b 所示为常用门窗的图例，包括门窗的立面和剖面。其中门和窗扇面的开关方向表示：平面图中的弧线向下表示外开，向上表示内开；立面图中的斜线含义为实线表示外开，虚线表示内开；在剖面图中，左表示外开，右表示内开。

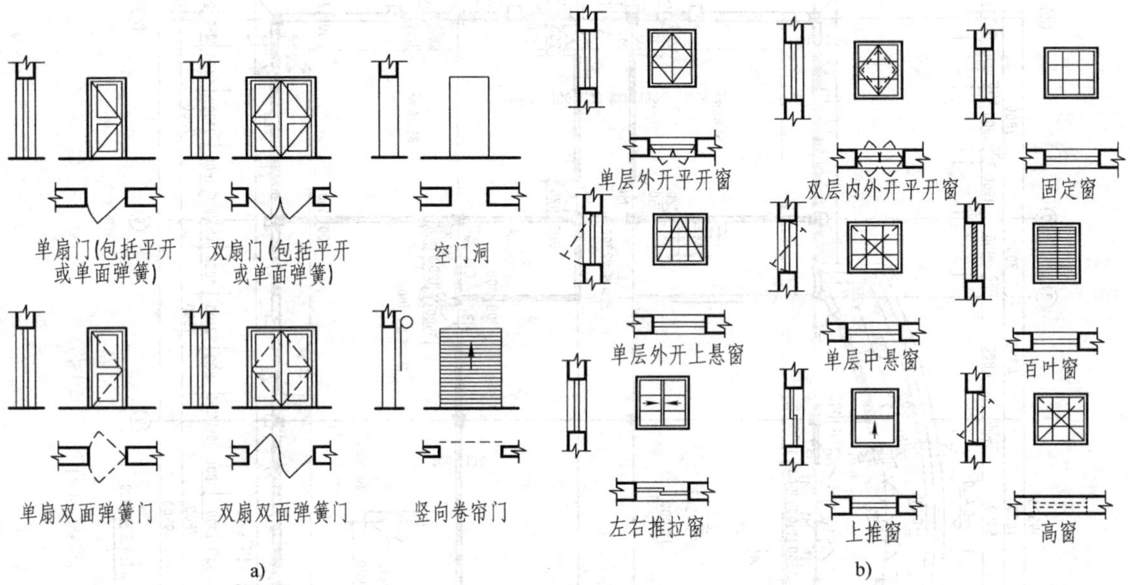

图 7-5　常用门窗图例

a）门图例　b）窗图例

表 7-2　门窗数量表

门窗编号	洞口尺寸($\frac{宽}{mm}\times\frac{高}{mm}$)	数量				门窗编号	洞口尺寸($\frac{宽}{mm}\times\frac{高}{mm}$)	数量			
		首层	二层	三层	总计			首层	二层	三层	总计
C1	4000×2100	2			2	C13	4300×1800			2	2
C2	1900×2500	14			14	C14	1200×1500			4	4
C3	1600×2500	2			2	C15	1800×1800			8	8
C4	1800×2500	10			10	C16	1200×1200	2			2
C5	6900×2100		1		1	MC1	6900×3000	1			1
C6	4000×2100		2		2	M1	1500×2700	3			3
C7	700×2100		24		24	M2	1600×3000	2			2
C8	600×2100		8		8	M3	1500×2700	2	5	5	12
C9	1500×1500		2	14	16	M4	1200×2700	6	6	6	18
C10	1800×2100		8		8	M5	900×2700	7	5	5	17
C11	1800×1500		2	2	4	FM1	1500×2700			2	2
C12	7300×1800			1	1						

6. 楼梯

平面图中的楼梯应按图 7-6a～c 所示的图例表示。楼梯的踏面数和平台宽度应按实际尺寸画出。

7. 其他

在平面图中还要画出室外阳台、雨篷、平台、斜坡、室外楼梯、落水管、散水、花池、室内通风道、烟道、暖气管沟、墙预留洞等构造和卫生间、厨房的固定设备，还应标注剖切符号和详图索引符号等内容。常用设备和构造及构件图例如图 7-7 所示。

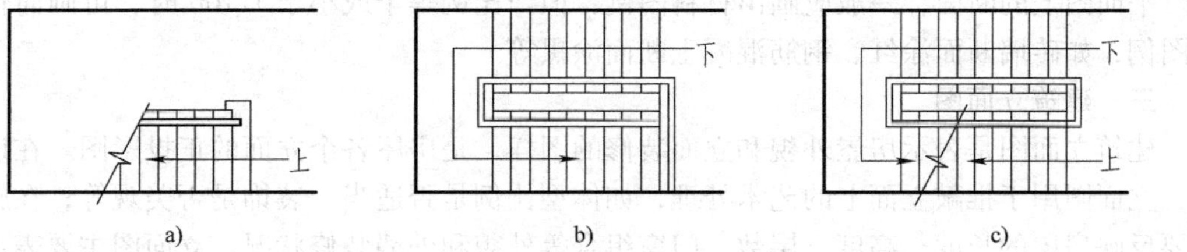

图 7-6　楼梯图例

a) 底层　b) 顶层　c) 中间层

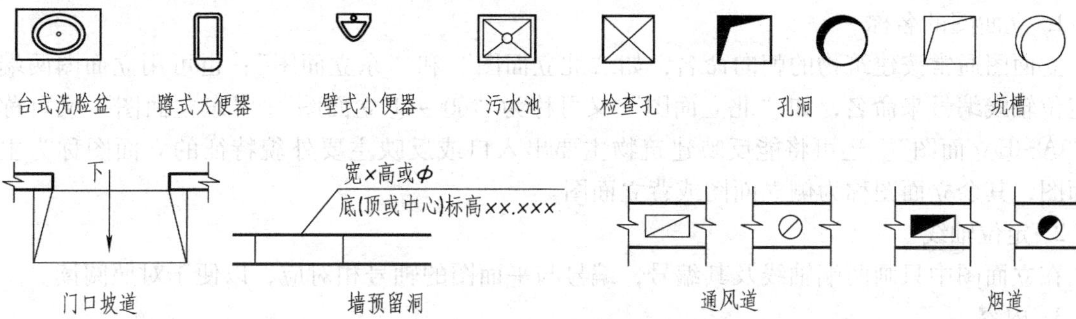

图 7-7　常用设备和构造及构件图例

本例中，在综合楼首层平面图的卫生间平面上画出了洗脸盆、大小便器、污水池及通风道等设备，还画出了室外散水、北面正门和东西两侧门处的台阶、暖气管沟及检查口；标注了剖面图的剖切符号 1—1，外墙详图的剖切符号 *A*—*A*、*B*—*B*、*C*—*C*。

8. 尺寸和标高

建筑平面图应标注外部尺寸和内部尺寸。

(1) 外部尺寸　外部尺寸纵横方向各标注三道。自外向内最外边的为第一道，即总体尺寸，可用来计算房屋建筑面积；第二道为定位轴线间的距离，房屋为砖混结构时表示的是承重墙的间距，为框架结构时表示承重柱的间距；最里边的第三道为外墙的细部尺寸，即以轴线为基准的门窗宽度和位置以及墙厚和柱的长宽尺寸。

在标注外部尺寸时，三道尺寸线之间的距离应保持一致（一般为 7 ~ 10mm），但最里边的第三道尺寸应离图形最外轮廓线 10 ~ 15mm。如图形对称，宜在图形的左边、下边标注尺寸；如图形不对称，则平面图四边都应标注尺寸。

另外，台阶、花池及散水等细部尺寸可单独标注。

(2) 内部尺寸　内部尺寸指内墙的厚度、内墙上门窗洞和预留孔洞长宽度尺寸及位置尺寸等，楼地面的高度即标高也属于内部尺寸。首层平面图上除了标注地面的相对标高 ±0. 000外，还要标注室外地面标高，如本例的室外地面标高 -0. 450。

9. 图线

平面图中凡剖切到的柱子、墙体等的断面轮廓线都应绘制成粗实线，门扇的开启示意线绘制成中粗实线，其余的可见轮廓线绘制成细实线，不可见轮廓线绘制成虚线。

10. 材料图例

平面图上的断面，一般应画出材料图例，但当比例等于或小于 1:100 时，可画简化的材料图例，如砖墙断面涂红、钢筋混凝土断面涂黑等。

三、建筑立面图

建筑立面图是表示房屋外貌和立面装修的图样，是房屋各个立面的正投影图。在设计阶段，立面图用于推敲立面上的艺术处理，如体型比例是否适当、装饰是否美观等；在施工图中要反映房屋的长度、高度、层数、门窗组合等外貌和外墙装修状况。立面图主要表示房屋某一立面的形状，内部看不见的部分不必用虚线画出，立面图采用的比例与平面图相同。

现以上例中综合楼的“北立面图”和“东立面图”为例，说明立面图的内容及其图示特点（见图 7-8 和图 7-9）。

1. 立面图的名称

立面图通常按建筑物的朝向命名，如“北立面图”和“东立面图”；也可用立面图两端的定位轴线编号来命名，如“北立面图”又可称为“⑩～①立面图”，“东立面图”又可称为“Ⓐ~Ⓔ立面图”。还可将能反映建筑物主要出入口或反映主要外貌特征的立面图称为主立面图，其余立面图称为侧立面图或背立面图。

2. 定位轴线

在立面图中只画两端轴线及其编号，编号与平面图的轴号相对应，以便于对照阅读。

3. 内容

在北立面图上，可以看到一二层中间凸出的圆弧墙及其正门和窗，正门下面的室外台阶和上面的雨篷，立面左右两侧有三根突出墙面柱子和柱子之间的花格窗、推拉窗、平开窗和固定窗以及圆弧墙与墙面交界处的两根雨水管。在东立面图上，可以看到六根突出墙面的柱子，各层柱子之间的各种窗户以及侧门、台阶和雨篷。另外，在各个立面图上均统一画出了墙面分隔线。

4. 图线

为了使建筑立面图轮廓清晰、主次分明、立面效果突出，应用加粗实线（$1.4b$）绘制室外地坪线，用粗实线（b）绘制立面主要外轮廓线，用中粗实线（$0.5b$）绘制门窗洞、阳台、雨篷、台阶、檐口等处的主要轮廓线，用细实线（$0.3b$）绘制门窗扇、墙面分隔线、雨水管等细部轮廓线。

5. 标注

1）沿立面高度方向标注三道尺寸：总高、层高、细部。

总高：从室外地坪至女儿墙压顶或檐口的高度。

层高：上下相邻两层楼地面之间的高度。

细部：室内外高差，窗台到下一层地面或楼面、门窗洞口、门窗顶到上一层楼面的高度，女儿墙或挑檐板高度。

2）标注两端的定位轴线，并标出两轴线间的尺寸。

3）标注室外地坪、室内首层地面、各层楼面、窗台、门窗顶、阳台、雨篷、女儿墙、檐口、屋面等处的标高。

4）标注各部分构造、装饰节点的详图索引符号，标注或列表说明外墙面的装修做法。本例外墙采用《建筑构造通用图集》88J1—1 工程做法中的“外墙 30D1”和“外墙 25D”做法，“外墙 30D1”为贴金属釉面砖墙面，“外墙 25D”为喷涂丙烯酸弹性高级涂料墙面。

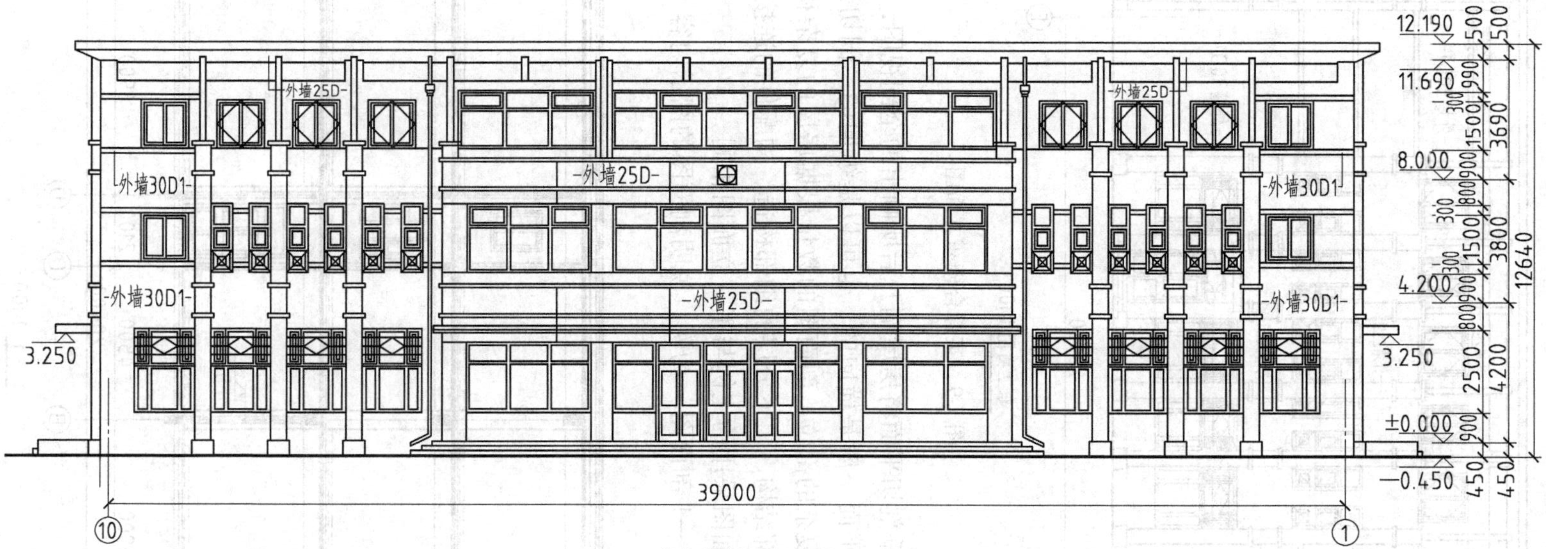

北立面图 1:100

图7-8 某综合楼北立面图

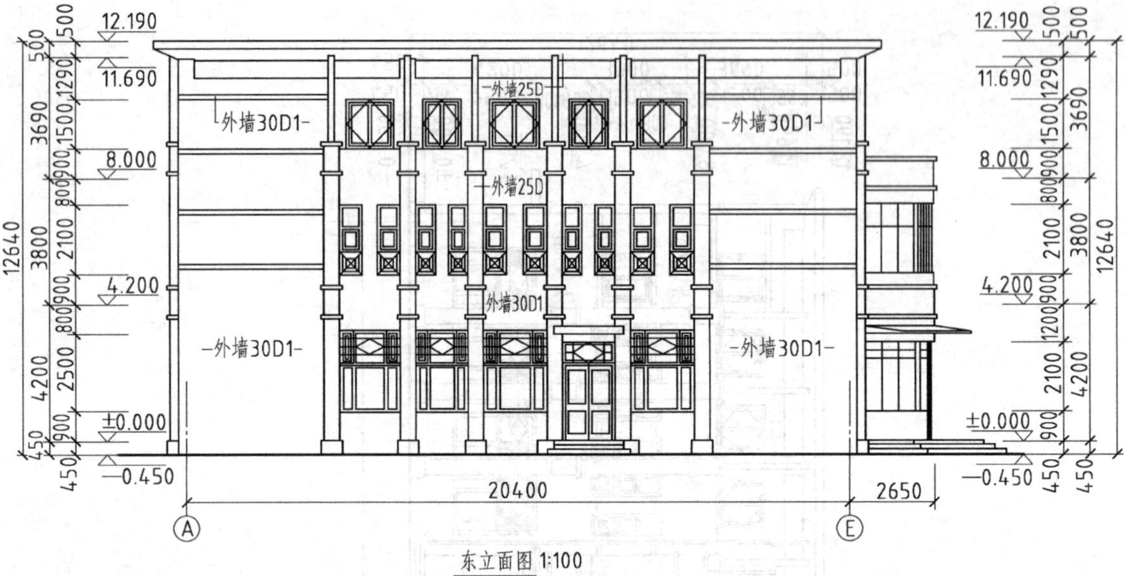

图 7-9　某综合楼东立面图

四、建筑剖面图

假想用一个或多个铅垂剖切平面将房屋剖开后所画出的全剖视图，称为建筑剖面图，简称剖面图。剖面图的剖切平面一般是横向的，也可以是纵向的。剖切平面的位置常取楼梯间、门窗洞口及构造比较复杂的部位。剖面图的数量根据房屋的复杂程度和施工需要而定。剖面图主要表示房屋的内部结构、上下分层的细部构造、构配件的连接、使用的材料及其高度方向的细部尺寸等。剖面图采用的比例与平、立面图相同。

现以上述综合楼的“1—1 剖面图”为例，说明剖面图的图示内容及特点（见图 7-10）。

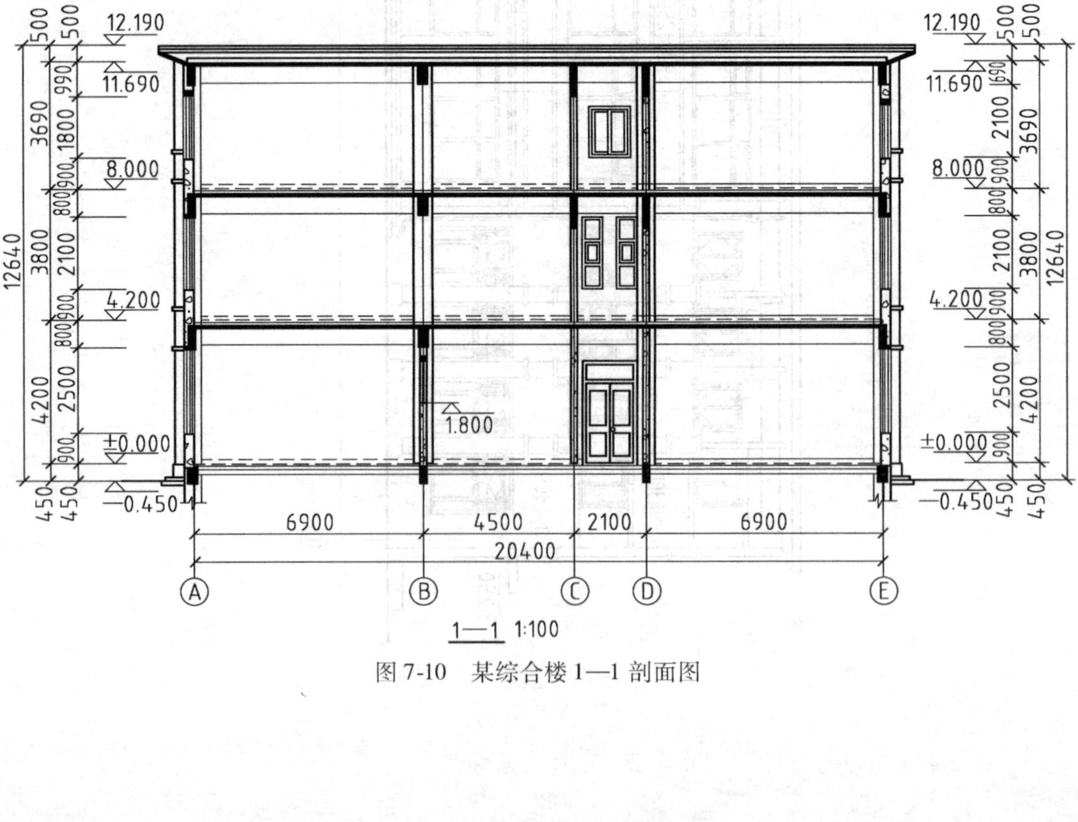

图 7-10　某综合楼 1—1 剖面图

1. 形成

从首层平面图标注的1—1剖切位置和投射方向可知“1—1剖面图”是剖切面在4、5横轴之间、通过A~E纵轴向左投射形成的横断面图。

2. 内容

在1—1剖面图上，表示了首层室内地面、地下暖气管沟、各层楼面、顶棚、屋面（包括檐口、隔热层或保温层、通风道等）、门、窗、踢脚、室外地坪、散水、雨水管、过梁、承重柱、横梁、纵梁等内容。

另外，剖面图按习惯不画基础部分，地面以下的墙体用断开线断开。

3. 图例

剖面图中门窗按图7-5所示的图例绘制，断面材料图例按表6-2的规定绘制。

4. 图线

在剖面图中室外地坪用加粗实线绘制，剖切到的墙、柱、板、梁等用粗实线绘制，未剖到的用中粗实线绘制，其他如引线等用细实线绘制。

5. 标注

1）标注两端外墙的竖直连续线性尺寸和内部可见的建筑构造、构配件的高度尺寸、层高尺寸。

2）标注定位轴线（本例标注A~E轴线），并标出轴线间的尺寸。

3）标注室内外地面、楼地面、楼梯平台、门窗、檐口、屋顶等处完成面的标高。注意相同位置的标高应与平、立面图相一致。

4）标注需画详图之处的索引符号。

五、建筑详图

建筑平、立、剖面图用较小的比例（1:100、1:200、1:500等），分别采用水平和铅垂剖视图及各个方向的正立面投影图表示出了房屋的整体。而对于房屋的细部及建筑构配件的形状、尺寸和材料做法，则必须采用较大的比例（1:20、1:10、1:5、1:2、1:1等）画出，这种图样称为建筑详图（简称详图）。

在一套建筑施工图中，详图的种类和数量取决于细部构造的情况。一般绘制的详图有：剖面详图——外墙详图；平面详图——楼梯、卫生间详图；立面详图——门窗详图。

1. 外墙详图

外墙详图实际上是建筑剖面图的局部放大图，它详尽地表达了墙体从室外地面到屋顶檐口（或女儿墙）最高部位各主要节点的构造和做法。外墙详图通常分底层节点（勒脚部位）、中间层节点（楼层部位）和顶层节点（檐口部位），各节点用折断线断开，它们可以作为整体绘制，也可分别单独绘制。

外墙详图配合建筑平面图为施工放线、砌筑墙体、做墙身防潮、安装门窗、埋放构配件、编制工程预算及室内外装修等提供主要依据。

2. 楼梯详图

楼梯是多层房屋上下交通的主要设施，目前多采用较多的是双跑式钢筋混凝土楼梯。如图7-11所示，楼梯由楼梯段、休息平台、栏杆或栏板及扶手组成，梯段之间的中空部位为楼梯井。高级装饰楼梯要分别画出建筑和结构详图，一般预制不复杂的楼梯可合并绘制，安排在建筑施工图中。

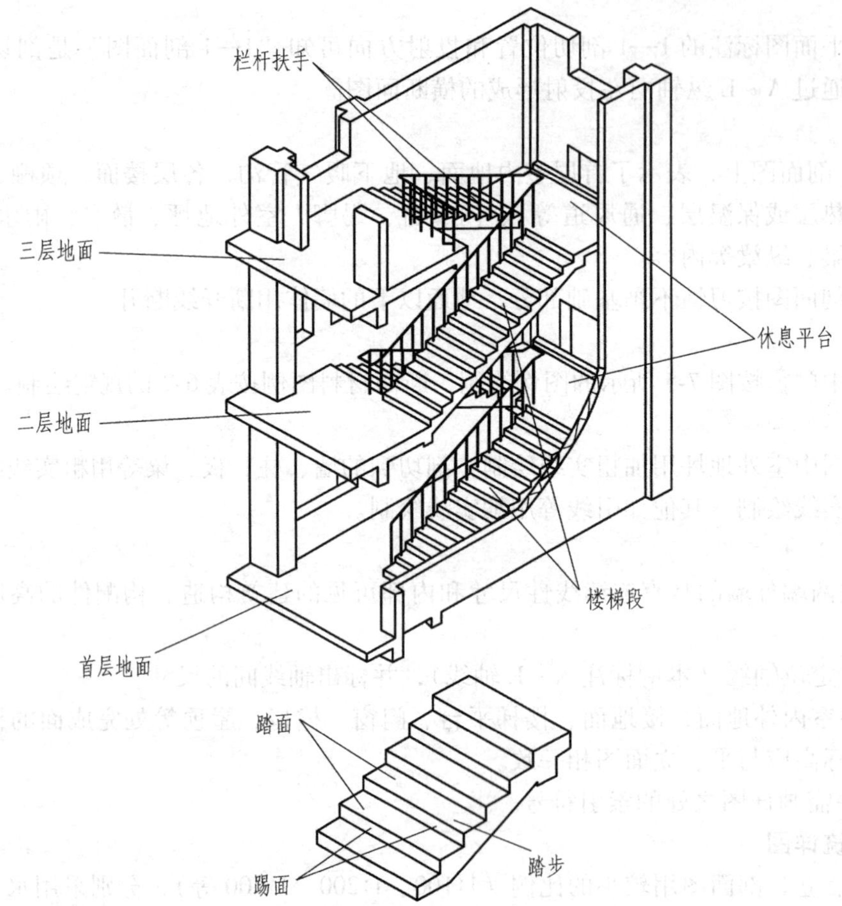

图7-11　楼梯组成

楼梯详图一般包括楼梯平面图、剖面图和踏步、栏杆、栏板、扶手等节点详图，平、剖面图的比例要一致，常用的比例1:50，节点详图比例要大一些（如1:5），各图尽量放在一张图纸上。

（1）楼梯平面图　与建筑平面图一样，多层房屋楼梯平面图若中间隔层的楼梯位置、楼梯段、踏步等内容相同，则只需绘制底层、中间层、顶层三个平面图。楼梯的平面图是在各层门窗洞口或往上走的第一梯段（休息平台下）的某一位置剖开而绘制的水平剖视图。按建筑制图标准规定，各层被剖到的梯段处画一条与踢面成30°的折断线，表示剖切位置。在每一梯段上画一长箭头，并注写“上”或“下”和步级数，表明从该层楼（地）面往上或往下到达上一层或下一层楼（地）面的步级数。

楼梯平面图中各种材料按表6-2所示图例绘制，图线的线型与建筑平面图的线型一致。各层楼梯平面图宜上下（或左右）对齐，以便看图和注写尺寸。

楼梯平面图中，除标注楼梯间的开间和进深尺寸、楼地面和休息平台尺寸及标高外，还要标注出细部详细尺寸，其中楼梯段长度通常用踏面宽与踏面数的乘积表示。

1）楼梯底层平面图：如图7-12a、b所示，在楼梯底层平面图中，应绘制出梯段的位置，标注梯段向上走向及踏步数，标注梯段长度（300×13=3900）和宽度1300，标注楼梯剖面图的剖切位置、投射方向和编号。

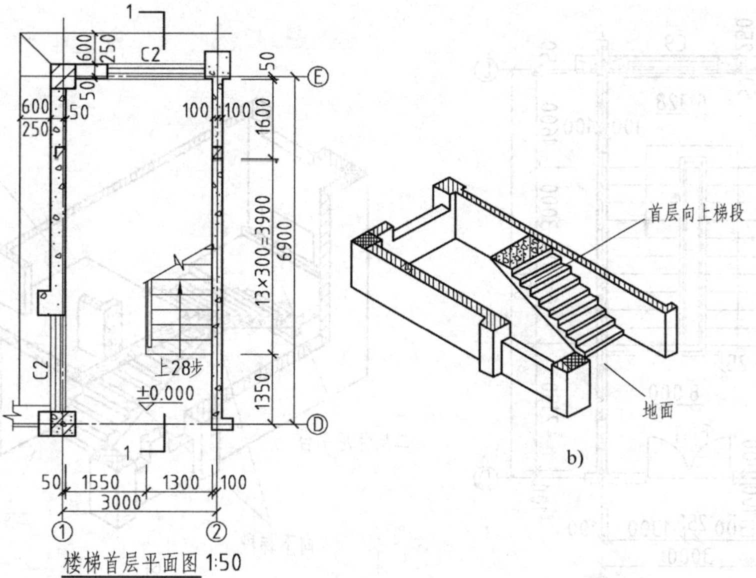

图 7-12　底层楼梯

a）平面图　b）轴测剖视图

2）楼梯标准层平面图：以二层为例，如图 7-13a、b 所示，二层楼梯经剖切后，梯段不但看到了二层上行的部分踏步，也看到了一层下行的部分踏步，故分别标注“上 25 步”（即从二层到达第三层上走 25 步）和“下 28 步”（即从二层到达底层下走 28 步）。

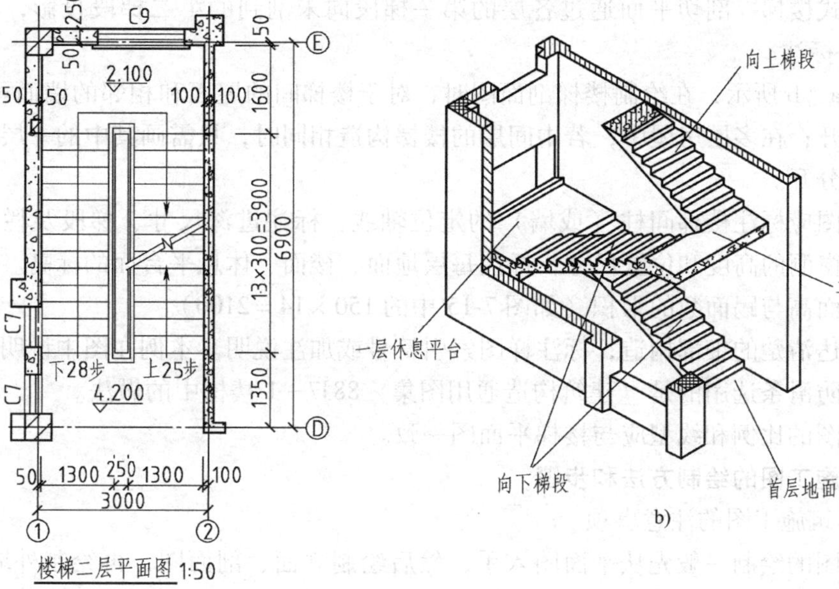

图 7-13　二层楼梯

a）平面图　b）轴测剖视图

3）楼梯顶层平面图：如图 7-14 所示，假定三层为顶层，楼梯经剖切后，梯段全部下行，标注为“下 25 步”。

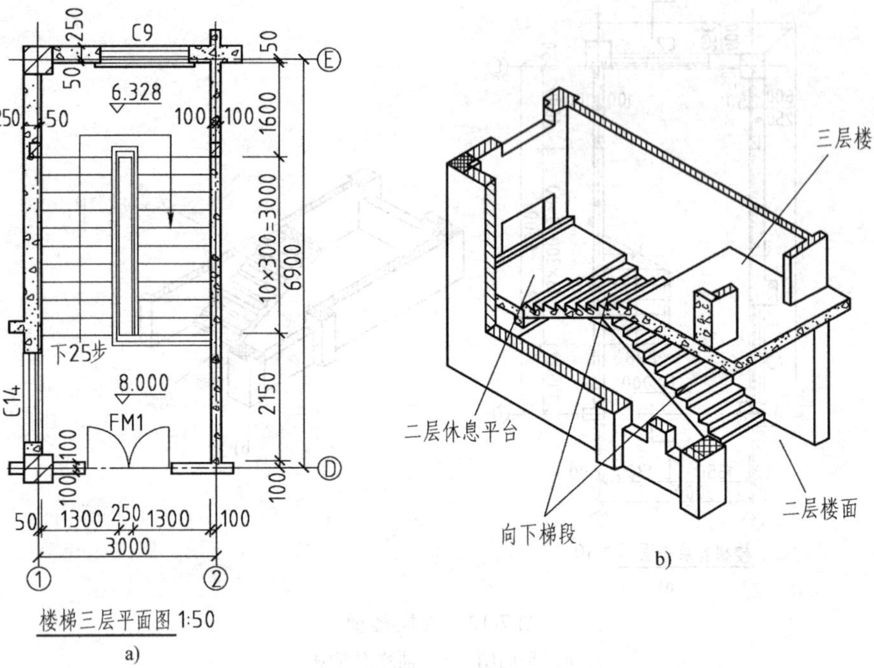

图 7-14　三层楼梯

a）平面图　b）轴测剖视图

（2）楼梯剖面图　与建筑剖面图一样，楼梯剖面图也是用一铅垂面剖切得到的全剖视图。对于双跑式楼梯，剖切平面通过各层的第一梯段向未剖到的第二梯段投影，具体见图 7-12中的 1—1 标注。

如图 7-15a、b 所示，在绘制楼梯剖面图时，对于楼梯间的屋面和相邻的墙面可不画出，而用折断线断开；在多层房屋中，若中间层的楼梯构造相同时，只需画其中的一层，中间断开处用折断线分开。

楼梯剖面图应标注楼梯间柱（或墙）的定位轴线，标注进深尺寸、梯段及栏杆的高度尺寸、楼梯间窗洞的高度和位置尺寸，标注每层地面、楼面、休息平台面的标高。梯段的高度可标注成踢面高与踢面数的乘积（如图 7-15 中的 $150\times14=2100$）。

对仍未表达清楚的细部构造，标注详图索引符号或加注说明。本例在图中说明中注出楼梯栏杆和踏步防滑条选用的是《建筑构造通用图集》88J7—1 楼梯中的做法。

楼梯剖面图的比例和线型应与楼梯平面图一致。

六、建筑施工图的绘制方法和步骤

1. 绘制建筑施工图的注意事项

建筑施工图的绘制一般先从平面图入手，然后绘制立面、剖面图，再绘制外墙、楼梯、卫生间、门窗等详图，最后绘制节点详图。建筑施工图利用正投影法绘制，由于房屋形体较大，绘图时要注意以下几点：

1）建筑施工图一般分开绘制，所以绘图时要注意它们之间的对应关系。例如：立面图上外墙面的门、窗位置及宽度应与平面图上对应的门、窗位置及宽度相一致；剖面图上外墙面的门、窗位置及高度应与立面图上对应的门、窗位置及高度相一致。这实际就是正投影的

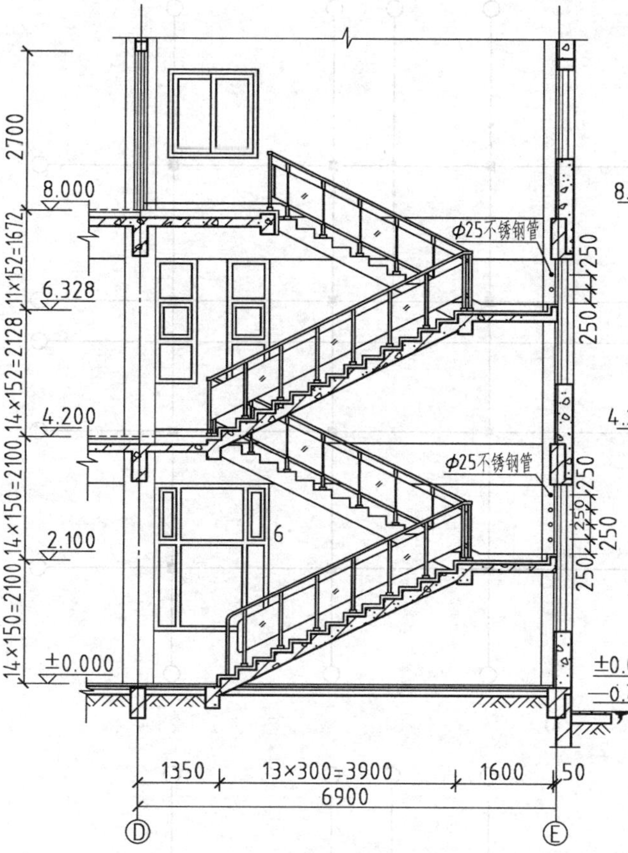

1—1西楼梯剖面图1:50

说明：1.楼梯栏杆扶手选用88J7图集第50页玻璃板栏板车C1型。

2. 踏步防滑条选用88J7 $\frac{11}{101}$。

a)

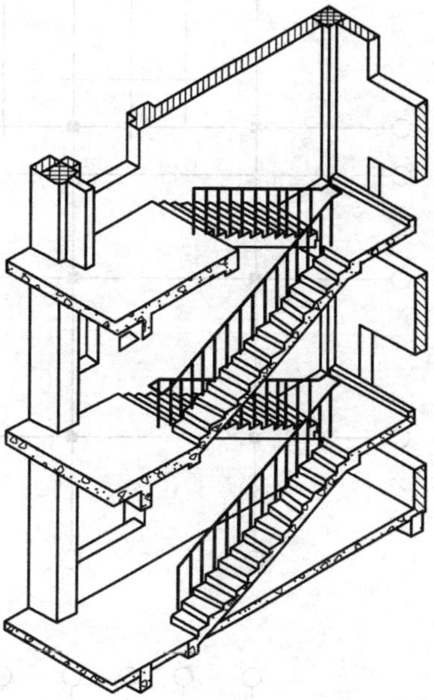

b)

图 7-15　楼梯剖面图

a）剖面图　b）轴测剖视图

投影特性，即“高平齐、长对正、宽相等”。

2）遵循建筑制图标准规定的图例和线型要求。

3）画图时从整体到局部，由小到大，逐步深入。

2. 建筑平面图的绘制

以某综合楼二层平面图为例，说明平面图的作图步骤：

1）画定位轴线，画柱子，如图 7-16a 所示。

2）画墙体，画门窗，如图 7-16b 所示。

3）画楼梯间、卫生间，画散水、台阶或雨罩等，如图 7-16c 所示。

4）检查无误后加深图线，标注房间名称、门窗编号，标注轴线编号、内外尺寸、标高，标注剖切符号、指北针、文字说明、图名及比例，如图 7-16d 所示。完成图如图 7-17 所示。

3. 楼梯详图——楼梯平面图的绘制

以某综合楼标准层楼梯平面图为例，说明其具体作图步骤：

1）画定位轴线和梯段起止线，如图 7-18a 所示。

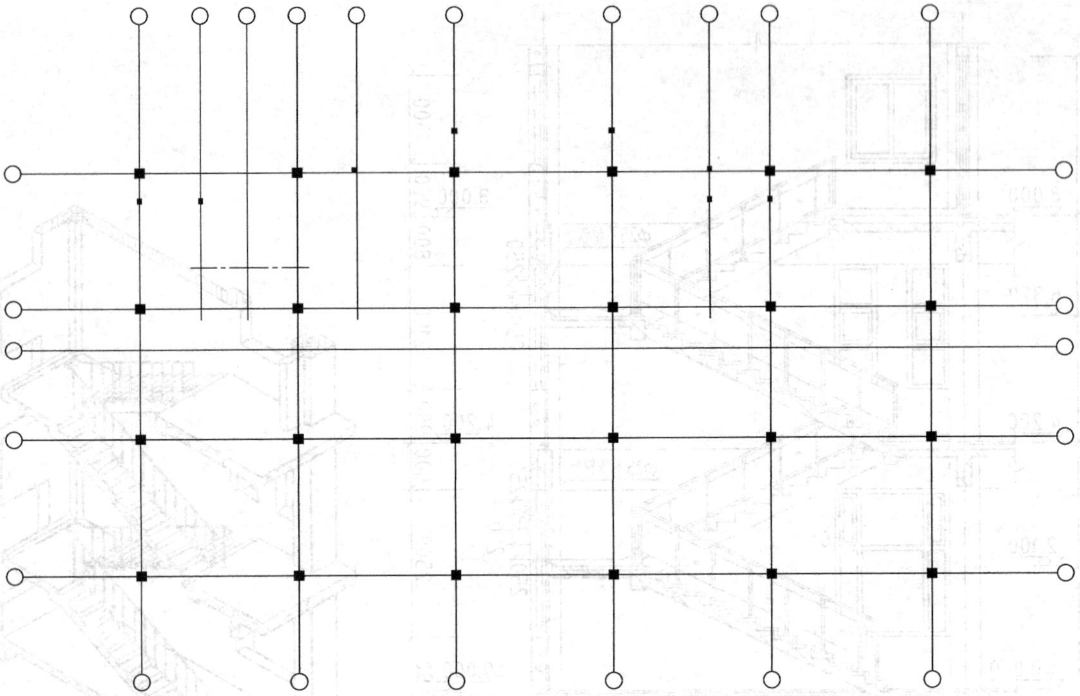

a)

b)

图 7-16　建筑平面图的绘制

a）画定位轴线，画柱子　b）画墙体，画门窗

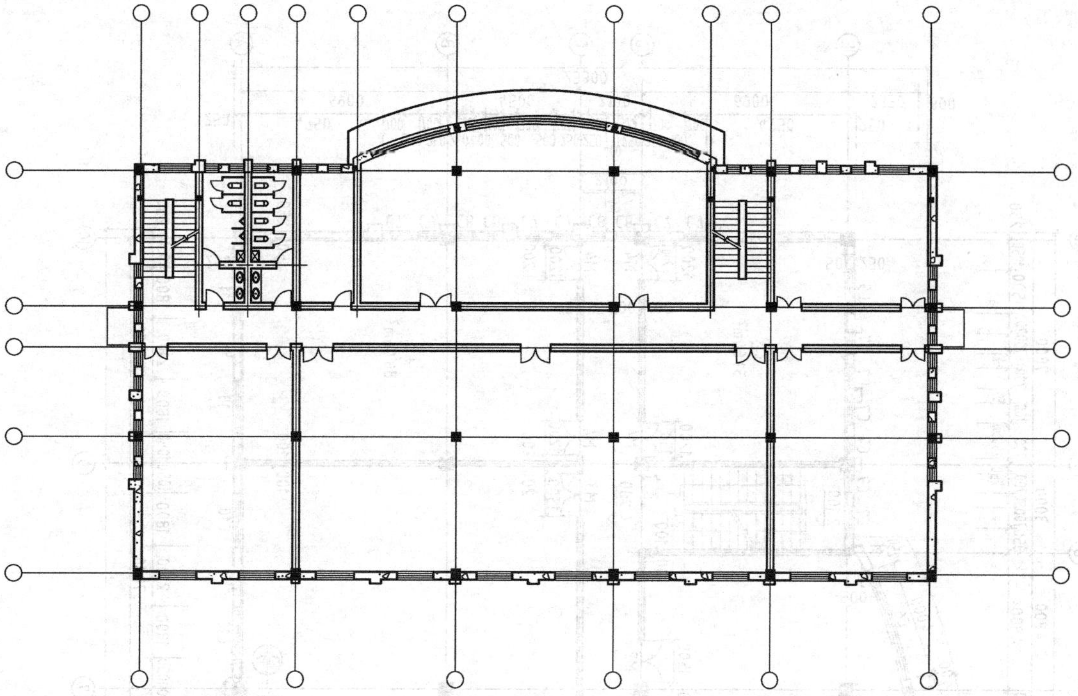

c)

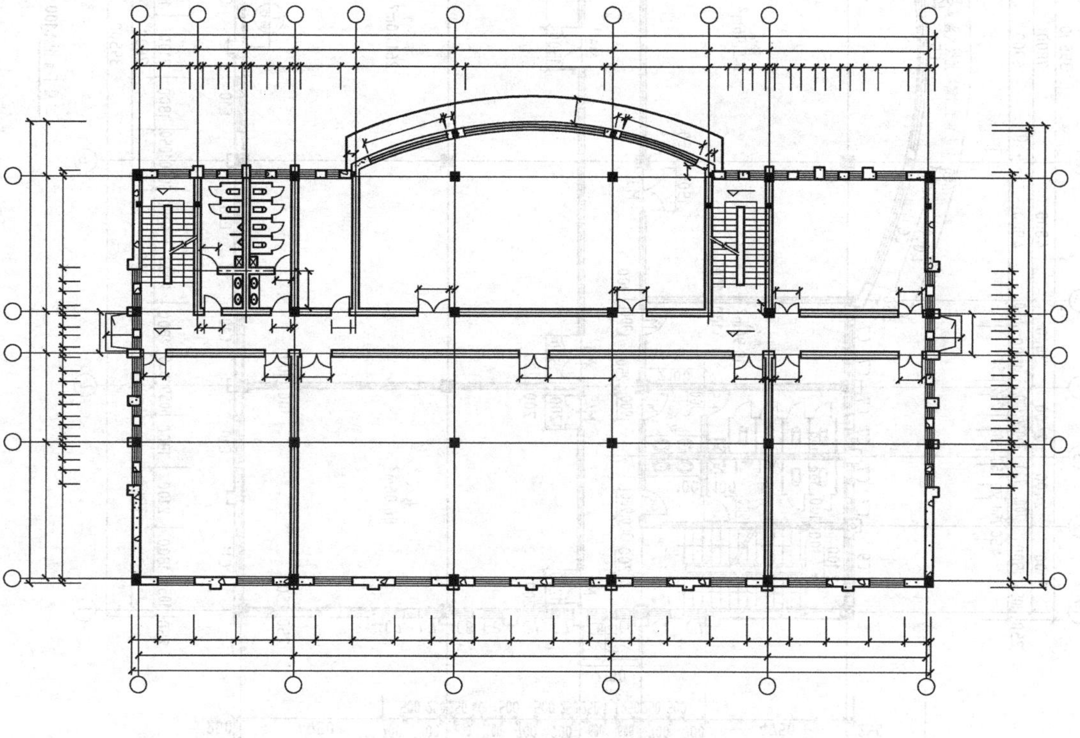

d)

图 7-16　建筑平面图的绘制（续）

c）画楼梯间、卫生间，画散水、台阶或雨罩

d）加深图线，标注房间名称、门窗编号，标注轴线编号、内外尺寸、标高等

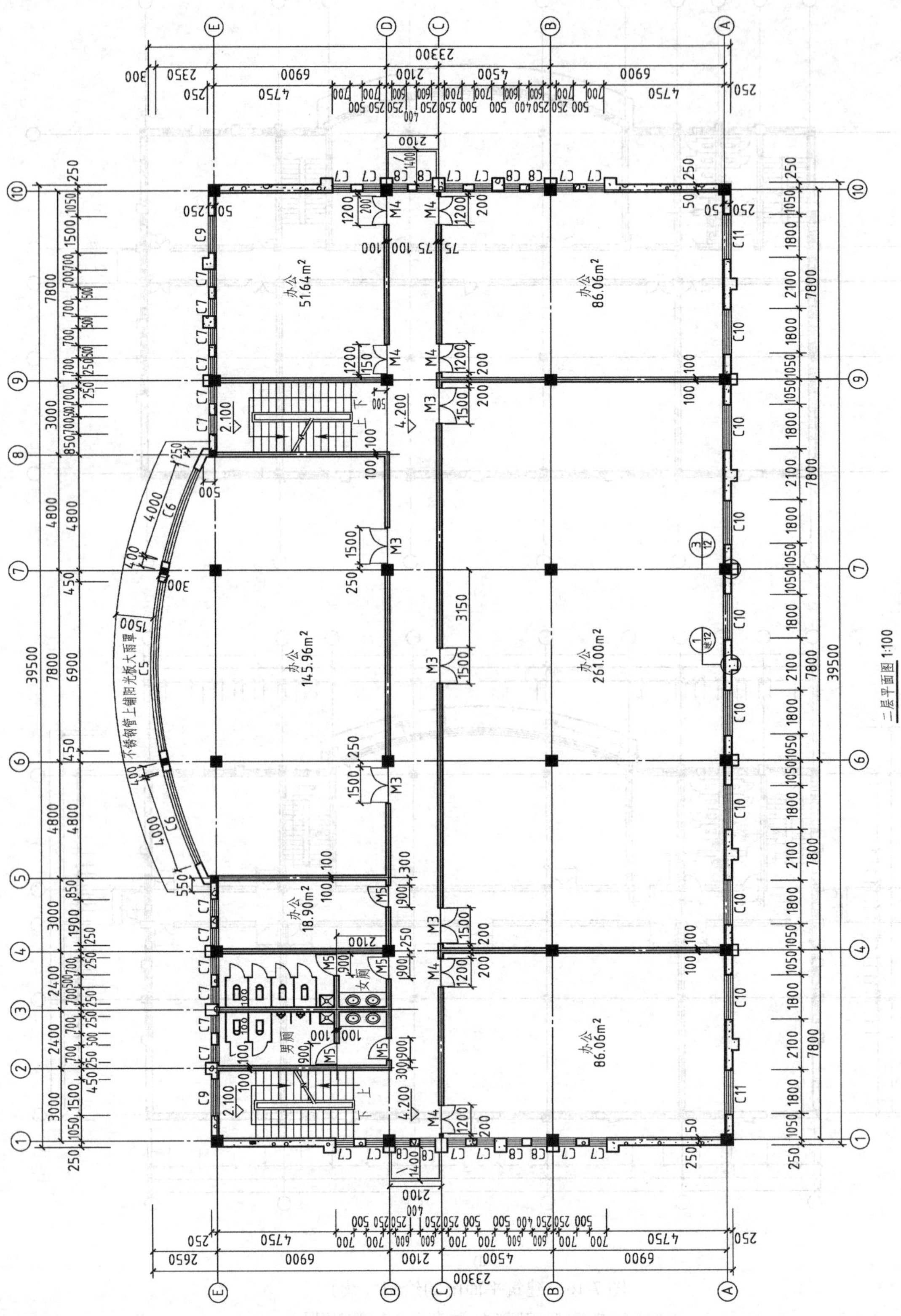

图7-17　某综合楼二层平面图绘制结果

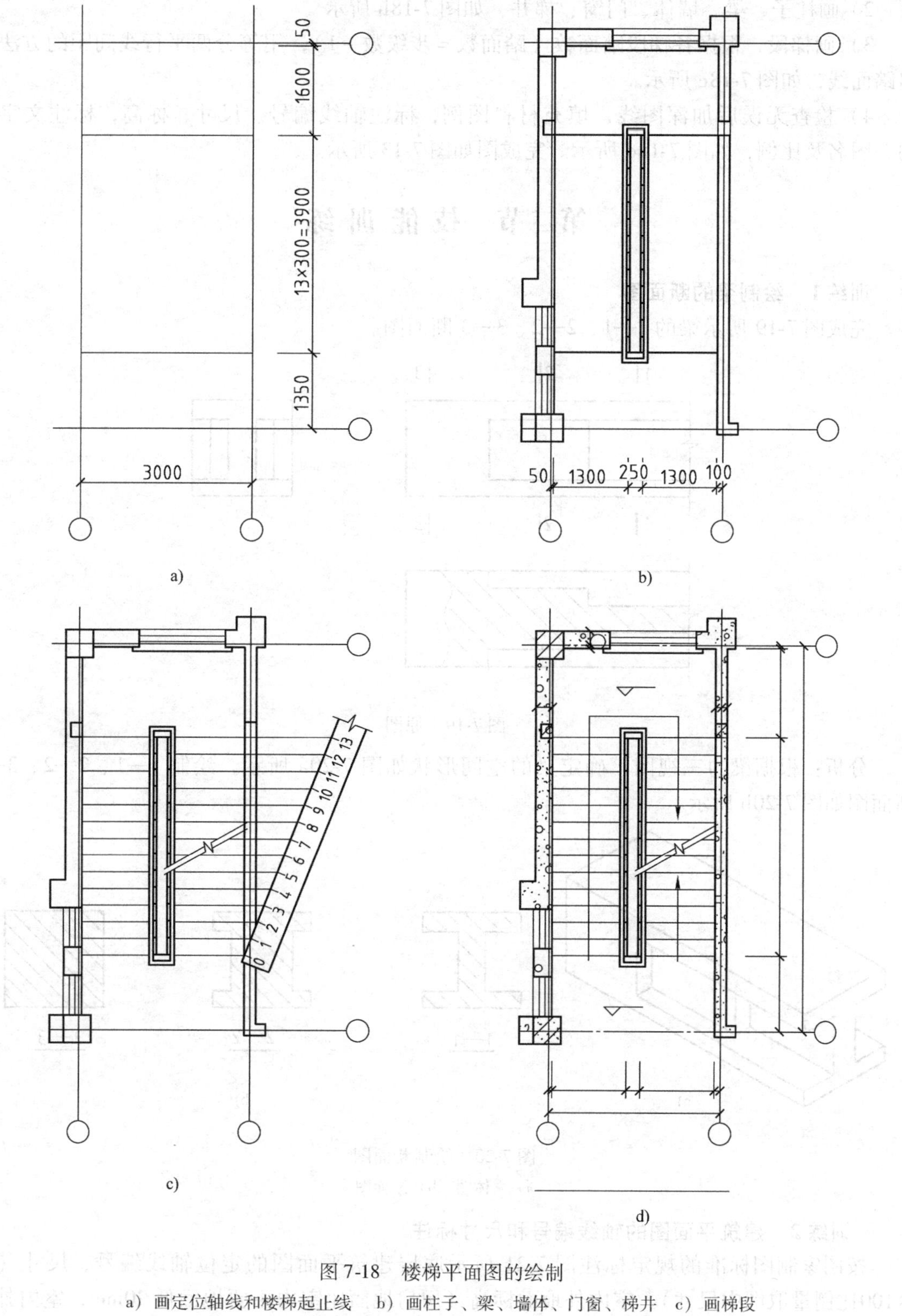

图 7-18　楼梯平面图的绘制

a）画定位轴线和楼梯起止线　b）画柱子、梁、墙体、门窗、梯井　c）画梯段

d）加深图线，填充材料图例，标注轴线编号、尺寸、标高等

2）画柱子、梁、墙体、门窗、梯井，如图 7-18b 所示

3）画梯段，根据各梯段踏面数（踏面数 = 步级数 -1），用等分两平行线间距的方法画出踏面线，如图 7-18c 所示。

4）检查无误后加深图线，填充材料图例，标注轴线编号、尺寸、标高，标注文字说明、图名及比例，如图 7-18d 所示。完成图如图 7-13 所示。

第二节　技能训练

训练 1　绘制梁的断面图

完成图 7-19 所示梁的 1—1、2—2、3—3 断面图。

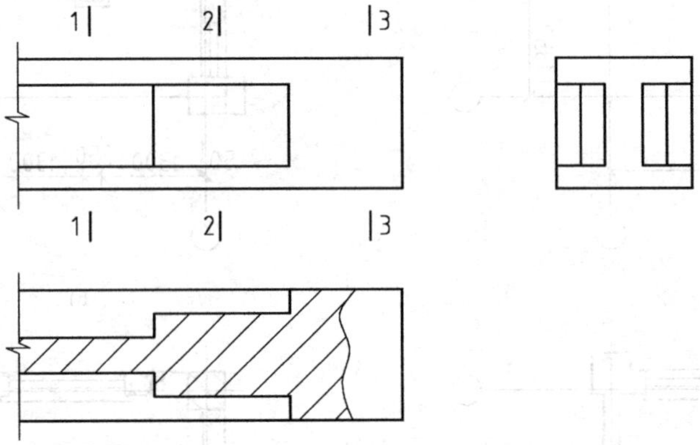

图 7-19　原图

分析：根据梁的三视图，确定梁的空间形状如图 7-20a 所示，绘制 1—1、2—2、3—3 断面图如图 7-20b 所示。

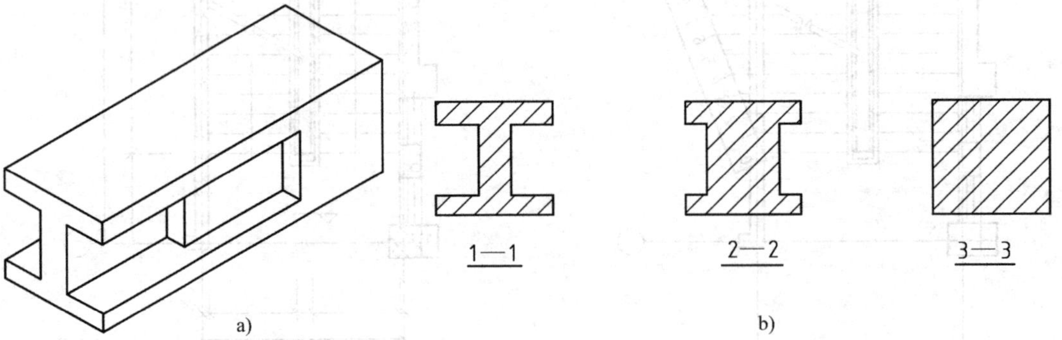

图 7-20　绘制断面图

a）立体图　b）断面图

*训练 2　建筑平面图的轴线编号和尺寸标注

按图家制图标准的规定标注图 7-21 所示底层建筑平面图的定位轴线编号、尺寸（用 1:100比例量取图中尺寸）、室内外地面标高（厨房地面比室内主要地面低 20mm，室内外高差为 600mm）。

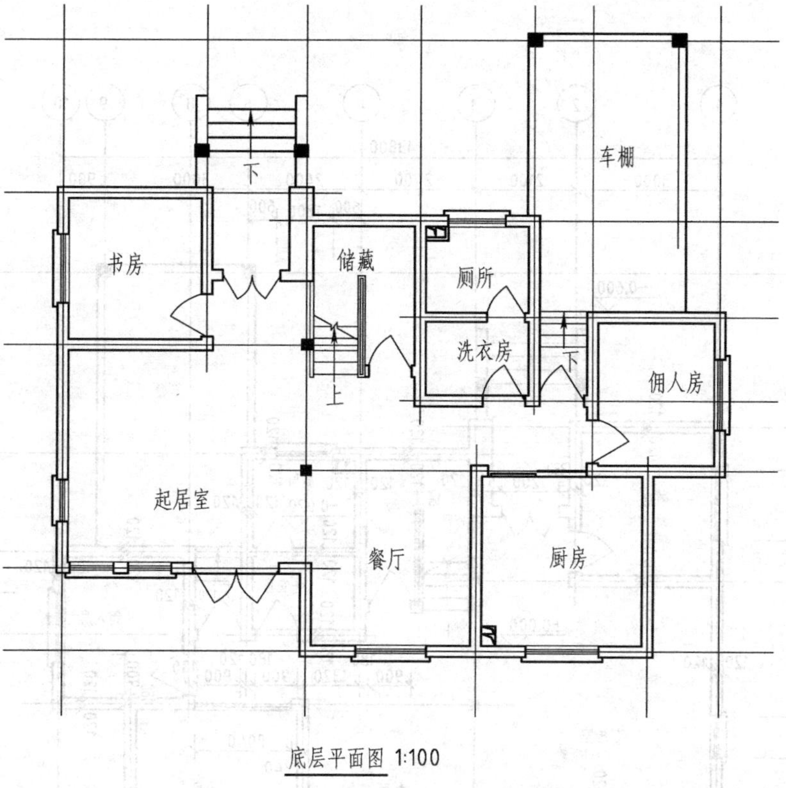

图 7-21　原图

分析：

(1) 定位轴线编号　在建筑施工图中，凡是承重构件（如墙或柱）处都应画定位轴线，并对轴线进行编号，横轴用阿拉伯数字从左至右编号，纵轴用大写的拉丁字母（I、O、Z 除外）从下至上编号。在本图中横轴由 1 至 10 轴，纵轴由 A 至 J 轴，注意 I 不能编入。

(2) 尺寸标注　平面图尺寸分外部尺寸和内部尺寸。

1) 标注外部尺寸：外部尺寸要标注三道，第一道为最外边的总体尺寸，第二道为中间定位轴线间的尺寸，第三道为最里边的外墙上的门窗洞口长度及定位尺寸。

2) 标注内部尺寸：一要标注内墙门窗洞口的长度及位置尺寸，二要标注横纵墙的厚度。

(3) 标注标高　对于底层地面，国家制图标准规定其相对标高为 ±0.000；厨房低于主要地面 20mm，那么它的标高应为 -0.200；室内外地面高差为 600mm，那么室外地面标高应为 -0.600。

(4) 提醒　标注时要注意以下几点：

1) 尺寸标注要符合国家制图标准的规定，标注时应标注实际尺寸，本图为 1:100 比例，那么实际尺寸为量取尺寸的 100 倍。

2) 尺寸标注时注意尺寸起止符号为中粗短斜线，与尺寸界线成顺时针 45°角；尺寸数字要注写在水平尺寸线的上方或竖直尺寸线的左方。

3) 标高符号绘制要符合制图标准（见表 6-1）。

标注完成的平面图如图 7-22 所示。

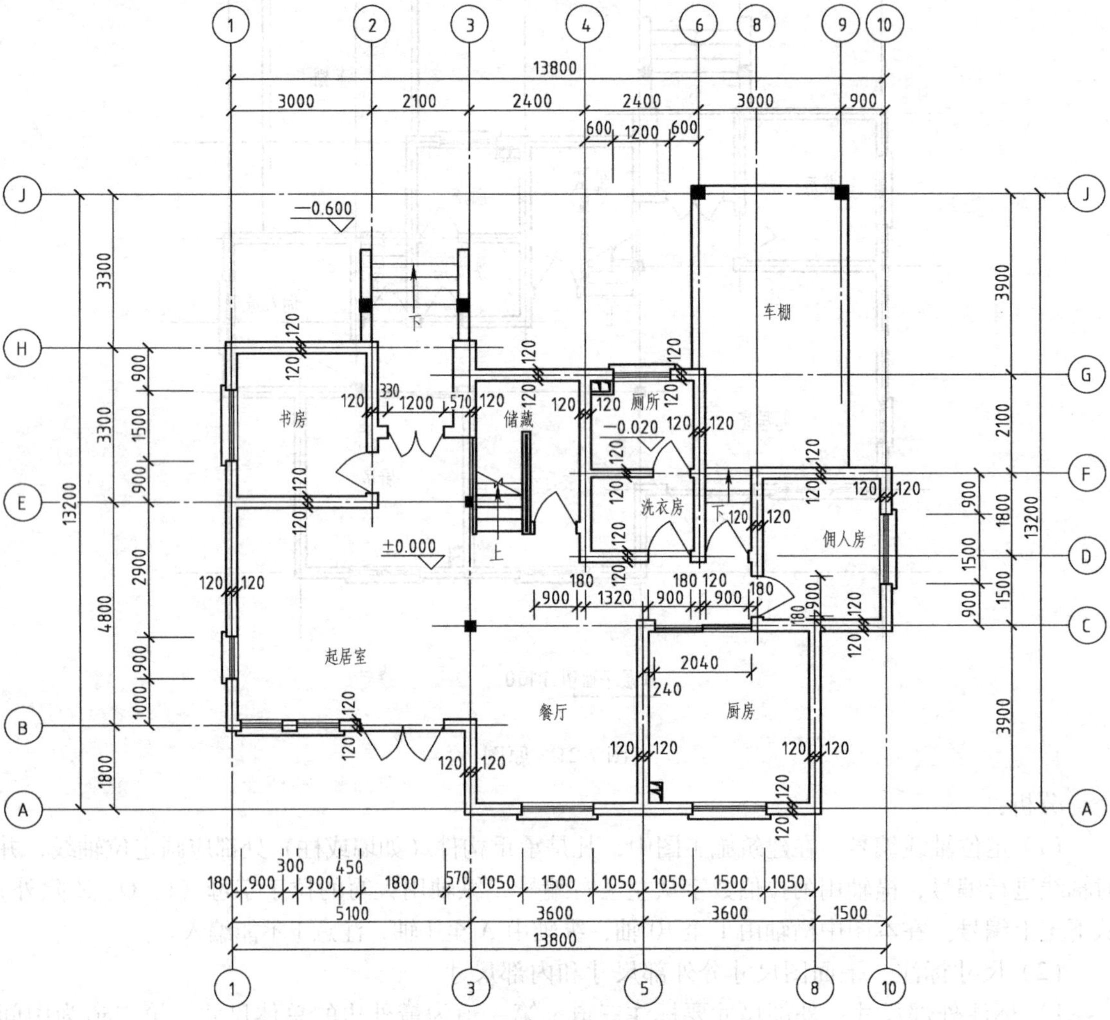

图 7-22　标注结果

*训练 3　用规定线型描绘建筑立面图

按建筑立面图的线型要求，按粗、中粗、细线宽描绘图 7-23 给出的立面图（细线不用再描）。

分析：绘制建筑立面图时，室外地坪线用加粗实线，主要外轮廓线用粗实线，门窗洞、阳台、雨篷、台阶、檐口等轮廓线用中粗实线，门窗扇、墙面分隔线、雨水管等细部轮廓线用细实线，描绘完成立面图如图 7-24 所示。

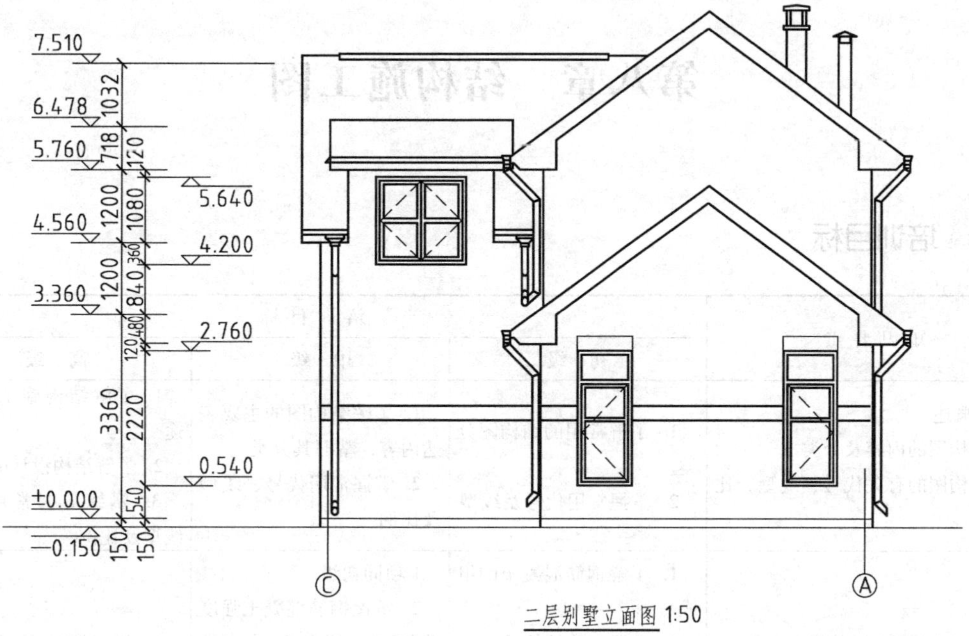

图 7-23 原图

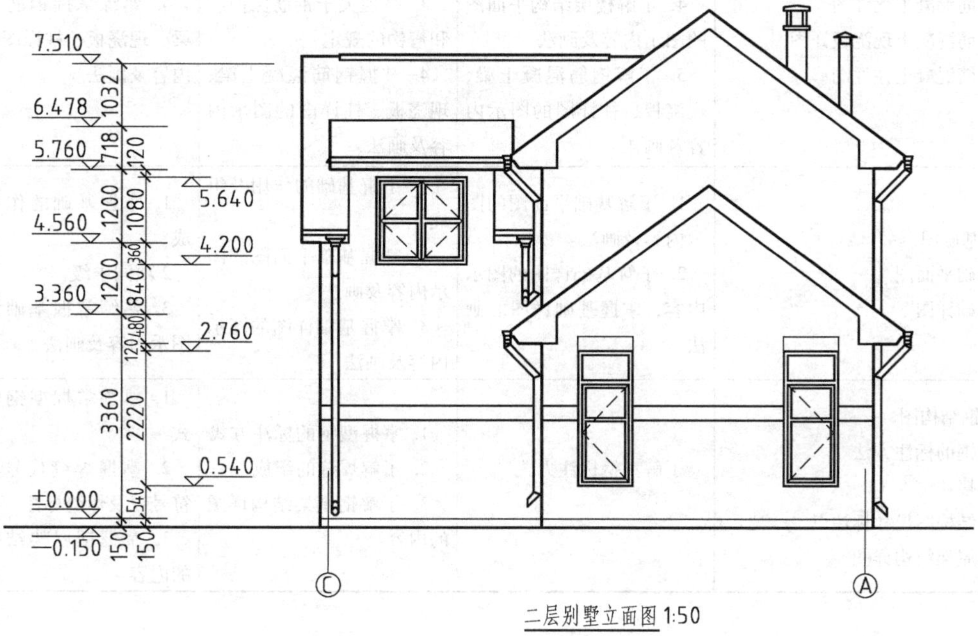

图 7-24 绘制结果

第八章　结构施工图

培训目标

知识要点	培训目标		
	初　级	中　级	高　级
一、概述 1. 结构图的内容及分类 2. 结构图的有关代号、线型、比例	1. 了解常用的结构图分类 2. 掌握常用代号及线型	1. 了解结构图的主要表达内容，掌握其分类 2. 掌握常用代号、线型及比例	1. 了解结构施工图的用途 2. 了解结构设计的内容 3. 熟练掌握常用代号、线型及比例
二、钢筋混凝土结构图 1. 钢筋混凝土结构简介 2. 楼层结构平面图 3. 钢筋混凝土梁详图 4. 钢筋混凝土现浇板详图 5. 钢筋混凝土柱详图	1. 了解钢筋混凝土的组成 2. 掌握钢筋的符号 3. 掌握钢筋混凝土构件的画法及钢筋的标注 4. 了解楼层结构平面图的图示内容及画法 5. 了解钢筋混凝土梁、现浇板、柱详图的图示内容及画法	1 项同初级 2. 掌握钢筋混凝土强度等级、钢筋的种类、符号，了解钢筋的名称和作用 3. 掌握关于钢筋保护层和弯钩的规定 4. 掌握钢筋混凝土梁、现浇板、柱详图的图示内容及画法	1. 掌握钢筋混凝土的组成，了解其工作原理 2 ~ 3 项同中级 4. 熟练掌握钢筋混凝土梁、现浇板、柱详图的图示内容及画法
三、基础图 1. 基础平面图 2. 基础详图	1. 了解基础平面图的图示内容及画法 2. 了解基础详图的图示内容，掌握基础详图的画法	1. 了解基础的作用及组成 2. 掌握基础平面图的图示内容及画法 3. 掌握基础详图的图示内容及画法	1. 掌握基础的作用及组成 2 项同中级 3. 熟练掌握基础详图的图示内容及画法
四、钢结构图 1. 型钢的标注方法 2. 焊接 3. 钢结构图尺寸标注 4. 钢屋架结构详图	了解型钢标注方式	1. 掌握型钢的标注方式 2. 了解焊缝的组成 3. 了解钢屋架结构详图的内容	1. 熟练掌握型钢标注方式 2. 掌握焊缝代号、图形符号以及焊缝标注 3. 掌握钢屋架结构详图的内容

第一节　知 识 要 点

一、结构施工图概述

1. 结构施工图的内容与分类

在建筑设计中，除画出建筑施工图外，还要进行各个构件的结构设计。在进行结构选型、构件布置后，还要对建筑物各种构件的材料、形状大小、内部构造等进行设计，最终将设计结果绘制成工程图样，这种工程图样称为结构施工图（简称“结施”）。

结构施工图一般可分为结构布置图和构件详图两大类。结构布置图是房屋承重结构的整体布置图，主要表示结构构件的位置、数量、型号及相互关系。房屋的结构布置按需要可用结构平面图、立面图、剖视图表示，其中结构平面图较常用。

结构构件详图是表示单个构件形状、尺寸、材料、构造及工艺的图样，如梁、板、柱、基础等详图。

结构施工图按房屋结构所用的材料分为钢筋混凝土结构图、钢结构图、木结构图和砖结构图等。

2. 结构施工图中的有关规定

（1）图线　结构施工图中各种图线的用法见表 8-1。

表 8-1　结构施工图中各种图线的用法

名　称	线　宽	一般用途
粗实线	b	螺栓、钢筋线，结构平面布置图中单线结构构件线及钢、木支撑线
中实线	$0.5b$	结构平面图中及详图中剖到或可见的墙身轮廓线、钢木构件轮廓线
细实线	$0.35b$	钢筋混凝土构件的轮廓线、尺寸线，基础平面图中的基础轮廓线
粗虚线	b	不可见的钢筋、螺栓线，结构平面布置图中不可见的钢、木支撑线及单线结构构件线
中虚线	$0.5b$	结构平面图中不可见的墙身轮廓线及钢、木构件轮廓线
细虚线	$0.35b$	基础平面图中管沟轮廓线，不可见的钢筋混凝土构件轮廓线
粗点画线	b	垂直支撑、柱间支撑
细点画线	$0.35b$	中心线、对称线、定位轴线
粗双点画线	b	预应力钢筋线
折断线	$0.35b$	断开界线
波浪线	$0.35b$	断开界线

（2）比例　绘制结构施工图应选用表 8-2 中的“常用比例”，在特殊情况下，也可选用“可用比例”。当结构的横向断面尺寸相差悬殊时，可在同一详图中选用不同的比例。

表 8-2　结构施工图的比例

图　名	常用比例	可用比例
结构平面布置图及基础平面图	1:50，1:100，1:200	1:150
圈梁平面图、管沟平面图等	1:200，1:500	1:300
详图	1:10，1:20，1:50	1:5，1:25，1:30，1:40

（3）构件代号　在结构施工图中，构件的种类繁多、布置复杂，为了方便阅读并简化构件代号标注，特做如表8-3的代号要求。

表8-3　构件代号

序号	名　称	代号	序号	名　称	代号	序号	名　称	代号
1	板	B	15	起重梁	DL	29	基础	J
2	屋面板	WB	16	圈梁	QL	30	设备基础	SJ
3	空心板	KB	17	过梁	GL	31	桩	ZH
4	槽形板	CB	18	连系梁	LL	32	柱间支撑	ZC
5	折板	ZB	19	基础梁	JL	33	垂直支撑	CC
6	密肋板	MB	20	楼梯梁	TL	34	水平支撑	SC
7	楼梯板	TB	21	檩条	LT	35	梯	T
8	盖板或沟盖板	GB	22	屋架	WJ	36	雨篷	YP
9	挡雨板或檐口板	YB	23	托架	TJ	37	阳台	YT
10	起重机安全走道板	DB	24	天窗架	CJ	38	梁垫	LD
11	墙板	QB	25	框架	KJ	39	预埋件	M
12	天沟板	TGB	26	刚架	GJ	40	天窗端壁	TD
13	梁	L	27	支架	ZJ	41	钢筋网	W
14	屋面梁	WL	28	柱	Z	42	钢筋骨架	G

（4）定位轴线　结构施工图上的定位轴线及编号应与建筑施工图一致。

（5）尺寸标注　结构施工图上的尺寸应与建筑施工图相吻合，但有时也不完全相同。当建筑施工图的尺寸与结构施工图的尺寸不一致时，以结构施工图的尺寸为准。

*二、钢筋混凝土结构图

1. 钢筋混凝土的基本知识

（1）混凝土的强度等级　混凝土是由水泥、砂、石料和水按一定比例混合，经搅拌、浇筑、凝固、养护而制成的，它坚硬如石。混凝土按其抗压强度分为不同的等级，普通混凝土分为C7.5、C10、C15、C20、C25、C30、C35、C40、C45、C50、C55、C60等多种等级，等级越高，混凝土抗压强度也越高。

（2）钢筋

1）钢筋混凝土构件：用混凝土制成的构件抗压强度高，但抗拉强度低，极易因受拉、受弯而断裂。为了提高构件的承载力，在构件受拉区内配置一定数量的钢筋，这种由钢筋和混凝土两种材料结合而成的构件，称为钢筋混凝土构件。

钢筋混凝土构件可分为现浇钢筋混凝土构件和预制钢筋混凝土构件。现浇构件是在施工现场支模板、绑扎钢筋、浇筑混凝土而形成的构件。预制构件是在工厂成批生产，运到现场吊装安装的构件。另外，有些构件在制作过程中，通过张拉钢筋对混凝土施加一定的压力，以提高构件的抗拉和抗裂能力，这种构件称为预应力钢筋混凝土构件。

2）钢筋的品种等级和直径符号：不同品种的钢筋，其直径的符号也不同，见表8-4。

表 8-4　钢筋的品种等级和直径符号

钢筋品种	代　号	钢筋品种	代　号
Ⅰ级钢筋（3 号钢，外形光圆）	Φ	Ⅳ级钢筋（锰硅钒或锰硅钛低合金钢，外形螺纹或光圆）	Φ
Ⅱ级钢筋（16 锰硅钢，外形螺纹，人字纹）	Φ	冷拔低碳钢丝	Φ^b
Ⅲ级钢筋（22 硅钢，外形螺纹，人字纹）	Φ	冷拔Ⅰ级钢筋	Φ^l

3）钢筋的种类和作用：图 8-1a、b 所示为不同的钢筋在构件中的不同作用，表 8-5 所示为钢筋的种类和其承担的作用。

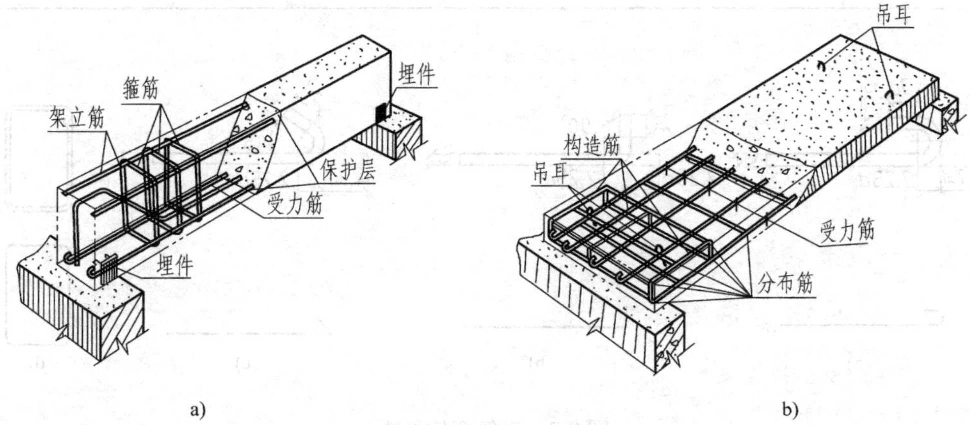

图 8-1　混凝土构件的内部结构示意图

a）钢筋混凝土梁的结构示意图　b）钢筋混凝土板的结构示意图

表 8-5　钢筋的种类

种　类	作　用
受力筋	又称主筋，承受拉力或压力，配置在梁、板、柱等各种钢筋混凝土构件中
箍 筋	用以固定受力筋的位置，并承担部分剪力和扭力，多用于梁和柱中
构造筋	因构造要求或钢筋骨架需要配置的钢筋，如架立筋、分布筋等
架立筋	与受力筋、箍筋一起构成钢筋的整体骨架，多配置在梁的上部
分布筋	一般与受力筋垂直绑扎，使荷载均匀地分布到受力筋上，防止混凝土开裂，并固定受力筋的位置，多配置在板中

4）钢筋的保护层和弯钩：为了使钢筋不被锈蚀，并加固其与混凝土的粘接力，从钢筋外缘到构件表面留有一定厚度的保护层。常见构件钢筋的保护层厚度见表 8-6。图 8-2a ~ d 所示为常见的几种钢筋弯钩形式。

表 8-6　钢筋混凝土保护层厚度　（单位：mm）

钢筋名称	构件名称		保护层厚度
受力筋	墙和板	截面厚度≤100	10
		截面厚度＞100	15
	梁和柱		25
	基础	有垫层	35
		无垫层	70
箍筋	梁和柱		15
分布筋	墙和板		10

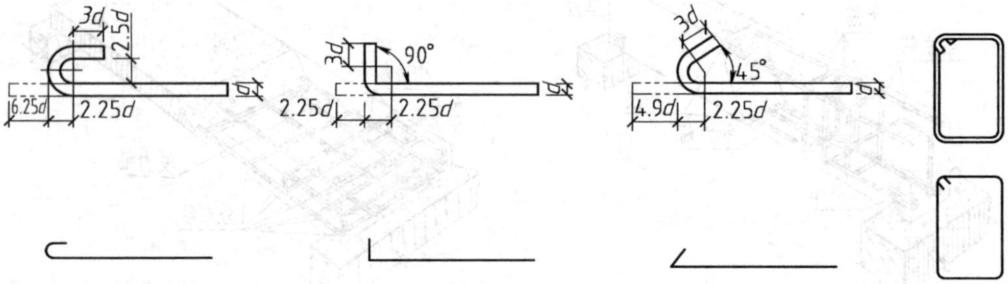

a)　b)　c)　d)

图 8-2　钢筋弯钩形式

a）180°弯钩　b）90°弯钩　c）45°弯钩　d）箍筋弯钩

5）钢筋的表示：在结构图中，为了清楚地表示出钢筋，一般用细实线画出构件的轮廓线，用粗实线画出钢筋，且钢筋的断面用小黑点表示，不画钢筋混凝土的材料符号。

6）钢筋的标注及编号：图 8-3 所示为钢筋的标注方法及编号的含义，编号圆及引线用细实线绘出。钢筋常用图例及画法见表 8-7、表 8-8。

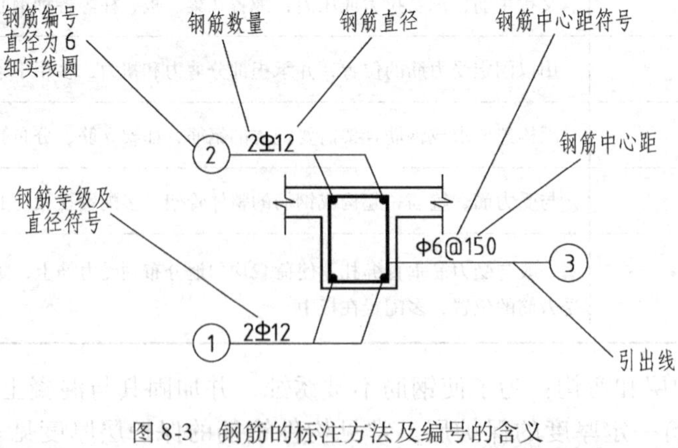

图 8-3　钢筋的标注方法及编号的含义

表 8-7　钢筋常用图例

序号	名　称	图　例	说　明
1	钢筋横断面	●	
2	无弯钩的钢筋端部		下图表示长、短钢筋投影重叠时，可在短筋端部用45°斜画线表示
3	带半圆形弯钩的钢筋端部		
4	带直钩的钢筋端部		
5	带丝扣的钢筋端部		
6	无弯钩的钢筋搭接		
7	带半圆弯钩的钢筋搭接		
8	带直钩的钢筋搭接		
9	套管接头（花篮螺纹）	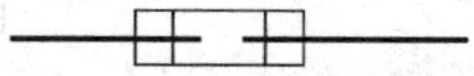	

表 8-8　钢筋的画法

序 号	说　明	图　例
1	在平面图中配置双层钢筋时，底层钢筋弯钩应向上或向左，顶层钢筋则向下或向右	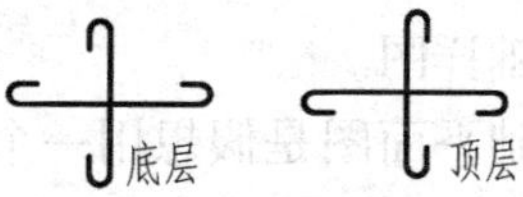
2	双层钢筋的墙体，在配筋立面图中，远面钢筋的弯钩应向上或向左，而近面钢筋则向下或向右（JM 近面，YM 远面）	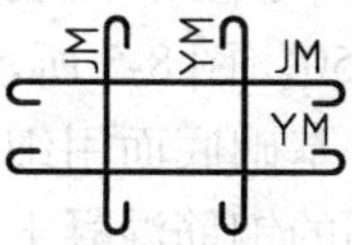
3	如在断面图中不能表示清楚的钢筋布置，应在断面图外面增加钢筋大样图	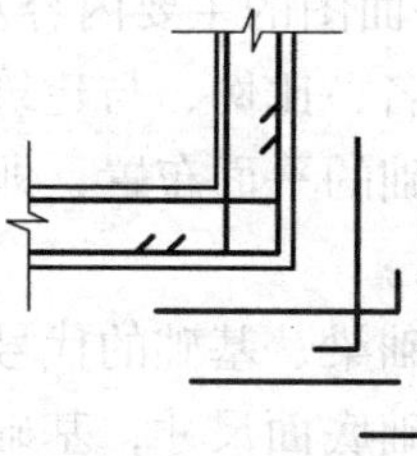
4	图中所表示的箍筋、环筋，如布置复杂，应加画钢筋大样及说明	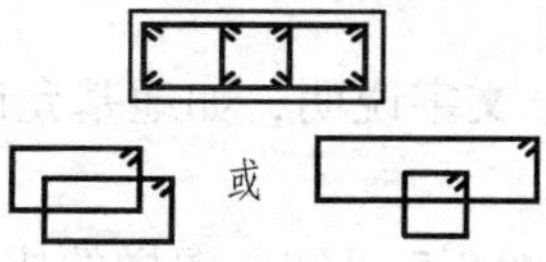
5	每组相同的钢筋、箍筋或环筋，可以用粗实线画出其中一根来表示，同时用横穿的细实线表示其余的钢筋、箍筋或环筋，横线的两端带斜短画线表示该号钢筋的起止范围	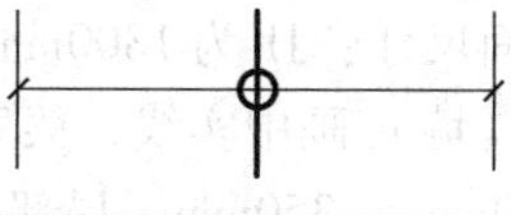

2. 钢筋混凝土结构平面布置图

（1）基础平面图与基础详图　基础是指位于建筑物室内地面以下的承重构件。它承受房屋上部结构传来的全部荷载，并将其传递给地基（承受基础传来的荷载的地层叫地基）。

基础的形式众多，有条形基础、独立基础、桩基础、筏形基础、箱形基础等，最常见的有墙下条形基础和柱下独立基础，如图 8-4 所示。基础的形式主要取决于上部的结构形式和地基的承载能力。

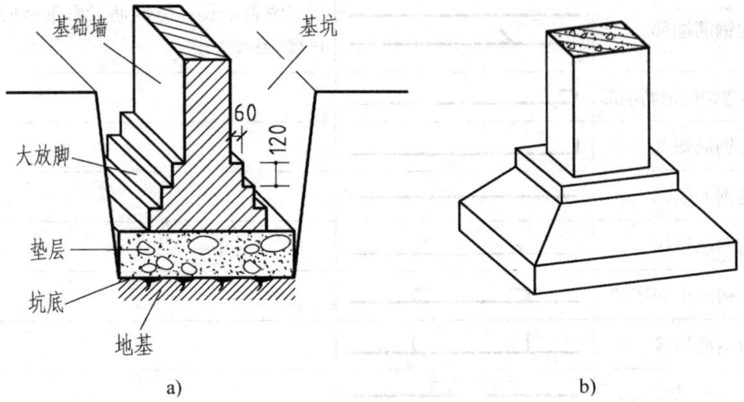

图 8-4 常见的基础形式

a）墙下条形基础 b）柱下独立基础

基础图是表示建筑物室内地面以下基础部分平面布置和详细构造的图样，包括基础平面图和基础详图。

基础平面图是假想用一个水平面沿房屋室内地面以下剖切后，移去上层房屋和回填土后所作出的水平投影，是表示基础平面结构布置的图样。基础平面图的比例一般采用 1:100、1:200 或 1:50。图 8-5 所示为某校实验楼的基础平面图，图中剖切到的基础墙、基础梁用中实线画出，基础底面用细实线画出，基础大放脚、基础台阶等细部的可见轮廓线都省略不画，剖切到的钢筋混凝土柱则用涂黑表示。

基础平面图的主要内容及图示方法有：

1）图名、比例、与建筑平面图相同的纵横向定位轴线及编号。

2）基础的平面布置，即基础墙、基础梁、柱及基础底面的轮廓形状、大小及其与定位轴线的关系。

3）基础梁、基础的代号、断面图的剖切位置及编号。

4）基础底面尺寸，基础、基础梁、墙（柱）及其他构件与轴线的关系尺寸，定位轴线尺寸。

5）文字说明，如地基允许承载力、基础材料强度等级、防潮层的做法以及施工说明等。

由图 8-5 可知，图样的比例为 1:100，柱下基础为独立基础，基础底面轮廓画细实线，底面断面尺寸：J1 为 1800mm×1500mm，J2 为 2000mm×1600mm，J3 为 2200mm×1700mm。基础梁（墙）画中实线，梁宽 250mm，代号为 JL1、JL2、JL3、JL4……柱子涂黑，断面尺寸为 500mm× 350mm。局部为墙下条形基础。

基础详图是表示基础详细构造、埋深及其做法的图样，常用比例为 1:20 或 1:50。基础详图的主要内容有：

1）图名（基础代号）、比例。

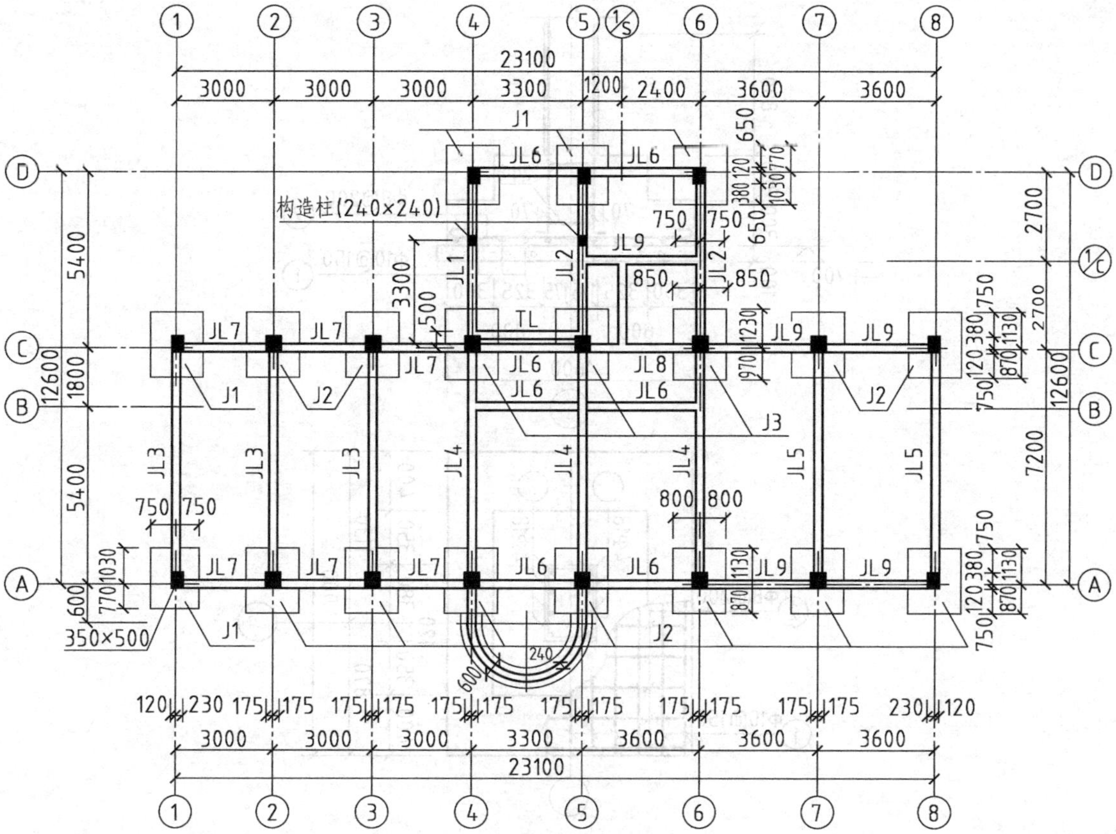

基础平面图1:100

图 8-5　某实验楼基础平面图

2）定位轴线及编号。

3）基础断面轮廓、材料图例。

4）室内外地坪线、防潮层位置及做法。

5）基础与轴线的关系尺寸以及基础个别细部尺寸、室内外地坪的标高和基础底面的标高。

6）施工说明等。

图 8-6 所示为图 8-5 中的柱下独立基础 J2 的详图（由立面图和平面图组成），图中用细实线画出了基础的轮廓，粗实线表示钢筋。在基础底面配置了纵横两层钢筋①Φ10@150，②Φ8@200。基础保护层厚度 35mm 不必标出。基础最下面为素混凝土垫层，没有钢筋，厚 100mm。从图中还可以看出，在这个柱基础中还预放了 8 根Ⅱ级钢筋直径为 18mm 的插筋，目的是为了与上部柱子的钢筋搭接。图中还标注出了基础的细部尺寸及定位轴线，基础底面标高为 -1.700。

（2）楼层结构平面布置图　楼层结构平面布置图主要表示板、梁、墙等的布置情况。现浇板要在图中反映板的配筋情况，预制板则反映板的选型、排列、数量等。梁的位置、编号以及板、梁、墙的连接情况等均应在图中反映出来。对于多层建筑，如果多层构件类型、

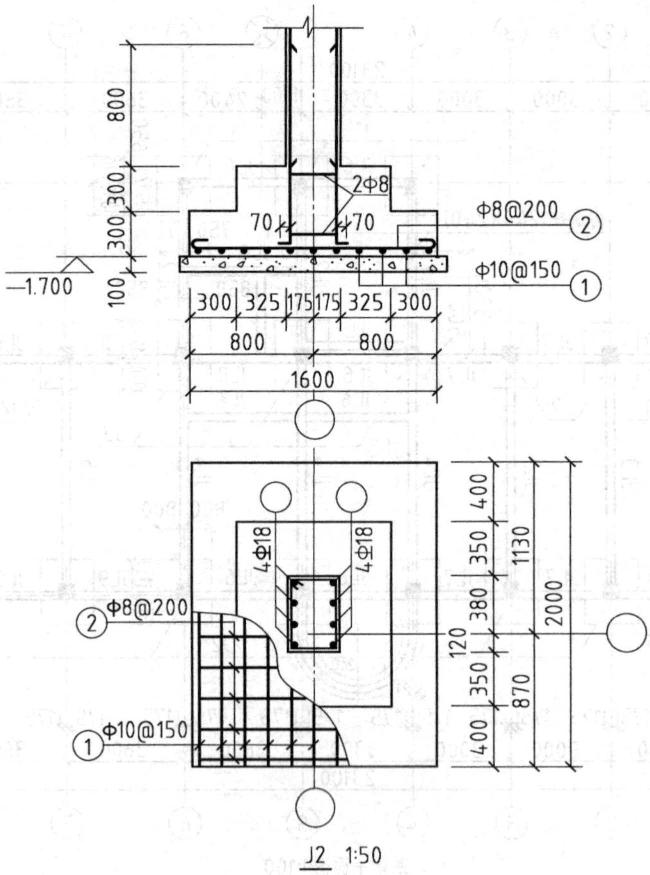

图 8-6　独立基础详图

大小、数量、布置都相同时，可以只画一个标准层，不同时应分层绘出。

（3）屋面结构平面布置图　屋面结构平面布置图所表达的内容与楼层结构平面布置图基本相同，但屋面结构形式有时会有变化，在图中要用适当的方法表达出来。

**3. 结构构件详图

（1）梁的结构详图　梁的结构详图一般包括立面图和断面图。立面图主要表示梁的轮廓、尺寸及钢筋的位置，钢筋可以全画，也可以只画一部分；如有弯筋，应标注弯筋起弯位置；分类钢筋都应编号，以便与断面图及钢筋表对照。断面图主要表示梁的断面形状、尺寸和箍筋的形式及钢筋的位置。断面图的剖切位置应在梁内钢筋数量有变化处，并应将钢筋表附在图样的旁边，其内容应包括每一种钢筋的形状、长度尺寸、规格、数量、重量。

图 8-7 所示为某现浇钢筋混凝土梁结构详图，主要包括立面图、1—1 和 2—2 断面图、钢筋详图、钢筋表。从立面图上可看出梁长 3600mm；从断面上可看出梁高 250mm，宽 150mm；梁上部配②号直径为 14mm 的Ⅱ级钢筋一根、③号直径为 6mm 的Ⅰ级钢筋两根，下部配①号直径为 12mm 的Ⅰ级钢筋两根，④号为箍筋，中心距为 150mm。从钢筋详图和钢筋表中可以看出钢筋的详细布置情况和所需数量。

（2）板的结构详图　现浇钢筋混凝土板的结构详图常用配筋平面图和断面图表示。配

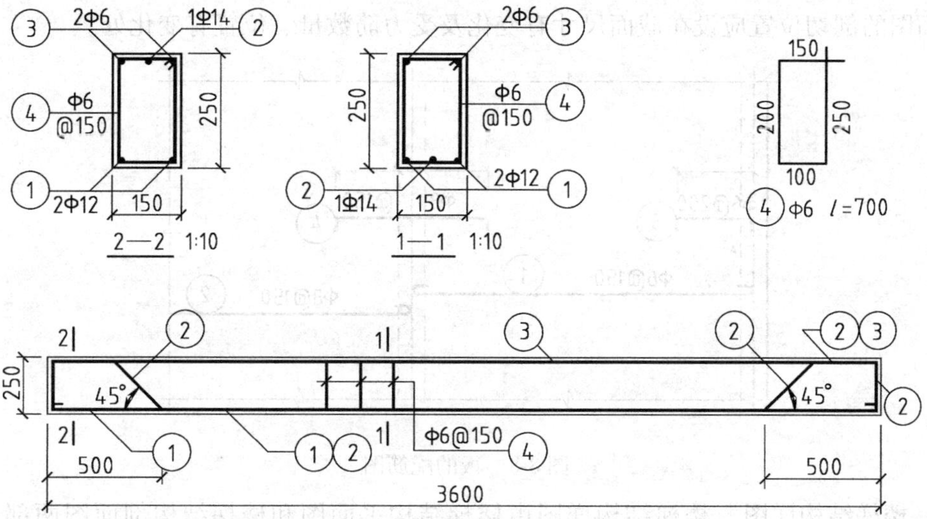

梁 L1的配筋立面图 1:40

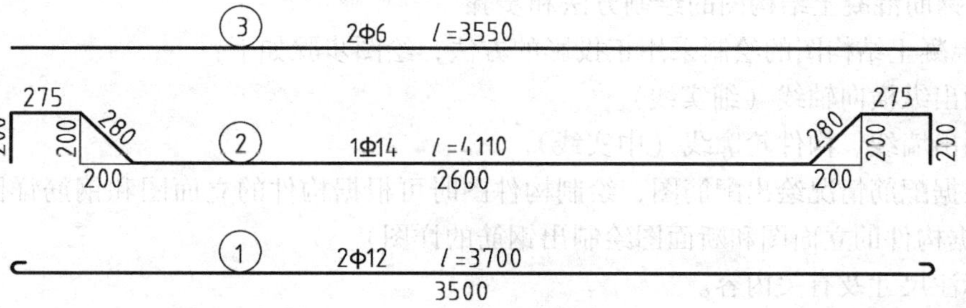

钢筋详图 1:25

梁 L1的钢筋表

编号	规格	简图	单根长度/mm	根数	总长/m	重量/kg
①	Φ12		3700	2	7.40	7.53
②	Φ14		4110	1	4.11	4.96
③	Φ6		3550	2	7.10	1.58
④	Φ6		700	24	16.80	3.75

图 8-7　梁的配筋图

筋平面图可直接在平面图上绘制，每种规格的钢筋只需画出一根并标出其规格、间距即可，如图 8-8 所示。

（3）柱的结构详图　柱是房屋的主要承重构件，其结构详图包括立面图和断面图。如果柱的外形变化复杂或有预埋件，则还应增画模板图。模板图上预埋件只画位置示意和编号，具体细部情况另绘详图。柱立面图主要表示柱的高度尺寸、柱内钢筋配置、钢筋搭接区内箍筋需要加密的具体数量及与柱有关的梁、板。

柱的截面一般为矩形，断面图主要反映截面的尺寸、箍筋的形状和受力筋的位置、数量。断面图的剖切位置应设在截面尺寸有变化及受力筋数量、位置有变化处。

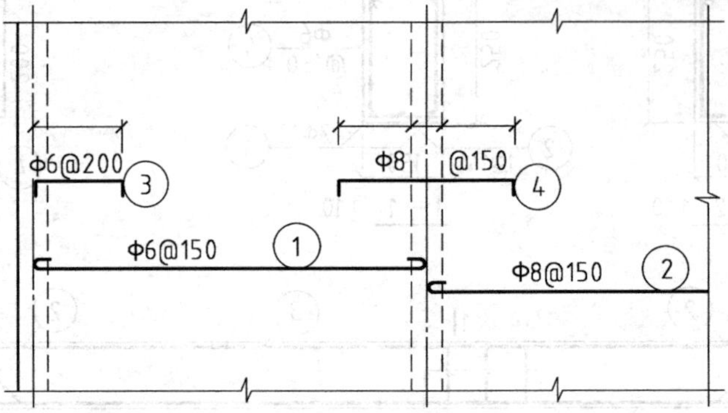

图 8-8　板的配筋图

（4）楼梯结构详图　楼梯结构详图由楼梯结构平面图和楼梯结构剖面图两部分组成，主要表达楼梯类型、尺寸、结构、编号、休息平台板配筋以及标高等内容。

**4. 钢筋混凝土结构图的绘制方法和步骤

钢筋混凝土结构图的绘制采用正投影的方法，绘图步骤如下：

1）画出纵横向轴线（细实线）。

2）画出墙线、构件轮廓线（中实线）。

3）根据配筋情况绘出配筋图，绘制构件图时可根据构件的立面图和钢筋详图绘出断面图（或根据构件的立面图和断面图绘制出钢筋的详图）。

4）标注尺寸及有关内容。

5）根据配筋图填绘钢筋表。

**三、钢结构图

1. 基本知识

钢结构构件小，重量轻，便于运输和安装，具有强度高、耐高温、易锈蚀等特点。钢结构广泛应用于跨度大、高度高、承载重的结构以及可移动、易装拆的结构。

（1）型钢的图例及标注方法　型钢的图例及标注方法见表 8-9。

表 8-9　型钢的图例及标注方法

序号	名　称	截　面	标　注	说　明
1	等边角钢	∟	∟ $b\times t$	b 为肢宽、t 为肢厚
2	不等边角钢	∟	∟ $B\times b\times t$	B 为长肢宽
3	工字钢	I	I N　Q I N	轻型工字钢加注 Q 字
4	槽钢	[	[N　Q [N	轻型槽钢加注 Q 字

（续）

序号	名　称	截　面	标　注	说　明
5	方钢	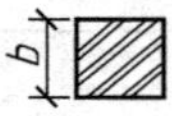	□b	
6	扁钢	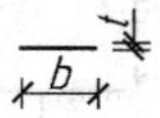	—— b×t	
7	钢板	—	$\frac{-b\times t}{l}$	
8	圆钢		ϕd	
9	钢管		DN×× d×t	内径 外径×壁厚
10	薄壁等肢角钢	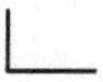	B∟ b×t	
11	薄壁等肢卷边角钢	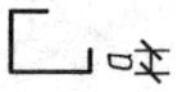	B∟ b×a×t	
12	薄壁槽钢	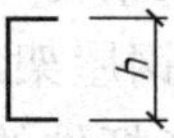	B[h×b×a×t	薄壁型钢加注 B 字
13	薄壁卷边槽钢	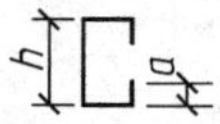	B[h×b×a×t	
14	薄壁卷边 Z 形槽钢	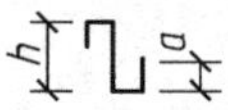	B⅂ h×b×a×t	
15	起重机钢轨		⊥ QU××	××为起重机钢轨型号
16	轻轨及钢轨		⊥ ××kg/m 钢轨	××为轻轨和钢轨型号

（2）型钢的连接　钢结构中的构件常用焊接、螺栓连接，铆接在房屋建筑中较少采用。

1）焊接和焊缝代号：在焊接钢结构图中，必须把焊缝的位置、形式和尺寸标注清楚。

焊缝代号由带箭头的指引线、基本符号、焊缝尺寸和辅助符号组成，如图 8-9 所示。

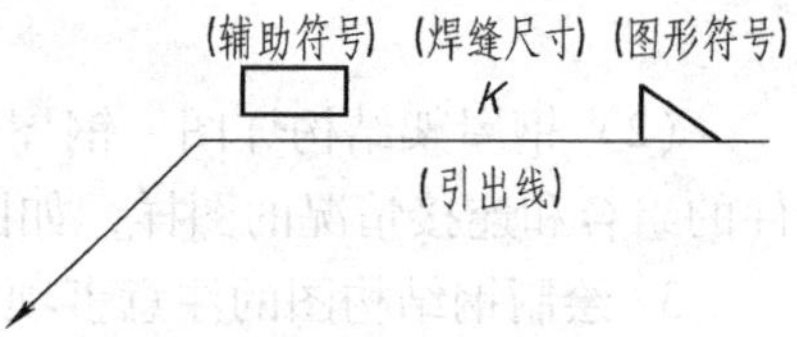

图 8-9　焊缝代号

2）焊缝标注的方法：常用焊缝的图形符号和辅助符号见表 8-10。

表 8-10　常用焊缝的图形符号和辅助符号

焊缝名称	焊缝形式	图形符号	符号名称	焊缝形式	辅助符号	标注方式
V 形焊缝			三面焊缝符号	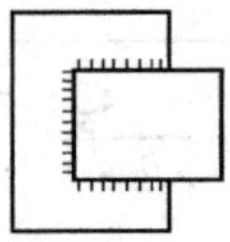		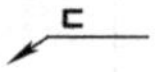
I 型焊缝	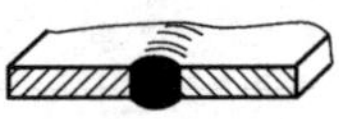					
角焊缝	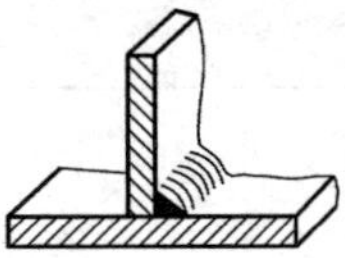		周围焊缝符号	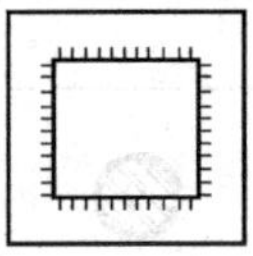		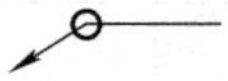
塞焊缝或槽焊缝	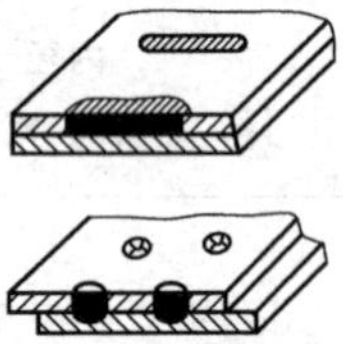		现场安装焊缝符号			

2. 钢屋架结构图

钢屋架结构图常用的有钢屋架结构简图和钢屋架结构详图两种类型。

（1）钢屋架结构简图（又名钢屋架示意图）　钢屋架结构简图把整个屋架的轴线用单线画在图纸的左上角，用以表达屋架的结构形式及各杆件的计算长度，钢屋架结构简图可以作为放样的一种依据，如图 8-10 所示。

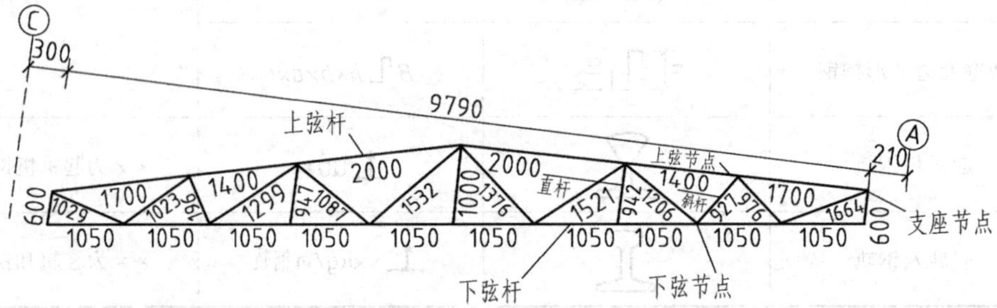

图 8-10　钢屋架结构简图

（2）钢屋架结构详图　钢屋架结构详图是表示钢屋架的形式、大小、型钢的规格、杆件的组合和连接情况的图样，如图 8-11 所示。

3. 绘制钢结构图的注意事项

1）钢屋架详图部分应绘制屋架立面图及上、下弦杆的平面图和必要数量的杆件详图、连接板详图。

2）钢屋架结构详图通常用两种比例绘制。杆件和零件的尺寸一般要采用 1:10、1:15 的比例，才能将屋架的节点细节表示清楚，但如果屋架的轴线长度也用这个比例，则图面太大，所以轴线长度常用较小的比例，一般用 1:20、1:30。

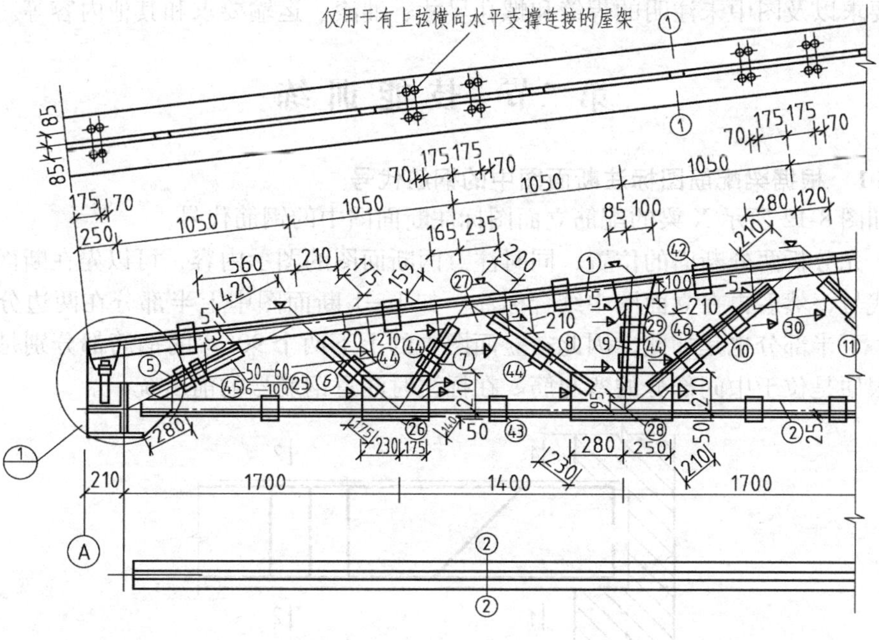

a)

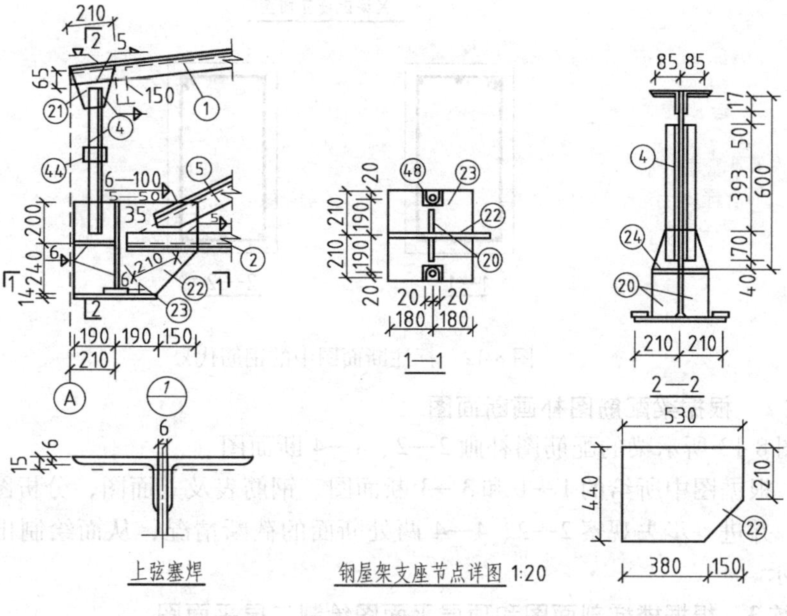

b)

图 8-11　钢屋架结构详图

3）在钢屋架结构详图中，应特别注意把所有杆件和零件的定位尺寸注全。腹杆应注出杆端至节点中心的距离，节点板应注出上、下两边至弦杆轴线的距离以及左右两边至通过节点中心垂线的距离等。

4）为表达清楚，应列出材料表，把所有杆件和零件的编号、规格尺寸、数量（区别正、反）、重量依次填入表中，并算出整个屋架的总重量。

5）图中的说明部分包括所选用的钢号、焊条型号和质量要求、加工精度、有无热处理和施工时要求以及图中未注明的焊缝和螺孔尺寸、油漆、运输要求和其他内容等。

第二节　技能训练

***训练 1　根据梁配筋图标注断面图中的钢筋代号**

根据如图 8-12 所示 X 梁的配筋立面图标注断面图中的钢筋代号。

分析：先分析两处断面的位置，同时注意两断面图的图示内容，可以先在断面图上标注出钢筋的代号，然后再在立面图中结合标注。如 1—1 断面图中上半部分在两边分布相同的两根钢筋，下半部分也是如此，因此在立面图中的上下两个 90°弯的钢筋都分别是两根，而剩下的那根便是位于中间部分的弯起筋。在标注时注意钢筋号的前后统一。

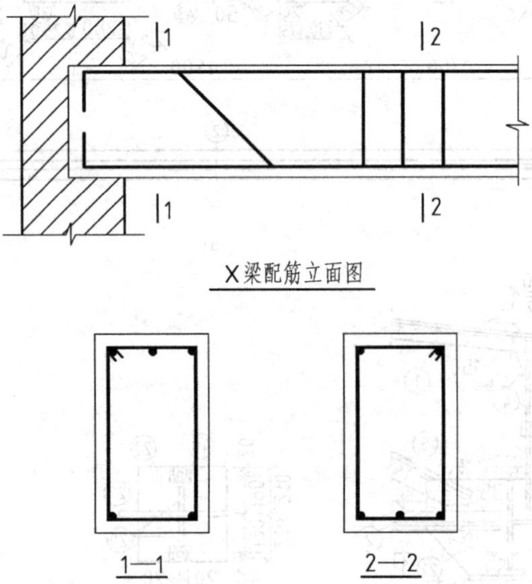

图 8-12　标注断面图中的钢筋代号

***训练 2　根据梁配筋图补画断面图**

根据图 8-13 所示梁的配筋图补画 2—2、4—4 断面图。

分析：根据图中所给的 1—1 和 3—3 断面图、钢筋表及立面图，分析图中钢筋的所在位置及长度，并进一步去观察 2—2、4—4 两处断面的截断情况，从而绘制出断面图，结果如图 8-14 所示。

****训练 3　根据楼梯剖面图和顶层平面图绘制二层平面图**

根据如图 8-15 所示楼梯剖面图和顶层平面图绘制二层平面图。

分析：在解题时根据顶层平面图可以明确二层楼梯的平面尺寸，同时注意到每一层的楼梯板结构是相同的，不同的是每一层的标高是变化的。这是一个带有地下室的楼房，单元入户地面的标高是 -1.070，二层的入户地面标高是 2.98，休息平台的标高是 1.48，二层平面图绘制结果如图 8-16 所示。

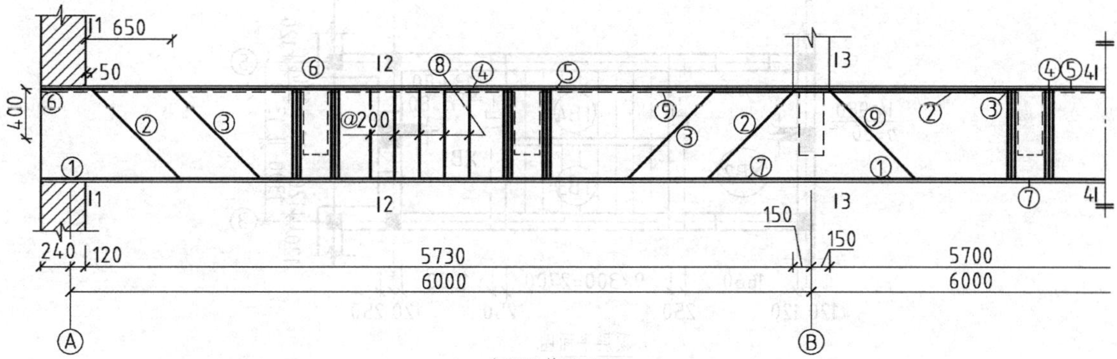

主梁配筋图 1:30

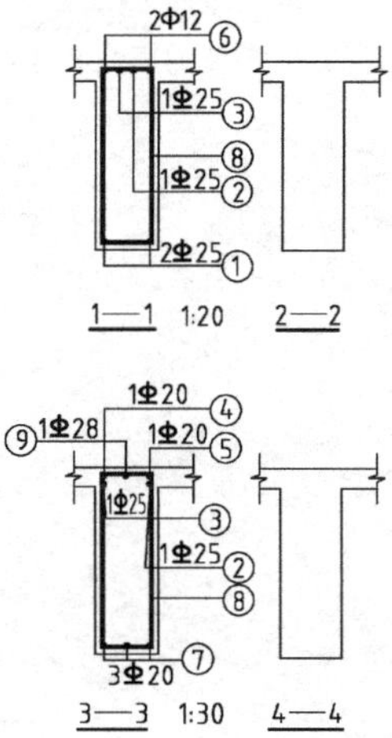

钢筋表

构件	编号	简图	直径	根数
主梁	1	6720	Φ25	6
	2	400 395 990 4260 950 1350	Φ25	2
	3	400 1000 990 3060 950 2390	Φ25	2
	4	10980	Φ20	1
	5	9420	Φ20	1
	6	6400	Φ12	4
	7	7000	Φ20	3
	8	200 700	Φ8	126
	9	1350 990 4200 990 1350	Φ28	1

图 8-13　补画断面图

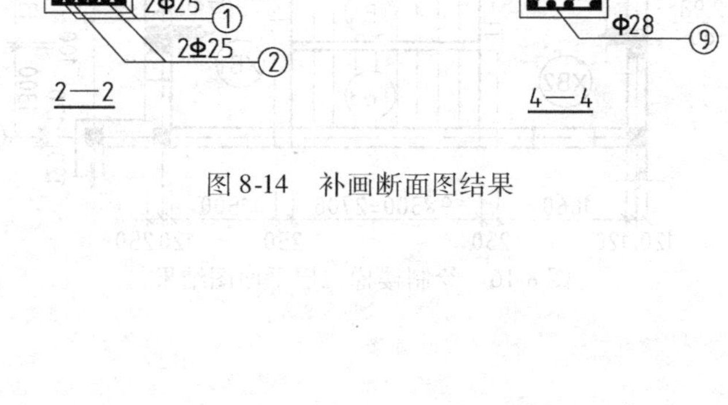

图 8-14　补画断面图结果

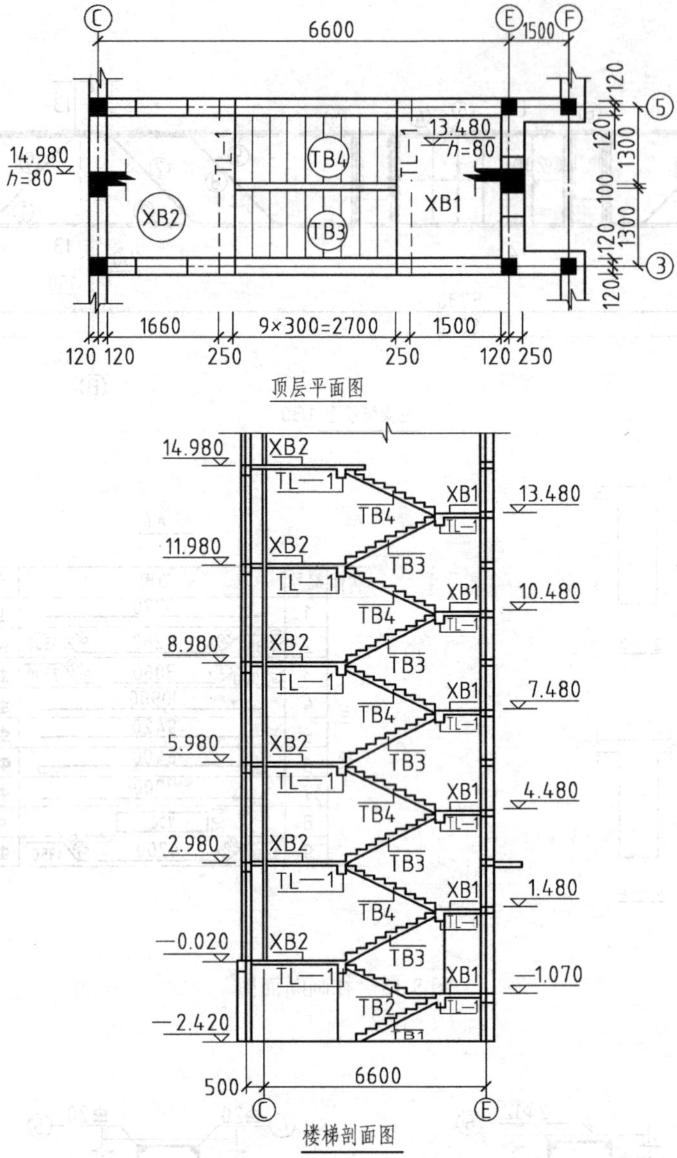

图 8-15　绘制楼梯二层平面图

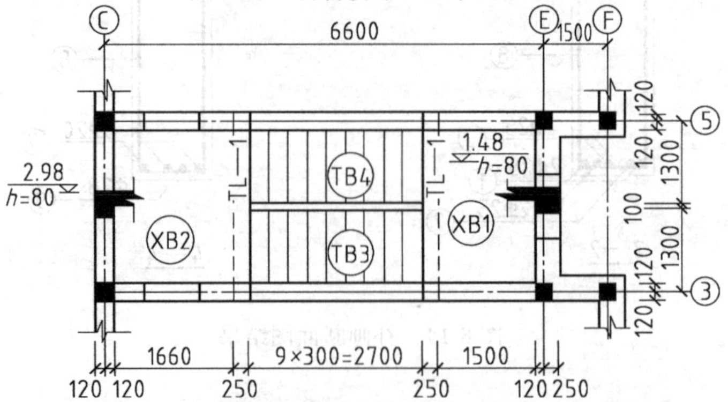

图 8-16　绘制楼梯二层平面图结果

**第九章 透 视 图

培训目标

知识要点	培训目标		
	初 级	中 级	高 级
一、概述 1. 透视图的形成 2. 透视术语 3. 透视图的分类	无		1. 掌握透视图的形成及特点 2. 掌握透视术语的含义及空间位置 3. 掌握画面与基面的对应关系 4. 掌握透视图的分类依据 5. 掌握不同类型透视图的特点
二、透视图画法 1. 灭点的概念 2. 透视特性 3. 用视线迹点法画透视图 4. 用迹点灭点法画两点透视	无		1. 掌握直线灭点的概念及求直线灭点的作图方法 2. 掌握特殊位置直线、相互平行直线的透视特性 3. 掌握基面与画面的对应关系 4. 掌握视线迹点法的作图原理 5. 掌握一点透视的作图方法 6. 掌握求直线透视方向的作图方法 7. 掌握迹点灭点法的作图方法和步骤

第一节 知识要点

一、透视图的概念

1. 透视图的形成及其特点

当人们站在公路上观察两旁的建筑物和公路时，会发现两旁的建筑物和公路向远处望去会变得越来越小，在远处近乎集中于一点，如图 9-1 所示，这就是透视现象。

图 9-1 透视现象

所谓透视投影就是以人的眼睛为投影中心的中心投影，它相当于观察者透过一个透明的画面来观看物体，观察者的视线与画面的交点就是透视投影点，如图 9-2 所示。由透视投影点构成的透视投影图称为透视图。

透视图的特点如下：

1）近高远低。物体上相同高度的铅垂线，在透视图中，近的显得高，远的显得低。

2）近大远小。同样大小的物体，距观察者越近，其在投影图上的投影也就越大。

3）物体上与画面平行的线段，在透视图中仍然互相平行。

4）与画面相交的一组平行线，在透视图中将交于一点，该点称为灭点。

2. 基本术语与符号

图 9-3 表述了透视图的基本术语和符号。

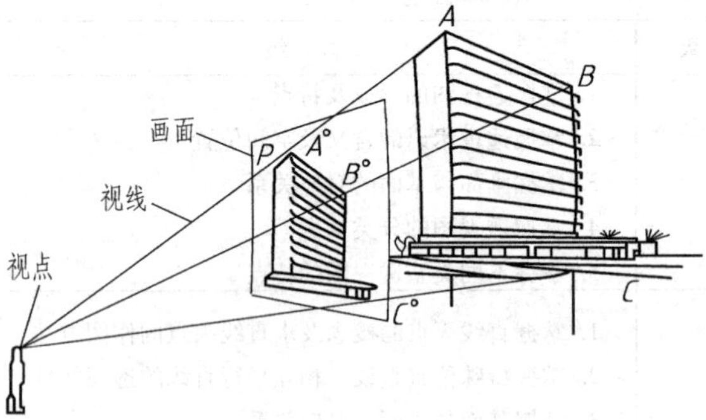

图 9-2 透视的形成

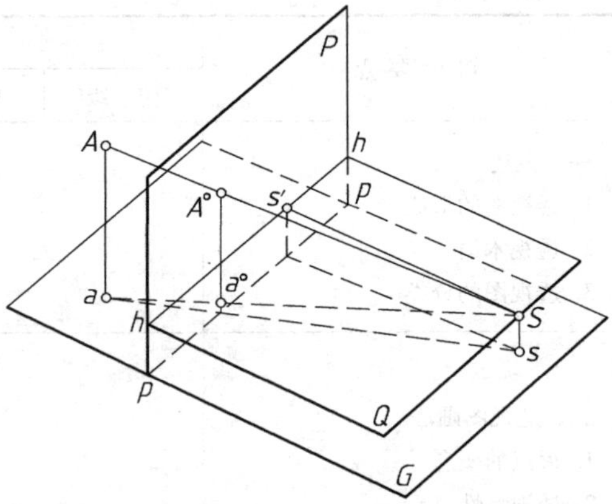

图 9-3 透视的基本术语和符号

基面（G）——放置建筑物的水平面，即地平面，一般以水平投影面 H 面作为基面。

画面（P）——透视图所在的平面，一般以 V 投影面作为画面。

基线（p—p）——画面与基面的交线，相当于 OX 投影轴。

视点（S）——人眼所在的位置，即投射中心。

站点（s）——视点 S 在基面上的正投影，相当于人站立的地点。

心点（s'）——视点 S 在画面上的正投影，也称主点。Ss' 垂直于画面，一般将 Ss' 称为中心视线。

视平面（Q）——过视点 S 所作的水平面。

视平线（h—h）——视平面与画面的交线。当画面为铅垂面时，视平线通过心点 s'。

视高（Ss）——视点 S 到基面 G 的距离，一般为人眼的高度。当画面为铅垂面时，视高就是视平线与基线间的距离。

视距（Ss'）——视点 S 到画面 P 的距离，即中心视线的长度。当画面为铅垂面时，视距为站点与基线间的距离。

视线——视点与物体上任一点的连线，如 SA 等。

基点——空间点在基面上的正投影，如 a。

点的透视——过空间点 A 的视线 SA 与画面 P 的交点，用 A^o 表示。

点的基透视——基点的透视，即基点 a 的视线 Sa 与画面 P 的交点，用 a^o 表示。

绘制透视图时，一般是将画面 P 和基面 G 沿着基线 p—p 分开，然后画在一张图纸上（基线在画面上记为 g—g），如图 9-4a 所示；也可将画面和基面的边框去掉，如图 9-4b 所示。

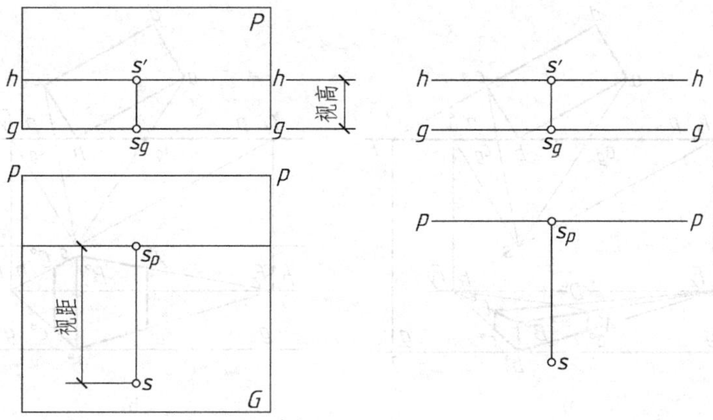

a)　　　　b)

图 9-4　画透视图时基面与画面的放置

a）画边框　b）不画边框

二、透视图的分类与画法

在着手绘制透视图之前，应选择透视图的类型，确定视点以及画面的位置。透视类型、视点以及画面与建筑物之间的相对位置，将直接影响所画透视图的效果。

1. 透视的分类

（1）一点透视　当画面与物体的主要立面平行时，长度和高度两个方向直线的透视没有灭点，只有垂直于画面的宽度方向的一组直线有灭点，这个灭点就是主点，这样的透视称为一点透视，又称为平行透视。一点透视适合表达横向场面宽广且需要显示纵向深度的建筑，如广场、街道以及室内或庭院布置等。对于左右对称的建筑物，根据视点是否在对称轴上，一点透视又分为中心透视和偏心透视。中心透视可使建筑物显得庄严高大，偏心透视则使建筑物表现得较为生动。

（2）两点透视　两点透视的画面与建筑物的两个立面倾斜，形成一定角度。因其长度和宽度方向各有一个灭点，故称为两点透视，也称为成角透视。两点透视是常用的一种透视图，其透视效果真实自然，符合人们观察物体的视角印象，被广泛应用于表达单体建筑物。

2. 透视图的画法

（1）两点透视的透视图画法

例 9-1　绘制如图 9-5 所示四棱柱的透视图。

图 9-5 所示为将棱线 Bb 置于画面 P 上的四棱柱。先画出四棱柱上、下底面的透视，再连线，即可画出四棱柱的透视。当四棱柱高度低于视平线时，透视图上可见四棱柱的顶部，如图 9-5a 所示；当四棱柱高度高于视平线时，顶部在透视图中不可见，如图 9-5b 所示。

透视图上的可见轮廓线用粗实线画出，不可见轮廓线不画。

例 9-2　画坡顶房屋的透视图。

如图 9-6 所示，已知两坡顶房屋的平面图、侧立面图和站点 S 及画面中 g—g 和 h—h。画图时，先求出前屋檐和屋脊的透视点 $A^\circ A_1^\circ B^\circ B_1^\circ$，然后分别连接 $A^\circ B^\circ$ 和 $A_1^\circ B_1^\circ$，可得到前

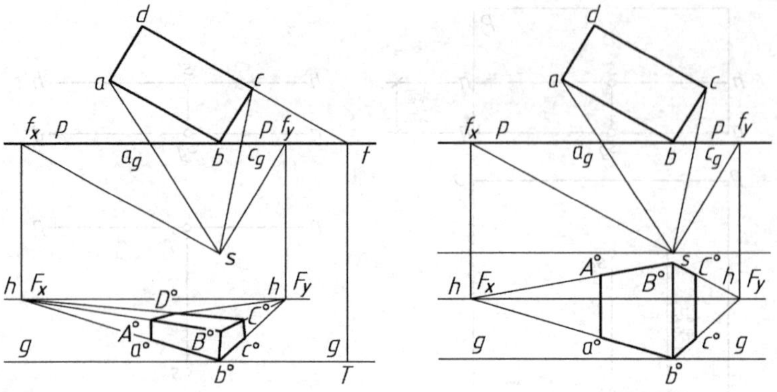

图 9-5　四棱柱的透视

a）柱顶低于视平线　b）柱顶高于视平线

坡面两侧人字屋檐的透视，在空间上它们是两条互相平行的直线，因此它们的透视 $A^{\circ}B^{\circ}$ 和 $A_1^{\circ}B_1^{\circ}$ 的延长线交于灭点 F_1，即过视点 S 所作的平行于人字屋檐 AB 和 A_lB_l 的视线与画面的交点，如图 9-7 所示。从该图中可以看出，倾斜于基面和画面的直线的灭点与该直线的基灭点位于同一条铅垂线上。同样，后坡面人字屋檐的透视 $B^{\circ}C^{\circ}$ 的灭点 F_2，也位于这条铅垂线上。

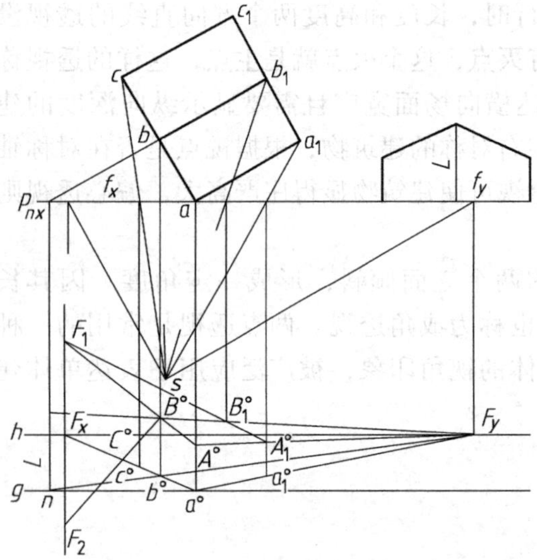

图 9-6　坡顶房屋的透视画法

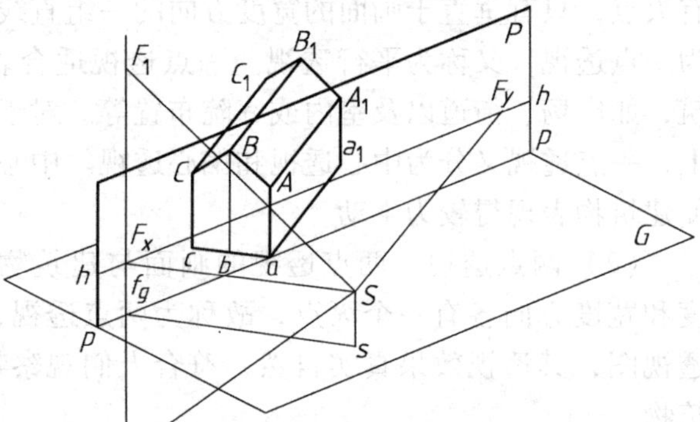

图 9-7　坡顶房屋的透视

（2）一点透视的透视图画法

例 9-3　如图 9-8 所示，已知台阶的 V 面、H 面投影，画出台阶的透视图。

画图时，将台阶的前立面置于在画面上，故其透视与前立面重合，据此可画出前立面的实形。台阶宽度方向的直线垂直于画面，其灭点就是主点 S'，将立面图上的各点与主点相连，即为踏步及两侧挡墙上所有与画面垂直的棱线的全长透视。

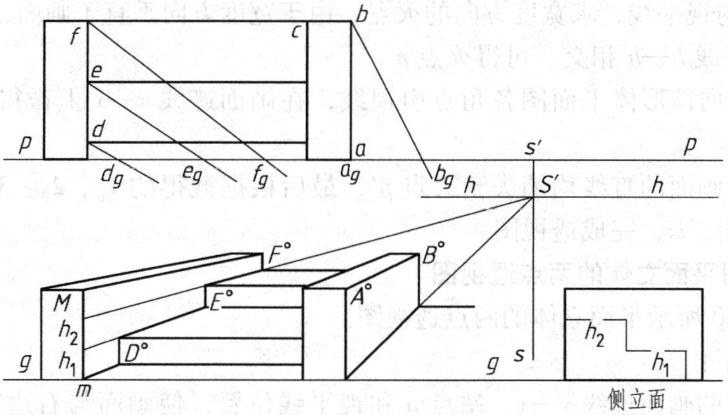

图 9-8　台阶的一点透视

第二节　技能训练

训练 1　绘制平面立体的一点透视图

绘制如图 9-9 所示平面立体的一点透视图。

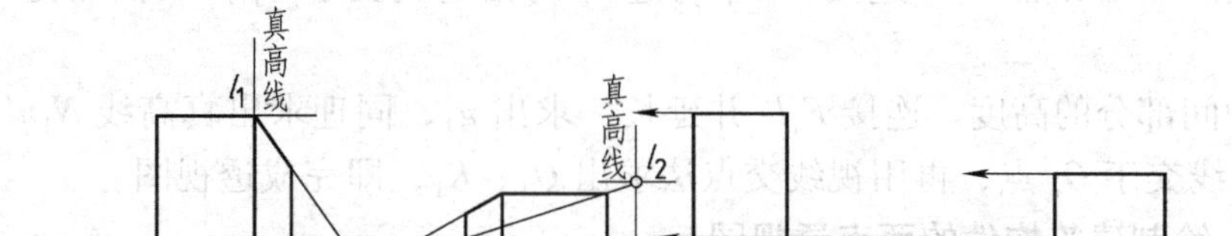

图 9-9　平面立体的一点透视图

作图步骤如下：

1）选择合适的画面基线 $x—x$、站点 p 和视平线 $h—h$，使画面平行于正面，视角可以大些。画好基线与视平线，求宽度方向的灭点，由于宽度方向垂直于画面，所以只要过站点 p 引铅垂线与视平线 h—h 相交，可得灭点 p'。

2）由站点 p 向该形体平面图各角点引视线，在画面迹线 x—x 上截得 1_0、2_0、3_0、4_0、5_0、6_0 各点。

3）凡垂直于画面的直线均消失于灭点 p'，最后根据截得的 1_0、2_0、3_0、4_0、5_0、6_0 各点，配合真高线 l_1、l_2，完成透视图。

训练 2　绘制平面立体的两点透视图

绘制如图 9-10 所示平面立体的两点透视图。

作图步骤如下：

1）选择合适的画面迹线 x—x、站点 p 和视平线位置，使画面与右边部分的墙角接触，画出基线，再画出视平线 h—h，求出灭点 F_x 和 F_y，然后作出右边部分平面图的透视。

2）作左边部分平面图的透视。在 F_yc_1 的延长线上，用视线交点法求出点 d 的透视 d_1，连 d_1F_x，再在其上求出 e_1。因为后面的点将被挡住，所以不必作出。

3）求右面部分的高度。墙角线的透视 A_1a_1 等于实长。

4）求左面部分的高度。由于它的墙角线与画面不重合，因而在平面图上先延长 je，交 x—x 于 m 点，再过 m 点作铅垂线交 V 面 x—x 于 m'，mm'为真高线，量 M_1m'等于高度实长，即求出 EJ 线的画面交点 M_1，连接 M_1F_y 与过 e_1 的铅垂线交于 E_1 点，然后完成左边部分的透视。

5）求中间部分的高度。连接 F_xl_1 并延长，求出 g_1，同理求出真高线 N_1n'，连 N_1F_X 与过 g_1 的铅垂线交于 G_1 点，再用视线交点法求出 Q_1、K_1，即完成透视图。

训练 3　绘制建筑构件的两点透视图

按图 9-11a 所给条件，绘制建筑构件的两点透视图。

分析：由图 9-11a 可知，该构件由两个立方体组成，下边立方体的一条棱线在画面上，反映此棱的真高；上边的立方体一部分在画面前，一部分在画面后，和画面相交的部分反映该立方体的真高。

作图：

1）求灭点，如图 9-11a 所示。

2）求下边立方体的透视。先将画面上的棱线画出，分别将两端点与两灭点相连，连线为两组可见水平棱线的透视方向；再用视线迹点法确定水平棱线的另一端点，连接相邻的端点得下边立方体的透视，如图 9-11a 所示。

3）求上边立方体的透视。上边立方体与画面交于 A、A_1、B、B_1、即 A、A_1、B、B_1 为其所在棱线的迹点，各点分别与对应的灭点相连，得到各棱线的透视方向。E 点位于画面前面，是两条棱线的交点，分别延长 $V_xA°$和 $V_yB°$，其交点即为 E 点的透视 $E°$（E 点的透视也可用视线迹点法求得，在基面上连接并延长 se，使其与 P—P 交于 e_p，过 e_p 引垂线，使其与 $V_xA°$延长线相交得 $E°$）。用视线迹点法求出 $C°$、C_1°、$D°$、D_1°。根据平行线具有共同的灭点的特点，连接 $C_1^\circ V_x$，$D_1^\circ V_y$ 可得相应的棱线，如图 9-11b 所示。

4）加深可见的透视轮廓线，得到该建筑构件的透视图。

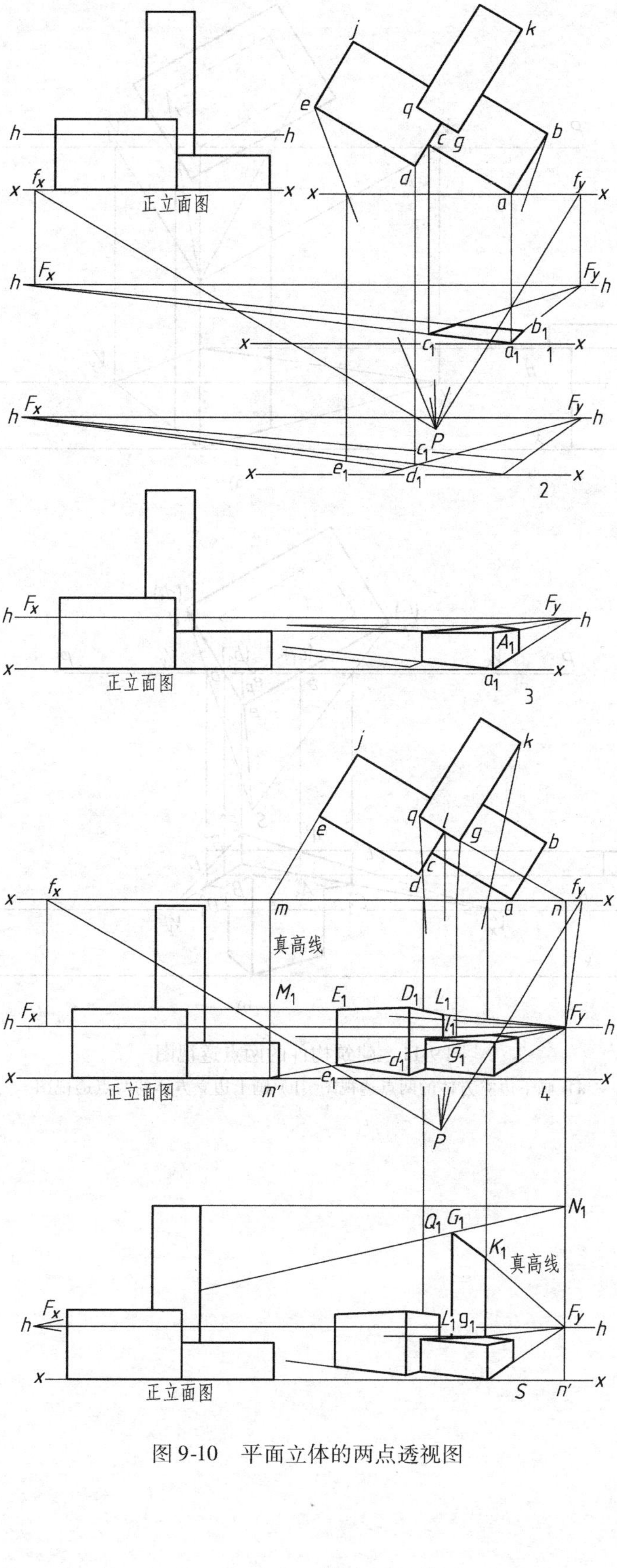

图 9-10　平面立体的两点透视图

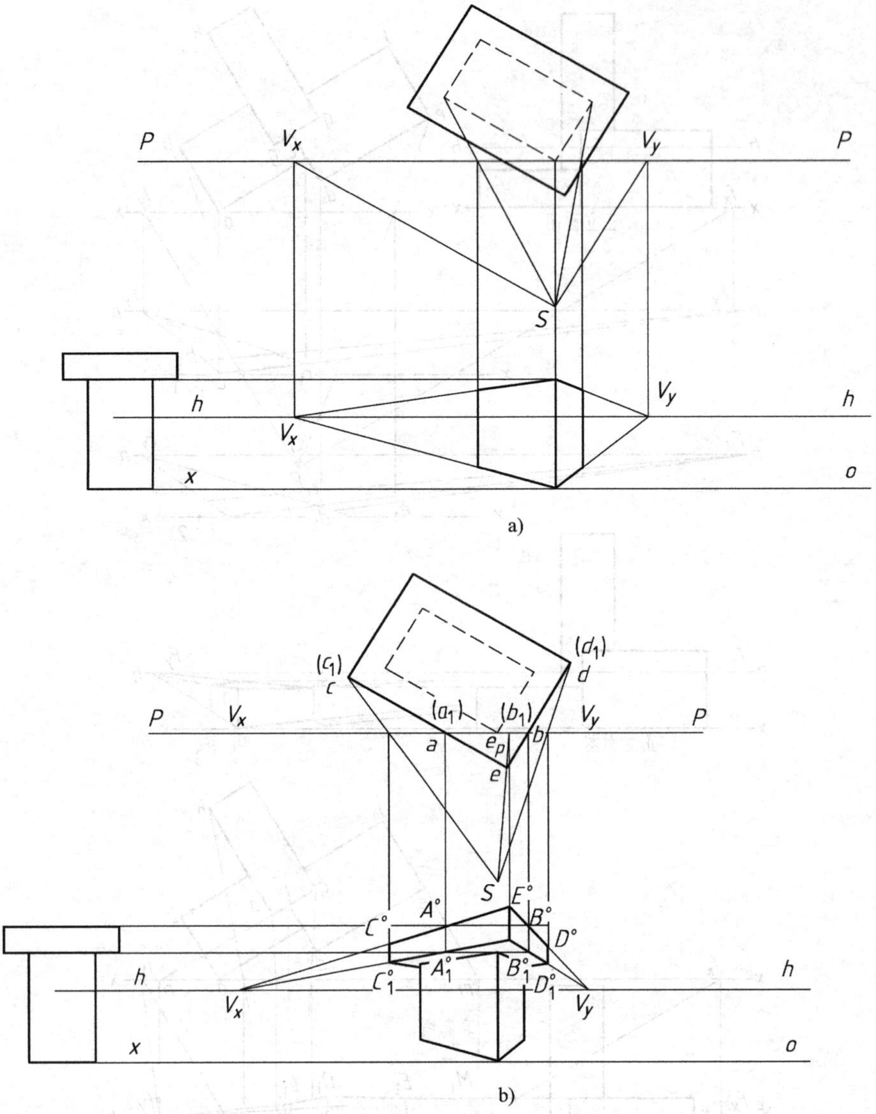

图 9-11　建筑构件的两点透视图

a）画下边立方体的两点透视图　b）画上边立方体的两点透视图

第十章　描图与徒手绘图

培训目标

知识要点	培训目标		
	初　级	中　级	高　级
一、描图	1. 了解描图常用仪器和工具 2. 了解描图工作的一般程序 3. 了解描图的校对方法和修图技术		
二、徒手绘图	1. 了解徒手绘图的目测方法 2. 了解徒手绘图的一般技法		1. 掌握徒手绘图的目测方法和技法 2. 能徒手绘制二维图和三维图

第一节　描图的知识要点

依据手工绘制或计算机绘制的原图，用描图纸如实地对其进行描绘的过程称为描图。描绘后的图样称为底图。以底图为依据用晒图方法得到的用于加工或施工图样俗称为蓝图。

一、描绘图线的原则和顺序

描绘图线的原则是：先细后粗，先曲后直，先上后下，先左后右，先横后竖。

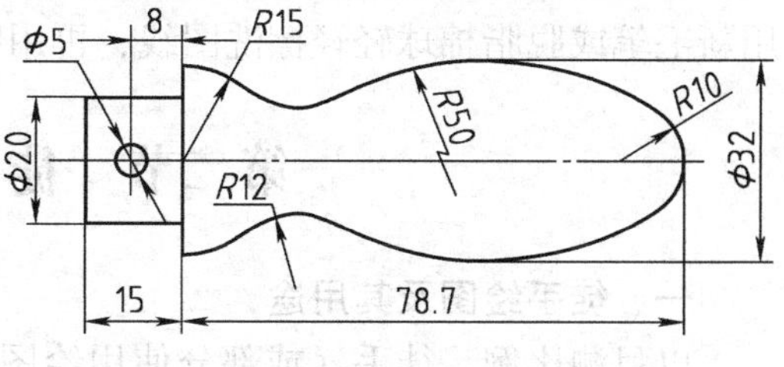

图 10-1　手柄图形

描图的一般顺序为：描绘所有的中心线、轴线；描绘所有细实线、虚线的圆或圆弧；描绘细实线中的直线段、波浪线；描绘所有粗实线的圆或圆弧；描绘粗实线中的直线段；描绘各种符号、箭头，书写数字和汉字；校对，检查全图。

图 10-1 所示为手柄图形，图 10-2a ~ d 所示为描绘手柄图形的步骤。

二、描图的校对方法

描图结束后，应对照原图认真校对描绘的底图。常用的校对方法有：

（1）直接对照法　幅面较小的图样可将原图和底图重叠或并排放置，分块校对。

（2）滚动对照法　幅面较大的图样可以将底图卷起，滚动审阅。

（3）灯箱透视法　将原图和底图重叠对齐放在灯箱内，借助灯光进行校对。

三、描图的修复技术

对描图过程中出现的问题或校对时发现的问题，应及时修复。常用的修复方法有：

（1）刀片刮图法　将待刮除图线的部位放在玻璃板上，用锋利的刀片小心地刮除墨线。若要在刮除部位补线，应在玻璃板上压平起毛的刮痕，以免墨线浸开。

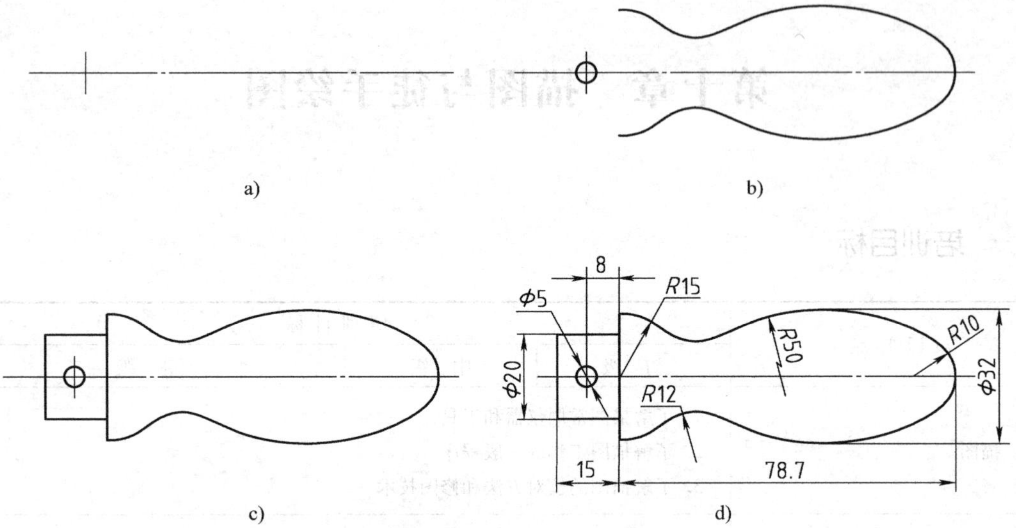

图 10-2　描绘手柄图形的步骤

a）描绘基准线　b）描绘粗实线的曲线　c）描绘粗实线的直线　d）标注尺寸

（2）切除修补法　若在局部有较多图线错误，且不便刮除时，可将该部分切除，并用新的描图纸重新描绘。

（3）擦墨灵修复法　擦墨灵是一种由细玻璃丝和胶水粘合而成的刮图用具，类似于刀片。使用时，将头部切平，反复擦抹墨线，此时相当于许多微小的刀片同时刮图。

（4）化学溶剂修复法　用吸管将香蕉水、双氧水、醋酸等化学溶剂滴在墨线上，稍候，用新毛笔或脱脂棉球轻轻擦洗图线，再用吸水纸、海绵或棉球及时将水分吸干。

第二节　徒手绘图的知识要点

一、徒手绘图及其用途

以目测比例，徒手（或部分使用绘图仪器）绘制图样的过程称为徒手绘图。徒手绘制的图样称为草图。徒手绘图常用于下述场合：

1）在初步设计阶段，为提高效率，可徒手绘制表达设计方案的草图。

2）在修理机器过程中，对待修零部件需进行现场测绘，徒手绘制草图。

3）在参观访问或技术交流时，可徒手绘制草图作为技术交流的资料。

二、徒手绘图的技法

初学徒手绘图时，应在方格纸上进行，以便借助方格线确定待画物体图形的比例或以方格线作参照绘制图线。徒手绘图要求快、准、好，即画图速度快、目测比例准、图面质量好。

1. 徒手画直线

徒手绘制直线时，手指应握在距铅笔笔尖约35mm处，手腕和小手指对纸面的压力不要太大。画线时，先定出直线的两个端点，把握好方向和走势，眼睛要看着画线的终点，轻轻移动手腕和手臂，使笔尖向终点移动，并使铅笔与所画的线始终保持约90°角，如图

10-3a ~ c所示。

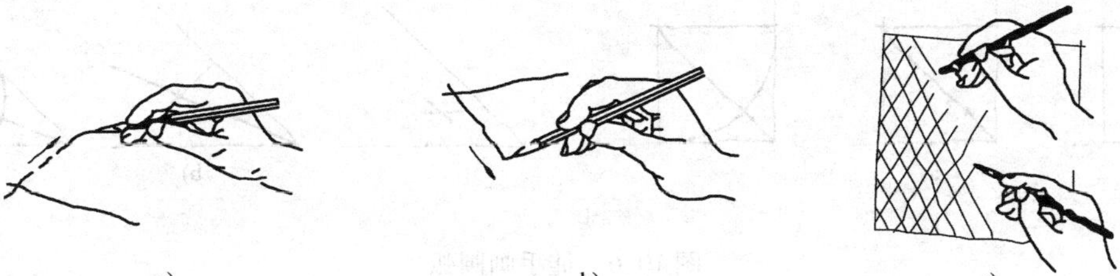

a) b) c)

图 10-3　徒手画直线

a）画水平线　b）画垂直线　c）画斜线

画长斜线时，为了运笔方便，可以将图纸旋转适当角度。画 45°、30°、60° 的斜线时，可按图 10-4 所示的方法画出。

2. 徒手画圆及圆弧

画圆时，应过圆心画出中心线，再根据半径大小用目测方法在中心线上定出 4 点，然后过这 4 个点画圆，如图 10-5a 所示。当圆的直径较大时，可过圆心再画两条 45° 的斜线，在斜线上再定 4 个点，然后过这 8 个点画圆，如图 10-5b 所示。

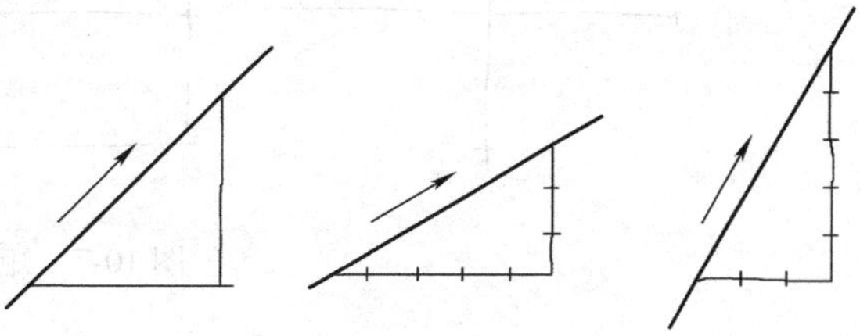

a) b) c)

图 10-4　徒手画特殊角度斜线

a）45°斜线　b）30°斜线　c）60°斜线

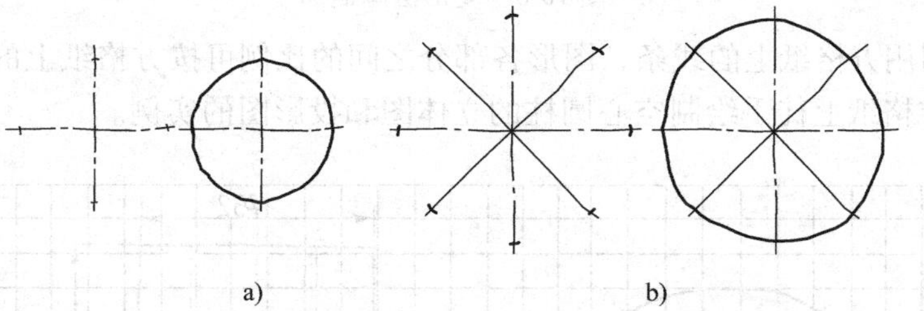

a) b)

图 10-5　徒手画圆

a）4 点画圆　b）8 点画圆

如图 10-6a、b 所示，徒手画圆弧时，先用目测方法在分角线上选取圆心位置，过圆心向两边引垂直线，定出圆弧的起点和终点，并在分角线上也定出一圆周点，然后过 3 点画圆弧。

3. 徒手画椭圆

（1）矩形法画椭圆　画图时，可先画出椭圆的长短轴，定出长短轴 4 个顶点，过 4 个顶点画矩形，然后画椭圆与矩形相切，如图 10-7 所示。

（2）菱形法画椭圆　先画出椭圆的外切菱形，然后分别作两钝角及两锐角的内切弧，即得所需椭圆，如图 10-8 所示。

4. 徒手画立体图和投影图

徒手绘制三视图和用仪器画图的步骤相同。在方格纸上画图时，大圆的中心线和主要轮

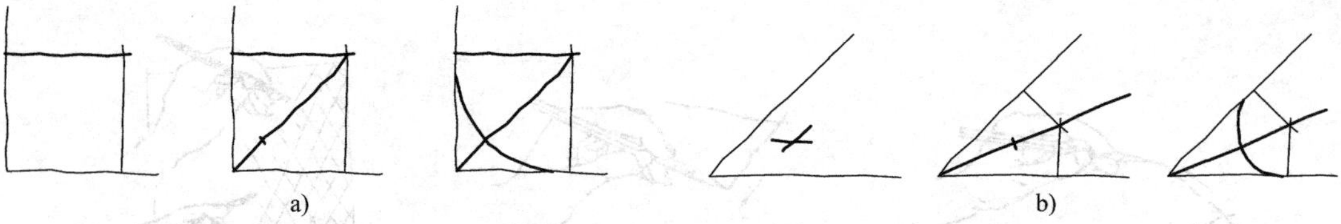

图 10-6　徒手画圆弧

a）画 90°角圆弧　b）画任意角圆弧

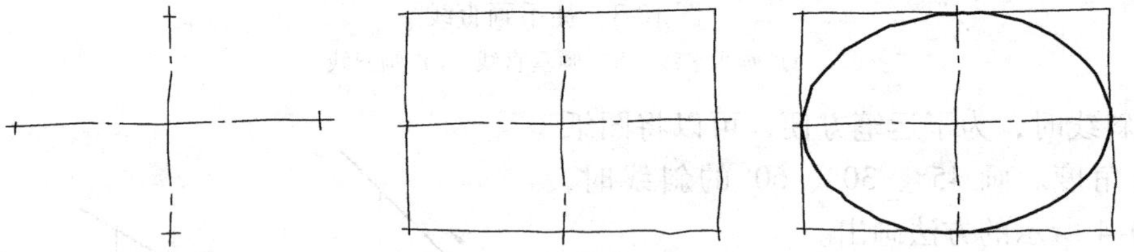

图 10-7　矩形法画椭圆

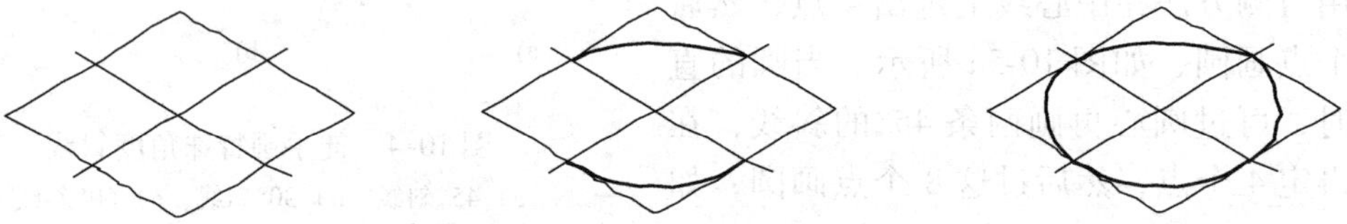

图 10-8　菱形法画椭圆

廓线应尽可能利用方格纸上的线条，图形各部分之间的比例可按方格纸上的格数来确定。图 10-9 所示为在方格纸上徒手绘制空心圆柱的立体图和投影图的实例。

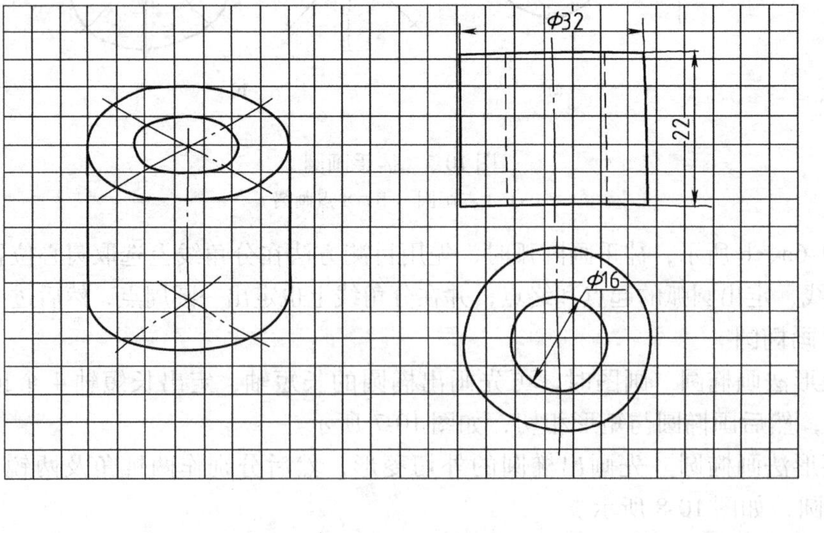

图 10-9　徒手绘制空心圆柱的立体图和投影图

第十一章　图档管理

培训目标

知识要点	培训目标		
	初　级	中　级	高　级
一、图样的复制、折叠与装订	1. 了解工程图样的复制方法 2. 了解工程图样的折叠与装订方法		
二、图档管理的常识	无	了解图档管理的常识，包括图样的归档、图样的保管和底图的修复技术	1 项同中级 2. 掌握房屋建筑工程图的知识，包括图样的分类和编号方法等

第一节　图样复制、折叠与装订的知识要点

一、图样的复制方法

生产现场使用的工程图样，都是由底图或原图复制而成的复制图。常见的图样复制方法有：重氮型晒图法、静电复印法和缩微复制法。

二、图样的折叠与装订

1. 图样折叠的基本要求

复制好的图样，无论是采用手工折叠还是机器折叠，都必须符合以下基本要求：

1）折叠后的图纸幅面应符合 A4（210mm×297mm）或 A3（297mm ×420mm）的规格。

2）无论采用何种折叠方法，折叠后图样的标题栏都应露在右下角的外面，以便查阅。

3）根据需要，可按标准规定任选一种折叠方法。折叠时，图样正面应折向外方，并以“手风琴式”的方法折叠，不可以反向折叠或卷筒式折叠。

2. 图样折叠的方法

复制图样的折叠方法有多种形式，并由 GB/T10609. 3—1989 加以规定。表 11-1 列出了需要装订成册和不需要装订成册的图样折叠方法。

3. 图样装订的方法

折叠好的图样应当按要求装订成册。对于有装订边的图样应当在装订边处进行装订。装订成册的图样每册应有目录页，目录页中应列出本册每张图样的名称和图号；每册应有封面，封面上应按专业或行业习惯用恰当的名称注明本册的主要内容。装订成册的图样应按规定存入资料室或档案室，并摆放整齐。装订图样尽量用棉线装订，并加装封皮。

无装订边的图样一般不进行装订。如果需要装订，也应按有装订边图样的装订方法进行

装订，装订位置应在图样的左边，尽量不要影响或损坏图样上的内容。

表 11-1　复制图样的折叠方法

要　求		折 叠 方 法
需要装订成册的复制图样	有装订边的复制图样	首先沿标题栏的短边方向折叠，然后沿标题栏的长边方向折叠，并在左上角折出三角形的藏边，最后折成 A4 或 A3 的规格，使标题栏露在外面
	无装订边的复制图样	首先沿标题栏的短边方向折叠，然后沿标题栏的长边方向折叠成 190mm × 297mm 或 297mm × 400mm 的规格，使标题栏露在外面，并粘贴上装订胶带
不需要装订成册的复制图样	第一种折叠方法	首先沿标题栏的长边方向折叠，然后沿标题栏的短边方向折叠成 A4 或 A3 的规格，使标题栏露在外面
	第二种折叠方法	首先沿标题栏的短边方向折叠，然后沿标题栏的长边方向折叠成 A4 或 A3 的规格，使标题栏露在外面

*第二节　图档管理的知识要点

一、图样的归档

1. 图样的归档范围

（1）复制图样　复制图样保留了原图的基础面貌并反映技术的修改和变化过程。复制图样应当和有关的技术文字材料一起整理装订，并作为主要的技术资料存档。

（2）底图　底图是原始的正式文件，底图上有设计者和有关负责人的签字，准确可靠，同时兼备复制图样的作用，所以也应当妥善归档保存。

（3）使用计算机绘制的设计原图　使用计算机绘制的设计原图与底图有相同的作用，不仅准确可靠，而且兼备复制图样的作用，应当妥善归档保存。

设计中画出的铅笔图，其内容已经反映在底图或复制图样中，一般不必存档。

2. 归档时间

一般情况下，专业设计部门可在一个设计项目完毕、审批复制后，将该项目有关的图样、资料归档；厂矿企业的产品图样和资料，应当在产品试制完毕、正式投产后归档。

3. 归档的份数

复制图样一般应完整地归档一份。重要的和使用频繁的图样，为防止借阅过程中可能出现的污损破坏，应复制两份以上归档保存。

二、图样的保管

1）成套图样必须编制索引总目录，注明归档时间、总登记号、上架位置、张数、来源以及备注等，以便借阅者查找。

2）底图禁止折叠存放，宜装入大纸袋中，并平放在多层底图柜内存放。对于使用频繁的底图，可采用预先复制备份底图的办法，用备份底图去复制蓝图。

3）为了保证成套图样的完整性，复制图样一般应复制两套，一套折叠装订成册供存档用，另一套折叠装入盒内或袋内供借阅者借阅。

4）存放图样的档案库房应注意防潮、防水以及防日光直接照射。室内的温度一般应保持在 14 ~24℃之间，空气的相对湿度应保持在 45% ~60% 。

5）严格制定借阅、归还和清点制度，保证图样资料的完整性。

三、底图的修复

（1）硬化底图的处理　长期保存的底图，由于纸张被氧化或因晒图时烘烤而硬化，容易发黑、发脆。此时，可用排笔在铺平的底图上均匀地涂上一层化学纯甘油，晒干后可以恢复底图的柔软性。

（2）抽皱底图的展平　底图受潮后纤维伸长，干燥后因纤维收缩不均而容易出现抽皱现象。抽皱的底图必须展平后才能使用，否则，晒出的蓝图会失真，底图也容易破损。底图展平的方法有烫平法、晒图机压平法和压力机压平法。

* * 第三节　房屋建筑工程图的知识

一、房屋建筑工程图的分类

房屋建筑工程图，又称为建筑施工图，按施工工种分类，一般可分为：

（1）建筑施工图　简称建施，包括首页图、总平面图、平面图、立面图、剖面图和详图等。

（2）结构施工图　简称结施，包括基础平面图、结构布置平面图、各构件的结构详图等。

（3）设备施工图　简称设施，包括各种设备（给排水、暖通、电气）布置的平面图、系统图和详图等。

二、房屋建筑工程图样的编号

房屋建筑工程图样的编号与机械工程图样的编号相比要灵活得多。并且，各设计单位在多年的设计工作中形成了各自的编号制度和方法，加之各设计单位承担的工程大小差别很大，因此编号的方法也各不相同。

对于大型的建筑工程，图样的分类编号一般是按隶属关系进行编排的。具体的编排顺序为：工程代号—项目代号—设计阶段（初步设计、技术设计、施工图设计）—专业（建施、结施、设施等）—图样号。

例如：

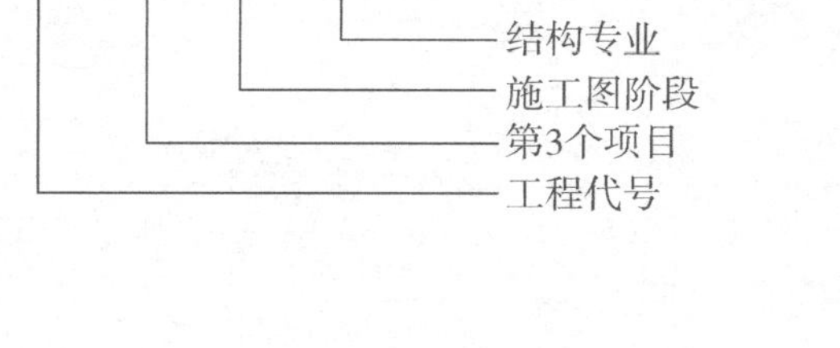

对于一般小型的工程，图样的分类编号也是按隶属关系的顺序进行编排的，但内容上要简单一些。具体的编号顺序为：工程代号—专业（建施、结施、设施等）—图样号。

例如：

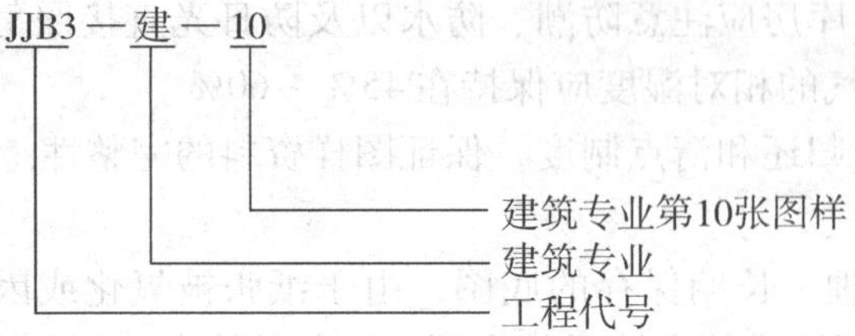

第二部分　计算机绘图

第十二章　AutoCAD 绘图的基本知识

培训目标

知识要点	培训目标		
	初　　级	中　　级	高　　级
一、AutoCAD 2006 简介 1. AutoCAD 2006 功能特点 2. 界面和新增功能	1. 了解 AutoCAD 2006 功能特点 2. 了解 AutoCAD 2006 的界面及其组成 3. 了解 AutoCAD 2006 的新增功能		
二、AutoCAD 绘图基础 1. 用户界面和坐标系 2. 基本操作与菜单	1. 熟练掌握 AutoCAD 的用户界面及其构成 2. 熟练掌握 AutoCAD 的基本操作，掌握常用菜单的调用方法 3. 掌握 AutoCAD 坐标系的类型和不同坐标系中坐标的输入方法		
三、图形绘制与编辑 1. 图形绘制 2. 图形编辑	1. 熟练掌握 AutoCAD 基本绘图和高级绘图的常用命令 2. 熟练掌握 AutoCAD 中图形编辑的主要命令，包括调用方法和应用场合 3. 能根据绘图需要正确选择绘图命令和图形编辑命令		
四、图层与块 1. 图层操作与属性 2. 块操作	1. 掌握图层的知识要点及其属性操作 2. 了解块操作	1. 熟练掌握图层的知识要点及其属性操作 2. 掌握块操作	1 ~2 项同中级 3. 能灵活运用块功能，熟练掌握块操作
五、标注 1. 尺寸标注和文字标注 2. 标注编辑	1. 熟练掌握 AutoCAD 的尺寸和文字标注方法 2. 掌握标注编辑的操作		1 ~2 项同中级 3. 根据图形需要，灵活对已有标注进行编辑
六、绘图辅助 1. 系统查询 2. 系统设置	1. 了解 AutoCAD 查询的操作方法 2. 了解系统设置的内容	1. 掌握坐标、距离以及面积的查询操作 2. 掌握系统设置方法	1. 熟练掌握各项内容的查询操作 2. 能熟练进行系统设置
七、文件管理 1. 文件打开与存储 2. 绘图文件输出	1. 熟练掌握 AutoCAD 的文件打开和存储操作 2. 了解文件输出方法		1 项同初级 2. 能独立进行文件输出设置并进行文件输出

第一节　AutoCAD 2006 简介

一、AutoCAD 2006 的使用范围及其特点

AutoCAD 是美国 Autodesk 公司推出的计算机绘图的旗舰产品，它已广泛应用于建筑、机械、航空、电子、轻工等领域的产品设计。AutoCAD 2006 是新版本，利用 AutoCAD 2006 绘图可以明显的感受到以下 4 个特点：

1）创建能力。使用增强命令和绘图工具可以创建所有类型的内容。

2）管理能力。可用图纸集管理器、工作空间和属性提取，管理组织中的数据与信息。

3）绘图能力。通过直观工具，如动态块、快速计算器、选择预览和动态输入等，可以进一步提高绘图效率。

4）共享能力。用电子传递、打印和网上发布等功能与其他用户共享信息和轻松协作。

二、AutoCAD 2006 的界面

AutoCAD 2006 的用户界面包括标题栏、菜单栏、工具栏、工具栏选项板、绘图窗口、命令窗口、状态栏等 7 个部分，如图 12-1 所示。

图 12-1　AutoCAD 2006 的用户界面

三、AutoCAD 2006 的新增功能

AutoCAD 2006 在工作界面和使用工具上有了新的改进，主要表现在以下 3 个方面：

1. 动态块

动态块定义了一些自定义特性，可用于在位调整块，而无需重新定义该块或插入另一个块。例如，如果需要调整“桌子块”的大小，在动态情况下，可通过拖动自定义夹点或通

过在“特性”选项板中指定不同的数据来更改“桌子块”的大小。

2. 动态输入

使用动态输入功能可以在工具栏提示中输入坐标值，而不必在命令行中输入。光标旁边显示的工具栏提示信息将随着光标的移动而动态更新。当某个命令处于活动状态时，可以在工具栏提示中输入新值。动态输入不会取代命令窗口。

3. 一般的增强功能

1）可以在表格中插入简单的公式，用于计算总计、计数、求平均值以及定义简单的算术表达式，也可以使用在位文字编辑器输入公式；使用快速计算，可执行各种数学和三角计算；可以检索图形的备份文件或自动保存的版本。

2）程序或系统出现故障后，下次启动 AutoCAD 时将打开图形修复管理器，可显示发生故障时所有打开的图形文件的列表，以便预览并打开文件，然后选择需要保存的文件。

3）使用一个动作即可放弃或重做连续的缩放或平移操作。放弃或重做之后，会将视图恢复到原始的缩放位置。

第二节　AutoCAD 绘图基础

一、用户界面

1. AutoCAD 的启动

安装了 AutoCAD 2006 之后，桌面上会出现一个快捷图标，左键双击该图标或在该图标上单击右键则可以启动 AutoCAD。也可以按如下方式启动 AutoCAD：【开始】/【程序】/【Autodesk】/【AutoCAD 2006-Simiplified Chinese】/【AutoCAD 2006】。

2. AutoCAD 2006 用户界面各部分的功能

（1）标题栏　位于用户界面的最上方，从左向右的内容依次是软件的图标（　）、软件的名称（AutoCAD 2006）、本文件的保存路径（E 盘）、文件名称（Drawing1）、最小化按钮、还原按钮和关闭按钮，如图 12-2 所示。

图 12-2　标题栏

注意：在空文件时标题栏中并不显示保存路径。

（2）菜单栏　位于标题栏的下方，有文件、编辑、视图、插入、格式、工具、标注、修改、窗口、帮助等主菜单，在每一个主菜单的下拉菜单中对应着各自的菜单项。菜单栏中几乎包含了 AutoCAD 中的所有命令。

1）激活主菜单的方法如下：

① 在相应的主菜单上单击左键。

②［Alt］+［热键］（主菜单中有下划线的字母），如按［Alt］+［F］可以打开【文件】主菜单。

2）激活菜单项的方法是：

① 在相应的菜单项上单击左键。

② 打开主菜单后，按相应的菜单项的热键。

③ 按快捷键，［Ctrl］＋［热键］，如按［Ctrl］＋［N］可直接打开【新建】菜单项。

3）关闭下拉菜单的方法是：

① 选择某一个菜单项。

② 连按两次［Esc］。

③ 在绘图窗口的其他部位单击左键。

（3）工具栏　在2006版本中共有30个工具栏，每一个工具栏都是一类命令的集合。在默认状态下，只显示【标准】、【样式】、【图层】、【对象特性】、【绘图】和【修改】6个工具栏，如图12-3～图12-8所示。

图12-3　标准工具栏

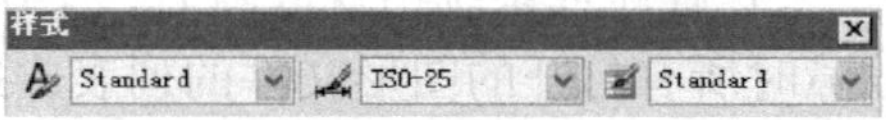

图12-4　样式工具栏

图12-5　图层工具栏

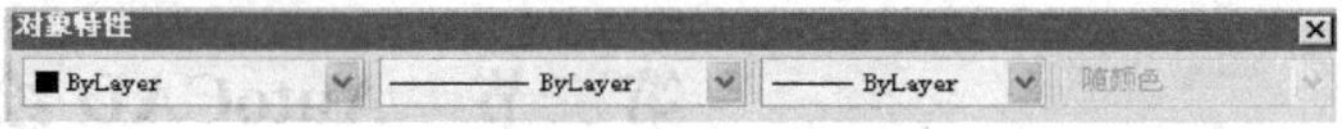

图12-6　对象特性工具栏

图12-7　绘图工具栏

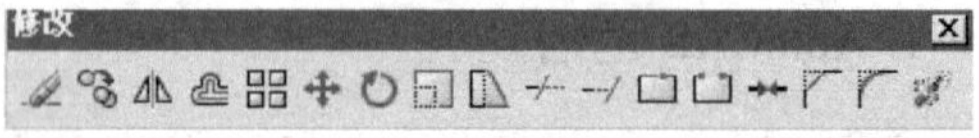

图12-8　修改工具栏

其余24个工具栏的显示与关闭方法是：

1）【视图】菜单/【工具栏】，在“自定义用户界面”对话框中可以对工具栏进行“显示”或“隐藏”操作。

2）将光标放在任意一个工具栏上，单击右键弹出工具栏，在需要显示的工具栏上打“✓”。

（4）工具栏选项板　这是新增功能，可向用户提供各种图块、图案填充和常用命令，也可将用户常用的图块、图案或命令放到指定的工具选项板中。

不需要使用工具栏选项板时，只需在选项板的右上角“×”号处单击即可。当需再次开启时，在【标准】工具栏中的“工具选项板”图标上单击左键，则该选项板被启动。

（5）绘图窗口　它是用户界面中最大的区域，也是用户进行绘图的区域。绘图窗口默认的背景色是黑色。用户可通过【工具】菜单中【选项】子菜单打开“选项”对话框，在“显示”选项卡中单击“颜色”按钮改变绘图窗口的背景色，如图12-9所示。绘图窗口内的十字光线称为十字光标，十字线交点处是当前坐标点的位置。在不同的工作状况下十字光标会呈现出十字线、小方框或箭头等多种形式。绘图窗口左下角显示的图标为当前使用的坐标系的图标。

（6）命令窗口　在绘图窗口的下方，它是用户输入信息及系统反馈信息参数提示的区域，默认显示3条命令行。命令行除了可激活命令外，还可提示用户下一步的任务以及相应的操作。

（7）状态栏　位于屏幕的底部，左边为用两个逗号隔开的 3 组数字，即当前光标所在的 *X*、*Y*、*Z* 坐标值，可用 F6 键切换该坐标的显示格式（由“关闭显示”到“当前极坐标”再到“动态当前绝对坐标”）；中间的一组按钮是辅助绘图工具；右侧是状态栏托盘图标，其中有雷达图标式样的通信中心和锁头式样的工作空间锁定，每当 Autodesk 发布新的信息或软件更新时，通信中心会显示气泡式的消息。

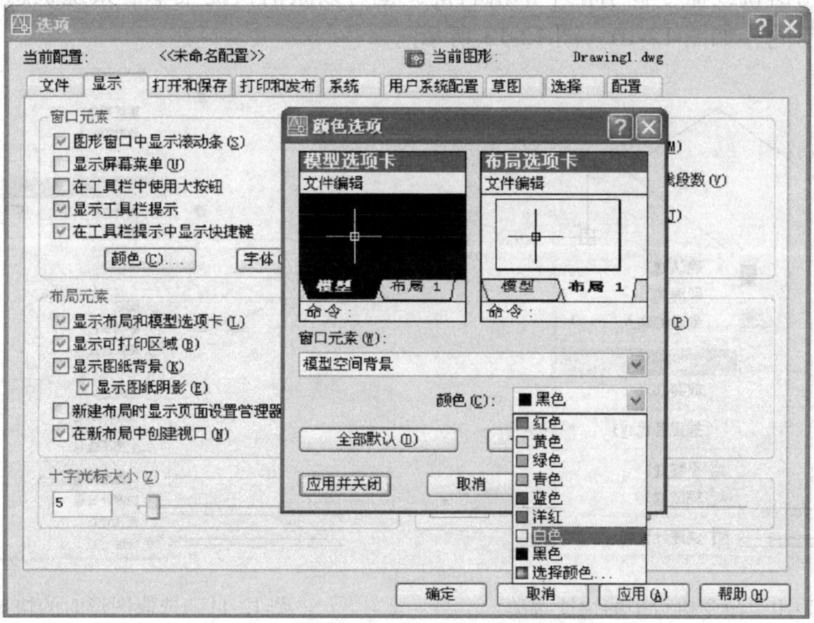

图 12-9　选项对话框和颜色选项对话框

二、基本操作与菜单

1. 单击左键

将光标移到某一对象处，按鼠标左键，这种操作称为“单击左键”，也称为“单击”、“点击”、“选择”、“拾取”，此操作用以完成以下功能：

1）选取目标。

2）输入十字光标所在点的坐标（2000 版本以前需要此操作）。

3）激活菜单、对话框或工具栏上的选项和按钮。

4）切换功能按钮的开关。

2. 单击右键

将光标移到某一对象处，按鼠标右键，这种操作称为“单击右键”，也称为“确认”，此操作常用来完成以下功能：确认、重复上一条命令、激活快捷菜单、结束当前命令。

3. 双击

将光标移到某一对象处，快速连击两次鼠标左键，这种方式称为“双击”，用以打开、启动程序。

4. 拖动

将光标移到某一对象处，按住左键并将其移至适当的位置，然后放开，这种方式称为“拖动”，拖动可以平移、缩放视图，拖动工具栏，将图块、图案填充放置到适当的位置等。

5. 显示提示信息

将光标移到某一对象处，稍停几秒钟，即出现有关对象的提示信息，如工具栏按键的名称等。

6. 快捷菜单

在命令执行过程或在选取的图形中单击右键，将显示出相应的快捷菜单。不执行任何命令时，在绘图窗口或命令提示栏中单击右键，也可以激活快捷菜单。系统状态不同，快捷菜单的内容也不同，如图 12-10 ~ 图 12-13 所示。

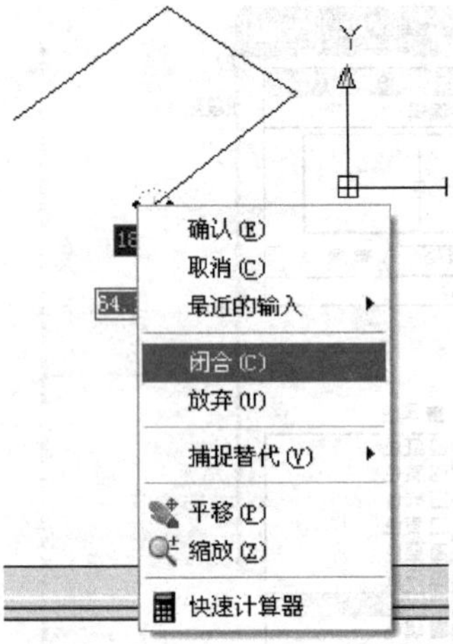

图 12-10　命令执行中的快捷菜单

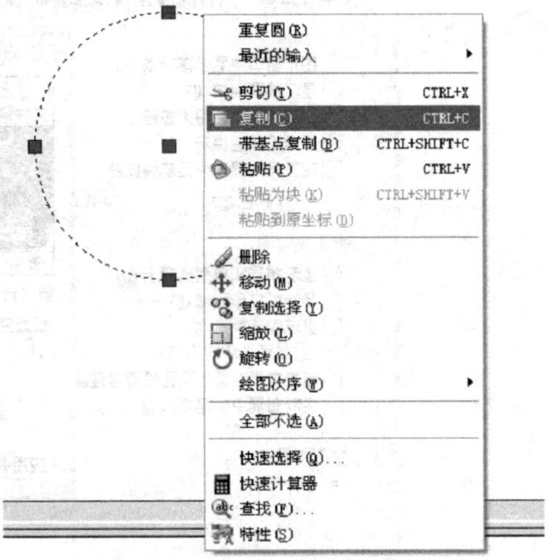

图 12-11　选取图形时的快捷菜单

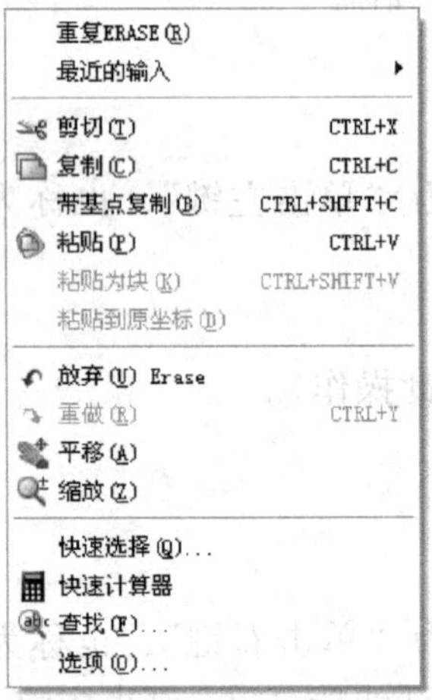

图 12-12　空命令时绘图窗口中的快捷菜单

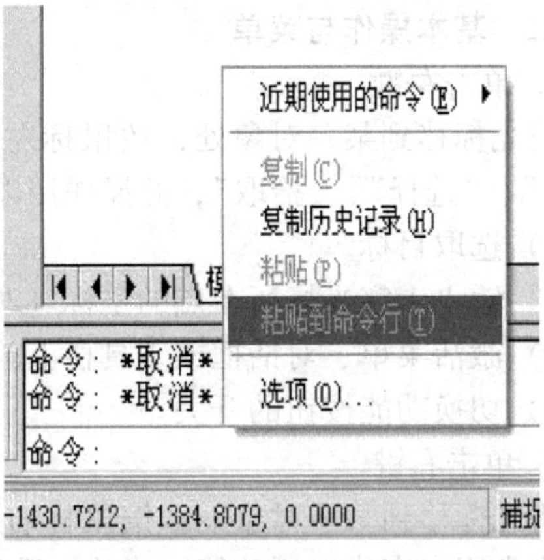

图 12-13　空命令时命令提示栏中的快捷菜单

7. 屏幕菜单

屏幕菜单通常显示在绘图窗口的右侧，它是下拉菜单的另一种表现形式，可通过【工具】主菜单中【选项】子菜单激活“选项”对话框，单击“显示”选项卡中“显示屏幕菜单”将其打开，在默认状态下该菜单是关闭的，如图 12-14、图 12-15 所示。

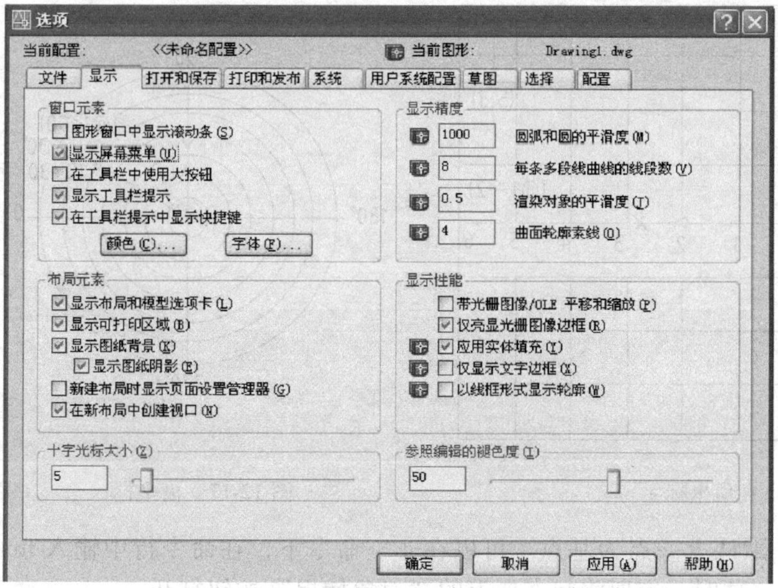

图 12-14 “选项”对话框

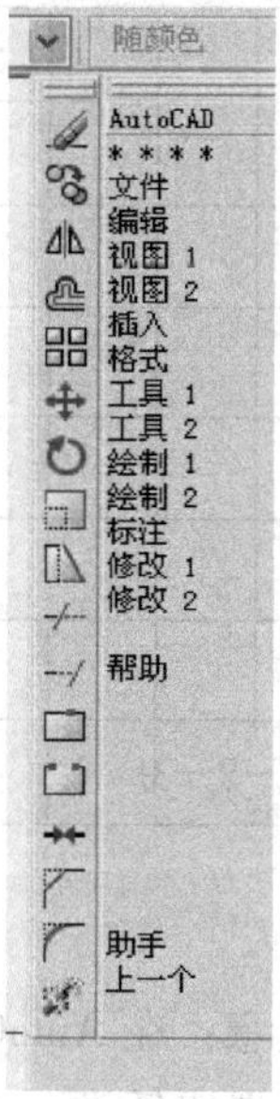

图 12-15 屏幕菜单

三、坐标系

AutoCAD 的坐标系统分为世界坐标系统和用户坐标系统。两个系统均可采用笛卡尔坐标系（直角坐标系）或极坐标系确定点的位置。

1. 世界坐标系（WCS）

世界坐标系是系统初始状态下的坐标系，其坐标方向和坐标原点固定不变。

（1）世界坐标系中的直角坐标　由 X、Y、Z 三个相互垂直的坐标轴组成的坐标称为直角坐标，三轴线的交点为坐标原点。在二维环境中，X 轴为水平线、Y 轴为铅垂线、Z 轴垂直于屏幕并指向观察者，屏幕平面为 XY 面。可用右手定则确定坐标方向：大拇指指向 X 轴正方向；食指指向 Y 轴正方向；中指指向 Z 轴正方向。

1）以原点（0，0，0）为基点，用（X，Y，Z）表示点的坐标称为绝对直角坐标。如（5，3）表示点在 X 的正向与原点相距 5，在 Y 的正向与原点相距 3，如图 12-16 所示。

2）以选定点（X，Y，Z）为基点，相对于该点偏移值的坐标称为相对直角坐标，以（@X，Y，Z）表示。如以点（5，3）为选定点，则（@1，-2）表示新点的 X 坐标在 X 的正向偏移 1，在 Y 的负方向偏移 2，如图 12-16 所示。

（2）世界坐标系中的极坐标　用距离和角度表示点的坐标称为极坐标。

1）基于原点的极坐标称为绝对极坐标，表示为（距离 < 角度）。角度以逆时针方向为正，顺时针为负；距离为所测点与原点连线的长度。如（5 < 30）表示所测点到原点的距离为 5，所测点与原点的连线与水平线的夹角为 30°，如图 12-17 所示。

2）以指定点为基点的极坐标称为相对极坐标，表示为（@ 距离 < 角度）。例如以指定点（5 < 30）为基点，则（@1 < 90）表示该点与指定点（5 < 30）的距离为 1，该点与指定点（5 < 30）的连线和水平线的夹角为 90°，如图 12-17 所示。

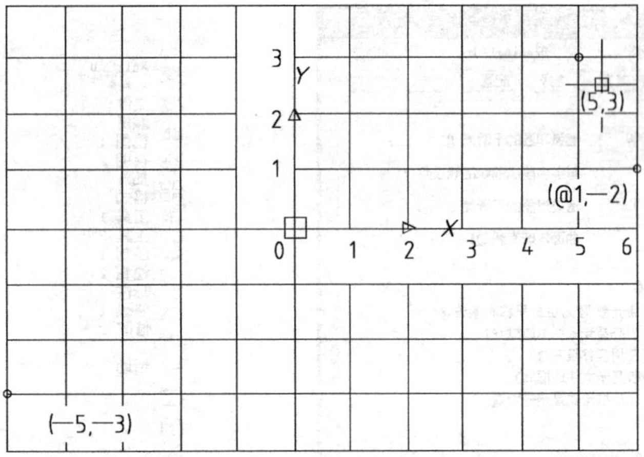

图 12-16　直角坐标

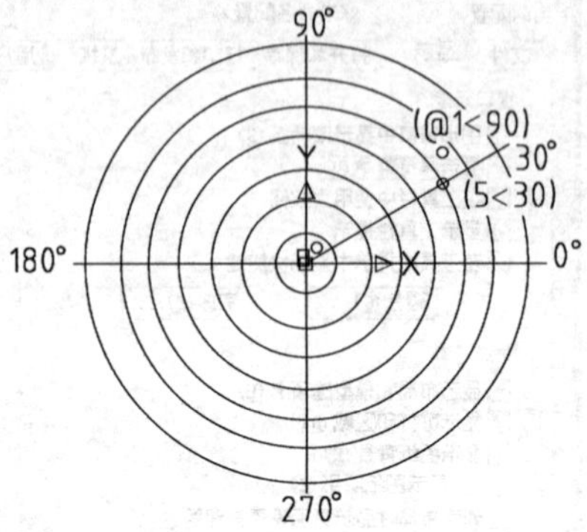

图 12-17　极坐标

注意：在 AutoCAD 中，默认上一点为基点。可以在非空命令下，在命令行中输入 from 命令来选取任意一点为基点，这时一定要将状态栏上的“对象捕捉”按钮打开。

2. 用户坐标系（UCS）

用户在 WCS 中任意移动和旋转坐标系统而形成的新的坐标系称为用户坐标系。通过 UCS 命令可以创建新的用户坐标。在新创建的 UCS 中，直角坐标和极坐标的使用方式与 WCS 中的使用方式相同。

3. 坐标的输入方式与点的绘制

（1）直接输入坐标方式　在需要输入坐标时直接输入坐标值，而不需要输入括号。如点（5，3）在直接输入时，只需在英文状态下按“5，3”，然后回车即可。

（2）动态输入坐标方式　如图 12-18 所示，当输入坐标时，随着光标的移动会显示出动态输入框，此时输入距离值（如 50），然后按下［Tab］键切换成角度，输入 30 即可。用户可以在状态栏上的［DYN］按钮上单击左键来切换直接输入与动态输入方式。

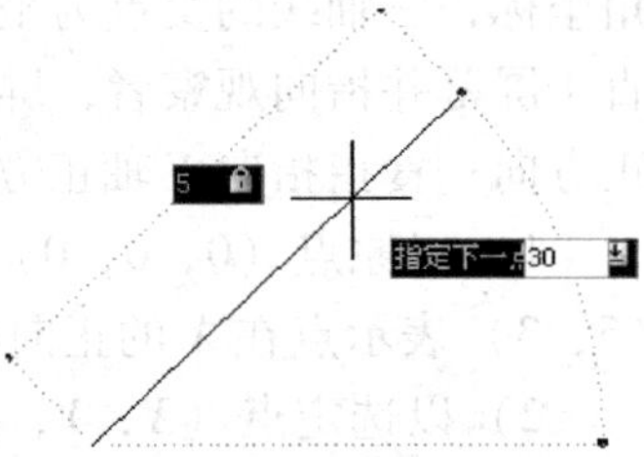

图 12-18　动态输入坐标

（3）点的绘制　用户可以通过以下几种方式来绘制点：

1）［绘图］工具栏：［点］按钮 。

2）菜单【绘图】｜【点】。

3）命令行输入：point↙（回车）或 po（简化命令）↙，为了使点在屏幕中清晰可见，还可以通过菜单【格式】｜【点样式】或在命令行中输入“ddptype”弹出点样式对话框设置点的样式，如图 12-19 所示。

4. 坐标输入示例（见图 12-20）

选择一种点样式，绘制 *A*（30，40），*B*（−30，−40），*C*（@ −10，10）（以点 *A* 为基点），*D*（@30 <60）（以点 *B* 为基点）。

命令：_ point

当前点模式：PDMODE =32　PDSIZE =0. 0000

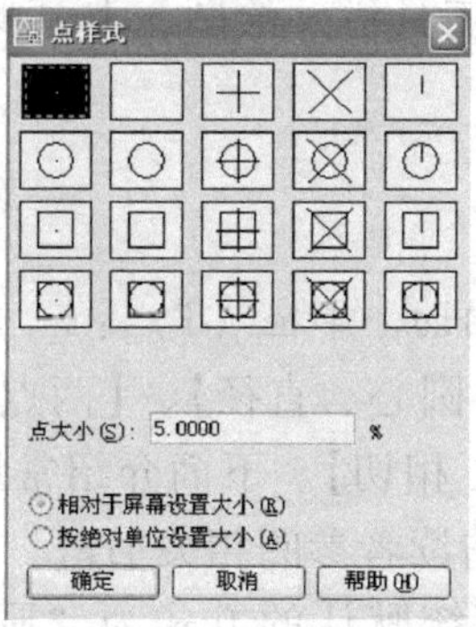

图 12-19　点的样式

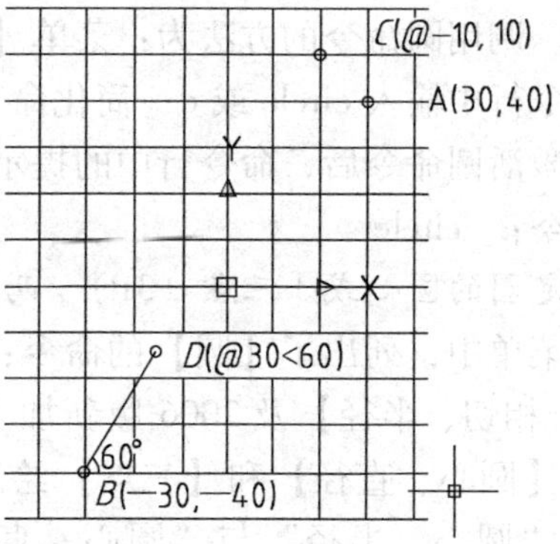

图 12-20　点输入示例

指定点：30，40

指定点：－30，－40

指定点：from

基点：（这时选取点 *A*）＜偏移＞：@－10，10

指定点：from

基点：（这时选取点 *B*）＜偏移＞：@30＜60

按【Esc】退出。

第三节　图形绘制与编辑

一、图形绘制

众所周知，任何复杂的图形都是由最基本的图形元素组成的，掌握图形元素的绘制方法是使用 AutoCAD 绘图的基础。绘制图形的命令集中在菜单【绘图】和工具栏［绘图］中。

1. 基本绘图

（1）直线的绘制　每一条直线段是一个图形对象。调用直线命令的方法为：菜单【绘图】|【直线】、工具栏［绘图］|［直线］按钮或在命令行中输入 line 或 L（简化命令）后↙（回车）。

在激活直线命令后，命令行中的提示为：

命令：_line

指定第一点：此时根据所绘直线的情况输入点坐标或直接在图形上拾取。

指定下一点或［放弃（U）］：

输入直线第二点坐标或直接在图形上拾取，若要更改刚才指定的点，可以按［U］键重新指定。

指定下一点或［闭合（C）/放弃（U）］：

当绘制的直线有 3 条以上时，可以按［C］键实现自动闭合。

指定下一点或［放弃（U）］：

可以连续绘制直线，若要结束当前命令可按［ESC］或单击右键“确认”。

（2）圆的绘制　AutoCAD 绘制圆有 6 种方法，用户可以通过不同的途径来达到绘制圆

的要求。调用圆命令的方法为：菜单【绘图】|【圆】、工具栏［绘图］|［圆］按钮或在命令行中输入 circle 或 c（简化命令）后↙（回车）。

在激活圆命令后，命令行中的提示如下：

命令：_ circle

指定圆的圆心或［三点（3P）/两点（2P）/相切、相切、半径（T）］：

在菜单中，列出了【圆】的命令：【圆心、半径】、【圆心、直径】、【两点】、【三点】、【相切、相切、半径】及 2006 版新加入的【相切、相切、相切】。下面介绍常用的【圆心、半径】、【圆心、直径】和【三点】绘制方式，其余方式请读者参阅相关书籍。

1）“圆心、半径”与“圆心、直径”绘制方式：系统默认的方式为“圆心、半径”。命令提示行中显示“指定圆心或［三点（3P）/两点（2P）/相切、相切、半径（T）］”时，直接输入圆心点，确认后命令提示“指定圆的半径或［直径（D）］”，直接输入的值为半径，输入 D 后再输入的值为直径。

2）“三点”绘制方式：“三点”指的是圆周上的 3 个点。该命令的执行过程如下：

命令：_ circle

指定圆的圆心或［三点（3P）/两点（2P）/相切、相切、半径（T）］：

此时输入 3P 来激活 3 点方式绘圆。

指定圆上的第一个点：

此时指定点 1。

指定圆上的第二个点：

此时指定点 2。

指定圆上的第三个点：

此时指定点 3。

（3）圆弧的绘制　AutoCAD 绘制圆弧有多种方法，调用圆弧命令的方法为：菜单【绘图】|【圆弧】、工具栏［绘图］|［圆弧］按钮或在命令行中输入 arc 或 a（简化命令）后↙（回车）。

在激活圆弧命令后，命令行中的提示如下：

命令：_ arc

指定圆弧的起点或［圆心（C）］：

下面介绍绘制圆弧的两种常用方法：

1）三点方式绘制圆弧，即过圆弧的起点、端点和任意点画圆弧，执行过程如下：

命令：_ arc

指定圆弧的起点或［圆心（C）］：

指定第一个点，即圆弧的起点。

指定圆弧的第二个点或［圆心（C）/端点（E）］：

指定圆弧上的任意一点。

指定圆弧的端点：

指定圆弧的终点。

这里圆弧的起点、终点既可以按顺时针方向确定，也可以按逆时针方向确定。

2）圆心、起点、端点方式绘制圆弧，执行过程如下：

命令：_ arc

指定圆弧的起点或［圆心（C）］：

此时输入 C 可激活这一方式。

指定圆弧的圆心：

确定圆心。

指定圆弧的起点：

确定起点。

指定圆弧的端点或［角度（A）/弦长（L）］：

确定终点，如果此时已知圆弧所对应的圆心角或圆弧所包含的弦长，则可以直接输入圆心角或弦长。

在绘制圆弧的过程中要注意，圆弧的起点和终点应按逆时针方向确定；角度和弦长的正负按逆时针为正、顺时针为负确定。

（4）矩形的绘制　矩形可通过指定两个对角点、矩形的面积或长度与宽度绘制。调用矩形命令的方法为：菜单【绘图】|【矩形】、工具栏［绘图］|矩形按钮 或在命令行中输入 rectang 或 rec（简化命令）后↙（回车）。

1）用两个对角点绘制矩形：此方式可以绘制出有倒角或圆角的矩形，具体操作如下：

命令：_ rectang

指定第一个角点或［倒角（C）/标高（E）/圆角（F）/厚度（T）/宽度（W）］：

在指定第一个对角点前输入 C 为绘制具有倒角的矩形，输入 F 为绘制具有圆角的矩形（这里以倒角为例）。

指定矩形的第一个倒角距离 <0.0000>：

输入倒角的第一个对角点 Y 值的变化量。

指定矩形的第二个倒角距离 <10.0000>：

输入倒角的第二个对角点 X 值的变化量。

指定第一个角点或［倒角（C）/标高（E）/圆角（F）/厚度（T）/宽度（W）］：

确定第一个对角点。

指定另一个角点或［面积（A）/尺寸（D）/旋转（R）］：

确定第二个对角点。

2）根据矩形的面积绘制矩形：

命令：_ rectang

指定第一个角点或［倒角（C）/标高（E）/圆角（F）/厚度（T）/宽度（W）］：

确定矩形第一个对角点。

指定另一个角点或［面积（A）/尺寸（D）/旋转（R）］：

输入 A 为响应面积绘制方法。

输入以当前单位计算的矩形面积 <100.0000>：

输入要绘制矩形的面积，如输入 100。

计算矩形尺寸时依据［长度（L）/宽度（W）］<长度>：

确定矩形按哪个方向定位，现以长度方向为例，则输入 L。

输入矩形长度 <10.0000 >：

确定面积为 100 的矩形的长度。

3）根据矩形的长度和宽度绘制矩形：

命令：_ rectang

指定第一个角点或［倒角（C）/标高（E）/圆角（F）/厚度（T）/宽度（W）］：

指定矩形的第一个对角点。

指定另一个角点或［面积（A）/尺寸（D）/旋转（R）］：

输入 D 来激活。

指定矩形的长度 <10.0000 >：

确定矩形的长度为 10。

指定矩形的宽度 <5.0000 >：

确定矩形的宽度为 5。

（5）多段线的绘制　该命令可以绘制由若干条首尾相连的直线和圆弧组成的图形。绘制出的图形为一个独立的整体，其直线的宽度和圆弧的曲率可以调节。它的调用方法为菜单【绘图】|【多段线】、工具栏［绘图］|［多段线］按钮或在命令行中输入 pline 或 pl（简化命令）后↙（回车）。

绘制多段线的方法和过程如下：

命令：_ pline

指定起点：

指定多段线的起点。

指定下一个点或［圆弧（A）/半宽（H）/长度（L）/放弃（U）/宽度（W）］：

若目前所绘的线段为直线段，则可用两点的方式绘制。

指定下一点或［圆弧（A）/闭合（C）/半宽（H）/长度（L）/放弃（U）/宽度（W）］：

若此时需绘制曲线，则输入 A。

指定圆弧的端点或［角度（A）/圆心（CE）/闭合（CL）/方向（D）/半宽（H）/直线（L）/半径（R）/第二个点（S）/放弃（U）/宽度（W）］：

按绘制圆弧的方法绘制曲线。

指定圆弧的端点或［角度（A）/圆心（CE）/闭合（CL）/方向（D）/半宽（H）/直线（L）/半径（R）/第二个点（S）/放弃（U）/宽度（W）］：

需绘制直线则输入 L。

指定下一点或［圆弧（A）/闭合（C）/半宽（H）/长度（L）/放弃（U）/宽度（W）］：

指定直线段的下一端点。

指定下一点或［圆弧（A）/闭合（C）/半宽（H）/长度（L）/放弃（U）/宽度（W）］：

输入 C 则图形闭合。

在绘制多段线的过程中，若想要改变线宽则可以用“半宽”和“宽度”来调节。

（6）正多边形的绘制　可绘制 3 至 1024 条等边的正多边形。调用方法为菜单【绘图】 |【多边形】、工具栏［绘图］|［多边形］按钮⬠或在命令行中输入：polygon 或 pol（简化命令）后↙（回车）。

1）绘制外切正多边形，如图 12-21 所示。

命令：_ polygon

输入边的数目 <4 >：

输入“6”则表示绘制六边形。

指定正多边形的中心点或［边（E）］：

点 1 所在的位置。

输入选项［内接于圆（I）/外切于圆（C）］ <I >：

输入“C”则按外切于圆的方式绘制正多边形。

指定圆的半径：

点 1 到点 2 间的长度。

2）根据边长绘制正多边形的步骤如下：

命令：_ polygon

输入边的数目 <6 >：

同默认值，直接回车即可。

指定正多边形的中心点或［边（E）］：

输入“E”按边绘制正多边形。

指定边的第一个端点：

多边形底边的起点。

指定边的第二个端点：

多边形底边的终点。

3）绘制内接正多边形，如图 12-22 所示。

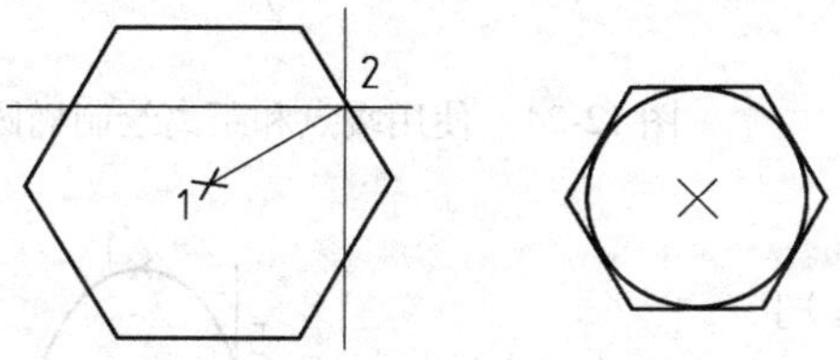

图 12-21　绘制外切正多边形

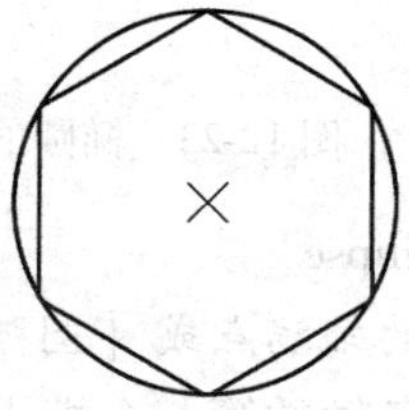

图 12-22　绘制内接正多边形

命令：_ polygon

输入边的数目 <6 >：

同默认值，直接回车即可。

指定正多边形的中心点或［边（E）］：

确定多边形的中心。

输入选项［内接于圆（I）/外切于圆（C）］ <C >：

输入“I”则按内接于圆的方式绘制正多边形。

指定圆的半径：

给定多边形的内接圆半径。

2. 高级绘图

（1）椭圆与椭圆弧　椭圆由定义其长度和宽度的两条轴线确定。较长的轴称为长轴，较短的轴称为短轴，如图 12-23 所示。

椭圆命令的调用方法为：菜单【绘图】｜【椭圆】、工具栏［绘图］｜［椭圆］按钮或在命令行中输入 ellipse 或 el（简化命令）后↙（回车）。

绘制椭圆的方法和过程如下：

1）绘制正等轴测图上的椭圆，依次单击【工具】｜【草图设置】，在“草图设置”对话框的“捕捉和栅格”选项卡的“捕捉类型和样式”下，单击“等轴测捕捉”。

命令：_ ellipse

指定椭圆轴的端点或［圆弧（A）/中心点（C）/等轴测圆（I）］：

输入“I”则表示绘制等轴测圆。

指定等轴测圆的圆心：

指定圆的圆心。

指定等轴测圆的半径或［直径（D）］：

指定圆的半径或直径。

2）使用端点和距离绘制椭圆，如图 12-24 所示。

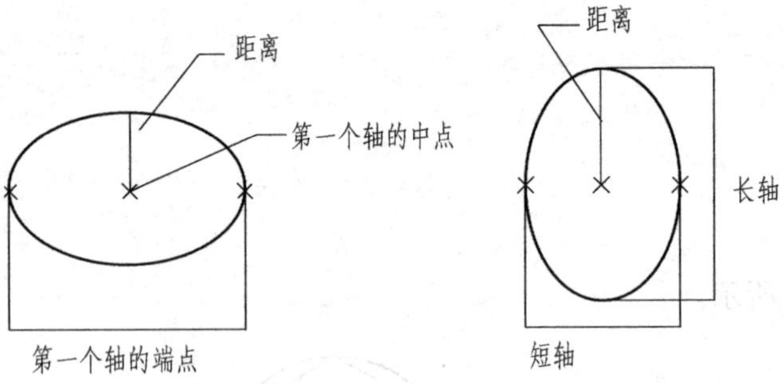

图 12-23　椭圆的确定

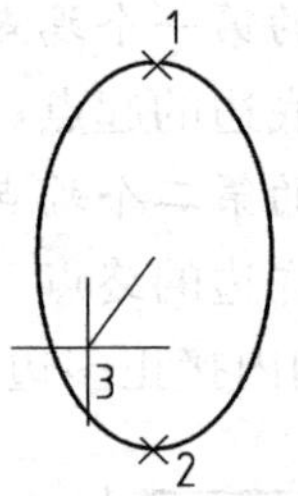

图 12-24　使用端点和距离绘制椭圆

命令：_ ellipse

指定椭圆的轴端点或［圆弧（A）/中心点（C）］：

指定第一条轴的第一个端点 1。

指定轴的另一个端点：

指定第一条轴的第二个端点 2。

指定另一条半轴长度或［旋转（R）］：

从中点起另一半轴长度的定点 3。

3）使用起点和端点角度绘制椭圆弧，如图 12-25 所示。

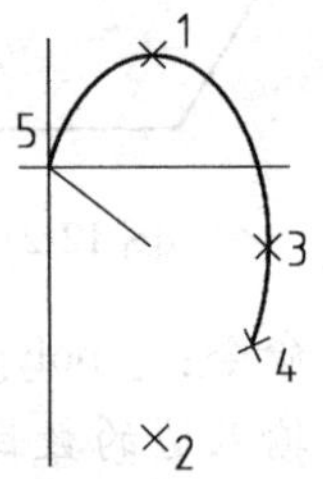

图 12-25　画椭圆弧

命令：_ ellipse

指定椭圆的轴端点或［圆弧（A）/中心点（C）］：

输入“A”按圆弧绘制椭圆。

指定椭圆弧的轴端点或［中心点（C）］：

指定第一条轴的端点1。

指定轴的另一个端点：

指定第一条轴的另一端点2。

指定另一条半轴长度或［旋转（R）］：

指定距离以定义第二条轴的半长，确定点3。

指定起始角度或［参数（P）］：

指定起点角度，确定点4。

指定终止角度或［参数（P）/包含角度（I）］：

指定端点角度，确定点5。

椭圆弧从起点到端点按逆时针方向绘制。

（2）样条曲线　样条曲线是趋近于一系列给定控制点的合成分段多项式曲线，可以通过指定点创建样条曲线。样条曲线可以是开放或封闭的曲线，可以使用 pedit 的“样条曲线”选项创建样条曲线；也可以使用 spline 创建样条曲线，即 nurbs 曲线。

样条曲线命令的调用方法为：菜单【绘图】｜【样条曲线】、工具栏［绘图］｜样条曲线按钮或在命令行中输入 spline 后↙（回车）。

1）将样条曲线拟合多段线转换为样条曲线，可按如下步骤进行：

① 依次单击“绘图”菜单/“样条曲线”。

② 输入 o（对象）。

③ 选定样条曲线拟合多段线并按 ENTER 键，则被选对象由多段线变为样条曲线

2）通过指定点转换样条曲线，如图12-26 所示：

① 依次单击“绘图”菜单/“样条曲线”。

② 指定样条曲线的起点1。

③ 指定点（2～5）创建样条曲线，然后按 ENTER 键。

④ 指定起点切线和端点切线（6 和 7）。

（3）修订云线　修订云线是由连续圆弧组成的多段线，用于在检查阶段提醒用户注意图形的某个部分。修订云线命令的调用方法为：菜单【绘图】｜【修订云线】、工具栏［绘图］｜修订云线按钮或在命令行中输入 revcloud 后↙（回车）。

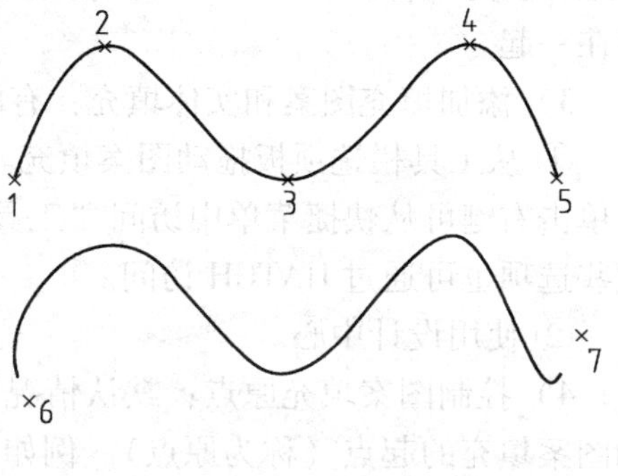

图12-26　通过指定点转换样条曲线

（4）图案填充和渐变色　在建筑工程图形中可用不同的填充图案代表不同的建筑材料，AutoCAD 2006 在 2004 版本的基础上将渐变色列入到绘图工具中，使图形视觉效果更佳。

图案填充命令的调用方法为：菜单【绘图】｜【图案填充】、工具栏［绘图］｜［图案填充］或在命令行中输入 bhatch 或 bh（简化命令）后↙（回车）。

渐变色命令的调用方法为：菜单【绘图】｜【渐变色】、工具栏［绘图］｜［渐变色］按钮或在命令行中输入 gradient 后↙（回车）。

1）图案填充的使用过程：

① 在“图案填充和渐变色”对话框中单击“添加：拾取点”。

② 在要填充的每个绘图区域中指定点，此点称为内部点，然后按 ENTER 键。

③ 在“图案填充和渐变色”对话框的“图案填充”选项卡中的“类型”下，单击“预定义”。

④ 单击“图案”旁边的［...］按钮。

⑤ 在“填充图案选项板”对话框“其他预定义”选项卡上选择“Solid”，单击“确定”。

⑥ 要查看填充图案的外观，单击“预览”。

⑦ 预览填充图案后，单击右键或按 ENTER 键用以图案填充，或按任何其他按钮返回到“图案填充和渐变色”对话框。

⑧ 单击“确定”。

渐变填充是在一种颜色的不同灰度之间或两种颜色之间均匀过渡，渐变填充提供光源反射到对象上的外观，可增强演示图形的视觉效果。

2）定义图案填充的边界：可以从多个方法中进行选择以指定图案填充的边界。

① 指定对象封闭的区域中的点。

② 选择封闭区域的对象。

③ 将填充图案从工具选项板或设计中心拖动到封闭区域。

填充图形时，将忽略不在对象边界内的整个对象或局部对象。

如果填充线遇到对象（例如文本、属性）或实体填充对象，并且该对象被选为边界集的一部分，则 HATCH 将填充该对象的四周，如图 12-27 所示。

注意：如果要填充边界未完全闭合的区域，可以设置 HPGAPTOL 系统变量以桥接间隔，将边界视为闭合。HPGAPTOL 仅适用于指定直线和圆弧之间的间隙，经过延伸后两者将连接在一起。

3）添加填充图案和实体填充：有两种方法可实现添加填充图案和实体填充功能。

① 从工具栏选项板拖动图案填充。“工具栏选项板”窗口处于打开状态时，在图案工具上单击右键可从快捷菜单中访问“工具特性”对话框，此对话框中包含多个填充图案选项，这些选项也可通过 HATCH 访问。

② 使用设计中心。

4）控制图案填充原点：默认情况下，填充图案始终相互“对齐”，但有时可能需要移动图案填充的起点（称为原点）。例如，创建砖形图案时，如果希望在填充区域的左下角以完整的砖块开始，则可使用“图案填充和渐变色”对话框中的“图案填充原点”选项，如图 12-28 所示。

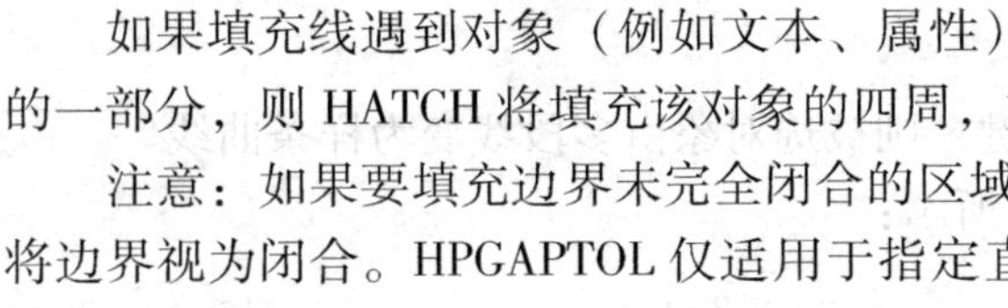

图 12-27　图案填充

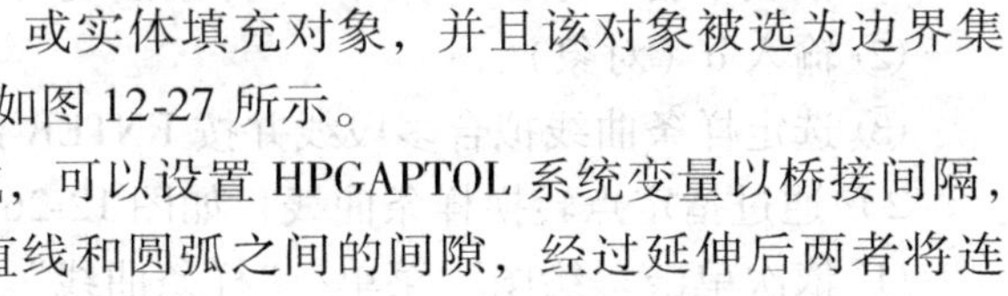

图 12-28　填充图案原点的控制

二、图形编辑

AutoCAD 提供了多种图形编辑命令，图 12-29 所示为图形编辑的“修改”工具栏。下面分曲线编辑和图形编辑两部分内容进行介绍。

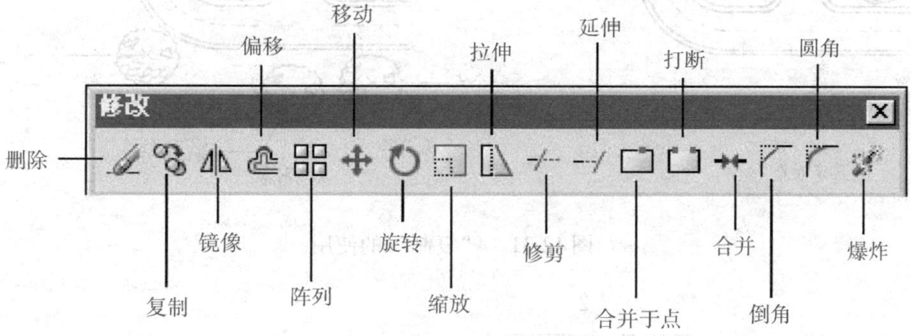

图 12-29 “修改”工具栏

1. 曲线编辑

（1）删除　从屏幕中删除对象。删除命令的调用方法为：菜单【修改】|【删除】、工具栏［修改］| 删除按钮或在命令行中输入 erase 后↙（回车）。

操作过程如下：

命令行：_ erase。

选择对象：

在完成选择对象后，按 ENTER 键从图形中删除对象，如图 12-30 所示。

图 12-30 “删除”的使用

（2）复制　在指定方向上按指定距离复制对象。复制命令的调用方法为：菜单【修改】|【复制】、工具栏［修改］| 复制按钮或在命令行中输入 copy 后↙（回车）。

使用复制命令可以一次复制多个对象，如图 12-31 所示。

（3）镜像　绕指定轴翻转对象，创建对称图像的操作称为镜像。镜像命令的调用方法为：菜单【修改】|【镜像】、工具栏［修改］| 镜像按钮或在命令行中输入 mirror 后↙（回车）。

如对图 12-32 所示几何图形进行镜像操作，其方法如下：

命令行：_ mirror。

选择对象：

选择对象并按 ENTER 键结束命令。

指定镜像线的第一点：

指定点 1。

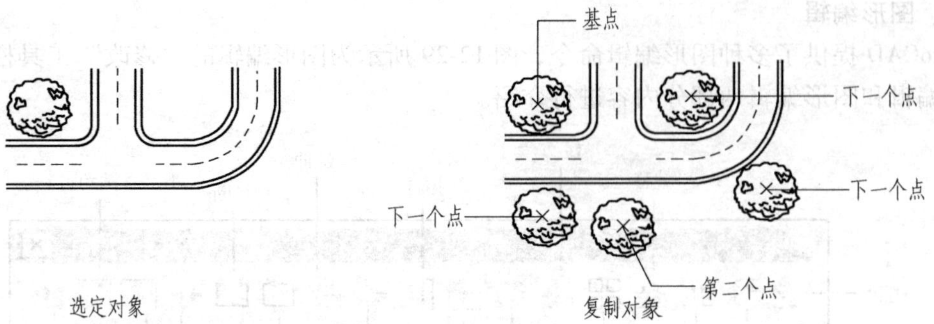

图 12-31 “复制”的使用

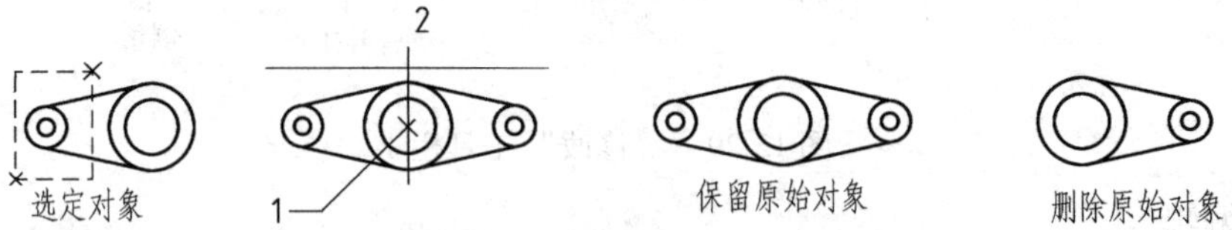

图 12-32 “镜像”的应用

指定镜像线的第二点：

指定点 2。

指定的两个点将成为直线的两个端点，选定对象以这条直线为轴进行镜像。

要删除源对象吗？［是（Y）／否（N）］ ＜否＞：

输入 Y 或 N，或按 ENTER 键。

（4）偏移　用于创建与选定对象平行的新对象。偏移圆或圆弧可以创建更大或更小的圆或圆弧，其结果取决于向哪一侧偏移，如图 12-33 所示。偏移命令的调用方法为：菜单【修改】｜【偏移】、工具栏【修改】｜偏移按钮或在命令行中输入 offset 后↙（回车）。

图 12-33 “偏移”的应用

（5）阵列　通过一个图形单元一次性复制出多个相同的图形，可以按矩形或环形（圆形）方法进行阵列。阵列命令的调用方法为：菜单【修改】｜【阵列】、工具栏［修改］｜阵列按钮或在命令行中输入 array 后↙（回车）。

当命令调用后，会出现一个“阵列”对话框，如图 12-34 所示。

1）环形阵列可以控制阵列对象的数目并决定是否在阵列中旋转阵列对象。

① 在“阵列”对话框中选择“环形阵列”。

② 指定中心点，并执行以下操作之一：

a. 输入环形阵列中点的 X 坐标值和 Y 坐标值。

b. 单击“拾取中心点”按钮，使用定点设备指定环形阵列的圆心。

③ 单击“选择对象”，选择要阵列的对象。

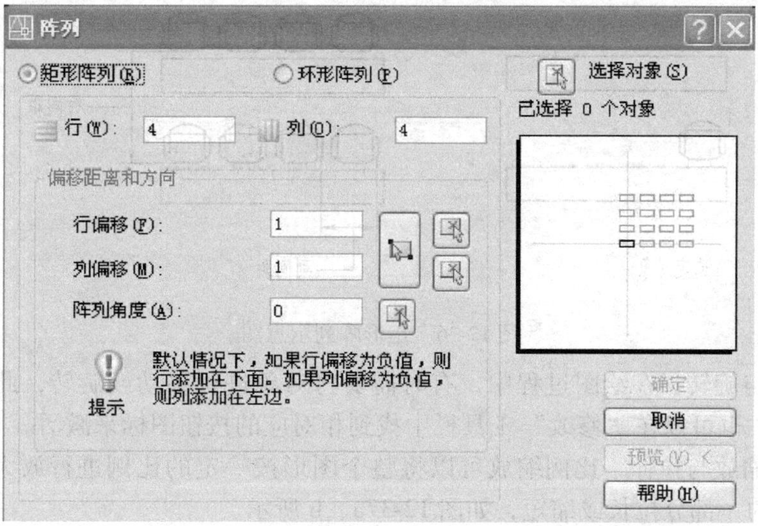

图 12-34 阵列对话框

④ 在“方法”框中，选择以下方法之一：

a. 项目总数和填充角度。

b. 项目总数和项目间的角度。

c. 填充角度和项目间的角度。

⑤ 输入项目数目（包括原对象）。

环形阵列示意图如图 12-35 所示。

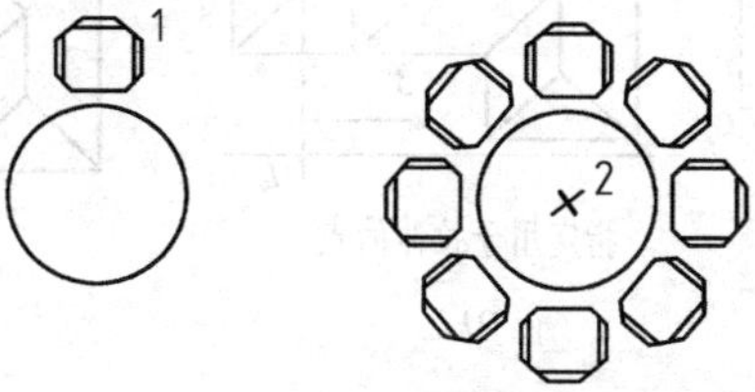

图 12-35 环形矩阵

2）矩形阵列可以控制行和列的数目以及它们之间的间距。

① 在“阵列”对话框中选择“矩形阵列”，单击“选择对象”。

②“阵列”对话框关闭，程序提示选择对象。

③ 选择要创建阵列的对象并按 ENTER 键。

④ 在“行”和“列”框中，输入阵列中的行数和列数。

⑤ 使用以下方法之一指定对象间水平和垂直间距（偏移）：

a. 在“行偏移”和“列偏移”框中，输入行间距和列间距。

b. 单击“拾取行列偏移”按钮，使用定点设备指定阵列中某个单元的相对角点，用此来决定行和列的水平和垂直间距。

⑥ 要修改阵列的旋转角度，可在“阵列角度”旁边输入新角度，单击“确定”创建阵列。

矩形阵列示意图如图 12-36 所示。

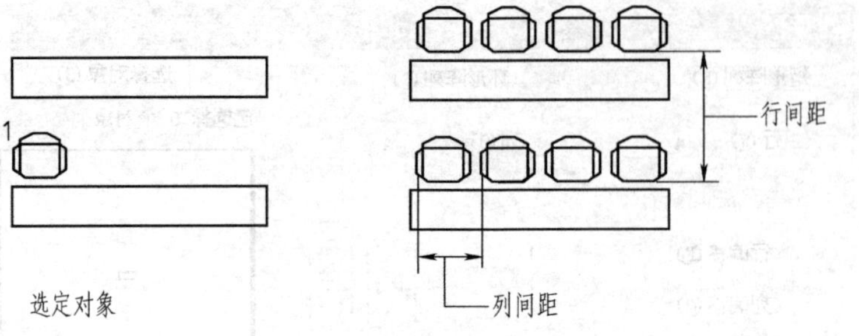

图 12-36　矩形阵列示意图

（6）移动与旋转　在绘图过程中，有时需要将对象进行移动或旋转，此时可在菜单栏里激活该命令，也可以在“修改”工具栏中找到相对应的按钮图标来激活。

（7）比例缩放与拉伸　比例缩放可以将整个图形按一定的比例进行放大或缩小；拉伸可以把图形中的一部分拉长或缩短，如图 12-37a、b 所示

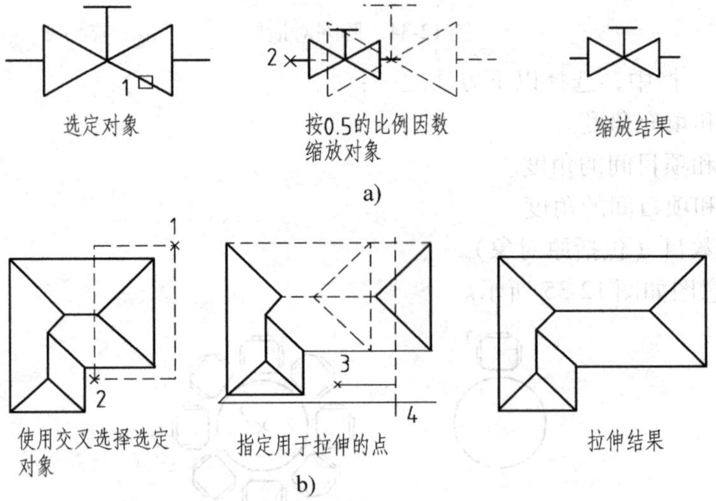

图 12-37　比例缩放与拉伸

a）比例缩放　b）拉伸

（8）修剪与延伸　修剪是在所绘图中以一个指定的界线为剪刀边，把多出的部分去除掉；延伸是要将所绘的曲线延伸到某一个指定的位置，图 12-38 表示了两者的区别。

1）修剪的操作步骤如下：

① 单击“修改”菜单中的“修剪”或“修改”工具栏的修剪按钮。

② 选择作为剪切边的对象。

③ 选择要修剪的对象。

2）延伸的操作步骤如下：

① 单击“修改”菜单中的“延伸”或“修改”工具栏的延伸按钮。

② 选择作为边界边的对象。

③ 选择要延伸的对象。

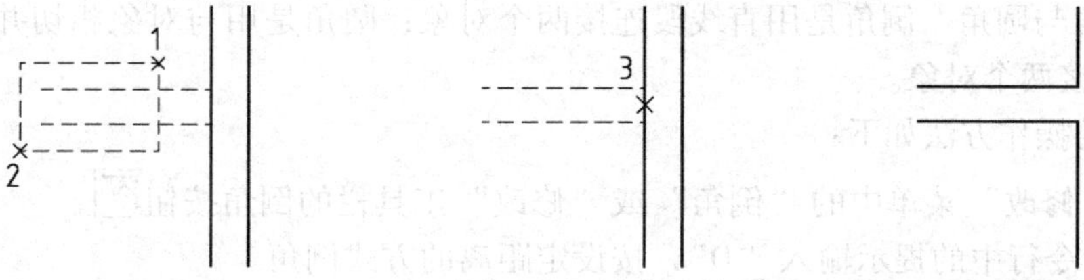

a)

b)

图 12-38　修剪与延伸

a）修剪对象　b）延伸对象

（9）打断与合并　打断是将一个对象打断为两个对象，如图 12-39 所示，对象之间可以有间隙，也可以没有间隙。合并可以将原被打断的多个对象合并为一个对象。

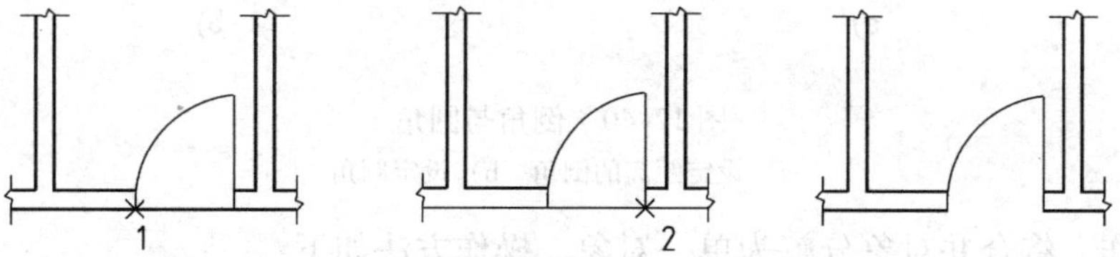

图 12-39　打断

图 12-39 中“门”所在的位置可用打断命令完成，同样也可以用合并命令将被打断处连接起来。

1）打断的操作步骤如下：

① 单击“修改”菜单中的“打断”或“修改”工具栏的打断按钮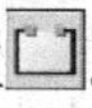。

② 选择要打断的对象。

③ 默认情况下，选择对象的点为第一个打断点。若要选择其他打断点时，请输入 f（第一个），然后指定第一个断点。

④ 指定第二个打断点。

2）合并的操作步骤如下：

① 单击“修改”菜单中的“合并”或“修改”工具栏的合并按钮。

② 选择要合并对象的源对象。

③ 选择要合并到源对象中的一个或多个对象。

（10）倒角与圆角　倒角是用直线段连接两个对象；圆角是用与对象相切并且具有指定半径的圆弧连接两个对象。

1）倒角的操作方法如下：

① 单击“修改”菜单中的“倒角”或“修改”工具栏的倒角按钮。

② 根据命令行中的提示输入“D”，按设定距离的方式倒角。

③ 在命令行中依次输入第一个距离和第二个距离。

结果如图 12-40a 所示。

2）圆角的操作方法如下：

① 单击“修改”菜单中的“圆角”或“修改”工具栏的圆角按钮。

② 输入圆角半径。

③ 选择要进行圆角的对象。

结果如图 12-40b 所示。

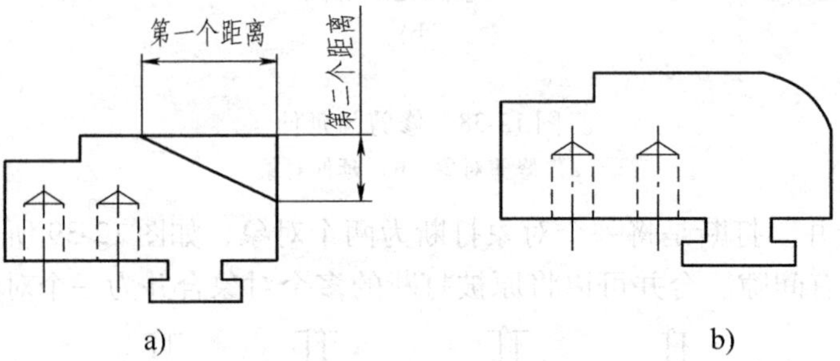

图 12-40　倒角与圆角

a）设定距离的倒角　b）设定圆角

（11）爆炸　将合并对象分解为单一对象，操作方法如下：

1）单击“修改”菜单中的“分解”或“修改”工具栏的爆炸按钮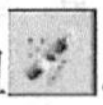。

2）选择要分解的合并对象并按 ENTER 键。

2. 图形编辑

图形编辑包括图 12-41 所示的 8 种工具，它们都属于下拉菜单“编辑”中的子菜单。

（1）“放弃”与“重做”　“放弃”用于取消上一个刚做完的操作，如刚绘制了一个圆，这时如果单击“放弃”则该圆将被删除。“重做”是“放弃”操作的逆过程，在进行了“放弃”操作后，如果想恢复“放弃”前的结果，则单击“重做”即可恢复被放弃的操作。

（2）“剪切”、“复制”与“粘贴”　这是一组相互配合使用的工具。

“剪切”与“复制”是将选中的对象放入到剪切板（相当于一个临时的存储器）中，以供粘贴时使用。

“剪切”与“复制”的使用方法和功能很相似，其区别在于，“剪切”在复制的基础上将原对象从屏幕上删除，而“复制”不删除所选中的对象。

“粘贴”是将“剪切”或“复制”到的对象按要求放置到屏幕上的一定位置。

（3）“清除”　它是一个删除工具，其使用方法与曲线编辑中的“删除”命令相同。

（4）“全部选择”　这是一个快速全选的工具，只需单击命令，图形就会被全部选中。

以上（1）、（2）、（3）项对应的命令在“标准”工具栏中有相应的按钮，如图 12-42 所示。

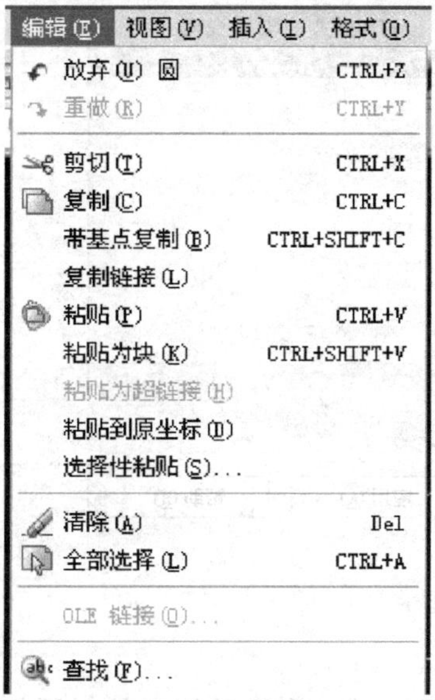

图 12-41　图形编辑

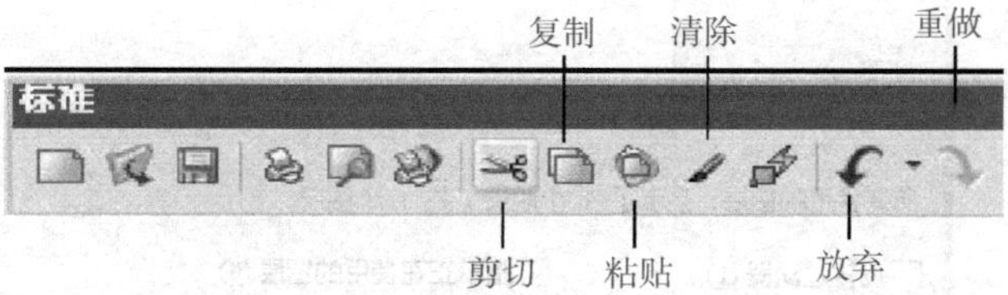

图 12-42　图形编辑在工具栏中的按钮

第四节　图 层 与 块

一、图层操作与属性

一张工程图往往由许多对象组成，而每一类对象都可能有多种特性。为了避免烦琐的设定特性操作，AutoCAD 引入了图层的概念。图层相当于绘图中使用的重叠图纸。图层可以形象化地形容为由许多个透明的胶片的组合，每一张胶片上的对象都有相同的特性。

使用图层可以将信息按功能编组，并执行线型、颜色及其他标准。图 12-43 表示了图层的概念。

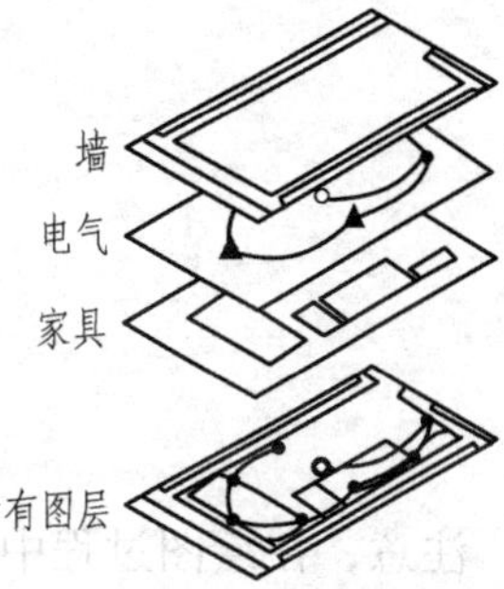

图 12-43　图层的概念

1. 图层的创建

当创建了一个新文件时，系统自动生成一个图层，名为“0”层。用户可根据需要创建若干个图层，如在建筑工程图中经常会设置轴线、墙体、窗、门等图层。

用户可在“图层特性管理器”中进行图层的设定，调用图层命令的方法为：菜单【格式】|【图层】、工具栏图层按钮或在命令行内输入 layer 后↙（回车）。

激活图层命令后，屏幕上出现“图层特性管理器”对话框，如图 12-44 所示。

创建图层的过程如下：

1）在图层特性管理器中，单击“新建图层”按钮。

2）图层名（例如 layer1）将自动添加到图层列表中。

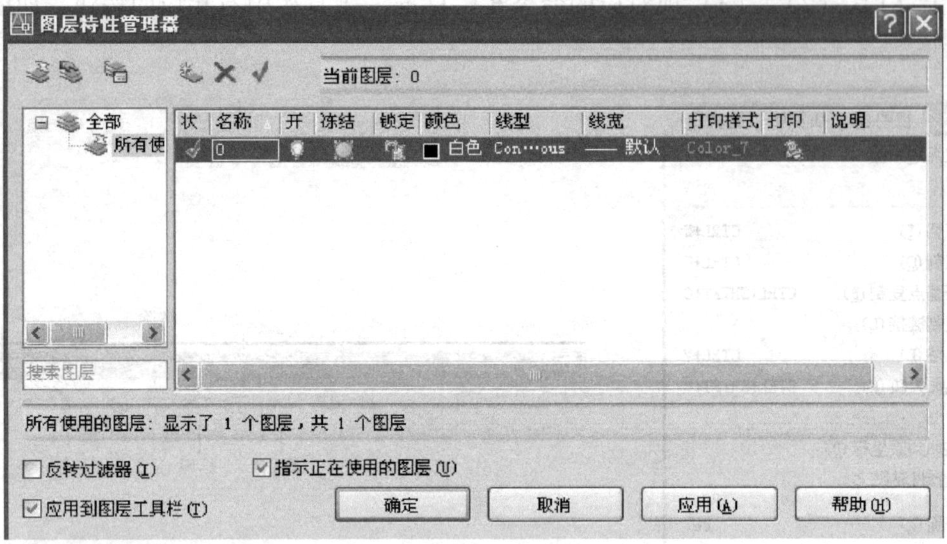

图 12-44　“图层特性管理器”对话框

3）在亮显的图层名上输入新图层名。

4）在单击“颜色”、“线型”、“线宽”或“打印样式”图标时，将显示相应的对话框，可以根据对象的特性来进行设定。

5）单击“应用”保存修改，或者单击“确定”保存并关闭。设定好图层后，可以在图层工具栏中看到设好的图层，如图 12-45 所示。

图 12-45　设好的图层

注意，在绘图过程中最好将“对象特性”工具栏中的颜色、线型、线宽设为“随层”（bylayer），这样更易于操作与管理。

图 12-46 所示为绘制建筑工程图常用的图层设置。

2. 图层的管理

图层的管理包括开、关、冻结、解冻、锁定、解锁、打印、不打印等。

（1）图层的开与关　单击要打开或关闭的图层名的“灯泡”按钮，即可将图层打开或关闭。如果灯泡为黄色，则图层已打开；相反则是关闭。该按钮用于控制图层对象的显示与不显示。

（2）图层的锁定与解锁　单击所在图层的“小锁”按钮，即可对图层进行锁定或解锁。小锁打开时图层处于解锁状态，小锁合上时图层处于锁定状态。锁定图层上的对象可见，但

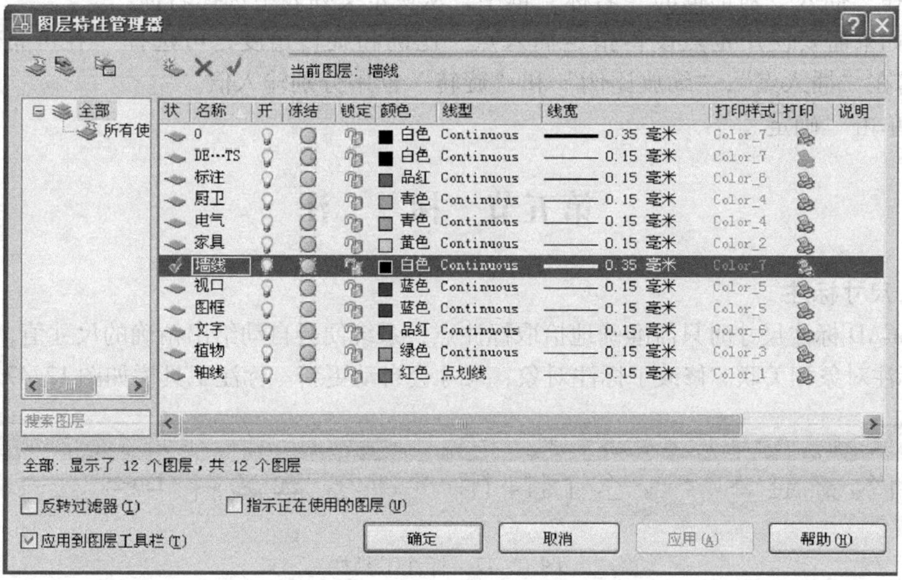

图 12-46 建筑工程图常用的图层设置

不可修改。

(3) 图层的冻结与解冻　当图层上的图标为“太阳”时，图层被解冻；图标为“雪花”时，图层被冻结。冻结图层上的对象不可见，也不会遮盖其他对象。解冻一个或多个图层将导致重新生成图形。冻结和解冻图层比打开和关闭图层需要更多的时间。

(4) 打印、不打印　单击图层特性管理器中打印机图标可控制某一图层上的对象打印或不打印。

二、块操作

在绘图过程中，有很多图形元素会被重复使用，例如建筑图中的门、窗、卫生器具等，这些被重复使用的图形可以通过“块”操作将它们组织成一个整体，这个整体就是“块”。

1. 块的创建

1）创建块定义中使用的对象。

2）在“绘图”菜单中，单击“块”中的“创建”或“绘图”工具栏的块创建按钮。

3）在“块定义”对话框中的“名称”框中输入块名。

4）在“对象”下选择“转换为块”。

5）单击“选择对象”。

6）使用定点设备选择要包括在块定义中的对象，按 ENTER 键完成对象选择。

7）在“块定义”对话框的“基点”下，使用以下方法之一指定块插入点：

① 单击“拾取点”，使用定点设备指定一个点。

② 输入该点的 X，Y，Z 坐标值。

8）单击“确定”。

2. 块的插入

1）在“插入”菜单中，单击“块”或“插入”工具栏的块插入按钮。

2）在“插入”对话框的“名称”框中，从块定义列表中选择名称。

3）如果需要使用定点设备指定插入点、比例和旋转角度，可选择“在屏幕上指定”。否则，需在“插入点”、“缩放比例”和“旋转”框中分别输入值。

4）单击“确定”。

第五节　标　　注

一、尺寸标注

AutoCAD 标注尺寸时只需准确地拾取标注点，系统便会自动给出精确的尺寸值，标注的尺寸与被标注对象相关联。修改了标注对象，尺寸会自动更新。标注工具栏如图 12-47 所示。

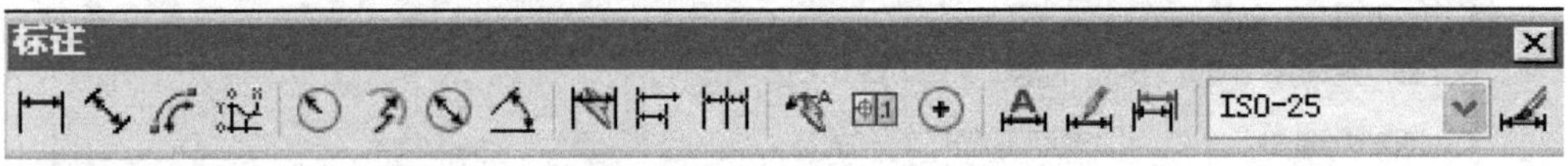

图 12-47　标注工具栏

尺寸由尺寸线、尺寸界线、箭头、标注文字等 4 部分组成，如图 12-48 所示。AutoCAD 的尺寸是以块的形式出现的，其尺寸标注有不同的标注命令和形式，如图 12-49 所示。

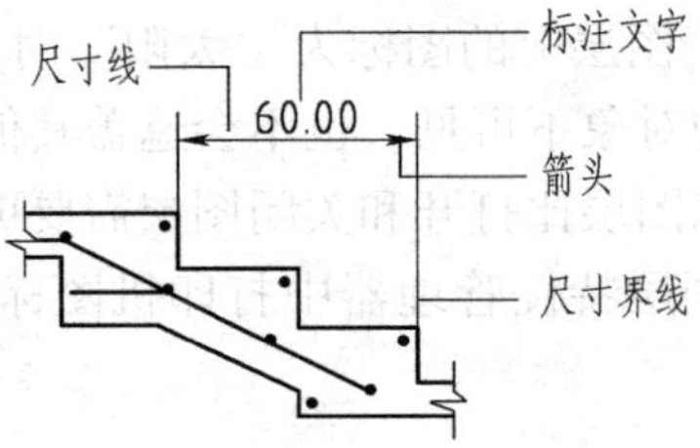

图 12-48　尺寸的组成

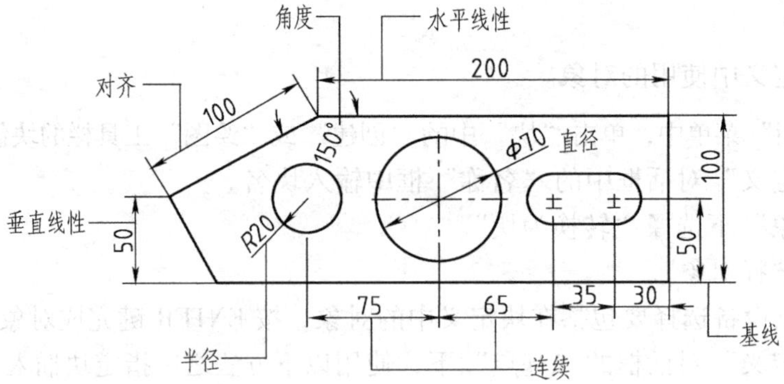

图 12-49　尺寸标注的不同形式

1. 线性标注与对齐标注

（1）线性标注　线性标注可以水平、垂直放置，如图12-49所示。

线性标注的操作方法如下：

1）单击“标注”菜单中的“线性”或“标注”工具栏的线性标注按钮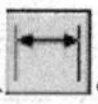。

2）按 ENTER 键选择要标注的对象，或指定第一或第二尺寸界线原点。

3）在指定尺寸线位置之前，可以改变标注方向并编辑文字、文字角度或尺寸线角度：

① 要旋转尺寸界线，输入 r（旋转），然后输入尺寸线角度。

② 要编辑文字，输入 m（多行文字），并在“在位文字编辑器”中修改文字。

③ 在尖括号内编辑或覆盖尖括号（ < > ）将修改或删除程序计算的标注值；在括号前后添加文字可以实现在标注值前后附加文字。

④ 要旋转文字，可输入 a（角度），然后输入角度。

4）指定尺寸线的位置。

（2）对齐标注　对齐标注可以创建与指定位置或对象平行的标注。在对齐标注中，尺寸线平行于标注对象，且自原点连成直线。图 12-50 所示为对齐标注的两个示例。

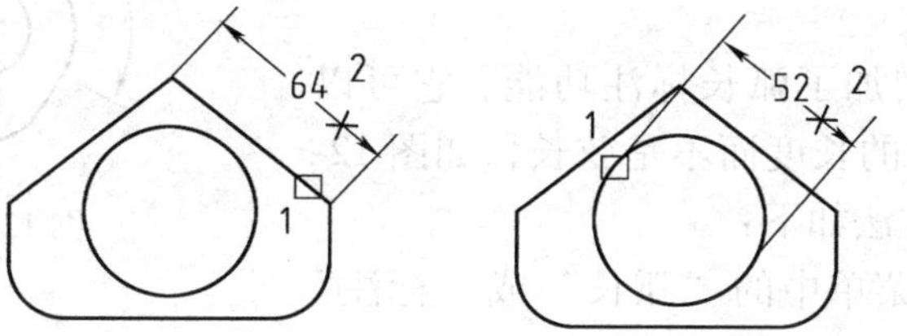

图 12-50　对齐标注

对齐标注的操作方法如下：

1）单击“标注”菜单中的“对齐”或“标注”工具栏的对齐标注按钮。

2）按 ENTER 键选择要标注的对象，或指定第一或第二尺寸界线原点。

3）指定尺寸线位置之前，可以编辑文字或修改文字角度，方法与线性标注相似。

① 使用多行文字编辑文字，输入 m，并在“在位文字编辑器”中修改文字。

② 使用单行文字编辑文字，输入 t，并修改命令行上的文字，然后按 ENTER 键。

③ 旋转文字，输入 a，然后输入角度。

4）指定尺寸线的位置。

2. 半径标注与直径标注

（1）半径标注　半径标注的操作方式如下：

1）单击“标注”菜单中的“半径”或“标注”工具栏的半径标注按钮。

2）选择圆弧、圆或多段线中的弧线段。

3）按需要可输入如下选项：

① 编辑标注文字，输入 t 或 m。

② 编辑标注角度，输入 a。

4）指定引线的位置。

（2）直径标注　直径标注的操作方法如下：

1）单击“标注”菜单中的“直径”或“标注”工具栏的直径标注按钮。

2）选择要标注的圆或圆弧，其余操作与半径标注相同。

3. 角度标注

角度标注可以标注两条非平行直线形成的夹角、圆或圆弧的圆心角、不共线的三点的夹角。其操作方法如下：

1）单击“标注”菜单中的“角度”或“标注”工具栏的角度标注按钮。

2）标注圆心角时，在角的第一端点选择圆，然后指定角的第二端点；标注其他角度时，先选择第一条直线，然后选择第二条直线。

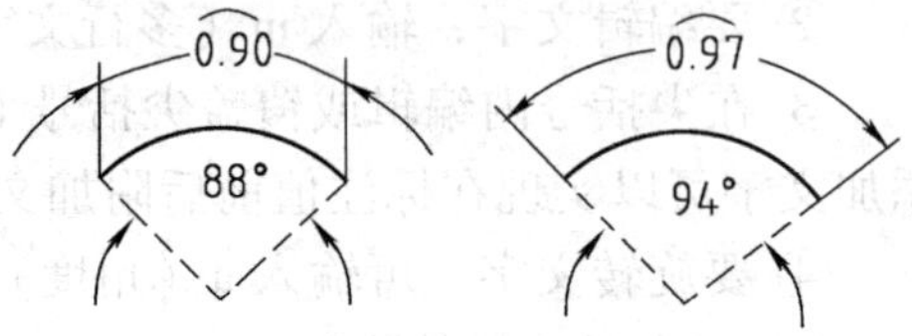

3）根据需要输入如下选项：

① 编辑标注文字，输入 t 或 m。

② 编辑标注角度，输入 a。

4）指定尺寸线圆弧的位置。

4. 弧长标注

AutoCAD 2006 新增加了弧长标注功能。它可以标注出圆弧沿弧线方向的长度而不是弦长，如图 12-51 所示。弧长的标注方法如下：

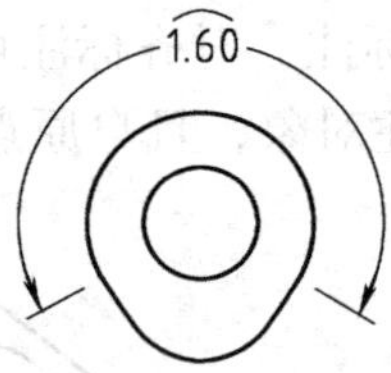

图 12-51　弧长标注

1）单击“标注”菜单中的“弧长”或“标注”工具栏的弧长标注按钮。

2）选择圆弧或多段线中的弧线段。

3）指定尺寸线的位置。

5. 折弯标注

AutoCAD 2006 提供了标注大圆弧尺寸的方法，如图 12-52 所示。它采用折弯标注工具，其标注形式如图 12-53 所示。

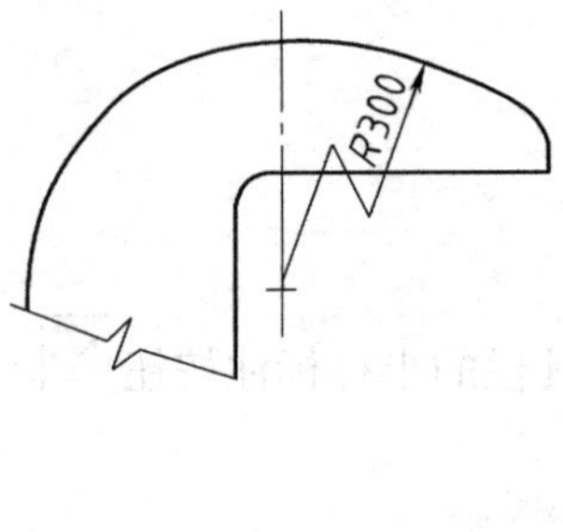

图 12-52　大圆弧的标注

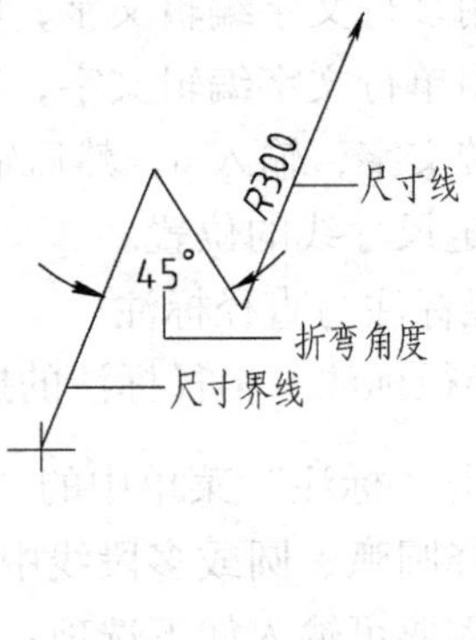

图 12-53　折弯标注

折弯标注的操作方法如下：

1）单击“标注”菜单中的“折弯”或“标注”工具栏的折弯标注按钮。

2）选择圆弧、圆或多段线的弧线段，指定标注原点的位置（中心位置替代）。

3）指定尺寸线角度和标注文字位置的点，指定标注折弯位置的另一个点。

6. 基线标注与连续标注

（1）基线标注　多个尺寸的起点在同一条基准线上的尺寸标注称为基线标注，如图12-49中的尺寸50、100。基线标注的方法如下：

1）单击“标注”菜单中的“基线”或“标注”工具栏的基线标注按钮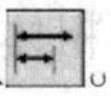。

默认情况下，上一个创建的线性标注的第一条尺寸界线作为新基线标注的第一条尺寸界线，程序提示用户指定第二条尺寸界线。

2）用对象捕捉选择第二条尺寸界线原点或按 ENTER 键选择任意标注作为基准标注。

3）使用对象捕捉指定下一个尺寸界线原点（根据需要可继续选择尺寸界线原点）。

4）按两次 ENTER 键结束命令。

（2）连续标注　首尾相接的一系列连续尺寸标注称为连续标注，如图 12-49 中的尺寸75、65。其标注方法如下：

1）单击“标注”菜单中的“连续”或“标注”工具栏的连续标注按钮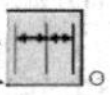。

程序使用现有标注的第二条尺寸界线的原点作为下一条尺寸界线的原点。

2）使用对象捕捉指定其他尺寸界线原点。

3）按两次 ENTER 键结束命令。

基线标注和连续标注常用在建筑图中轴线尺寸的标注中。

二、文字标注

AutoCAD 提供了标注单行或多行文字两种标注工具，其使用方法如下：

1. 单行文字

1）单击“绘图”菜单中“文字”下的“单行文字”。

2）指定第一个字符的插入点。

3）指定文字高度。

4）指定文字旋转角度，可以输入角度值或使用定点设备。

5）输入文字，并在每行的结尾按 ENTER 键。

6）在空行处按 ENTER 键结束命令。

2. 多行文字

1）单击“绘图”菜单中“文字”下的“多行文字”或“绘图”工具栏的多行文字按钮。

2）指定边框的对角点以定义多行文字对象的宽度。

3）若对每个段落的首行缩进，可拖动标尺上的第一行缩进滑块。若对每个段落的其他行缩进，可拖动段落滑块。

4）设置制表符时，单击标尺设置制表位。

5）需要使用文字样式而不是默认值时，则单击工具栏上“样式”控件旁边的箭头，然后选择一个样式。

6）输入文字。若要替代当前文字样式，可按以下方式选择文字：

① 要选择一个或多个字母，请在字符上单击并拖动定点设备。

② 要选择词语，请双击该词语。

③ 要选择段落，请三击该段落。

7）在工具栏上，按以下方式修改格式：

① 修改选定文字的字体，可从列表格中选择一种字体。

② 修改选定文字的高度，可在“文字高度”框中输入新值。

③ 使用粗体或斜体设置 TrueType 字体的文字的格式，或者创建任意字体的下划线文字或上划线文字，可单击工具栏上的相应按钮。SHX 字体不支持粗体或斜体。

④ 向选定文字添加颜色，可从“颜色”列表格中选择一种颜色。单击“选择颜色”选项，显示出“选择颜色”对话框。

8）保存修改并退出编辑器，可使用以下方法之一：

① 单击工具栏上的“确定”。

② 单击编辑器外部的图形。

③ 按 CTRL + ENTER 组合键。

不论是单行文字还是多行文字，均可以使用双击左键方式直接修改文字标注的内容。

三、标注编辑

1. 定义尺寸标注的样式

激活标注样式管理器（见图 12-54），可采取以下方法：单击“样式”工具栏的标注样式按钮、单击“格式”菜单中的“标注样式”或“标注”菜单中的“样式”。

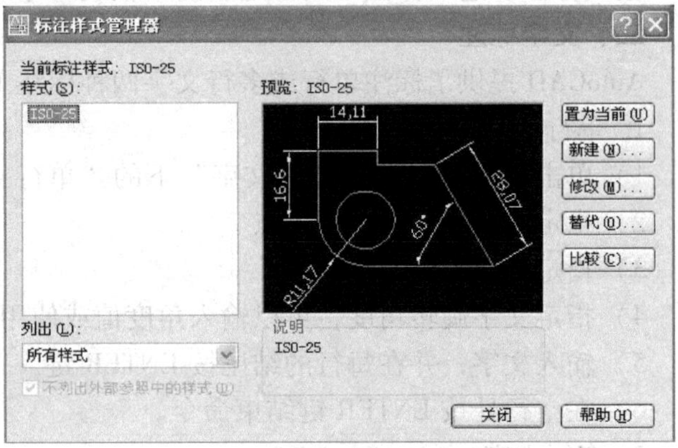

图 12-54　标注样式管理器

系统默认的样式为 ISO-25，单击“标注样式管理器”右侧的“新建”按钮可以创建一个新的标注样式。以下为新建一个符合我国国家标准的标注样式 GB-01 的设置过程。

1）单击“新建”，出现“创建新标注样式”对话框，设定“新样式名”为：GB-01，如图 12-55 所示。单击“继续”出现“新建标注样式：GB-01”对话框，如图 12-56 所示。

2）单击“直线”选项卡，按图 12-56 所示进行各参数的设置。

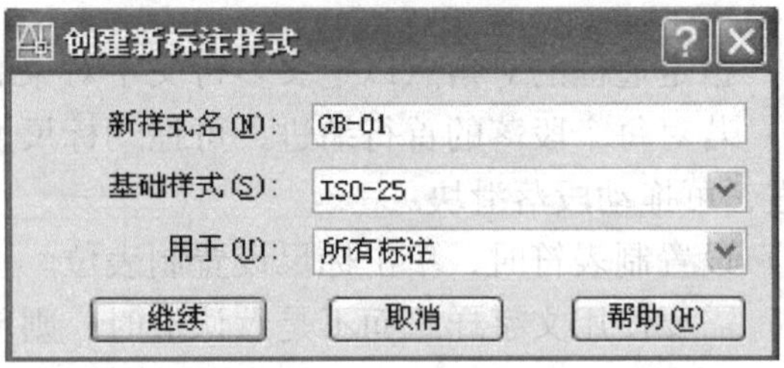

图 12-55　“创建新标注样式”对话框

3）单击“符号和箭头”选项卡，按图 12-57 所示对各项进行设置，本例中的箭头是按建筑图中的要求设置的。

4）单击“文字”选项卡，进行文字设置，其中文字样式可以通过点击文本框旁边的“…”按钮来进行设置，如图 12-58 所示。

5）后面的 4 个选项卡可以按默认的状态设置，有需要时再进行修改。

6）单击“确定”，则“标注样式管理器”中将会出现“GB-01”的标注样式，如图

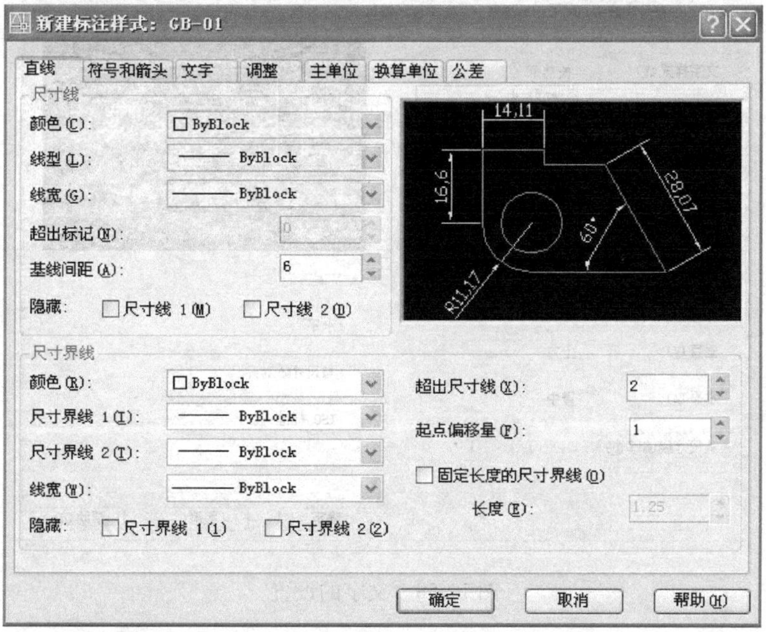

图 12-56　“新建标注样式：GB-01”对话框

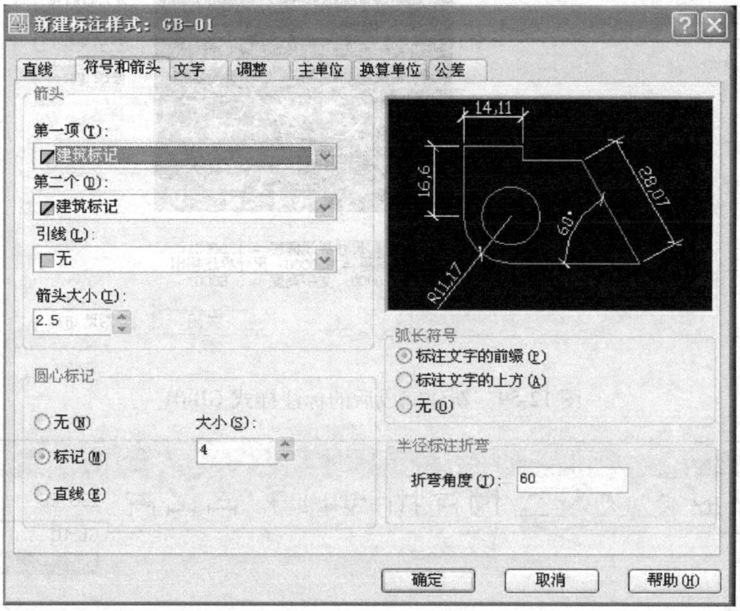

图 12-57　符号和箭头的设置

12-59所示。选中该样式，单击“置为当前”，或在“标注”工具栏中进行标注样式的选择，如图 12-60 所示。

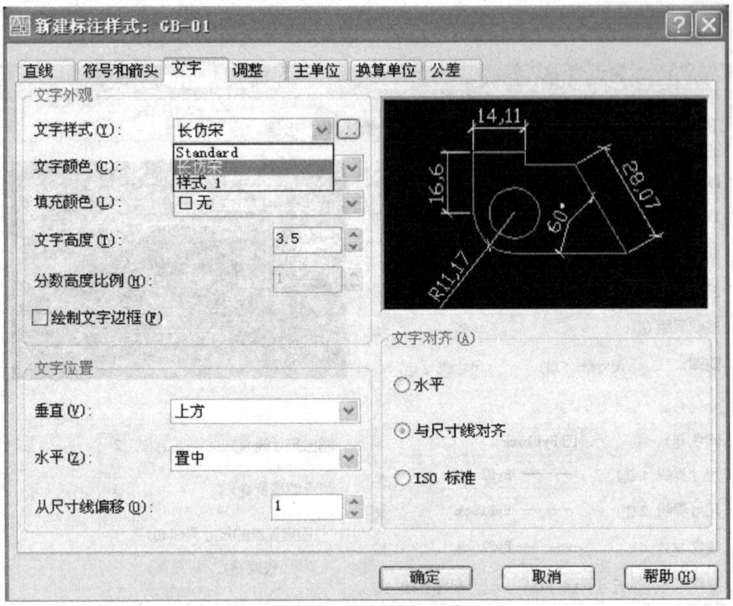

图 12-58　文字的设置

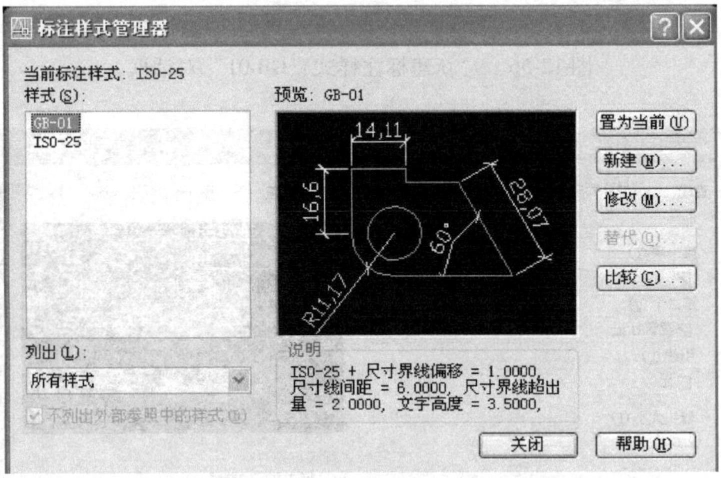

图 12-59　新建完成后的标注样式 GB-01

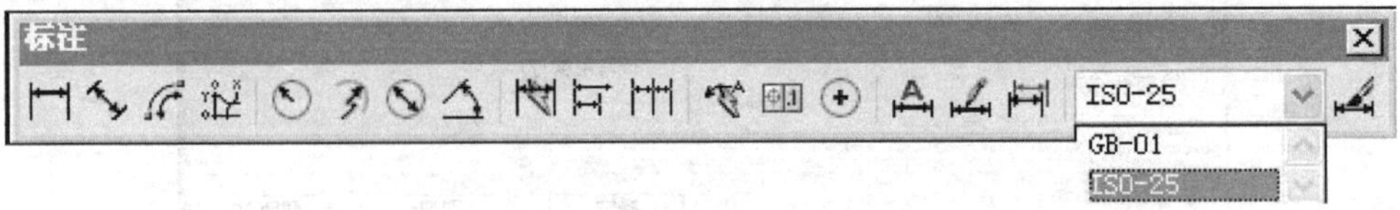

图 12-60　选择标注样式

2. 标注样式的子样式

前面的例子中，设置的尺寸箭头用建筑图中的小斜短线代替。但是，对圆或圆弧的标注是不能用小斜短线标注的。下面介绍标注样式的子样式，用以解决箭头和小斜短线同时出现在同一张图中的问题。

激活“标注样式管理器”，在标注列表中选中“GB-01”，单击“新建”按钮，在弹出的“创建新标注样式”对话框中进行如图12-61所示的设置。单击确定，在弹出的“新建标注样式”对话框中选择“符号和箭头”，将“箭头”选项区的“第一个”、“第二个”改变成为“实心闭合”，单击确定。用同样的方法设定“半径”、“直径”两个子样式。全部设置好以后，选择下拉菜单“标注”下的“更新”，选中全部标注，执行后就可以得到所需的标注样式。

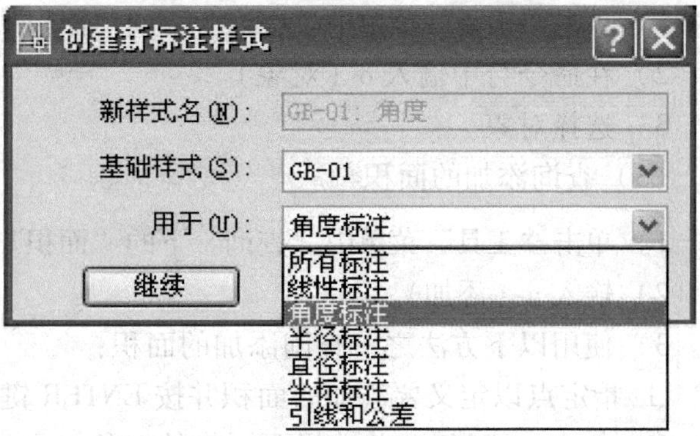

图12-61　创建子样式

第六节　绘图辅助

一、系统查询

AutoCAD是一个图形数据库，它包含了大量的图形信息，用户通过查询命令可以进行查找。查询工具栏如图12-62所示。

1. 查询点坐标

可用下列方法之一查询点坐标；

1）单击“工具”菜单中“查询”下的“点坐标”。

2）在命令行中输入id（或'id，用于透明使用）后↙（回车）。

图12-62　查询工具栏

3）单击“查询”工具栏的点坐标查询按钮。

2. 查询两点距离

查询两点距离可按以下步骤进行：

1）单击“工具”菜单中“查询”下的“距离”或“查询”工具栏的两点距离查询按钮。

2）指定要查询距离的第一个点和第二个点。

3）程序会在命令行中显示简要报告。

3. 查询面积

面积的查询对象应当是一个封闭的图形，用户可以按序列点计算面积，也可以利用加、减方法计算组合面积。

（1）查询按序列点所定义区域的面积

1）单击“工具”菜单中“查询”下的“面积”或“查询”工具栏的面积查询按钮。

2）在定义被测量区域周边的点序列中指定点，然后按ENTER键。

系统将连接第一点和最后一点以形成一个闭合区域，然后用UNITS指定的设置显示面积和周长的测量值。

（2）查询指定对象的面积

1）单击“工具”菜单中“查询”下的“面积”或“查询”工具栏的面积查询按钮。

2）在命令行中输入 o（对象）。

3）选择对象。

（3）查询添加的面积

1）单击“工具”菜单中“查询”下的“面积”或“查询”工具栏的面积查询按钮。

2）输入 a（添加）。

3）使用以下方法之一查询添加的面积：

① 指定点以定义要添加的面积并按 ENTER 键。

② 输入 o（对象）并选择要添加的对象。

查询后可以看到每一个新区域的面积和所有区域的面积总和。

4）按两次 ENTER 键结束命令。

（4）查询从组合面积中减去的面积

1）当组合面积显示时，输入 s（减去）。

2）使用以下方法之一查询从组合面积中减去的面积：

① 指定点以定义要减去的面积并按 ENTER 键。

② 输入 o（对象）并选择要减去的对象。

定义新的区域之后将更新总的面积计算值。

3）按 ENTER 键结束命令。

二、系统设置

1. 设置绘图单位

在绘图前，可直接调用绘图单位，方法如下：

1）单击“格式”菜单中的“单位”。

2）在“图形单位”对话框中“长度”和“角度”下选择单位格式和精度。

“输出样例”区域显示了当前精度下此单位格式的样例。

3）单击“确定”。

2. 设置图形界限

AutoCAD 的绘图空间是一个无限大的模型空间，设置图形界限是将所绘制的图形布置在这个界限的区域内。图形界限的大小可以根据实际需要进行调整，设置方法如下：

1）单击“格式”菜单中的“图形界限”或在命令行输入 Limits 后↙（回车）。

2）在命令行中根据提示指定左下角点，程序默认为（0，0）。

3）同样，在命令行中指定右上角点，坐标由用户输入。

系统按设定矩形两个对角点的方式设定图形界限。默认情况下两个对角点是左下角点和右上角点，用户也可以根据自己的习惯设定两个对角点的位置。

3. 精确绘图设置

为使绘图过程快速、准确，AutoCAD 提供了强大的精确绘图工具。状态栏上的 9 个按钮给出了精确绘图的工具名称，如图 12-63 所示。

（1）捕捉与栅格　栅格是显示在图形界限内的点阵，相当于图形下的一张坐标纸。捕捉是准确地对准到设定的栅格间距的点上，打开和关闭捕捉的快捷键是 F9。栅格和捕捉应

图 12-63　精确绘图工具

配合使用。

单击“栅格”按钮或按 F7 键可以打开或关闭栅格，它的设置方法为：

1）单击“工具”菜单中的“草图设置”，在弹出的“草图设置”对话框中设置，如图 12-64 所示。

2）在栅格按钮上单击鼠标右键。

3）在命令行中输入 grid 后↙（回车）。

激活“草图设置”对话框后，可以设定栅格点间的距离。

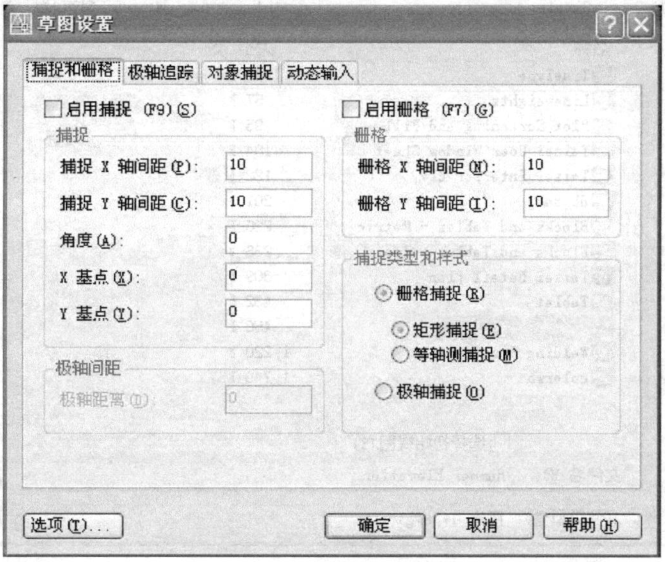

图 12-64　草图设置对话框

（2）正交与极轴　正交与极轴是为了能准确捕捉到一定角度而设定的绘图工具。正交只能追踪水平和垂直的角度，极轴可以追踪设定的任意角度。

单击“正交”按钮或按下 F8 键都可以打开或关闭“正交”工具。

（3）对象捕捉　对象捕捉是在无需知道精确坐标的情况下，将点限制在现有对象的特定点上，如端点、交点、中点、圆心、象限点等。其调用方法为：

1）单击对象捕捉工具栏中的相应按钮，如图 12-65 所示。

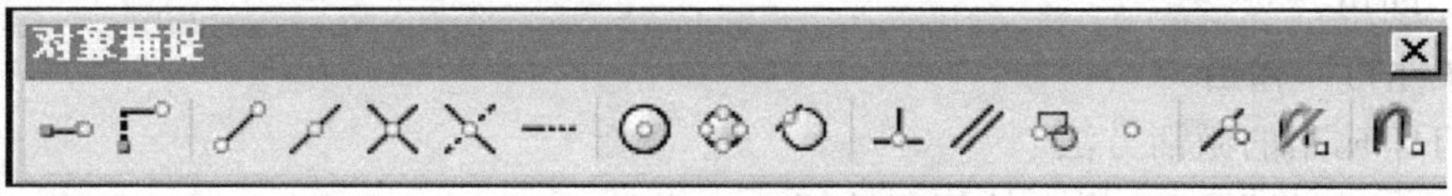

图 12-65　对象捕捉工具栏

2）在“草图设置”对话框中点击“对象捕捉”设置。

3）单击“对象捕捉”按钮或按 F3 键。

第七节 文件管理

一、文件打开

在 AutoCAD 中激活“打开”文件的方法如下：

1）单击“标准”工具栏中的“打开”按钮。

2）单击菜单“文件”中的“打开”。

3）在命令行中输入 open 后↙（回车）。

激活命令后出现如图 12-66 所示的对话框，选中所需的文件，单击“打开”即可。

图 12-66 文件的打开

二、文件存储

在 AutoCAD 中存储文件的方法如下：

1）单击“标准”工具栏中的“保存”按钮。

2）单击菜单“文件”中的“保存”。

3）在命令行中输入 save 后↙（回车）。

激活命令后，出现如图 12-67 所示的对话框，选好文件保存的路径，并给文件命名，单击“保存”即可。

三、文件打印输出

（1）打印输出的激活方法

1）单击“标准”工具栏中的打印按钮。

2）单击菜单“文件”中的“打印”。

（2）输出过程

1）激活“打印”对话框。

图 12-67　文件的存储

2）设置如图 12-68 所示的各项参数，打印机根据当前与计算机连接的打印机型号来选取。

3）单击“预览”，查看图形被打印后的结果，如果满意，按“确定”即可。

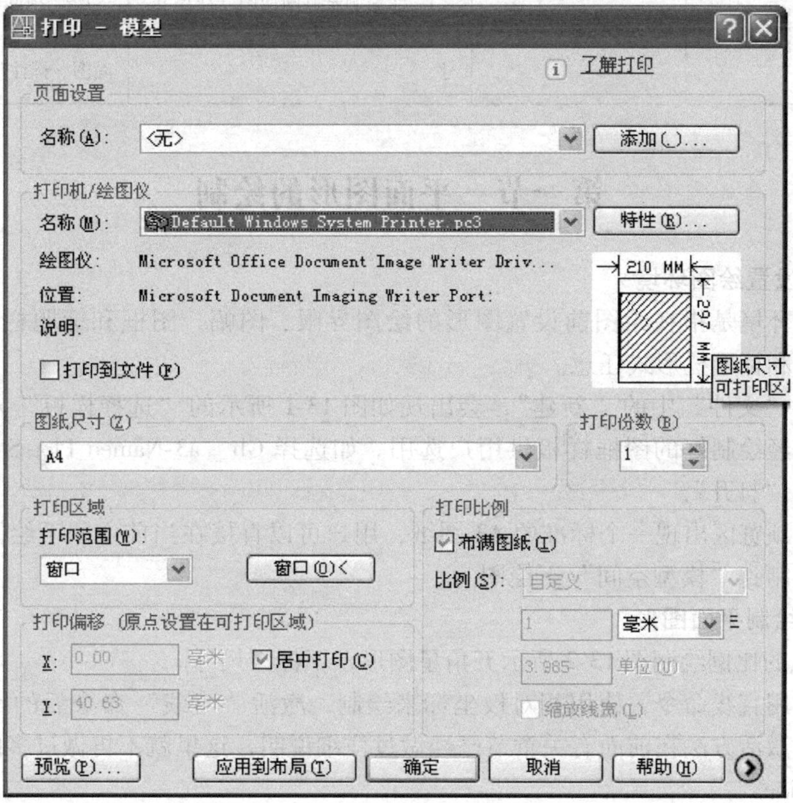

图 12-68　打印设置

第十三章　计算机绘图技能训练

培训目标

训练内容	培训目标		
	初　　级	中　　级	高　　级
一、绘制平面图形并标注尺寸，包含斜度、锥度和平面图案的画法	能绘制具有简单圆弧连接的平面图形并标注尺寸	能按给定比例绘制具有较复杂圆弧连接的平面图形并正确标注尺寸	能按给定比例熟练绘制各种复杂的平面图形并正确、合理地标注尺寸
二、绘制三视图	能按尺寸 1∶1 抄画三视图	1. 能按给定比例抄画给定的两视图并补画第三视图 2. 能根据立体图画三视图	1～2 项同中级 3. 能按比例和尺寸绘制复杂建筑构件的三视图
三、建筑施工图	无	1. 能绘制基础断面图并注尺寸 2. 能绘制构件断面图并标注尺寸	1～2 项同中级 3. 能绘制单层楼房建筑平面图、标注尺寸及标高

第一节　平面图形的绘制

训练 1　设置绘图环境

设置绘图环境是指在绘图前设置图形的绘图界限、图幅、图框和标题栏，设定 A3 图幅，图框形式和标题栏形式任意。

单击菜单“文件”中的“新建”，会出现如图 13-1 所示的“选择样板”对话框，该对话框存储了已经绘制好的图框样板供用户选用。如选择 Gb _ a3-Named Plot Stylesyp 样板文件，然后单击“打开”。

打开后在预览区出现一个标准的 A3 图纸，用户可以直接在当前空间下绘图，也可以将选中的样板复制到“模型空间”下绘图。

训练 2　绘制平面图形

1. 用 1∶1 的比例绘制图 13-2 所示五角星图形，不标注尺寸。

本题可利用直线命令，使用相对极坐标来绘制，激活“直线”命令后的操作如下（关于直线命令的激活方法在前面有关章节已经做过详细说明，这里就不再做过多的讲解）：

命令：_ line

指定第一点：

此时我们选 D 点开始绘制第一点。

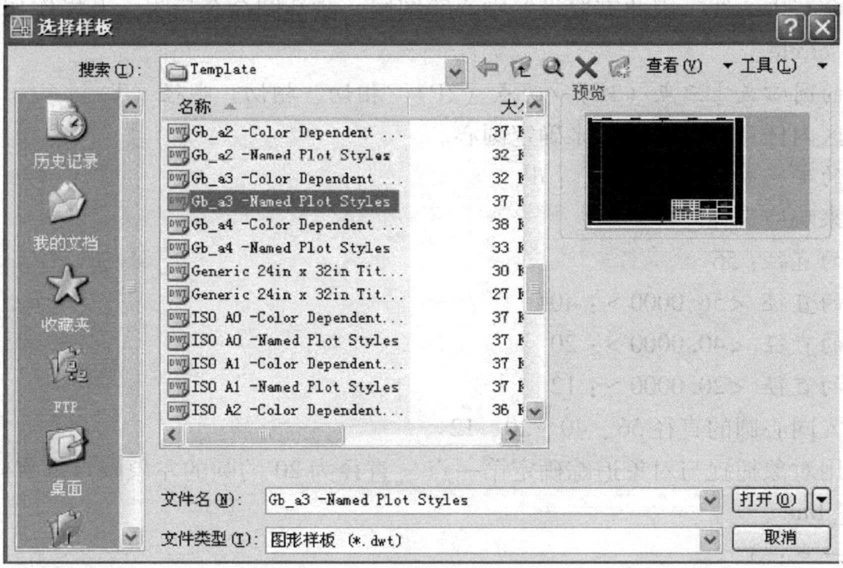

图 13-1 “选择样板”对话框

指定下一点或［放弃（U）］：< 正交 开 > 100

打开正交开交并将鼠标移向 B 点方向，输入 100。

指定下一点或［放弃（U）］：< 正交 关 >_adcenter

此时关闭正交开关。

指定下一点或［放弃（U）］：@100 < -144

以刚绘制完的点 B 作为参考点，E 点与 B 间的连线是按逆时针旋转了 144°且连线长度为 100。

指定下一点或［闭合（C）/放弃（U）］：@100 <72

以刚绘制完的点 E 作为参考点，C 点与 E 间的连线是按顺时针旋转了 72°且连线长度为 100。

指定下一点或［闭合（C）/放弃（U）］：@100 < -72

以刚绘制完的点 C 作为参考点，A 点与 C 间的连线是按逆时针旋转了 72°且连线长度为 100。

指定下一点或［闭合（C）/放弃（U）］：C

输入 C 或利用端点捕捉直接拾取点 D 完成图形的绘制

2. 用 1:1 的比例绘制图 13-3 所示平面图形，不标注尺寸。

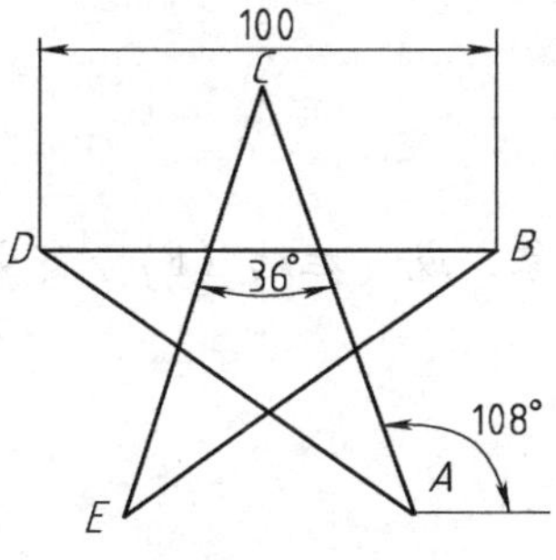

图 13-2 五角星图形

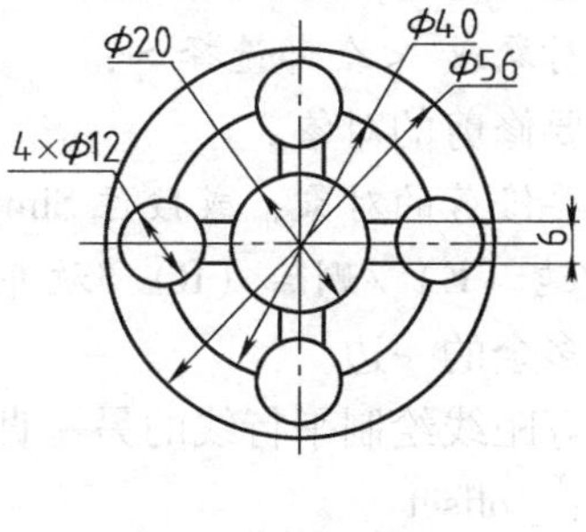

图 13-3 平面图形

该图形含有中心线，因此需要设置中心线图层。激活圆命令后提示及操作如下：

命令：_ circle

指定圆的圆心或［三点（3P）／两点（2P）／相切、相切、半径（T）］：

在绘图区内任意处单击左键来确定圆心。

指定圆的半径或［直径（D）］：d

输入 d 来响应直径。

指定圆的直径：56

指定圆的直径 <56.0000>：40

指定圆的直径 <40.0000>：20

指定圆的直径 <20.0000>：12

依次输入同心圆的直径 56、40、20、12。

下面利用对象捕捉与对象追踪确定第一点（直径为 20 的圆的左象限点垂直向上 3）：

命令：_ line

指定第一点：3

确定间距为 6 的平行线的起点，同时打开正交开关。

指定下一点或［放弃（U）］：<正交 开>

指定下一点或［放弃（U）］：

绘制直线的另一个端点，可将直线绘制得长一些，必要时再利用修剪命令来修改。

命令：_ extend

因为绘制过的直线端点与直径为 20 的圆没有相交，所以应当用延伸命令修改。

当前设置：投影 = UCS，边 = 无

选择边界的边...

选择对象或 <全部选择>：

选择直径为 20 的圆。

选择要延伸的对象，或按住 Shift 键选择要修剪的对象，或［栏选（F）／窗交（C）／投影（P）／边（E）／放弃（U）］：

拾取需要延伸的直线。

下面利用修剪命令来去掉多余的直线部分：

命令：_ trim

当前设置：投影 = UCS，边 = 无

选择剪切边...

选择对象或 <全部选择>：

选择要修剪的对象。

选择要修剪的对象，或按住 Shift 键选择要延伸的对象，或［栏选（F）／窗交（C）／投影（P）／边（E）／删除（R）／放弃（U）］：

选中多余的一边。

使用等距线绘制平行线的另一直线：

命令：_ offset

当前设置：删除源 = 否　图层 = 源　OFFSETGAPTYPE = 0

指定偏移距离或［通过（T）/删除（E）/图层（L）］<通过>: 6

选择要偏移的对象，或［退出（E）/放弃（U）］<退出>:

拾取刚已绘制好的直线。

指定要偏移的那一侧上的点，或［退出（E）/多个（M）/放弃（U）］<退出>:

向要偏移的一侧任意处单击左键。

利用修剪命令来去掉多余的直径为12和40的圆的相交的直线部分:

命令: _ trim

当前设置: 投影=UCS，边=无

选择剪切边...

选择对象或 <全部选择>:

选择要修剪的对象，或按住Shift键选择要延伸的对象，或［栏选（F）/窗交（C）/投影（P）/边（E）/删除（R）/放弃（U）］:

选择直径为12和40的圆的相交边。

打开中心线层，使用直线命令绘制中心线:

命令: _ layer

设置中心线图层。

命令: _ line

指定第一点:

绘制中心线（利用对象追踪与对象捕捉）。

指定下一点或［放弃（U）］:

指定中心线的另一端点。

***训练3　绘制圆弧连接的平面图形**

用1:1的比例绘制图13-4所示圆弧连接的平面图形。

绘制过程如下:

命令: _ circle

指定圆的圆心或［三点（3P）/两点（2P）/相切、相切、半径（T）］:

激活圆命令并确定直径为10的圆心绘制左侧同心圆。

指定圆的半径或［直径（D）］: D

使用直径绘制圆。

指定圆的半径或［直径（D）］: 10

绘制半径为10的同心圆。

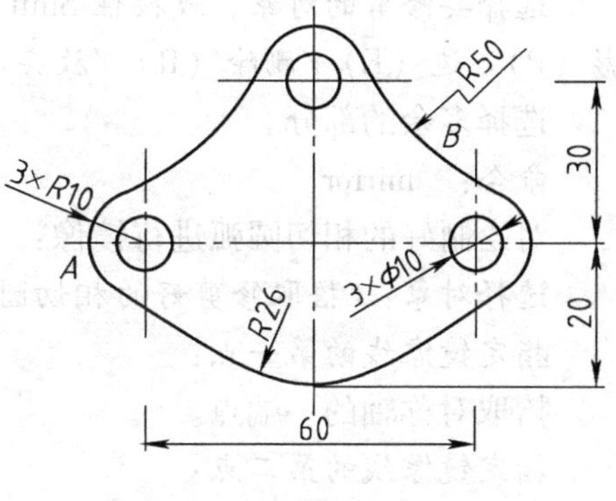

图13-4　圆弧连接的平面图形

命令: _ circle

指定圆的圆心或［三点（3P）/两点（2P）/相切、相切、半径（T）］:

指定圆的半径或［直径（D）］: 10

绘制右侧两个同心圆。

命令: _ circle

指定圆的圆心或［三点（3P）/两点（2P）/相切、相切、半径（T）］: 60

利用捕捉与追踪确定两圆心间距。

下面按照刚绘制左侧同心圆的方法绘制这两个圆：

命令：_ circle

指定圆的圆心或［三点（3P）/两点（2P）/相切、相切、半径（T）］：@ -30，30

以右侧两个同心圆的圆心为参考点确定中间两个同心圆的圆心位置，并进行绘制。

指定圆的半径或［直径（D）］<10.0000>：10

命令：_ circle

指定圆的圆心或［三点（3P）/两点（2P）/相切、相切、半径（T）］：

指定圆的半径或［直径（D）］<10.0000>：5

命令：_ circle

指定圆的圆心或［三点（3P）/两点（2P）/相切、相切、半径（T）］：_ ttr

利用“相切、相切、半径”绘制半径为50 的相切圆。

指定对象与圆的第一个切点：

在第一个相切圆上拾取一点。

指定对象与圆的第二个切点：

在第二个相切圆上拾取一点。

指定圆的半径 <5.0000>：50

命令：_ trim

对多余的圆边进行修剪。

当前设置：投影 = UCS，边 = 无

选择剪切边...

选择对象或 <全部选择>：

以回车键或鼠标右键单击来响应边界。

选择要修剪的对象，或按住 Shift 键选择要延伸的对象，或［栏选（F）/窗交（C）/投影（P）/边（E）/删除（R）/放弃（U）］：

选择多余的部分。

命令：_ mirror

对绘制好的相切圆弧进行镜像：

选择对象：（拾取修剪好的相切圆弧） 找到 1 个

指定镜像线的第一点：

拾取对称轴的一端点。

指定镜像线的第二点：

拾取对称轴的另一端点。

要删除源对象吗？［是（Y）/否（N）］<N>：N

使用圆命令绘制半径为 26 的圆：

命令：_ circle

指定圆的圆心或［三点（3P）/两点（2P）/相切、相切、半径（T）］：

指定圆的半径或［直径（D）］<50.0000>：26

绘制 R26 圆弧和 R10 圆弧相切的直线，需将鼠标放到任意一个工具栏处单击右键，调出“捕捉”工具栏，使用“切点”按钮。

命令：_ line

指定第一点：_ tan 到

指定下一点或［放弃（U）］：_ tan 到

指定下一点或［放弃（U）］：

将图层转换成中心线层，绘制中心线后图形完成。

**** 训练 4　绘制复杂的平面图形**

绘制图 13-5 所示复杂的平面图形，标注全部尺寸。

绘制复杂平面图形需要使用到多个绘图和曲线编辑命令以及标注工具，通过前面两个实例读者已经了解到调用绘图和编辑命令的方法。另外，绘图前还要对给定图形进行尺寸分析和线段分析，确定各线段之间的关系。利用本书第一章介绍的分析方法找出已知线段、中间线段和连接线段。画图时先画已知线段，再根据相切关系绘制中间线段，然后，画连接线段，并使用修剪命令完善图形，最后按照前面介绍的尺寸标注方法标注全部尺寸。本例读者可以仿照前面的示例自行练习之。

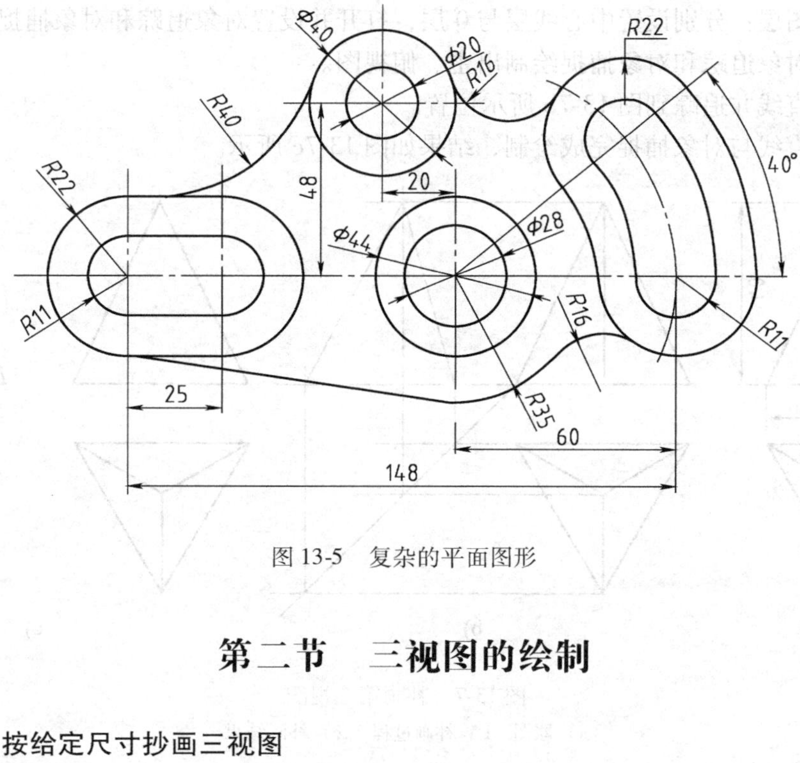

图 13-5　复杂的平面图形

第二节　三视图的绘制

训练 1　按给定尺寸抄画三视图

按 1:1 的比例抄画图 13-6 所示三视图并标注尺寸。

抄画三视图之前，应先进行形体分析，弄清三个视图之间的投影对应关系和尺寸关系，在绘制过程中，应充分利用绘图辅助工具（如对象追踪和对象捕捉两个按钮）限定“长对正、高平齐和宽相等”的要求，读者可按图 13-6 所示内容自行练习之。

*** 训练 2　抄画给定的两个视图并补画第三视图**

按 1:1 的比例抄画图 13-7a 所示正三棱锥的两个视图并绘制第三视图。

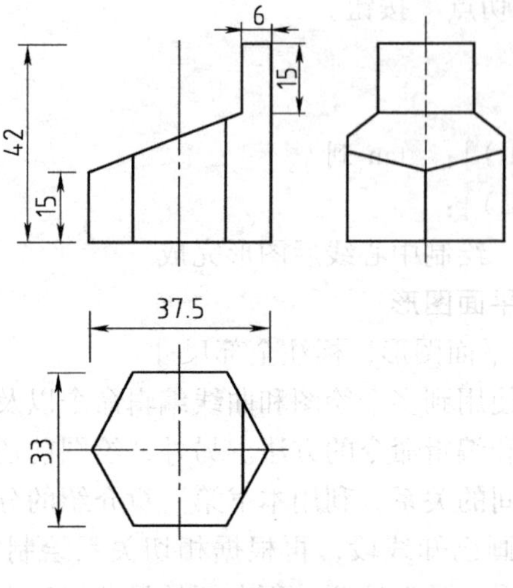

图 13-6　三视图

绘制步骤如下：

1）设置图层：分别设置中心线层与 0 层，打开并设置对象追踪和对象捕捉两个按钮。

2）使用对象追踪和对象捕捉绘制出主、俯视图。

3）绘制直线并追踪到图 13-7b 所示位置。

4）利用直线与对象捕捉完成绘制，结果如图 13-7c 所示。

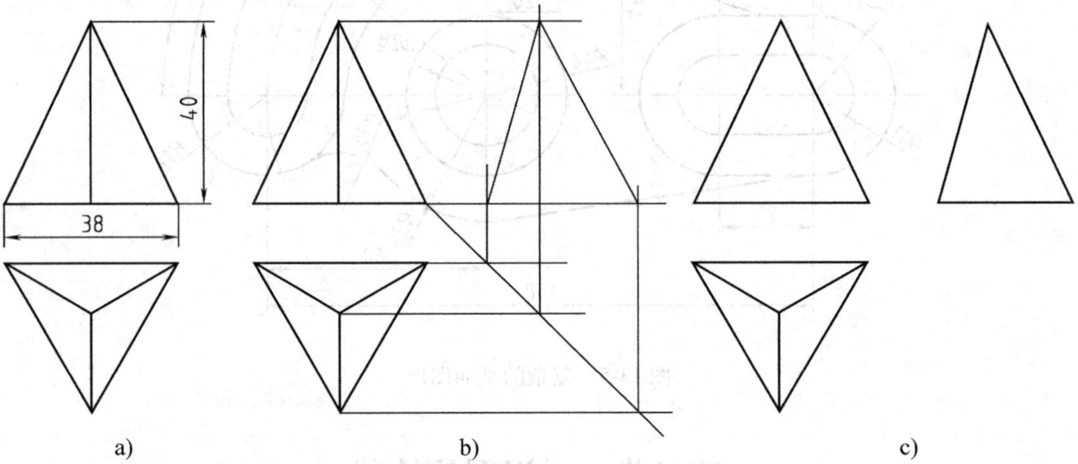

图 13-7　补画第三视图

a）原图　b）补画过程　c）补画结果

***训练 3　根据立体图绘制三视图**

根据图 13-8 所示的立体图绘制其三视图。

根据立体图绘制三视图，首先要确定坐标轴方向。一般情况下，立体图的左、右为 X 方向；前、后为 Y 方向；上、下为 Z 方向。然后根据坐标方向读懂立体图上的尺寸，并以 Y 轴的负方向为主视图方向。最后找到各个点在主、俯、左三视图上的位置，如图 13-8 所示立体图上的点 A、B，可用追踪线确定其在主视图与俯视图上的对应关系（这两点在最前方的线上），而点 C 要用追踪线在主视图引线中确定其在左视图上的位置。绘制的三视图如图 13-9 所示。

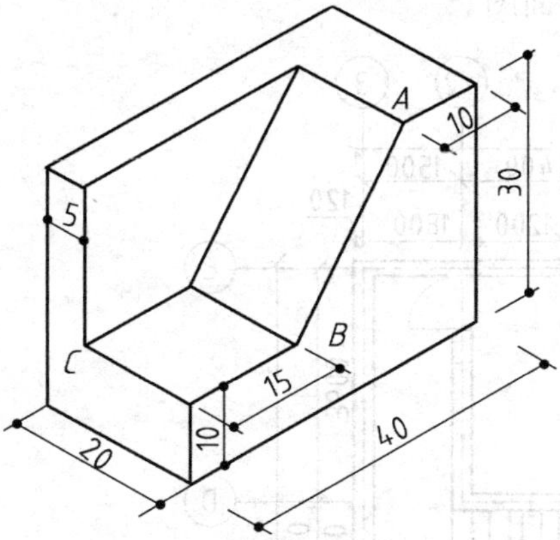

图 13-8　立体图

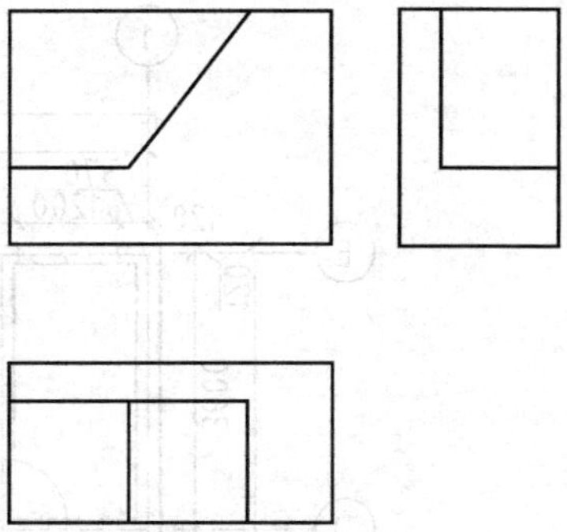

图 13-9　三视图

第三节　建筑施工图的绘制

*** 训练 1　按给定比例抄画基础断面图**

按 1∶10 的比例绘制图 13-10 所示基础断面图，并标注尺寸。

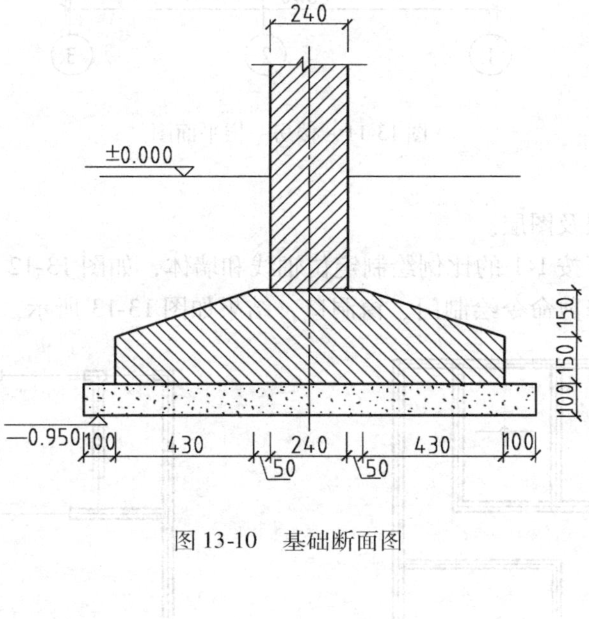

图 13-10　基础断面图

绘制步骤如下：

1）设置绘图环境、图层。

2）用直线命令先按 1∶1 的比例绘制图形并填充图案。

3）将整个图形用比例缩放命令缩小 10 倍，即比例因子取为 0.1。

4）设置标注样式，将箭头改为“建筑”，在主单位选项卡中的测量比例因子改为 10。

5）使用标注命令进行尺寸标注。

****训练 2　按给定比例抄画楼房一层平面图**

按 1:100 的比例抄画图 13-11 所示的楼房一层平面图。

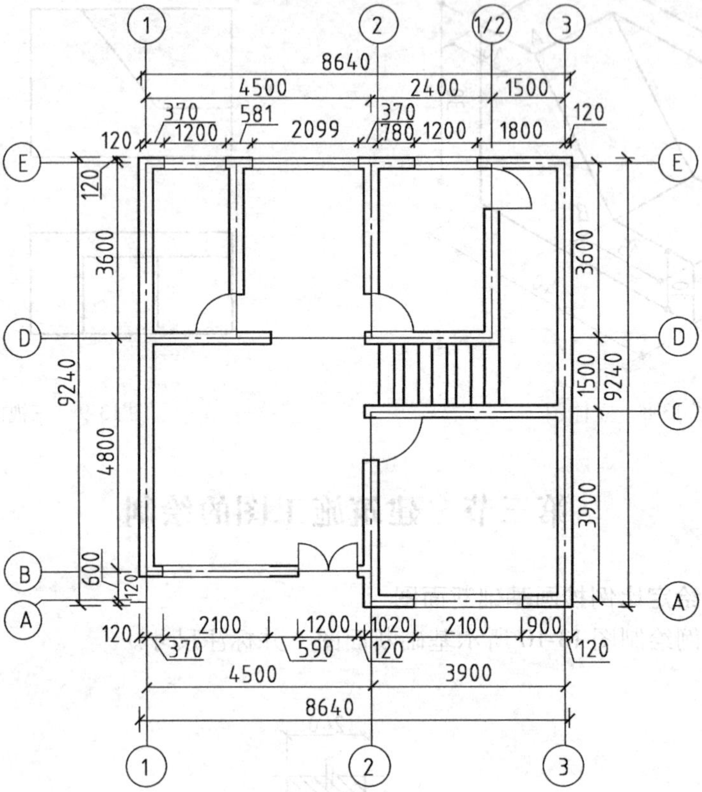

图 13-11　楼房一层平面图

绘图步骤如下：

1）设置绘图界限及图层。

2）在相应图层下按 1:1 的比例绘制定位轴线和墙体，如图 13-12 所示。

3）利用直线与修剪命令绘制门、窗洞口，结果如图 13-13 所示。

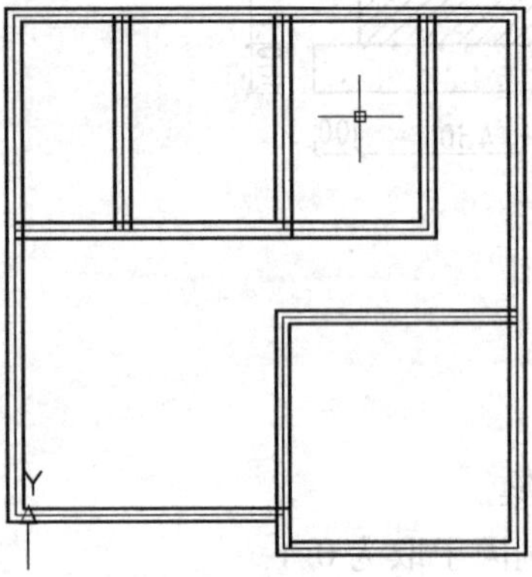

图 13-12　绘制定位轴线和墙体

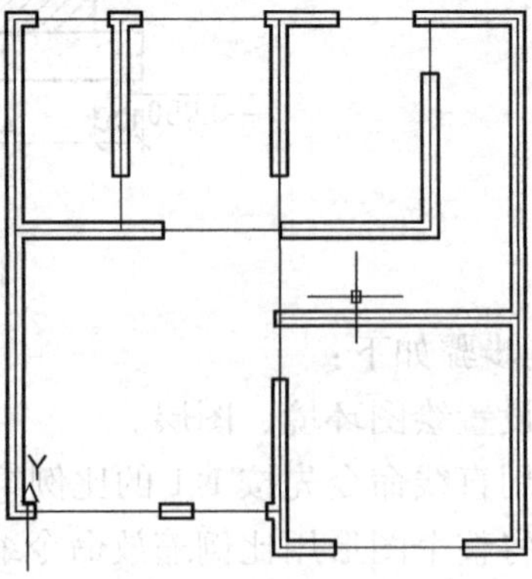

图 13-13　绘制门、窗洞口

4）绘制单个的门、窗并生成块，使用块插入功能将其放入到相应的洞口中，如图 13-14 所示。

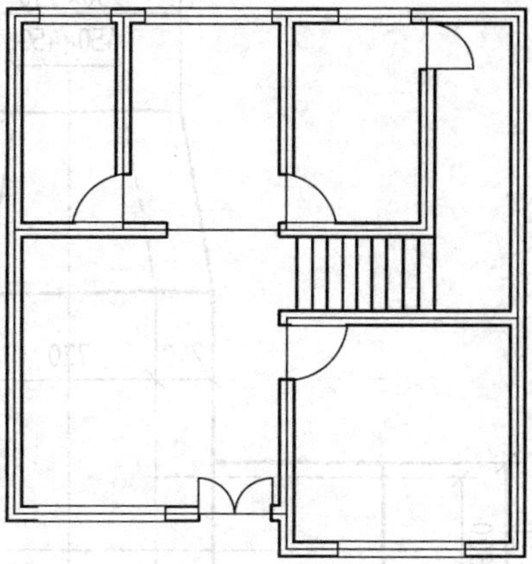

图 13-14　绘制门、窗

5）因为前面一直按 1:1 的比例绘图，所以在绘制完图形以后，要使用比例缩放命令将图形缩小 100 倍，这时比例因子为 0. 01。

6）设置尺寸标注样式，在测量比例中改为 100，箭头改为建筑标记，调整相应的数值，并将修改后的标注样式置为当前。

7）标注尺寸，这里将多次使用到连续标注，如图 13-15所示。

8）标注轴线标号。运用单行文字与多次的选择复制，可以提高绘图速度。

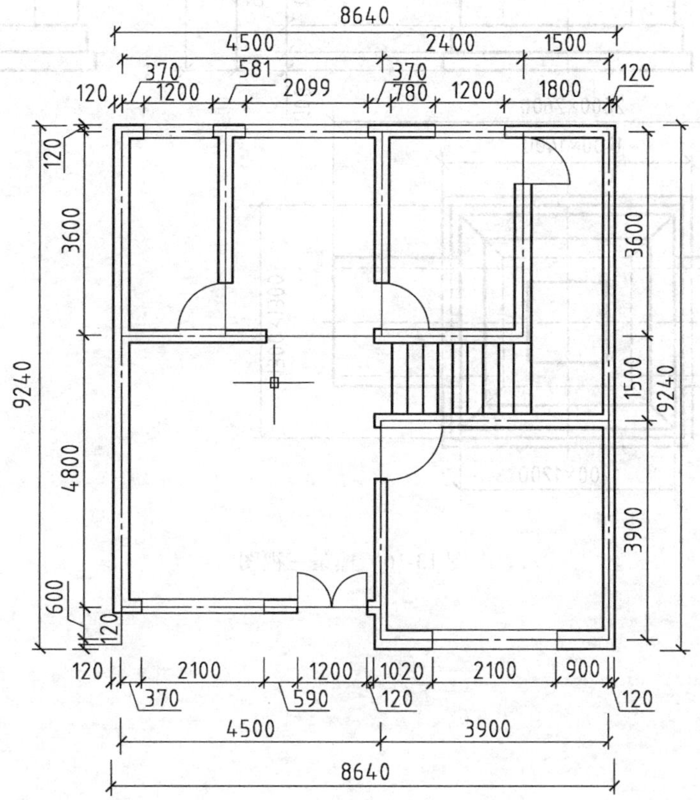

图 13-15　标注尺寸

****训练 3　按给定比例抄画建筑构件的三视图**

按 1:50 的比例绘制檩条的三视图并标注尺寸，如图 13-16 所示。

本例三视图的绘制过程与前面三视图的绘制过程大体相同，都需在绘图前读懂三视图，并使用对象捕捉与对象追踪来进行绘制。注意在绘制图形时使用 1:1 的比例，绘图后要将尺寸标注的测量比例放大 50 倍，尺寸标注要在将图形缩小后进行。

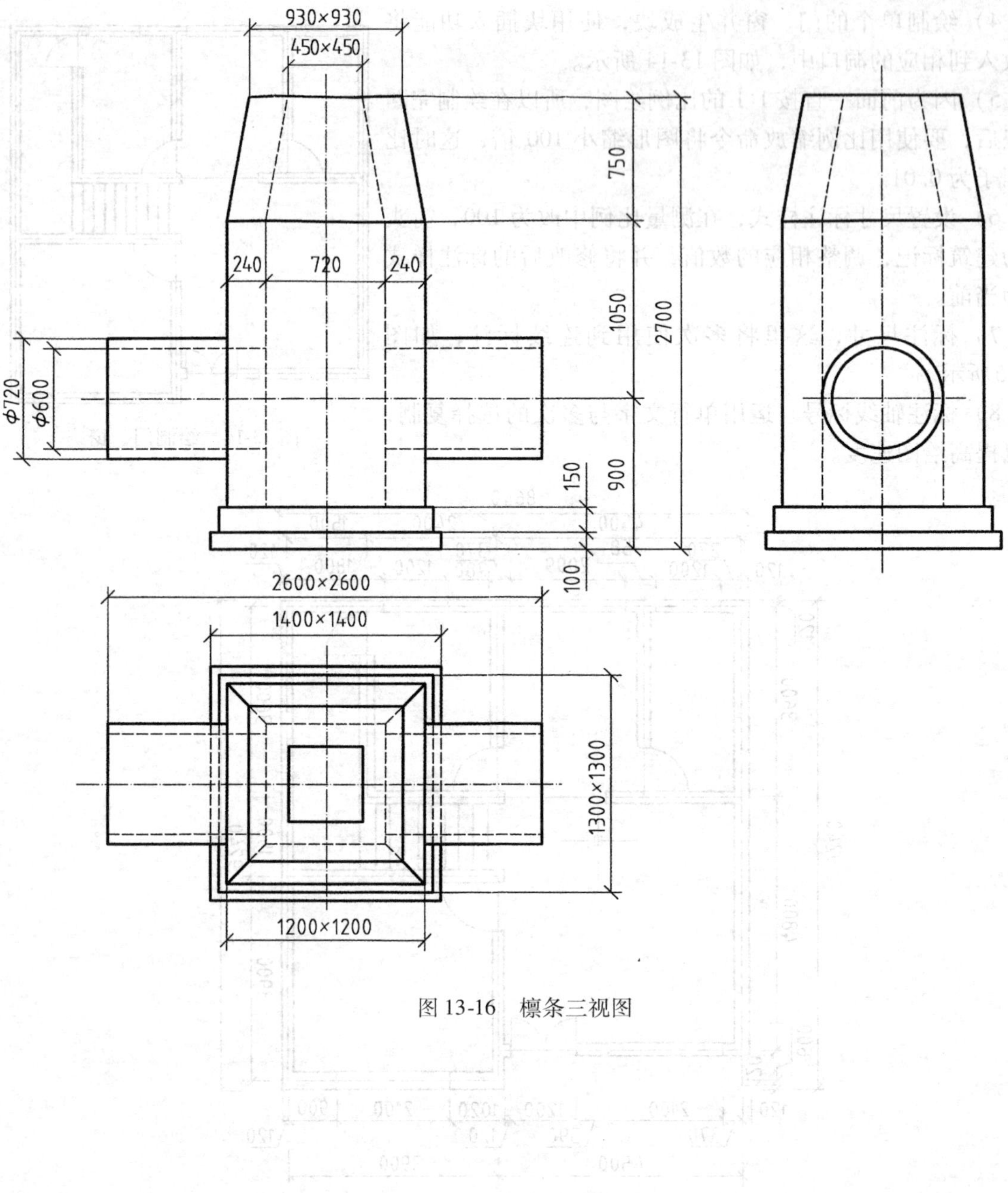
930×930
450×450
750
240
720
240
1050
2700
Φ720
Φ600
150
900
100
2600×2600
1400×1400
1300×1300
1200×1200

图 13-16　檩条三视图

第三部分　知识与技能训练练习题

第一章　基 本 要 求

一、选择题（四选一，将正确答案前的字母填入括号内）。

1. 国家制图标准对图纸幅面作了规定，其中规定的基本幅面共有（　　）种。

A. 4　　B. 5　　C. 6　　D. 7

2. 国家制图标准规定，基本幅面 A3 的图纸尺寸为（　　）。

A. 210mm×297mm　　B. 420mm×594mm

C. 148mm×210mm　　D. 297mm×420mm

3. 国家制图标准规定，必要时图纸幅面尺寸可以沿（　　）按规定要求加长。

A. 长边　　B. 短边　　C. 对角线　　D. 各边同时

4. 比例 1∶2 属于（　　）比例。

A. 放大　　B. 缩小　　C. 规定不选用的　　D. 尽量不用的

5. 某产品用放大一倍的比例绘图，在标题栏比例栏中应填写（　　）。

A. 放大一倍　　B. 1×2　　C. 2/1　　D. 2∶1

6. 国家制图标准规定，图样中汉字应写成（　　）体，并采用国家正式公布的简化字。

A. 新宋　　B. 隶书　　C. 长仿宋　　D. 仿宋

7. 图样中的字母和数字有 A 型和 B 型两种，其中 B 型字体笔画宽度为字高的（　　）。

A. 1/5　　B. 1/6　　C. 1/10　　D. 1/14

8. 国家制图标准规定的字体高度公称尺寸系列一共有（　　）种。

A. 5　　B. 6　　C. 7　　D. 8

9. 国家制图标准规定的字体的号数是指字体的（　　）。

A. 长度　　B. 宽度　　C. 高度　　D. 角度

10. 建筑制图的图线，有粗、中、细之分，但（　　）除外。

A. 实线和点画线　　B. 双点画线和点画线

C. 实线和虚线　　D. 波浪线和折断线

11. 国家制图标准规定，建筑类图样中使用的线型一共有（　　）种。

A. 10　　B. 12　　C. 14　　D. 9

12. 图样上标注的尺寸，一般由（　　）组成。

A. 数字、尺寸线及终端、箭头

B. 尺寸界线、箭头、数字

C. 尺寸界线、尺寸线及终端、尺寸数字

D. 尺寸线、尺寸界线、数字

13. 标注圆的直径尺寸时，（　　）一般应通过圆心，尺寸箭头指到圆弧上。

A. 尺寸界线　　B. 尺寸数字　　C. 尺寸终端　　D. 尺寸线

14. 标注（　　）尺寸时，应在尺寸数字前加注符号“ϕ”。

A. 圆球直径　　B. 圆弧　　C. 长度　　D. 圆的直径

15. 图样上所注的尺寸为该图样所示机件的（　），否则应另加说明。

A. 留有加工余量尺寸　　B. 最后完工尺寸

C. 加工参考尺寸　　D. 有关测量尺寸

16. 机件的真实大小应以图样上（　　）为依据，与图形的大小及绘图的准确度无关。

A. 所注尺寸数值　　B. 所画图样形状

C. 所标绘图比例　　D. 所加文字说明

17. 手工绘制工程图的正图时，常用的工具是（　）。

A. 三角板、圆规、钢笔

B. 丁字尺、三角板、圆规、铅笔

C. 曲线板、直尺、圆珠笔

D. 三角板、分规、椭圆板、描图笔

18. （　）法分为正投影法和斜投影法两种。

A. 平行投影　　B. 中心投影　　C. 透视投影　　D. 标高投影

19. 正投影的基本特性主要有实形性、积聚性和（　　）。

A. 同一性　　B. 特殊性　　C. 类似性　　D. 统一性

20. 空间点 A 到（　　）的距离，等于空间点 A 的 X 坐标。

A. H 面　　B. V 面　　C. 轴测投影面　　D. W 面

21. 空间点 A 到（　　）的距离，等于空间点 A 的 Y 坐标。

A. H 面　　B. V 面　　C. 轴测投影面　　D. W 面

22. 空间点 A 到（　　）的距离，等于空间点 A 的 Z 坐标。

A. H 面　　B. V 面　　C. 轴测投影面　　D. W 面

23. 正平线在（　）上的投影反映实长和真实倾角。

A. H 面　　B. V 面　　C. 轴测投影面　　D. W 面

24. 水平线在（　　）上的投影反映实长和真实倾角。

A. H 面　　B. V 面　　C. 轴测投影面　　D. W 面

25. 侧平线在（　　）上的投影反映实长和真实倾角。

A. H 面　　B. V 面　　C. 轴测投影面　　D. W 面

26. 正垂线在（　　）上的投影积聚为一点。

A. H 面　　B. V 面　　C. 轴测投影面　　D. W 面

27. 侧垂线在（　　）上的投影积聚为一点。

A. H 面　　B. V 面　　C. 轴测投影面　　D. W 面

28. 铅垂线在（　　）上的投影积聚为一点。

A. H 面　　B. V 面　　C. 轴测投影面　　D. W 面

29. 侧平面在（　　）上的投影反映实形。

A. H 面　　B. V 面　　C. 轴测投影面　　D. W 面

30. 水平面在（　）上的投影反映实形。

A. H 面　　B. V 面　　C. 轴测投影面　　D. W 面

31. 正平面在（　　）上的投影反映实形。

A. *H* 面　　B. *V* 面　　C. 轴测投影面　　D. *W* 面

32. 正垂面在（　　）上的投影具有积聚性。

A. *H* 面　　B. *V* 面　　C. 轴测投影面　　D. *W* 面

33. 侧垂面在（　　）上的投影具有积聚性。

A. *H* 面　　B. *V* 面　　C. 轴测投影面　　D. *W* 面

34. 铅垂面在（　　）上的投影具有积聚性。

A. *H* 面　　B. *V* 面　　C. 轴测投影面　　D. *W* 面

35. 在三视图中，主视图反映物体的（　　）。

A. 长度和宽度　　B. 长度和高度　　C. 高度和宽度　　D. 空间角度

36. 在三视图中，俯视图反映应物体的（　　）。

A. 长度和宽度　　B. 长度和高度　　C. 高度和宽度　　D. 空间角度

37. 在三视图中，左视图反映应物体的（　　）。

A. 长度和宽度　　B. 长度和高度　　C. 高度和宽度　　D. 空间角度

38. 在三视图中，主视图反映物体的（　　）四个方位。

A. 上下、前后　　B. 左右、前后　　C. 上下、左右　　D. 上前、下右

39. 在三视图中，俯视图反映应物体的（　　）四个方位。

A. 上下、前后　　B. 左右、前后　　C. 上下、左右　　D. 上前、下右

40. 在三视图中，左视图反映应物体的（　　）四个方位。

A. 上下、前后　　B. 左右、前后　　C. 上下、左右　　D. 上前、下右

参考答案：

1. B	2. D	3. A	4. B	5. D	6. C	7. C	8. D	9. C	10. D
11. C	12. C	13. D	14. D	15. B	16. A	17. B	18. A	19. C	20. D
21. B	22. A	23. B	24. A	25. D	26. B	27. D	28. A	29. D	30. A
31. B	32. B	33. D	34. A	35. B	36. A	37. C	38. C	39. B	40. A

二、判断题（将正确答案用字母 T（真）或 F（假）填入题目后面的括号内）。

1. 图纸基本幅面 A2 的尺寸为 420mm ×594mm。（　　）
2. 图纸基本幅面 A3 的尺寸为 420mm ×594mm。（　　）
3. 图纸幅面可以根据需要沿短边随意加长。（　　）
4. 一张 A1 图纸的幅面等于 4 张 A3 图纸的幅面。（　　）
5. 比例 1:3 属于国家规定的缩小比例系列。（　　）
6. 比例 1:6 不属于国家规定的缩小比例系列。（　　）
7. 图样中有不同比例的视图时，只要在标题栏中注明即可。（　　）
8. 比例 2.5:1 属于国家规定的放大比例系列。（　　）
9. 图样中的汉字应使用仿宋体。（　　）
10. 图样中的汉字字体的字高不应小于 2.5mm。（　　）
11. 图样中，A 型字体的笔画宽度为字高的 1/14。（　　）
12. 国家制图标准规定，机械制图适用的线型种类有 9 种。（　　）
13. 国家制图标准规定，建筑制图适用的线型有 14 种。（　　）

14. 一个完整的尺寸应当由尺寸界线、尺寸线、箭头和尺寸数字组成。（　）
15. 一个完整的尺寸应当由尺寸界线、尺寸线及终端和尺寸数字组成。（　）
16. 尺寸线的终端有箭头和斜线两种形式，图样中可以随意使用。（　）
17. 国家制图标准规定，建筑制图的实线、虚线的线型有粗、中、细之分。（　）
18. 空间点 *A* 到 *H* 面的距离，等于空间点 *A* 的 *Z* 坐标。（　）
19. 空间点 *A* 到 *H* 面的距离，等于空间点 *A* 的 *X* 坐标。（　）
20. 空间点 *A* 到 *V* 面的距离，等于空间点 *A* 的 *Y* 坐标。（　）
21. 空间点 *A* 到 *V* 面的距离，等于空间点 *A* 的 *X* 坐标。（　）
22. 空间点 *A* 到 *W* 面的距离，等于空间点 *A* 的 *X* 坐标。（　）
23. 空间点 *A* 到 *W* 面的距离，等于空间点 *A* 的 *Z* 坐标。（　）
24. 中心投影法分为正投影法和斜投影法。（　）
25. 平行投影法分为正投影法和斜投影法。（　）
26. 使用圆规画圆时，应尽可能使钢针和铅芯垂直于图纸纸面。（　）
27. 丁字尺与三角板随意配合，可以画出65°的角度。（　）
28. 图形上的尺寸按标注形式可分为线性尺寸和角度尺寸。（　）
29. 图形上的尺寸按其作用可分为定形尺寸和定位尺寸。（　）
30. 图形上的线段可分为已知线段、中间线段和连接线段。（　）
31. 在正投影中，空间平行两条直线的投影一定相交。（　）
32. 用1:2 的比例画图，画出的图形比实际物体大。（　）

参考答案：

1. T	2. F	3. F	4. T	5. T	6. F	7. F	8. T	9. F	10. F
11. T	12. T	13. T	14. F	15. T	16. F	17. T	18. T	19. F	20. T
21. F	22. T	23. F	24. F	25. T	26. T	27. F	28. T	29. T	30. T
31. F	32. F								

三、分析图 1 ~ 图 4 左图中尺寸标注的错误，并在右图中进行正确的标注。

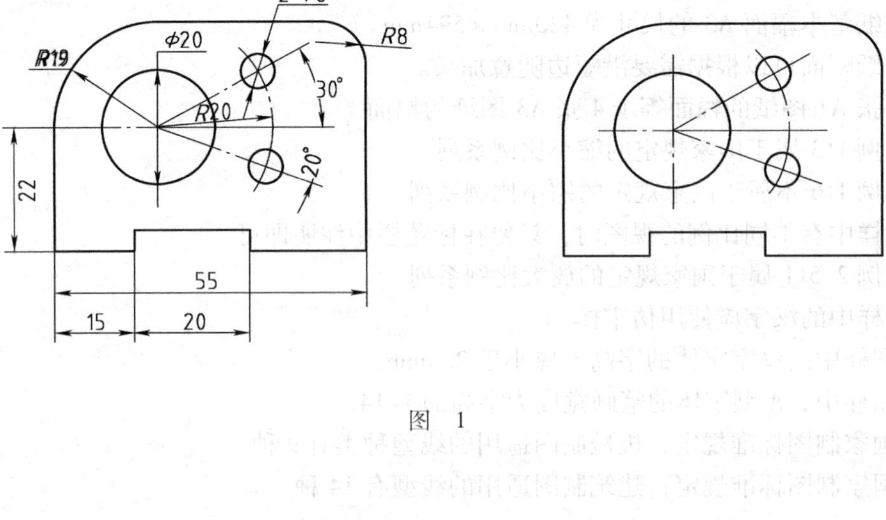

图　1

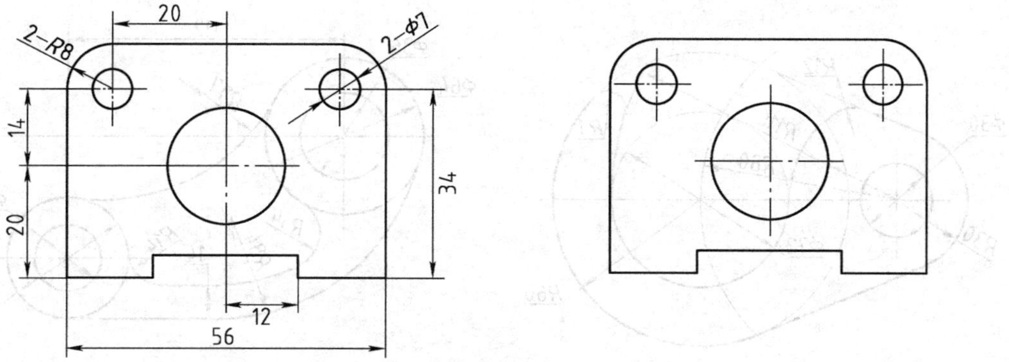
20
2-R8
2-Φ7
14
20
34
12
56

图 2

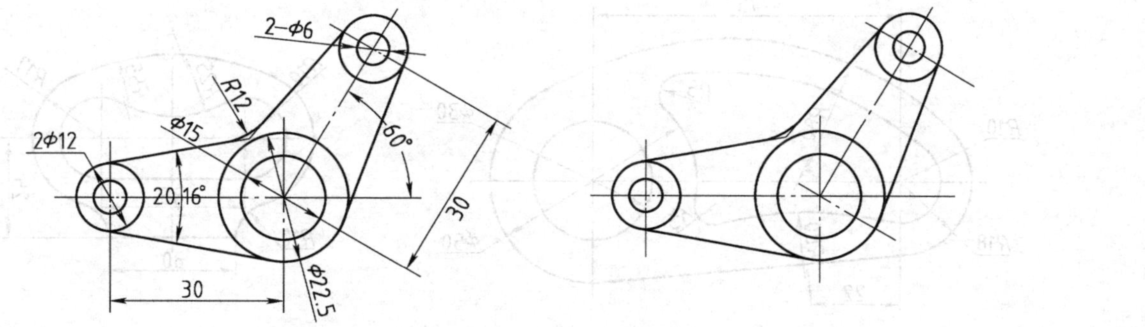
2-Φ6
R12
Φ15
2Φ12
20.16°
60°
30
30
Φ22.5

图 3

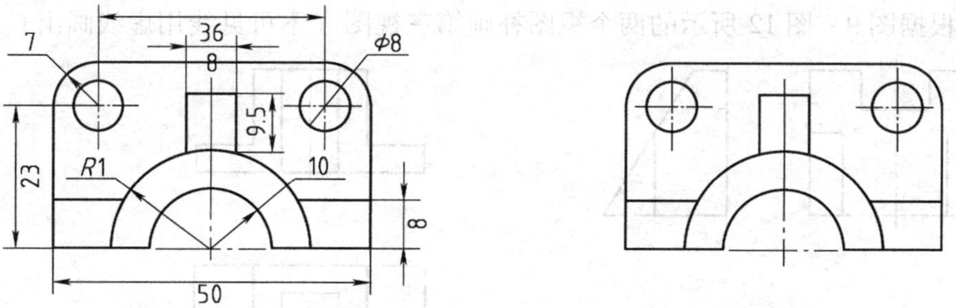
36
7
8
Φ8
9.5
23
R1
10
8
50

图 4

四、用 1:1 的比例手工绘制图 5 ~ 图 8 所示图形。

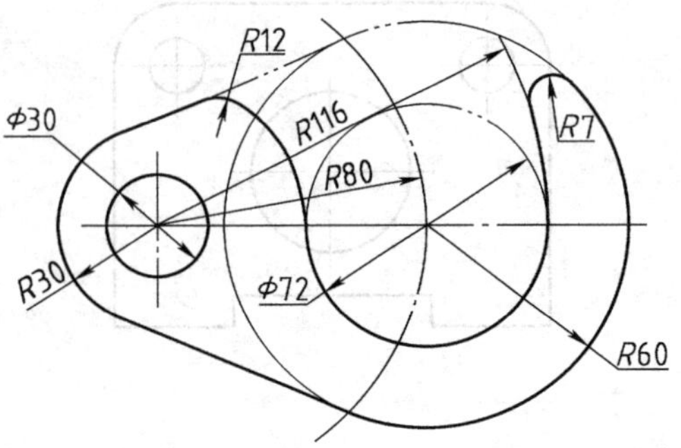

图 5

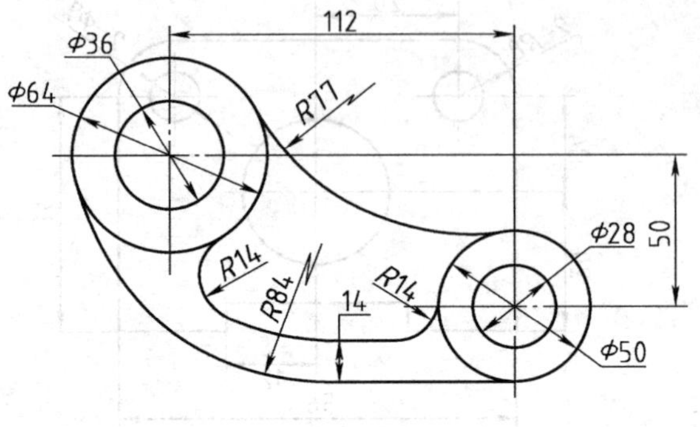

图 6

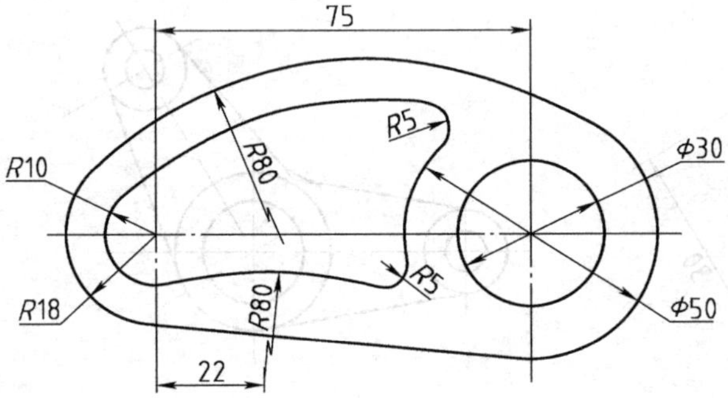

图 7

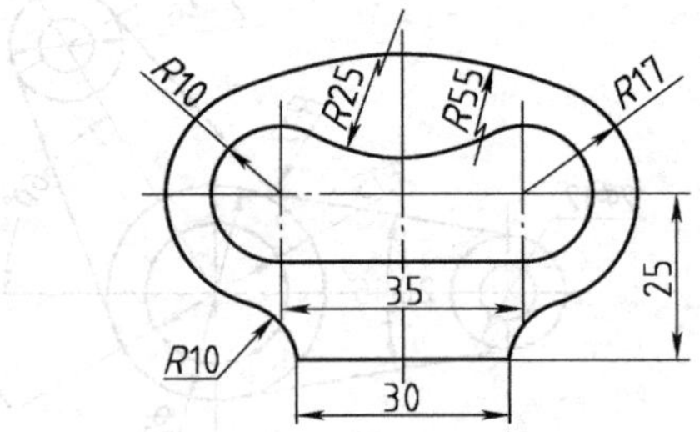

图 8

第二章 基本形体

一、根据图 9 ~ 图 12 所示的两个视图补画第三视图（不可见线用虚线画出）。

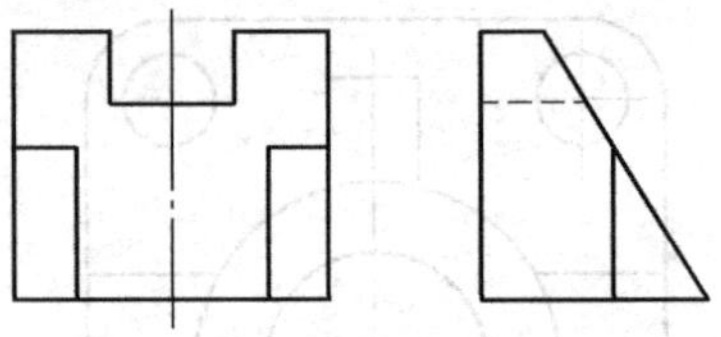

图 9

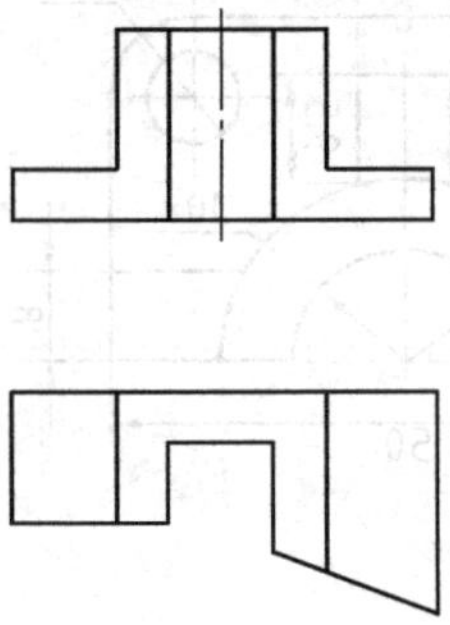

图 10

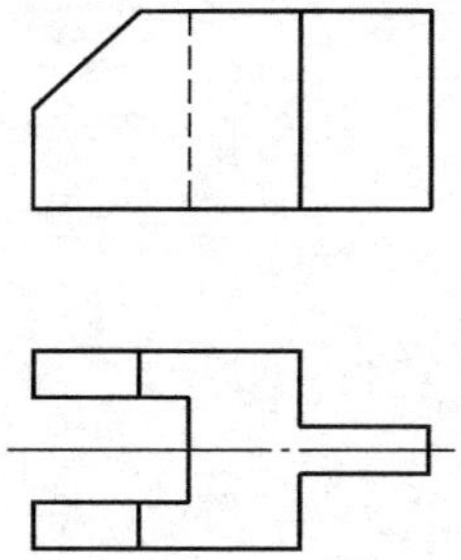

图　11

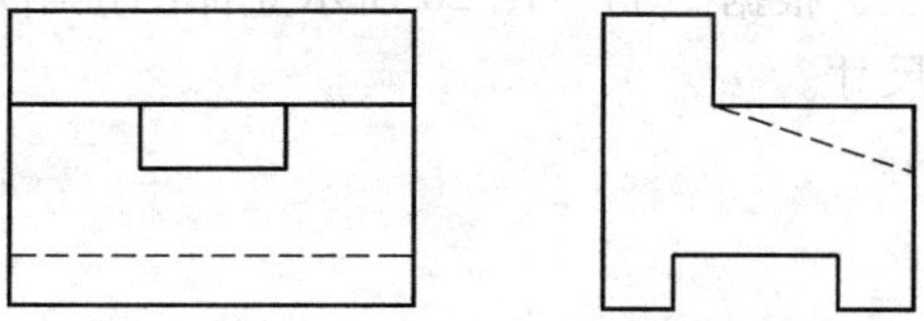

图　12

二、根据图 13 ~ 图 16 所示的两个视图补画第三视图（不可见线用虚线画出）。

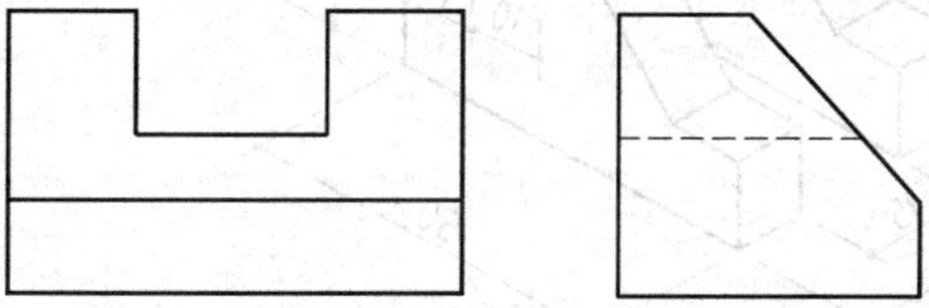

图　13

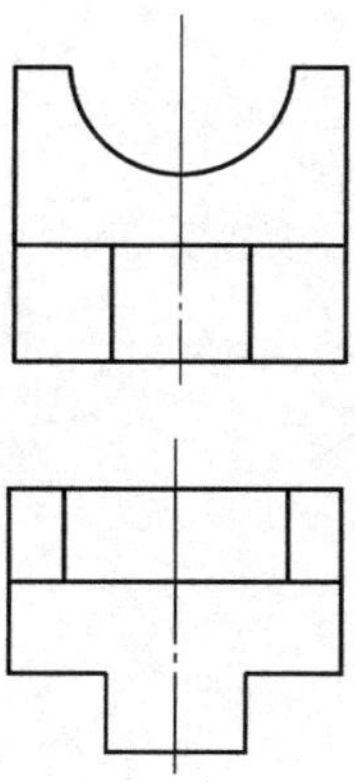

图　14

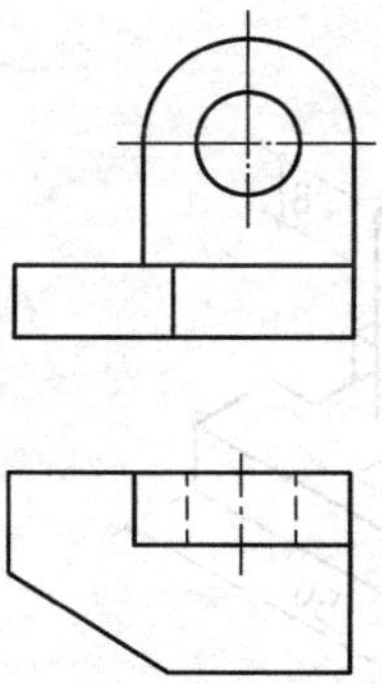

图　15

图　16

三、根据图 17 ~ 图 20 所示立体图按给定尺寸 1:1 画三视图，不可见线用虚线表示，不标注尺寸。

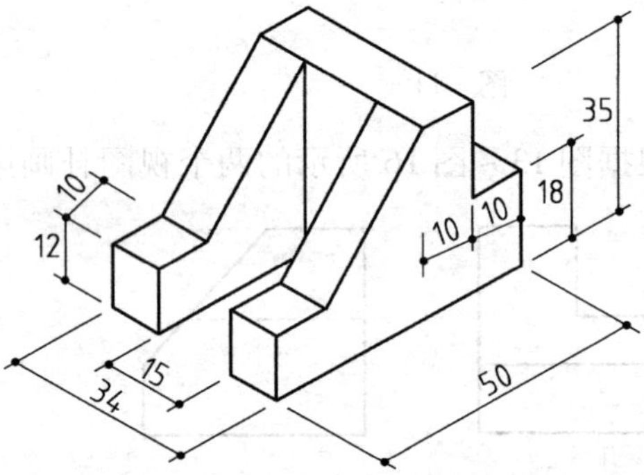

图　17

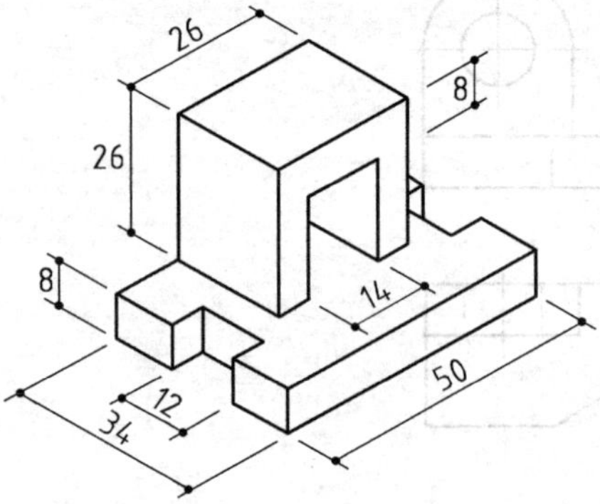

图　18

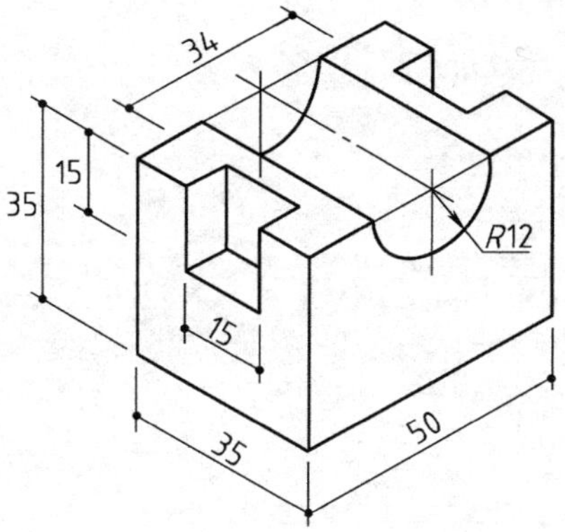

图 19

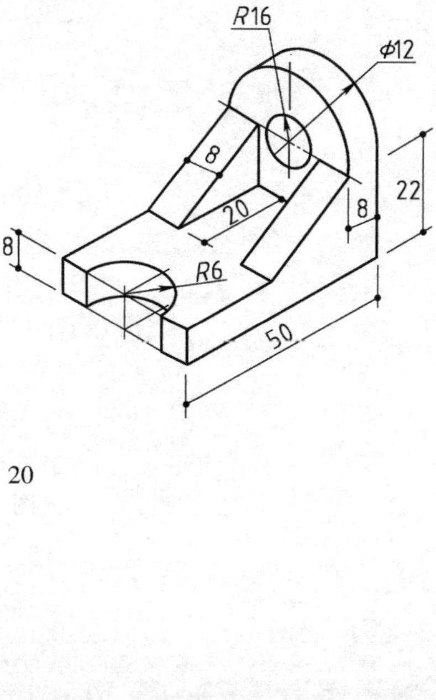

图 20

四、根据图 21 ~ 图 24 所示立体图按给定尺 1:1 寸画三视图，不可见线用虚线表示，不标注尺寸。

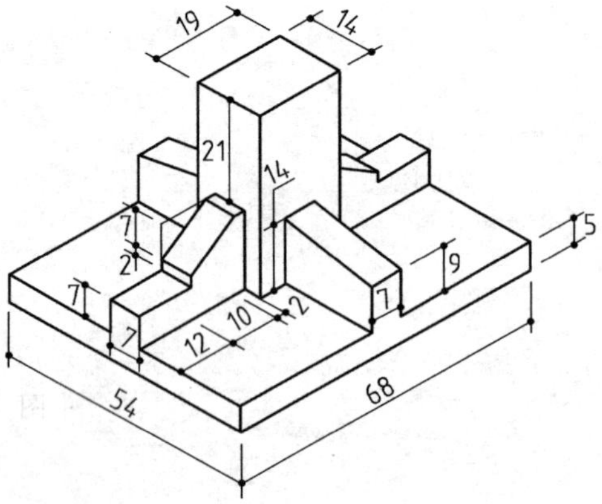

图　21

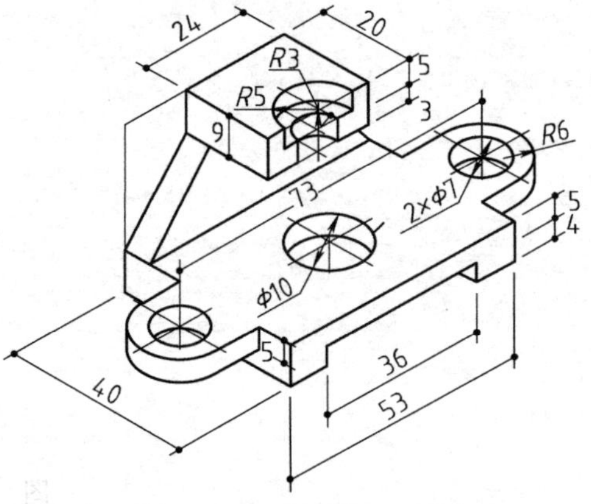

图　22

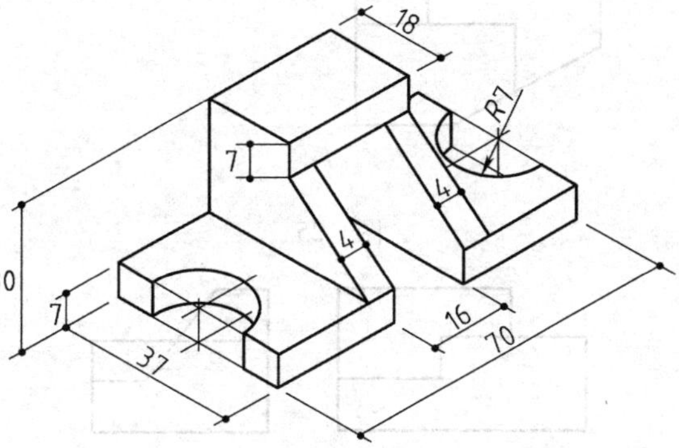

图 23

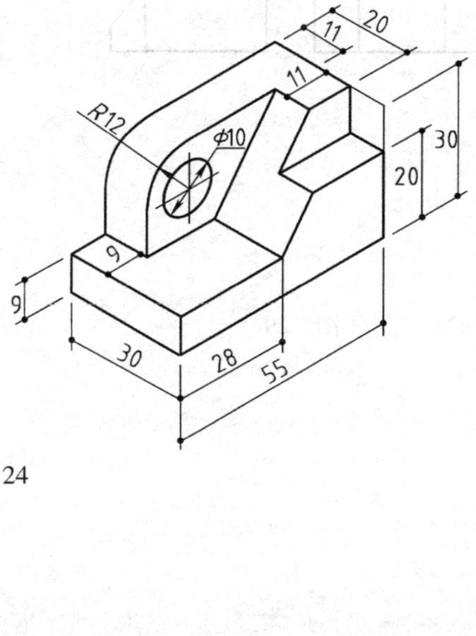

图 24

第三章　组　合　体

一、根据图 25 ~ 图 28 所示的两个视图补画第三视图（不可见线用虚线画出）。

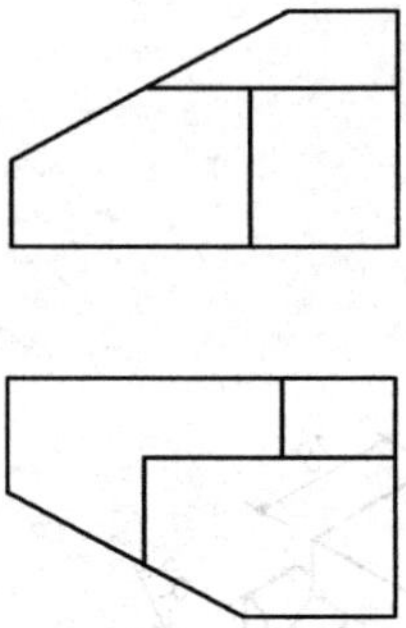

图　25

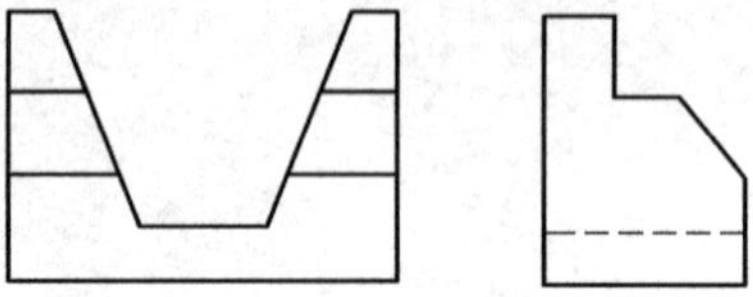

图　26

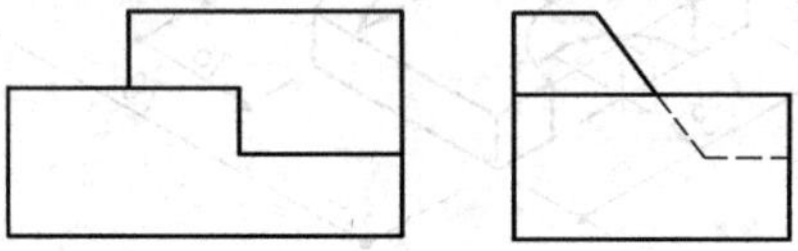

图　27

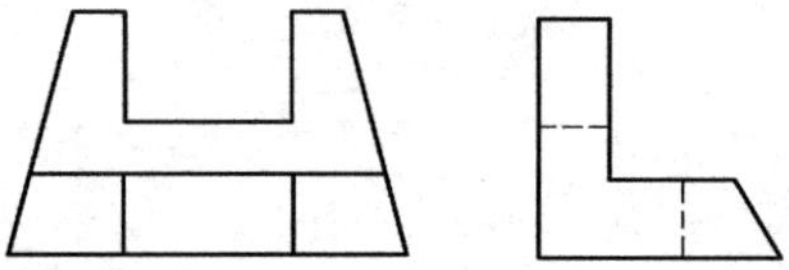

图　28

二、根据图 29 ~ 图 34 所示的两个视图补画第三视图（不可见线用虚线画出）。

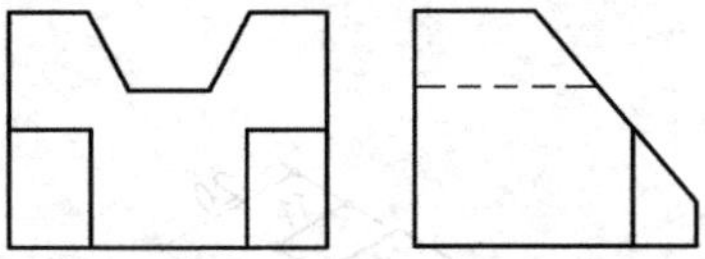

图　29

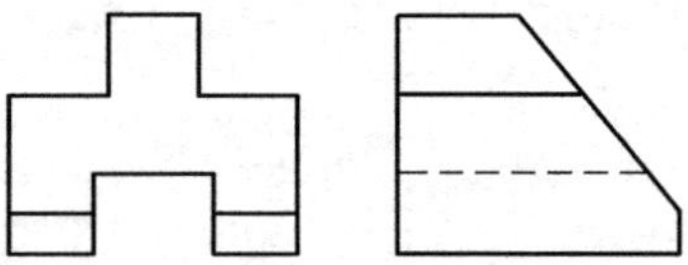

图　30

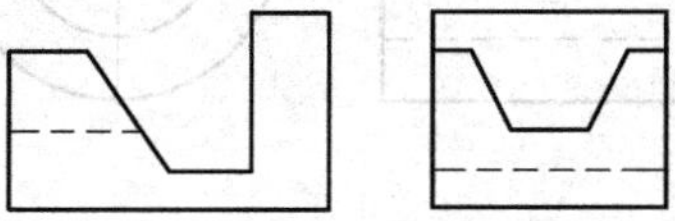

图 31

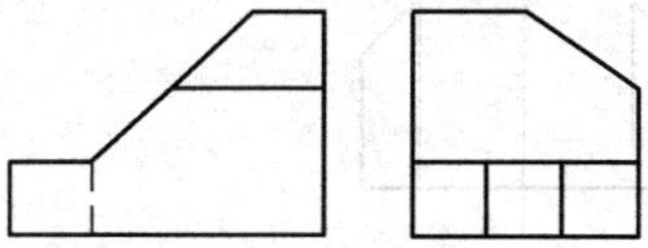

图 32

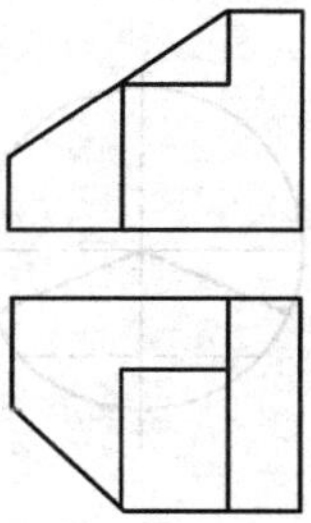

图 33

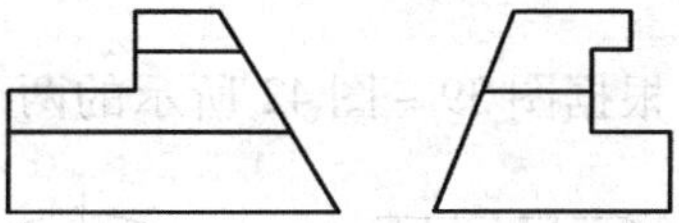

图 34

*三、根据图 35 ~ 图 38 所示的两个视图补画第三视图（不可见线用虚线画出）。

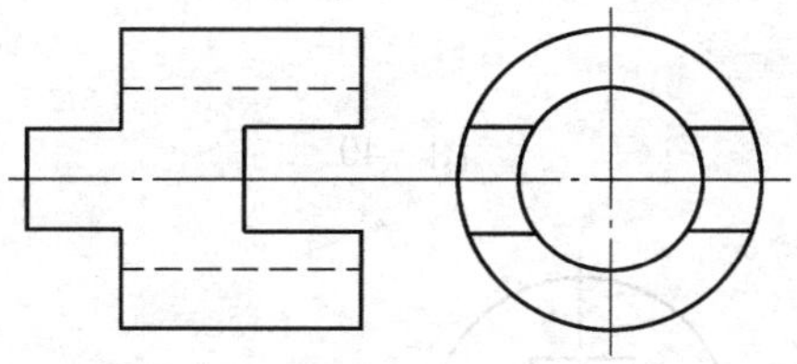

图 35

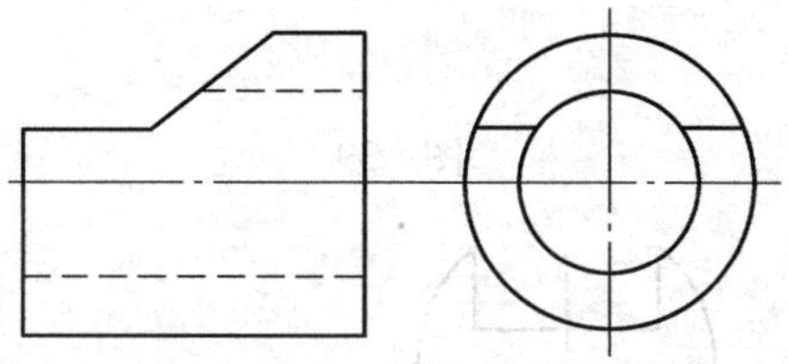

图 36

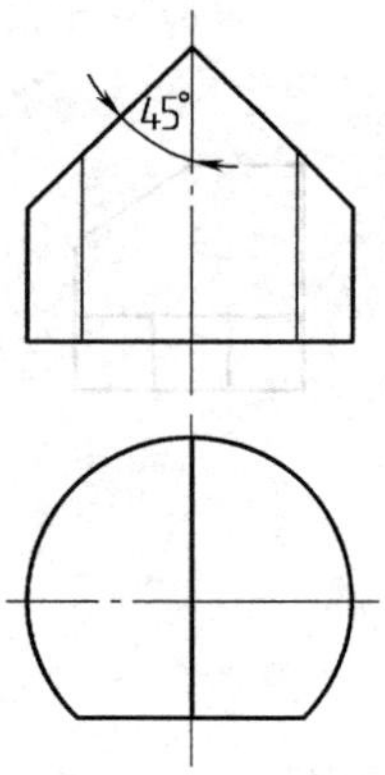

图 37

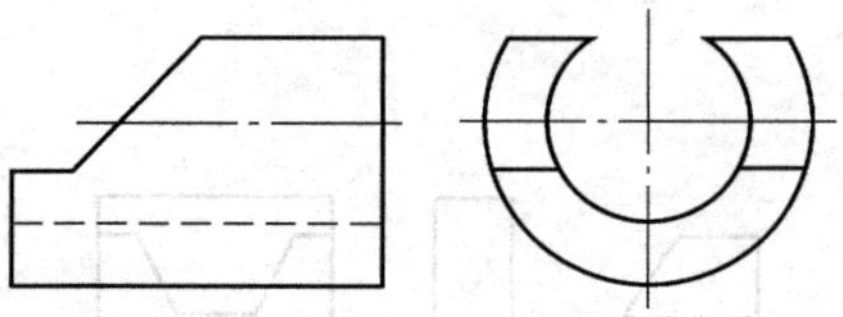

图 38

*四、根据图 39 ~ 图 42 所示的两个视图补画第三视图（不可见线用虚线画出）。

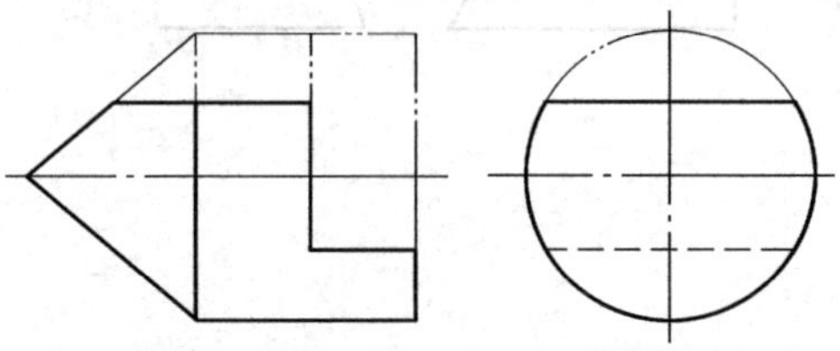

图 39

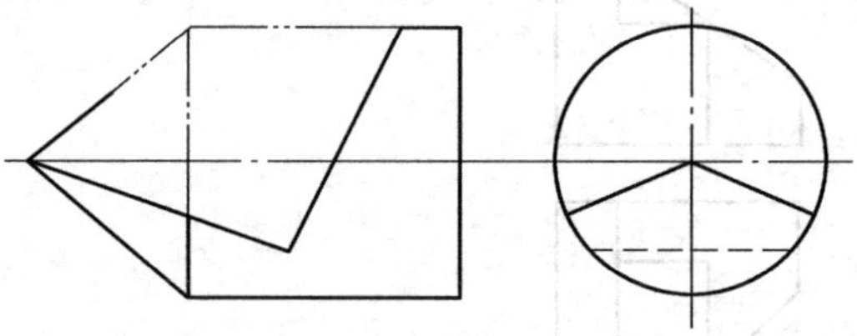

图 40

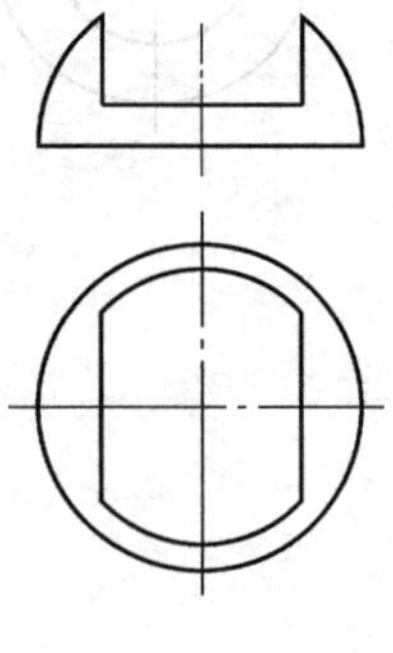

图 41

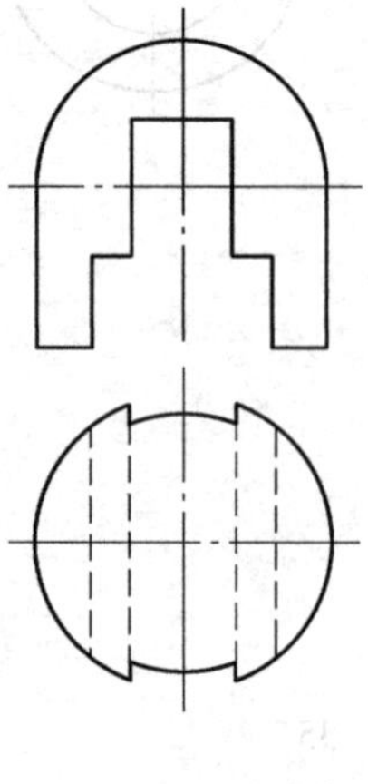

图 42

* 五、根据图 43 ~ 图 46 所示的两个视图补画第三视图（不可见线用虚线画出）。

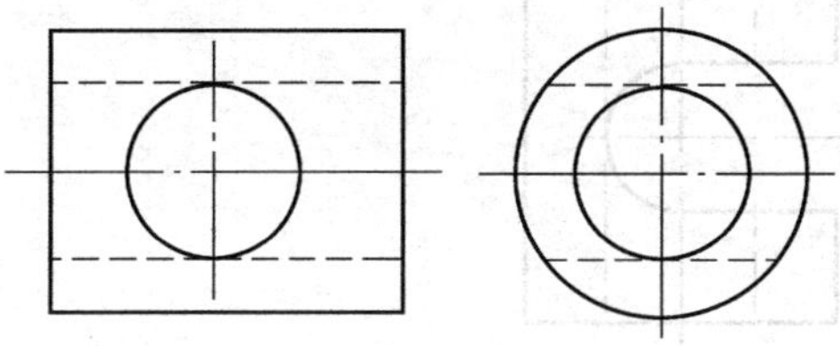

图 43

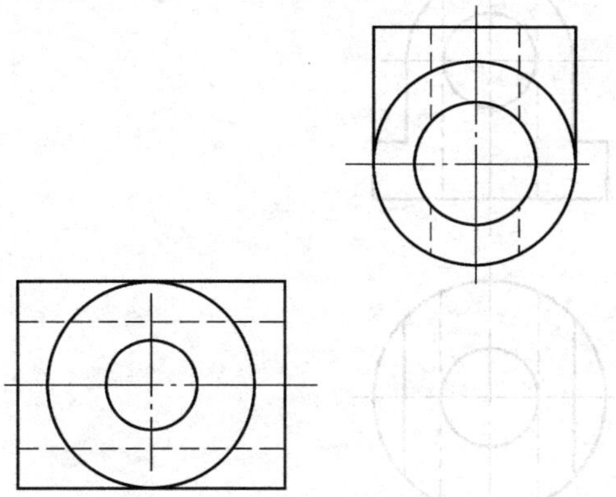

图 44

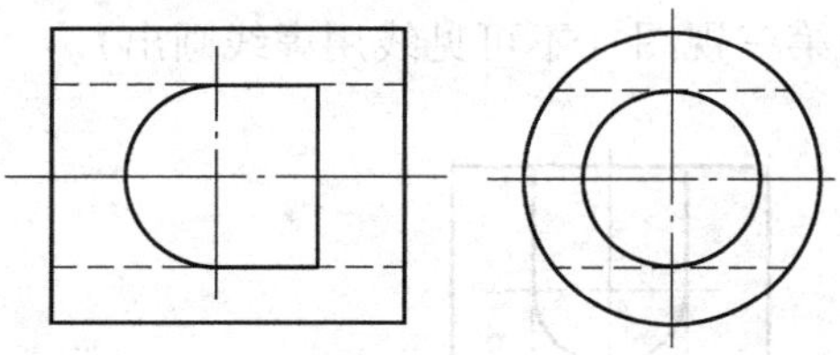

图 45

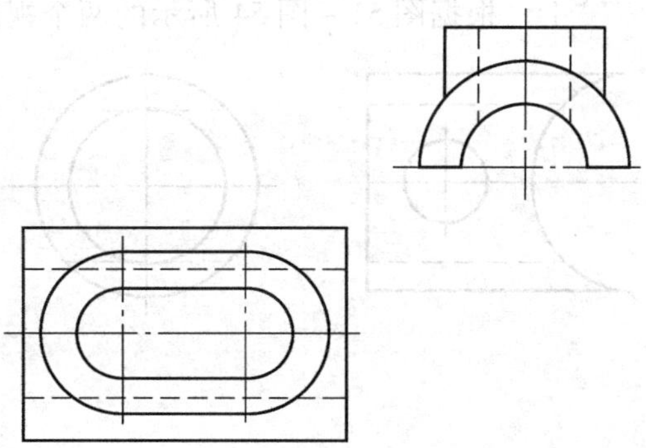

图 46

** 六、根据图 47 ~ 图 50 所示的主视图和俯视图补画左视图（不可见线用虚线画出）。

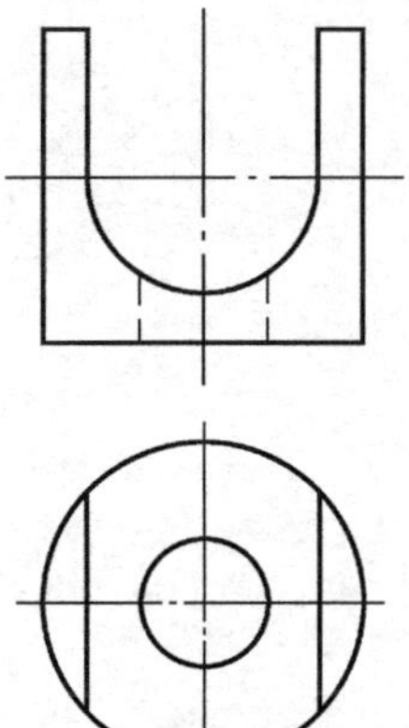

图 47

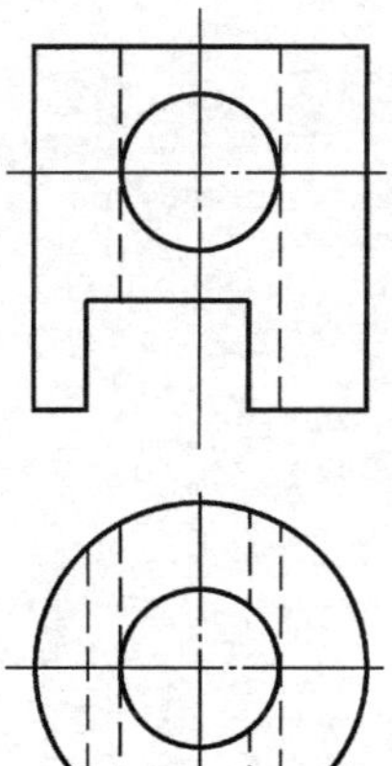

图 48

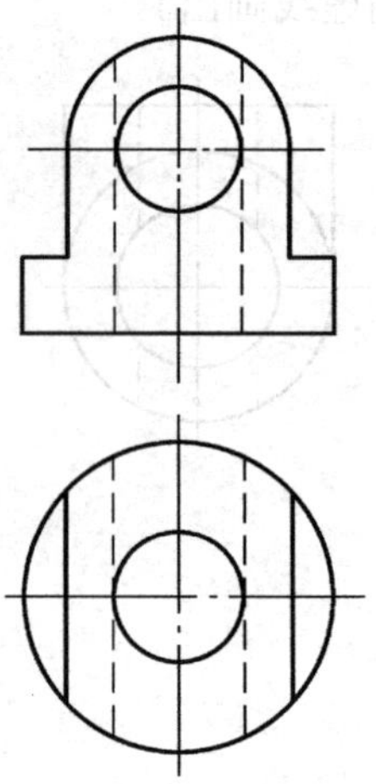

图 49

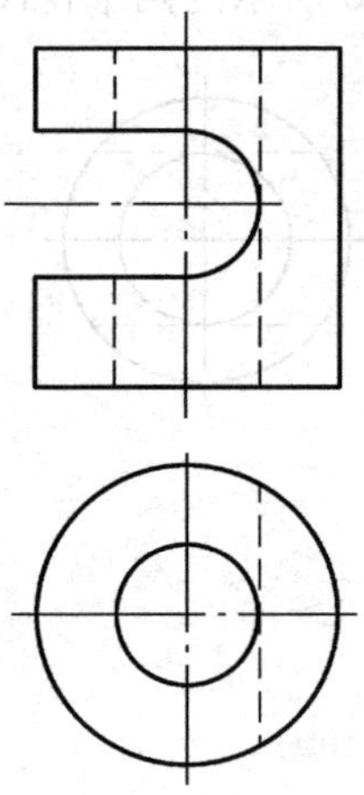

图 50

**七、根据图 51 ~ 图 54 所示的两个视图补画第三视图（不可见线用虚线画出）。

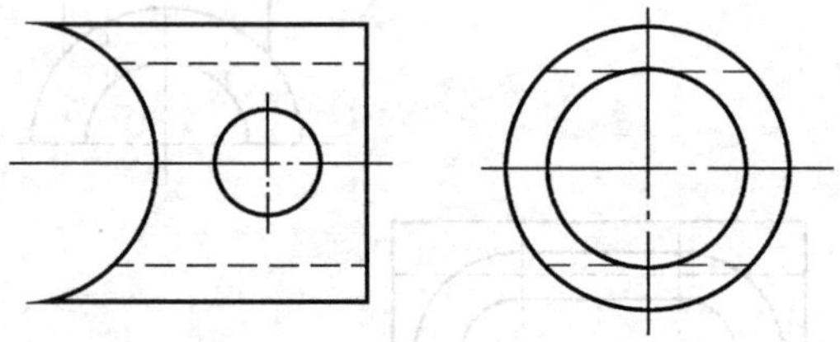

图 51

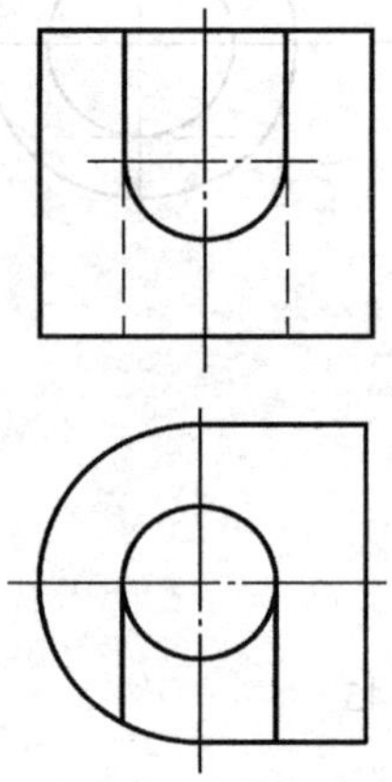

图 52

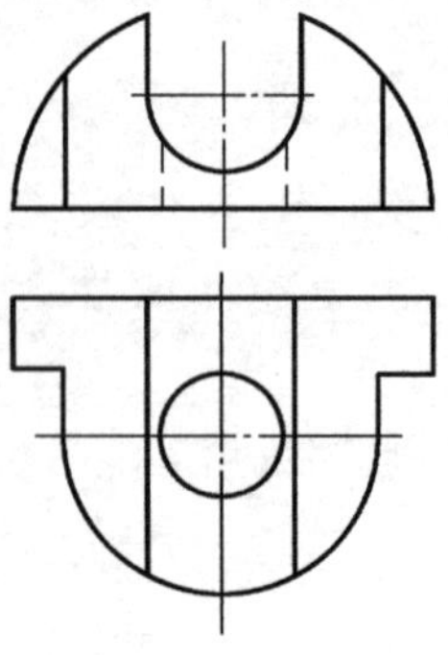

图 53

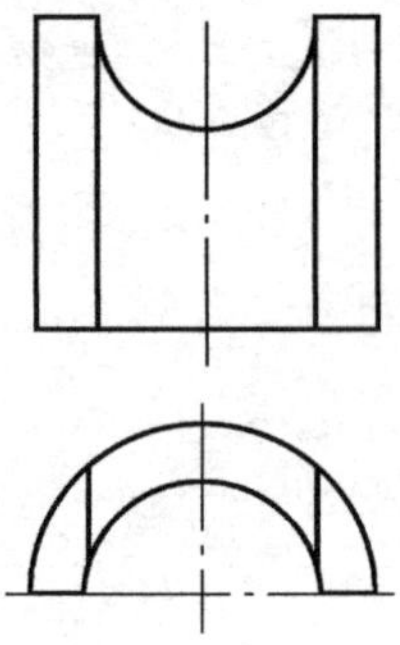

图 54

**八、根据图 55 ~ 图 58 所示的俯视图和左视图补画主视图（不可见线用虚线画出）。

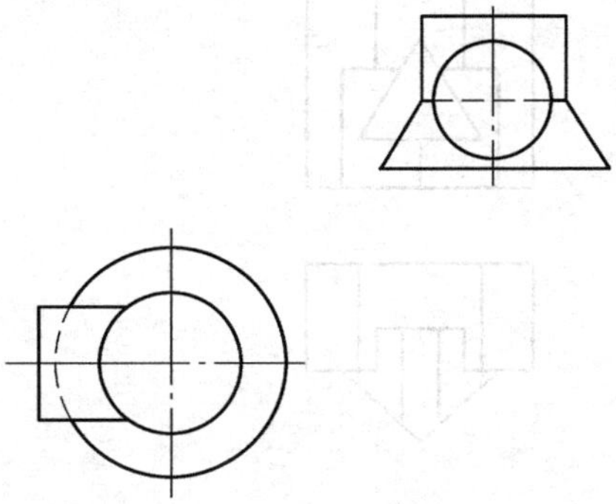

图　55

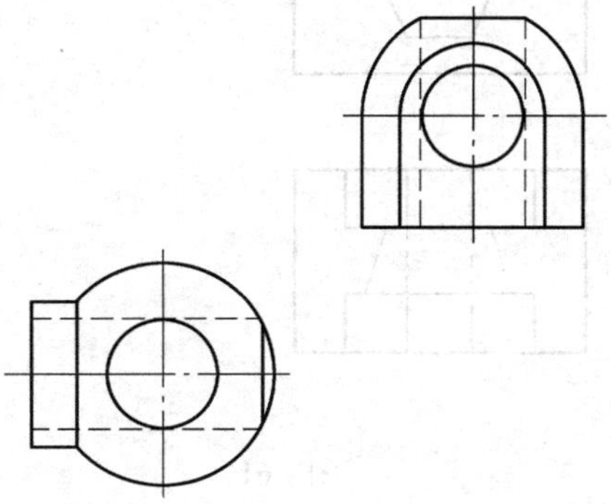

图　56

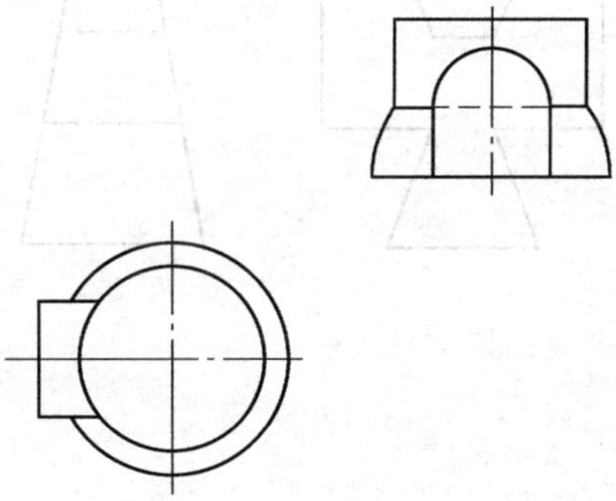

图　57

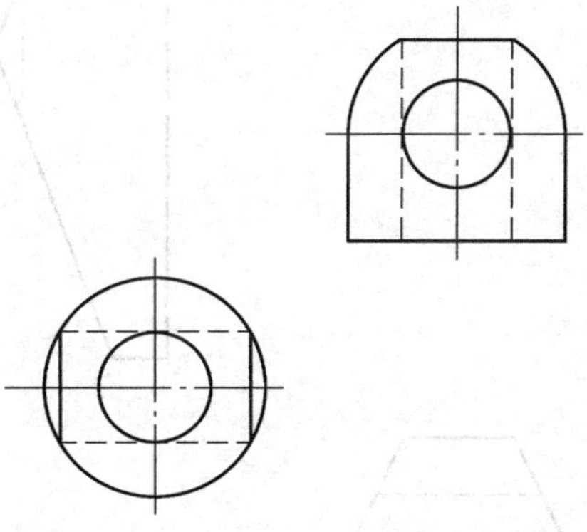

图　58

*九、根据图 59 ~ 图 66 所示的两个视图补画第三视图（不可见线用虚线画出）。

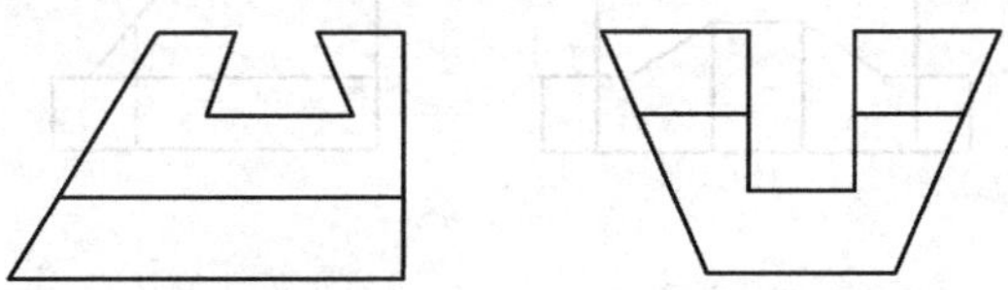

图　59

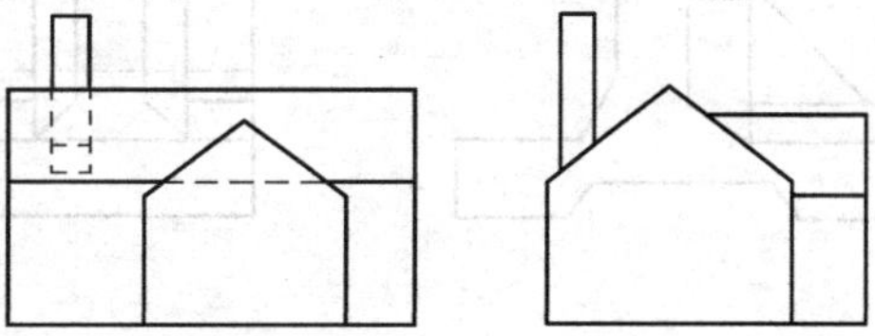

图　60

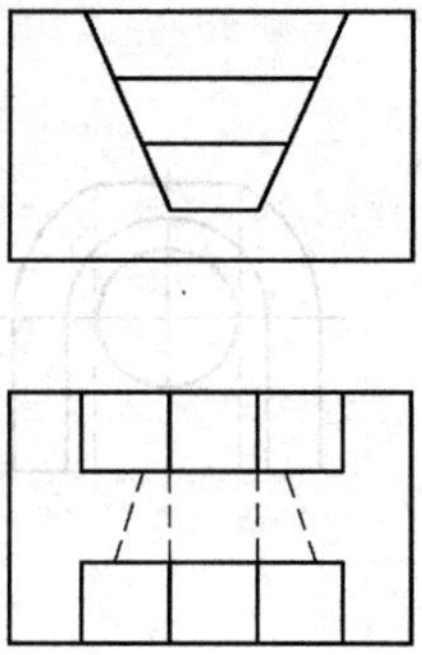

图 61

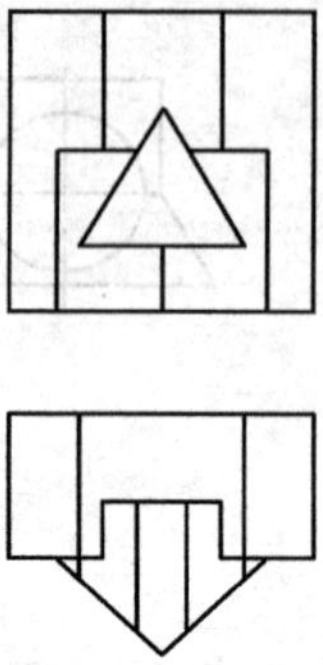

图 62

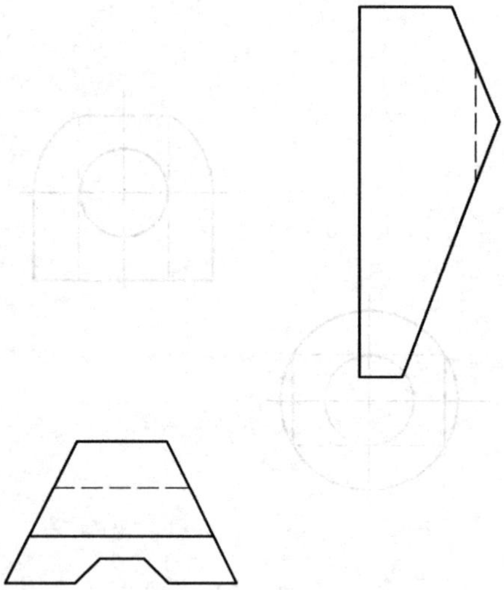

图 63

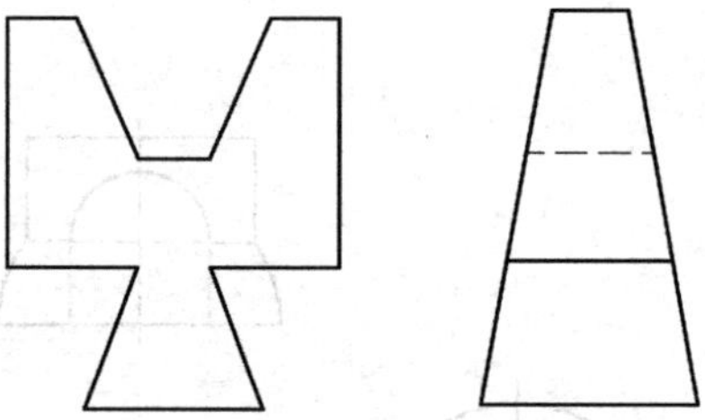

图 64

图 65

图 66

第四章　建筑形体表达方法

*一、根据图 67、图 68 所示组合体的两个视图补画第三视图，并作半剖视。

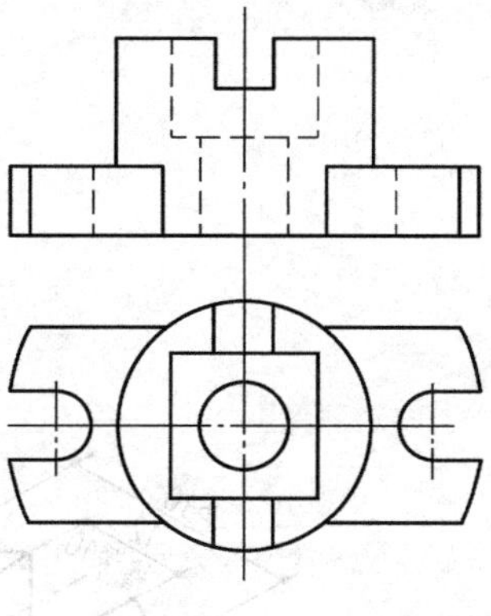

图　67

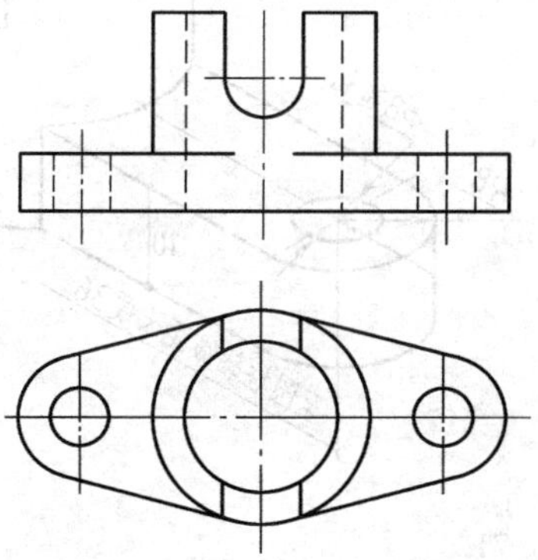

图　68

*二、根据图 69、图 70 所示组合体的两个视图补画第三视图，并作半剖视。

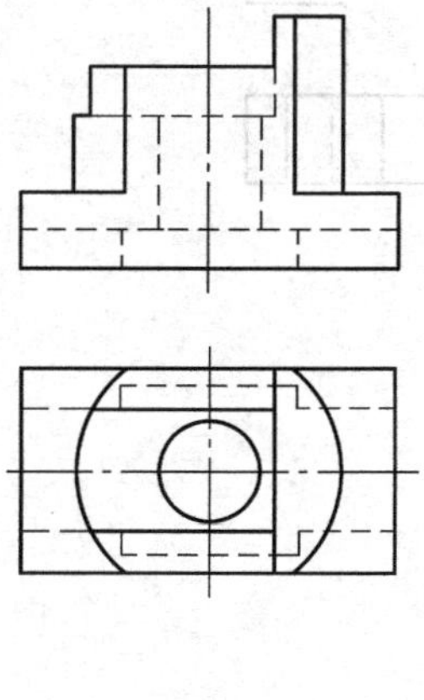

图　69

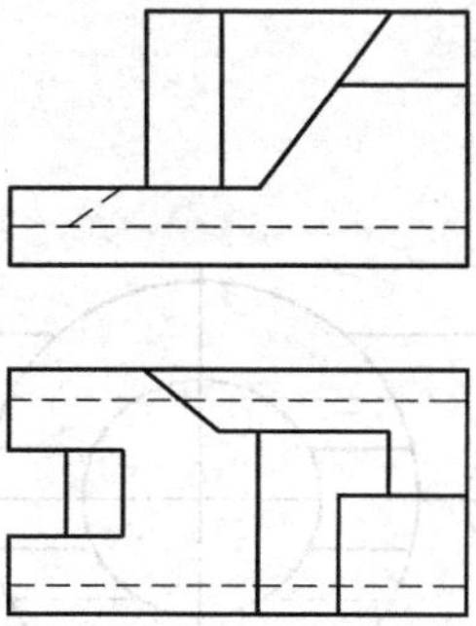

图　70

三、完成下列各题。

1. 根据图 71 所示立体图绘制三视图，并将主视图画成全剖视图（按比例 1:1 画图）。

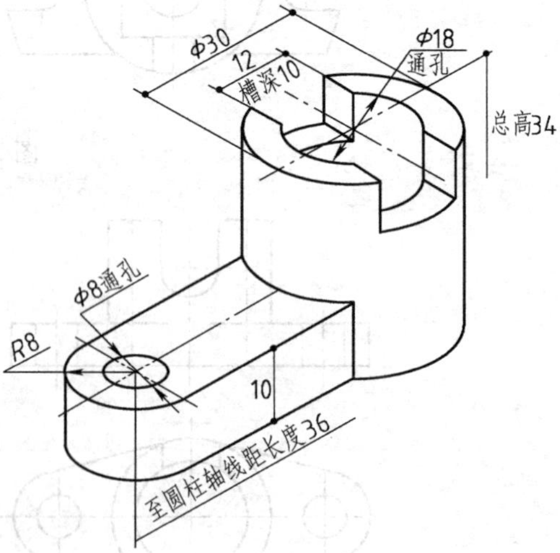

图 71

**2. 根据图 72 所示的俯视图和左视图补画主视图，并作半剖视。

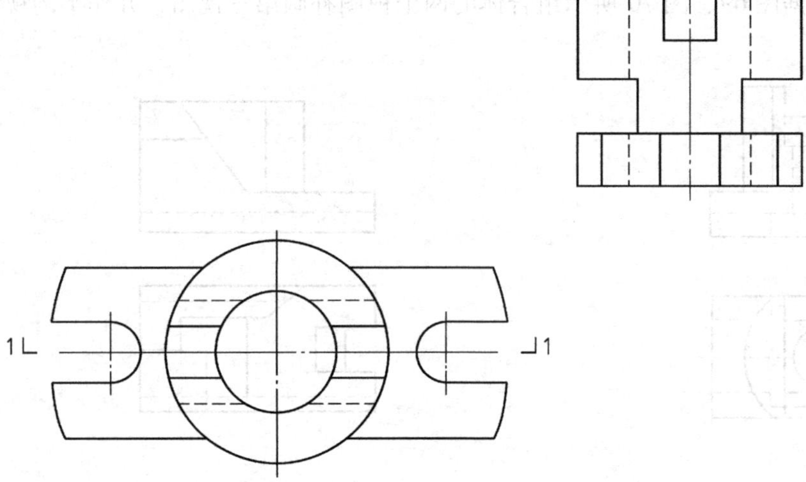

图 72

四、绘制图 73 ~ 图 76 所示构件的断面图。

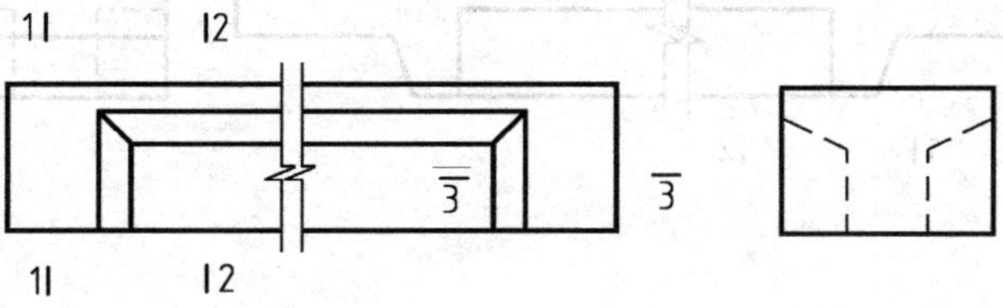

图 73

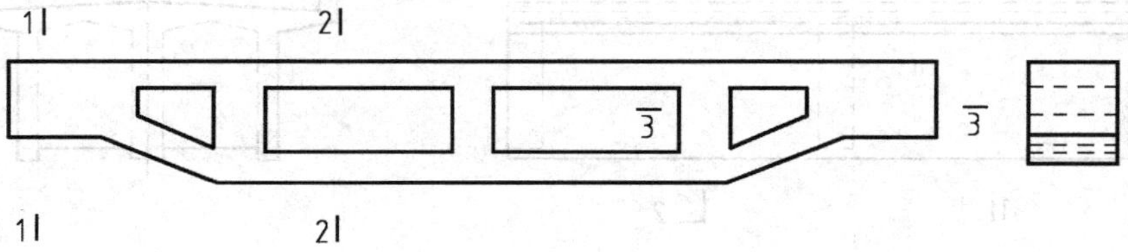

图 74

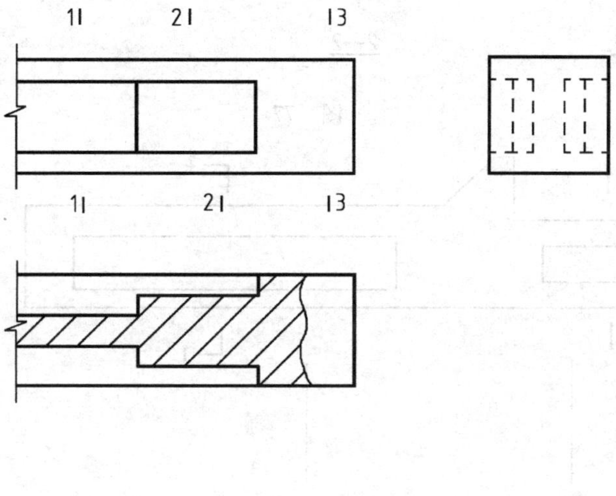

图 75

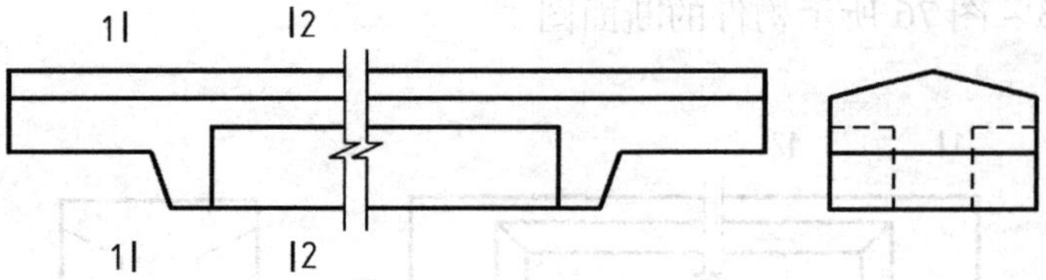

图 76

*五、绘制图 77、图 78 所示建筑构件的断面图或剖视图。

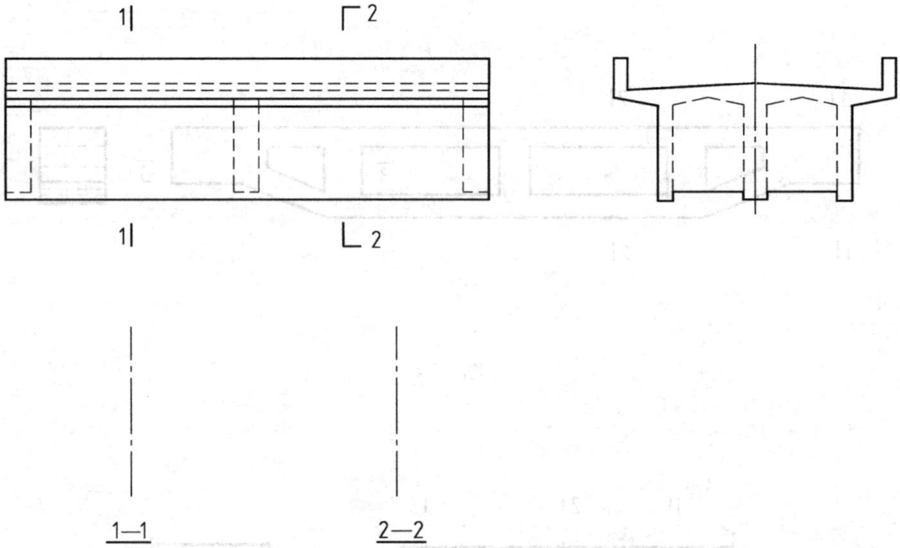

图 77

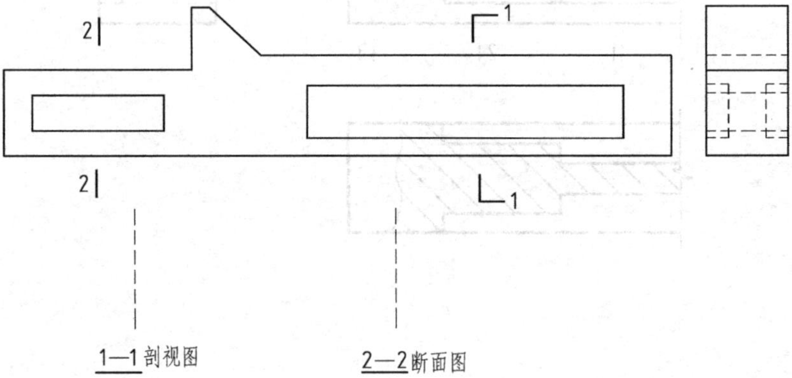

图 78

*六、在图 79、图 80 中标注尺寸（按 1∶20 的比例从图中量取，取整数），按表 1 中给出的数值在图中标注标高。

表 1　标高

表　面	A	B	C	D
标高	-1.450	-1.150	-0.450	0.000

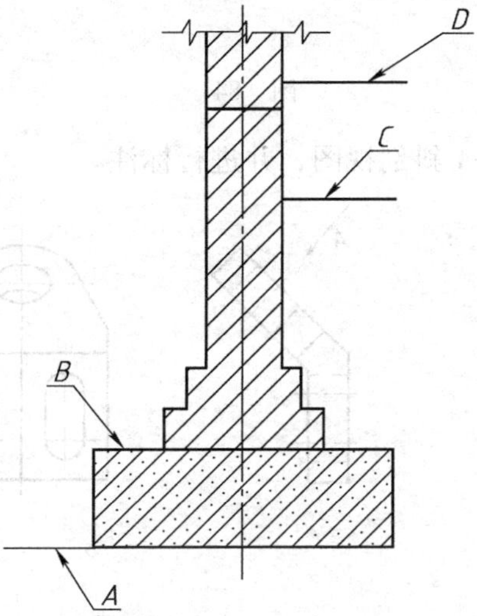

图　79

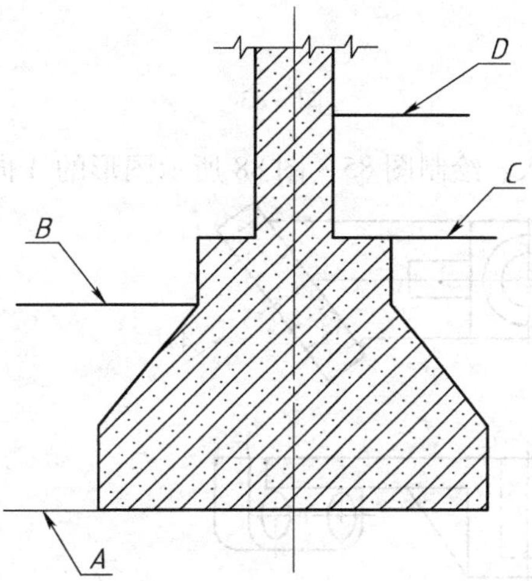

图　80

*七、绘制图 81 ~ 图 84 所示图形的 *A* 向视图，并进行标注。

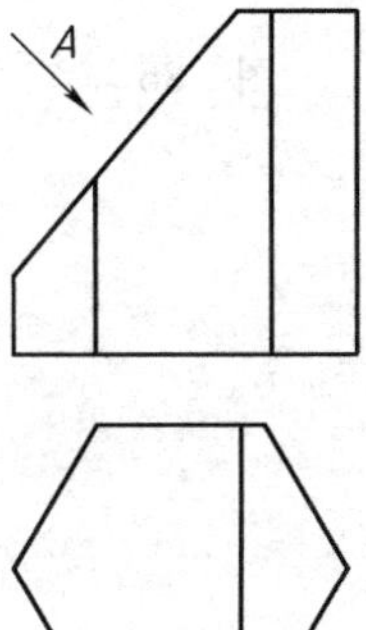

图　81

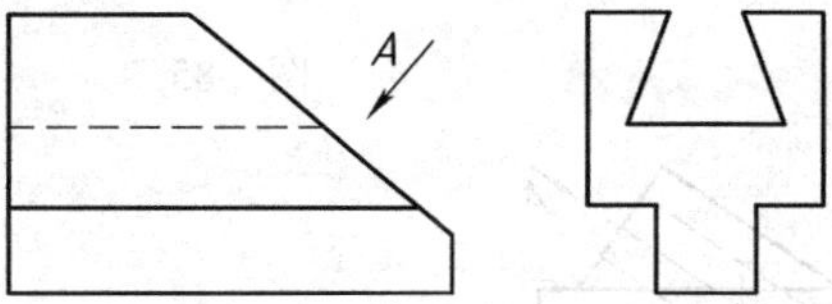

图　82

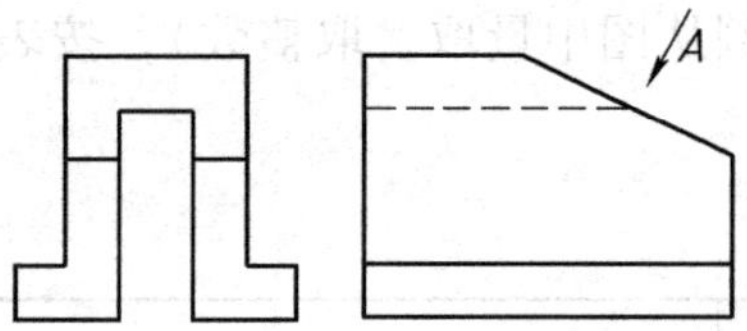

图 83

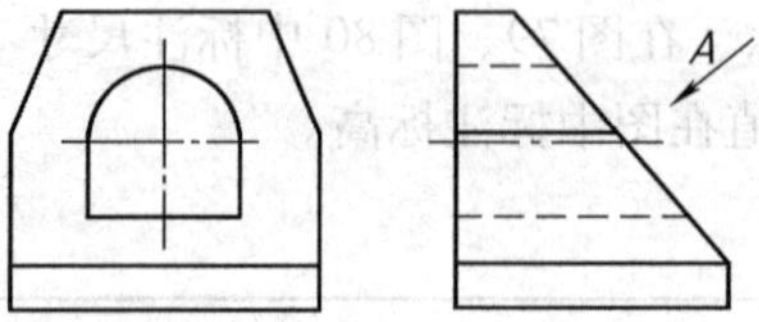

图 84

八、绘制图 85～图 88 所示图形的 *A* 向视图或 *A*—*A* 斜剖视图，并进行标注。

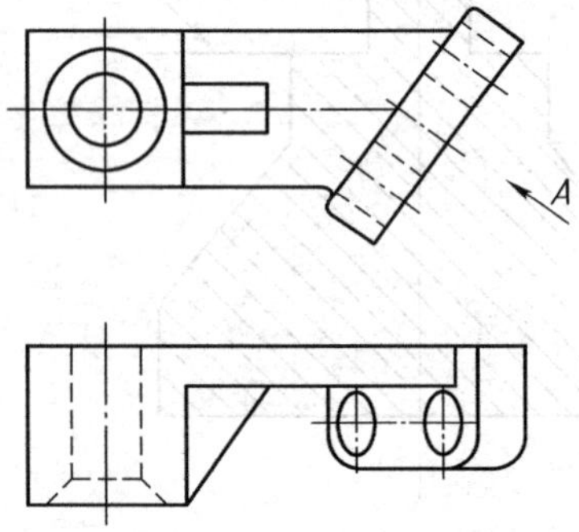

图 85

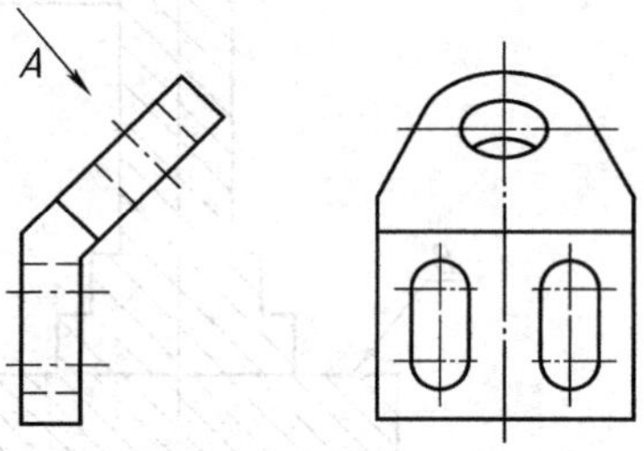

图 86

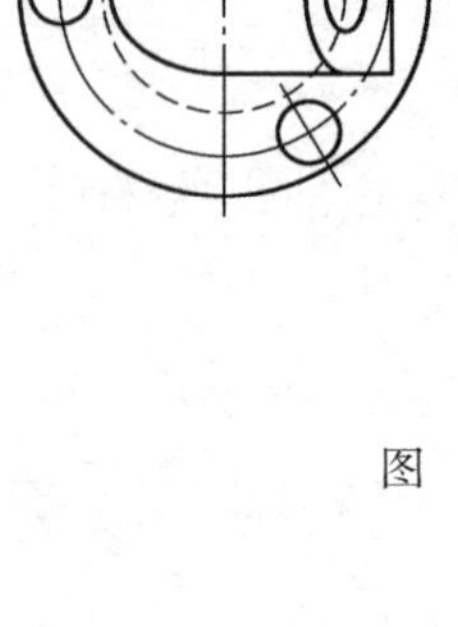

图 87

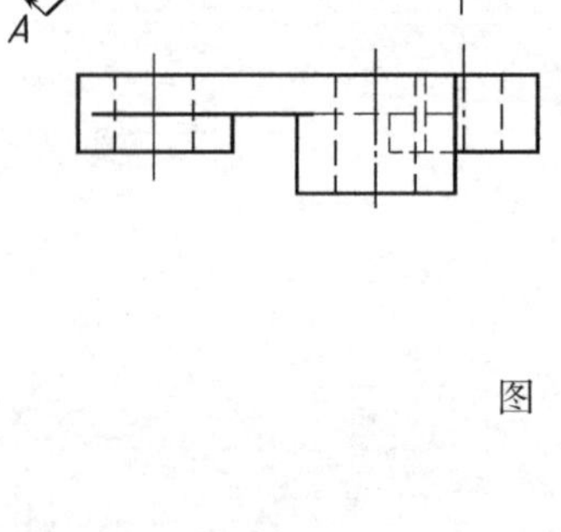

图 88

第五章　轴　测　图

一、选择题（四选一，将正确答案前的字母填入括号内）。

1. 轴测图分为（　　）和斜轴测图。

A. 正等轴测图　　B. 正二等轴测图　　C. 正轴测图　　D. 斜二等轴测图

2. 相邻两轴测轴之间的夹角，称为（　　）。

A. 夹角　　B. 轴间角　　C. 两面角　　D. 倾斜角

3. 正等轴测图的轴向伸缩系数为（　　）。

A. 1.22　　B. 1　　C. 0.82　　D. 1.5

4. 正等轴测图中，轴向简化伸缩系数取为（　　）。

A. 0.82　　B. 1　　C. 1.22　　D. 1.5

5. 空间三个坐标轴在轴测投影面上轴向伸缩系数相同的投影图，称为（　　）。

A. 正轴测图　　B. 斜轴测图　　C. 正等轴测图　　D. 斜二轴测图

6. 正轴测图中，两个轴的轴向伸缩系数相同的轴测图称为（　　）。

A. 正等轴测图　　B. 正三等轴测图　　C. 斜二等轴测图　　D. 正二等轴测图

7. 正二等轴测投影图中，三个轴的轴间角分别为（　　）。

A. 120°、120°和 90°　　B. 131°25′、131°25′和 97°10′

C. 90°、90°和 60°　　D. 60°、60°和 45°

8. 在正等轴测图中，如采用轴向简化伸缩系数画图，其图形被放大了（　　）倍。

A. 1　　B. 1.5　　C. 0.82　　D. 1.22

9. 画正二等轴测图，坐标面上的圆投影均为椭圆。其中，（　　）。

A. 三个椭圆均不同　　B. 三个椭圆均相同

C. 两个椭圆相同　　D. 三个椭圆的短轴相同

10. 正等轴测图中，剖视图中的剖面符号应（　　）。

A. 与正投影相同　　B. 与水平线成 45°

C. 平行于基线三角形的对应边　　D. 任意角度

参考答案：

1. C　2. B　3. C　4. B　5. C　6. D　7. B　8. D　9. C　10. C

二、判断题（将正确答案用字母 T（真）或 F（假）填入题目后面的括号内）。

1. 在正等轴测图中，轴向简化伸缩系数取为 1。（　　）

2. 在正等轴测图中，用简化伸缩系数画图，其图形结果和实物的比例是 1:1。（　　）

3. 正轴测投影和斜轴测投影的区别在于投射线与轴测投影面的倾斜角度不同。（　　）

4. 正轴测投影和斜轴测投影的轴向伸缩系数是相同的。（　　）

5. 斜二等轴测图中，Y 轴与水平线的夹角一般取 45°，也可以取 30°或 60°。（　　）

参考答案：

1. T　2. F　3. T　4. F　5. T

*三、根据图 89 ~ 图 94 所示的两个视图绘制正等轴测图。

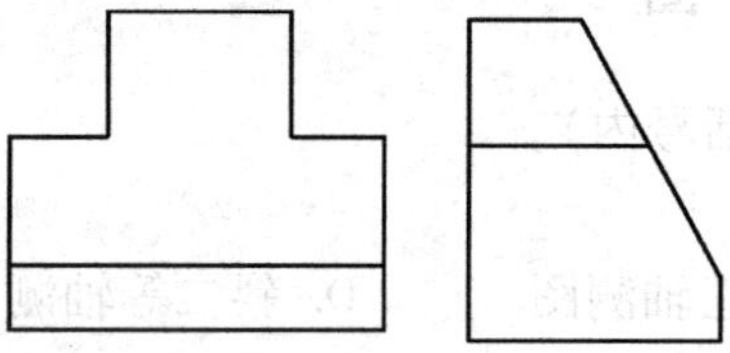

图 89

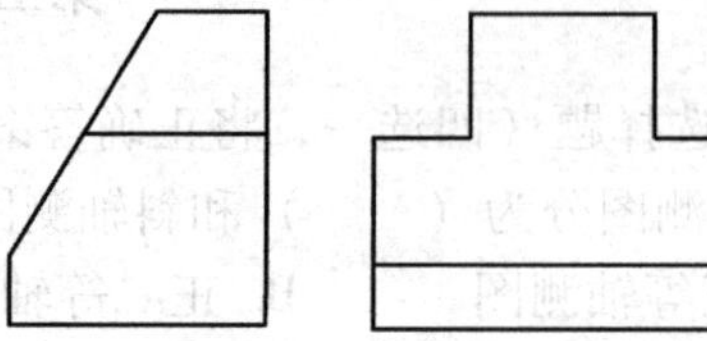

图 90

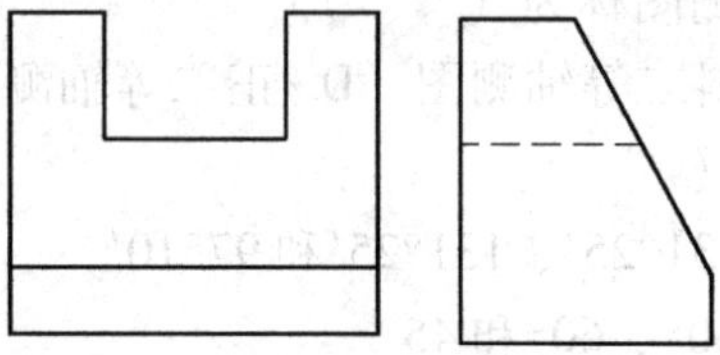

图 91

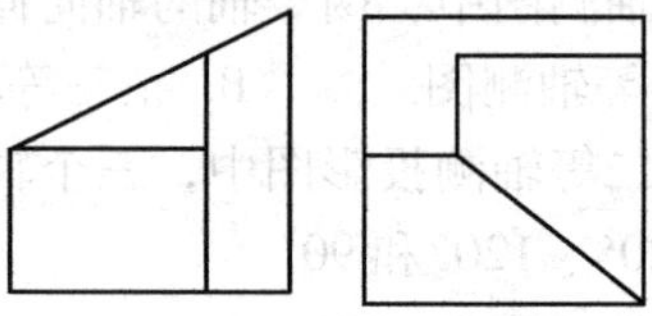

图 92

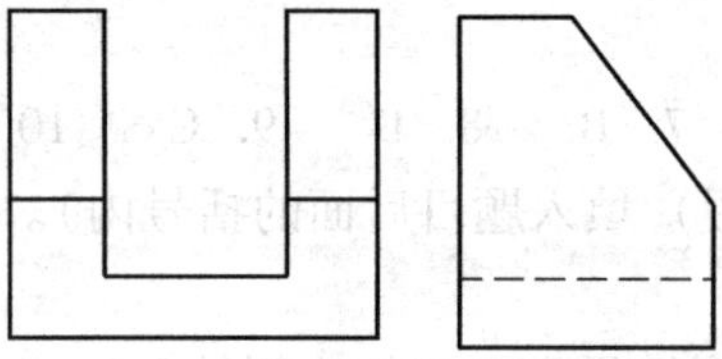

图 93

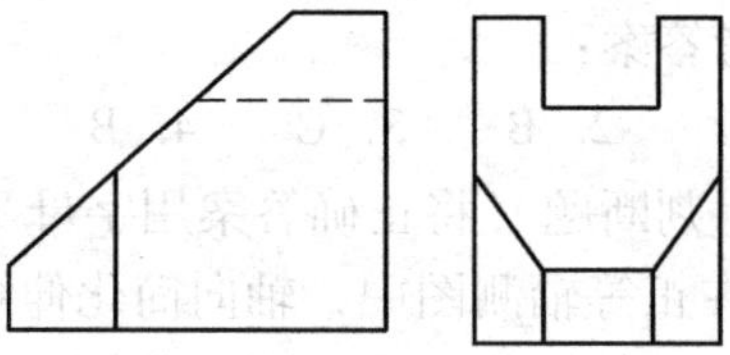

图 94

**四、根据图 95 ~ 图 100 所示的两个视图绘制正等轴测图。

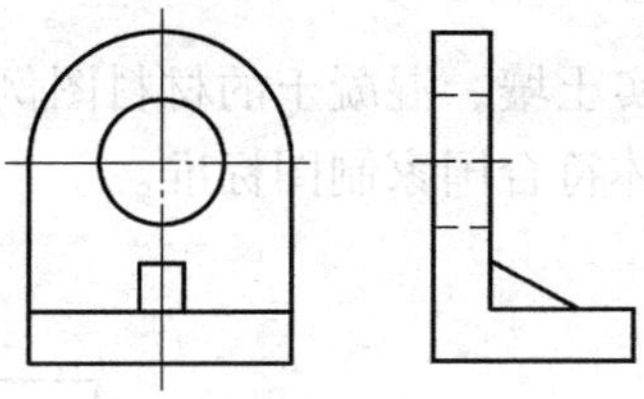

图 95

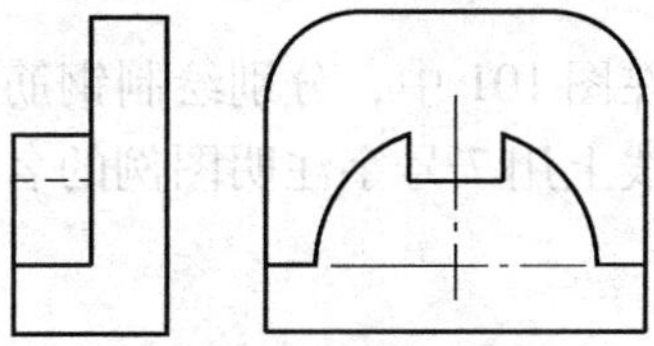

图 96

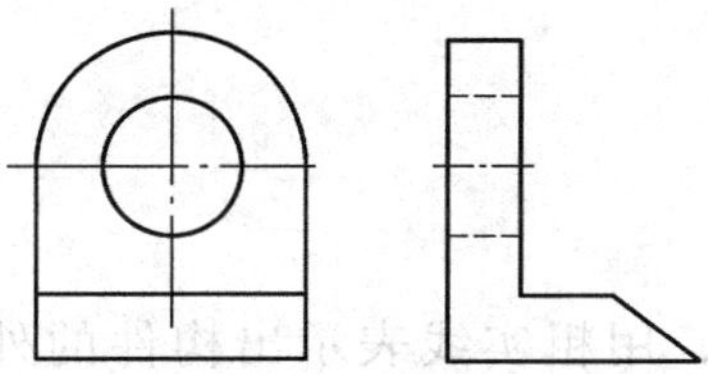

图 97

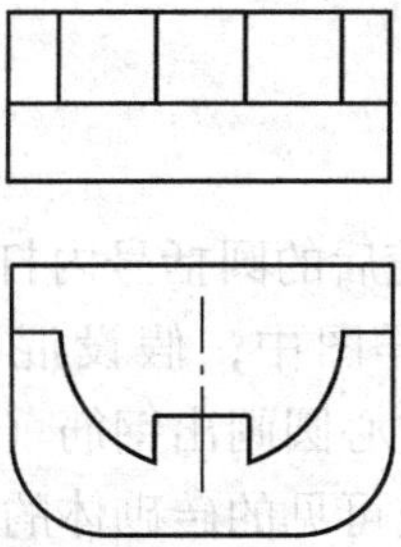

图 98

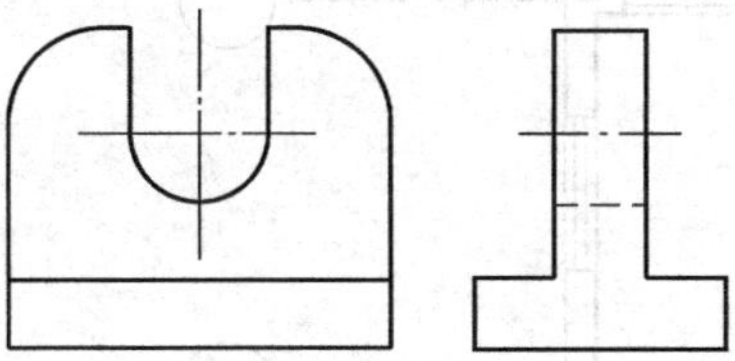

图 99

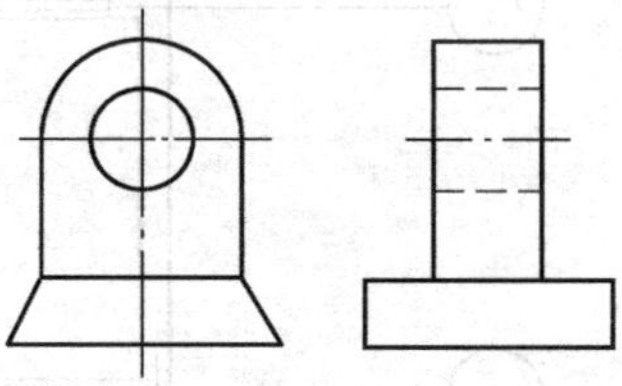

图 100

第六章　建筑工程图简介

一、在图 101 中，分别绘制钢筋混凝土、金属、夯实土壤、混凝土的材料图例，并在其下方的横线上用 7 号字注明图例的名称，要求线型、字体符合国家制图标准。

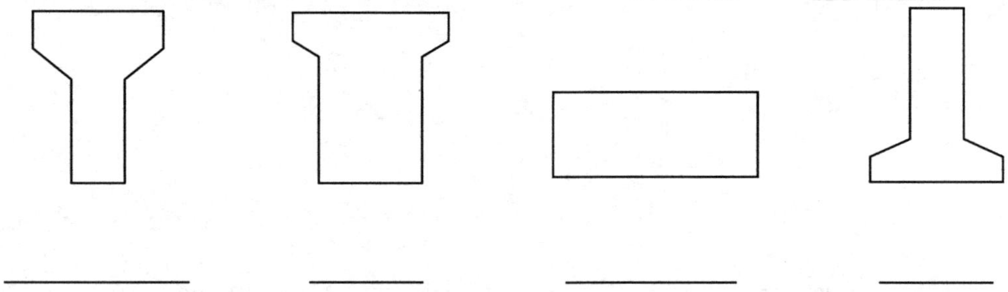

图　101

二、完成下列各题。

1. 判断正误（在随后的圆括号内打✓或×）。

钢筋混凝土构件详图中，假设混凝土为透明体，用粗实线表示出构件的外形轮廓（　　）；用细实线或空心圆画出钢筋（　　）；在断面图上画出混凝土或钢筋混凝土的图例（　　）；被剖切到的或可见的砖砌体的轮廓线用中实线表示（　　）；钢筋的编号以直径为 4～6mm 的细实线圆表示（　　）；钢筋编号应用大写英文字母按顺序编写在圆括号内（　　）；用 45°短画线表示钢筋投影重叠时无弯钩钢筋的末端（　　）。

2. 在图 102 中填写定位轴线编号。

3. 根据房屋建筑制图标准中规定的线宽，描绘图 102 所示的平面图（细线部分不用描）。

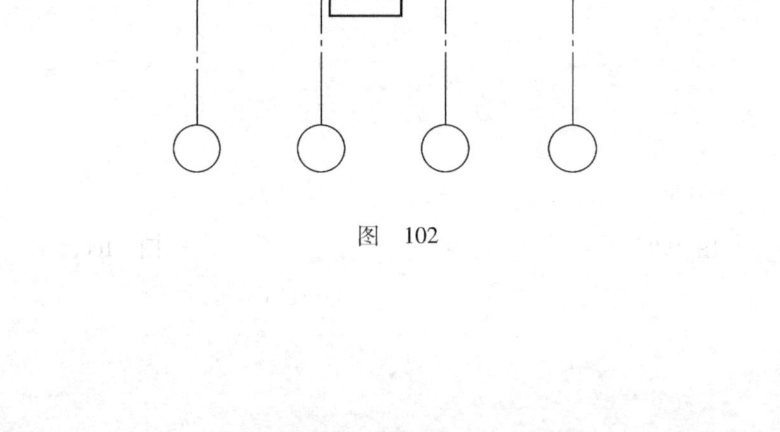

图　102

三、完成下列各题。

1. 定位轴线横向编号采用________，从________顺序编起；竖向编号采用________，从________顺序编起；在两个轴线之间若需附加分轴线，则编号可用________表示，分母表示________的编号，分子表示________的编号。

2. 根据房屋建筑制图标准中规定的线宽，描深图 103 所示的平面图（细线部分不用描）。

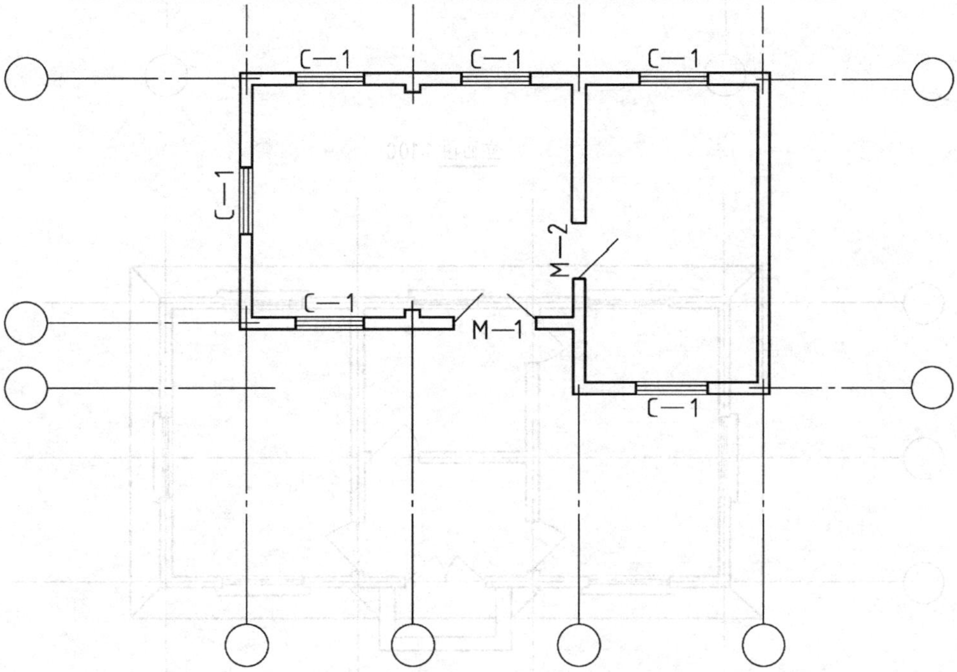

图 103

第七章　建筑施工图

* 一、完成下列各题。

1. 根据房屋建筑制图标准中的线型规定，描绘图 104 所示的平、立面图。

2. 填写平、立面图中的定位轴线编号。

3. 按 1∶100 的比例标注平、立面图的尺寸及标高（注：室外地面低于室内地面 300mm，窗台高于室内地面 900mm）。

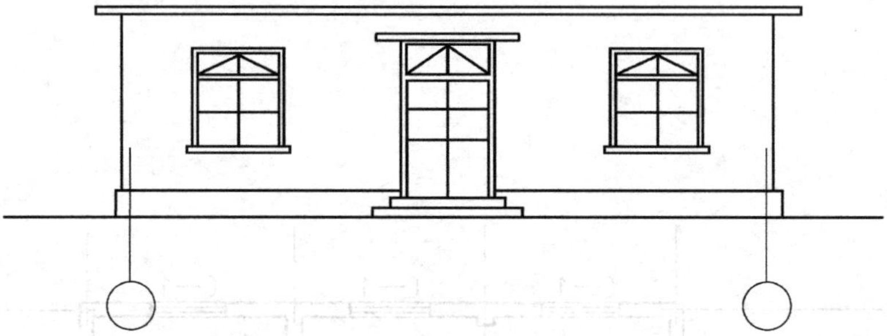

立面图 1:100

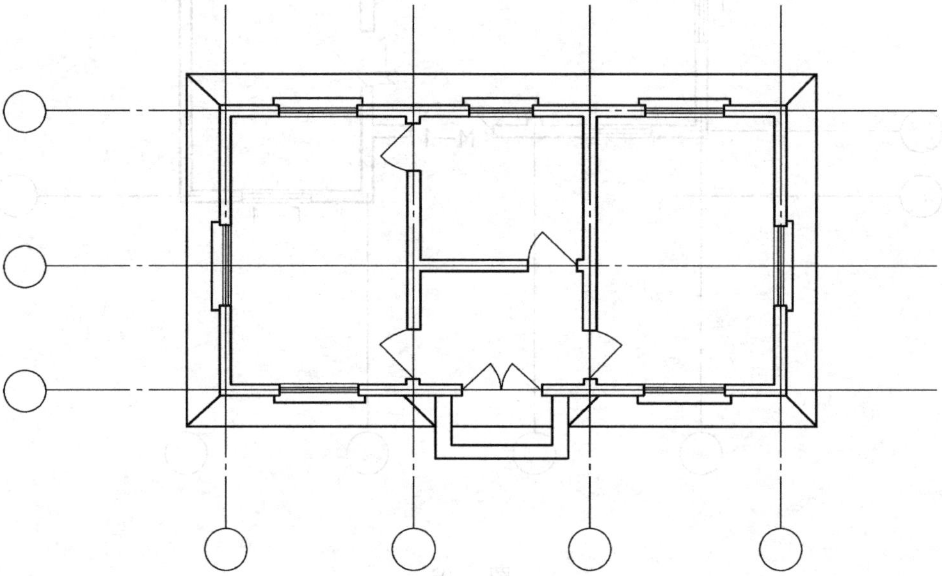

平面图 1:100

图　104

*二、完成下列各题。

1. 填写图 105 所示平、立面图中的定位轴线编号。

2. 根据房屋建筑制图标准中的线型规定，描绘图 105 所示的平、立面图。

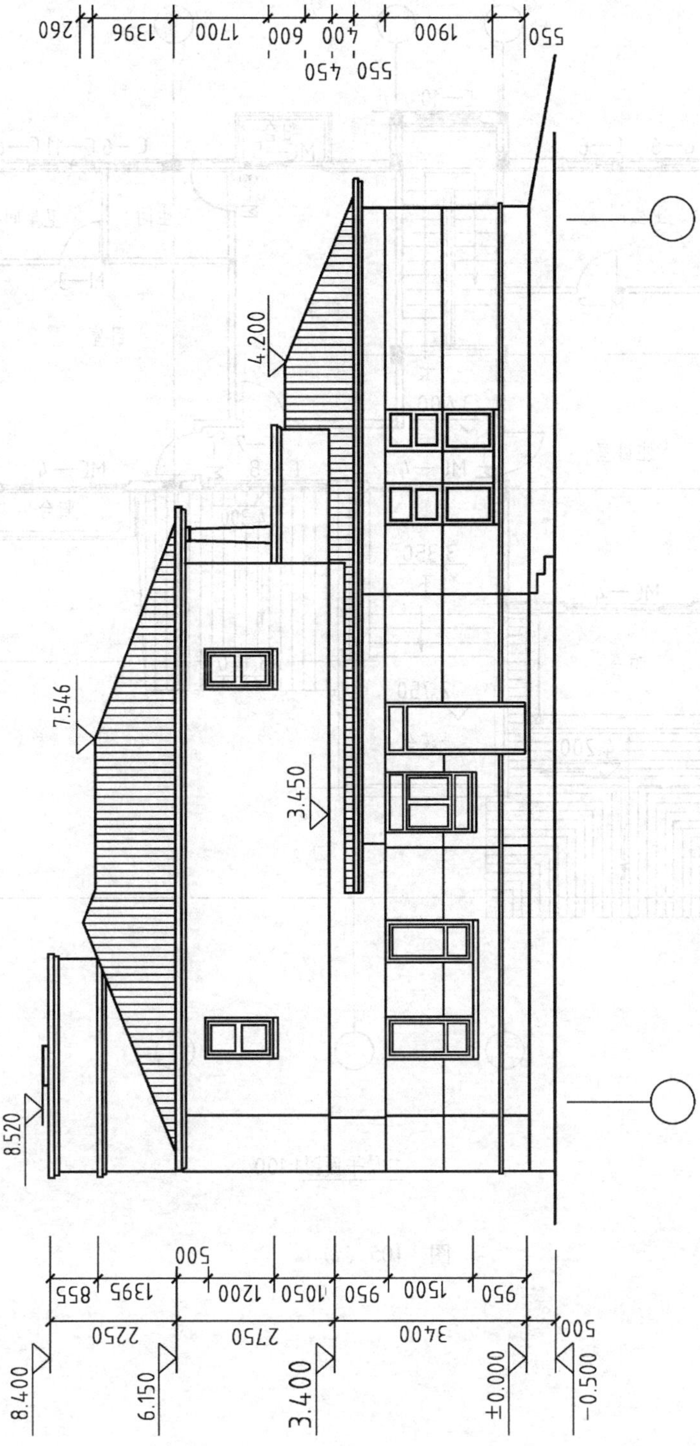

西立面图 1:100

图 105

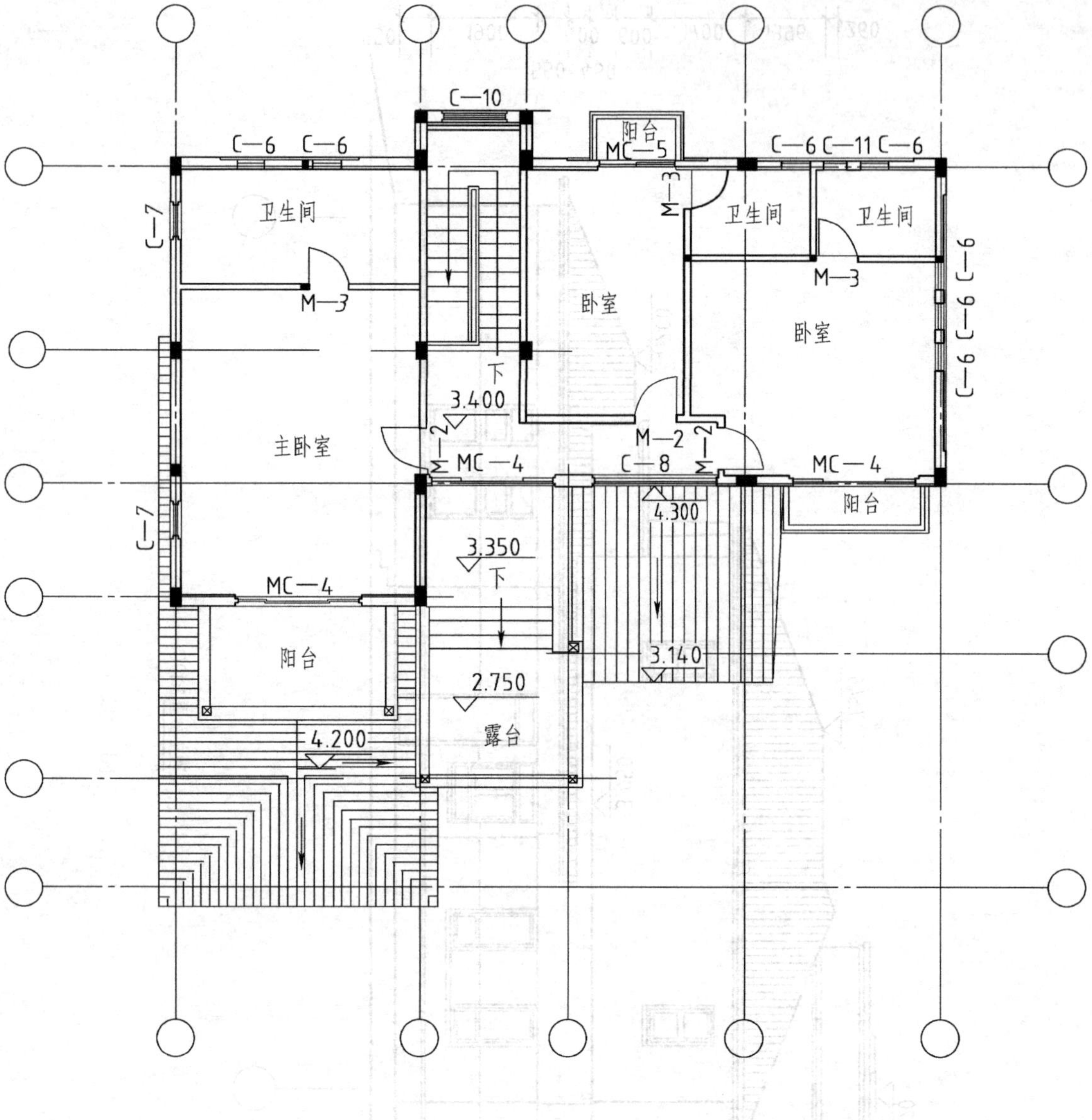

二层平面图1:100

图 105（续）

*三、完成下列各题。

1. 填写图 106 所示底层平面图中的定位轴线编号。

2. 按 1:100 的比例标注底层平面图的尺寸及标高（注：厨房和卫生间低室内地面 20mm）。

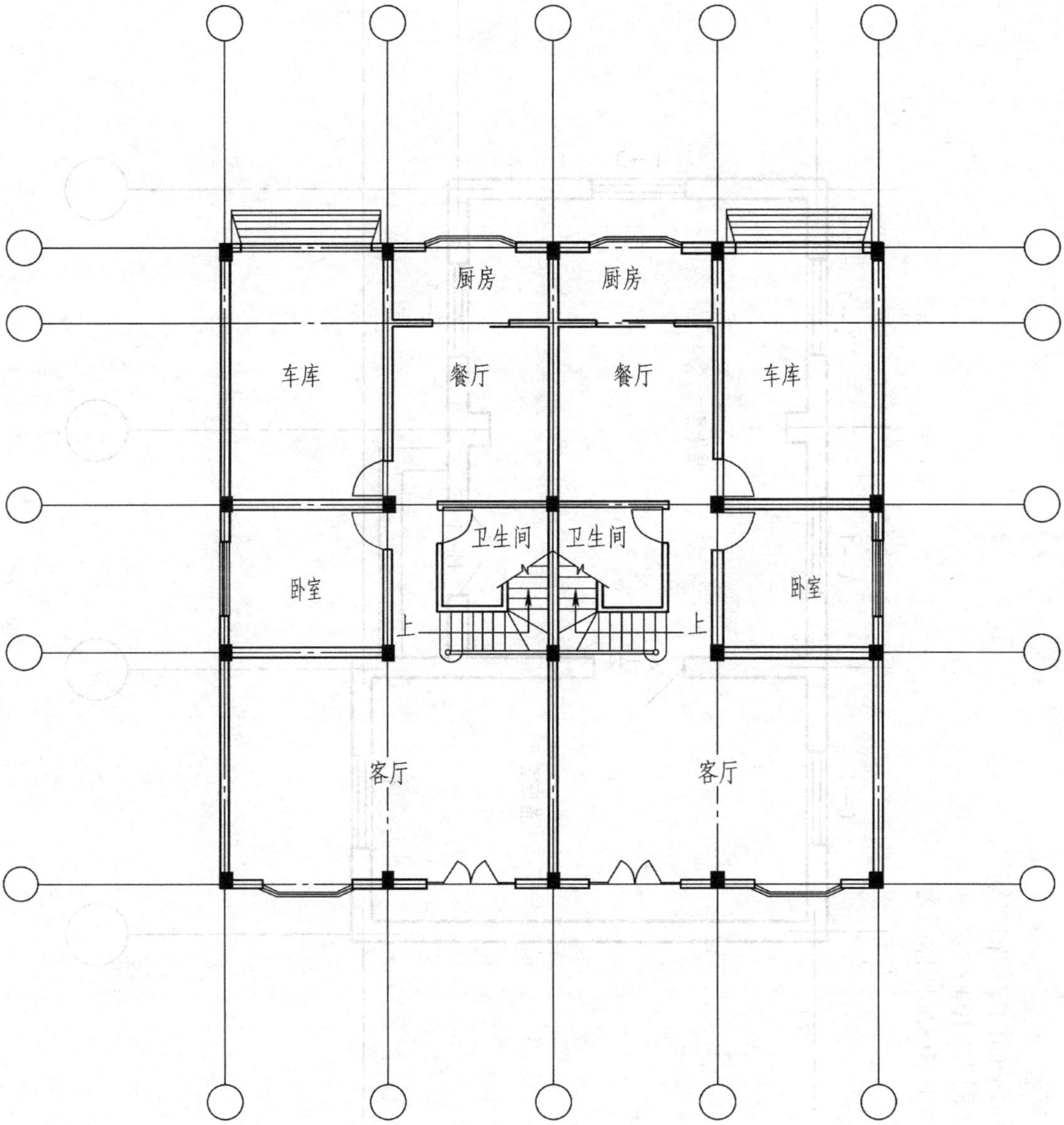

底层平面图 1:100

图 106

*四、完成下列各题。

1. 填写图107所示平面图中的轴线编号。
2. 标注尺寸（比例为1:100）。
3. 标注室内标高（室内地面标高为零）。

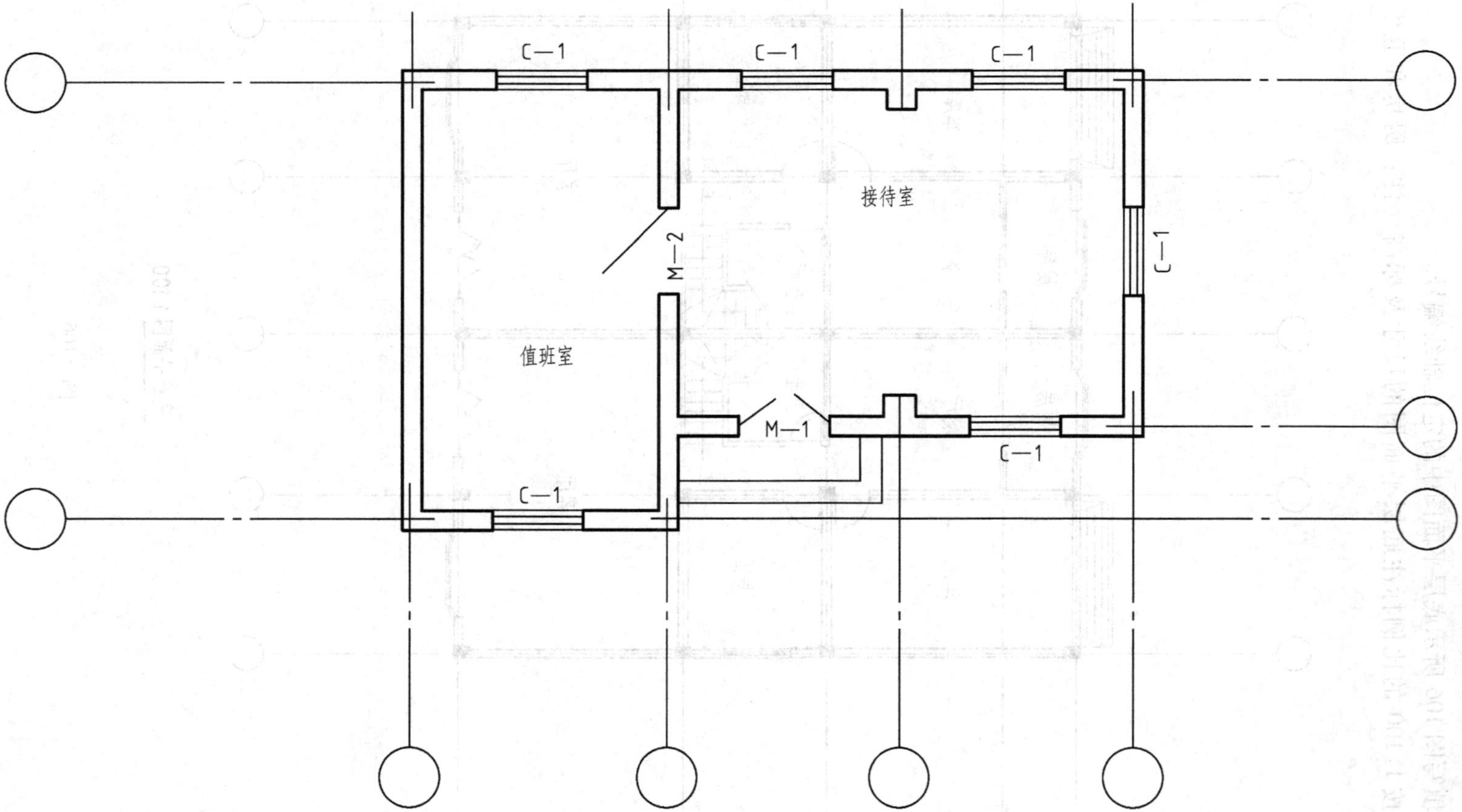

图 107

第八章　结构施工图

**一、根据图 108 所示梁配筋图的立面图、1—1 断面图及 2—2 断面图，在立面图下方绘制梁中的钢筋分离图。

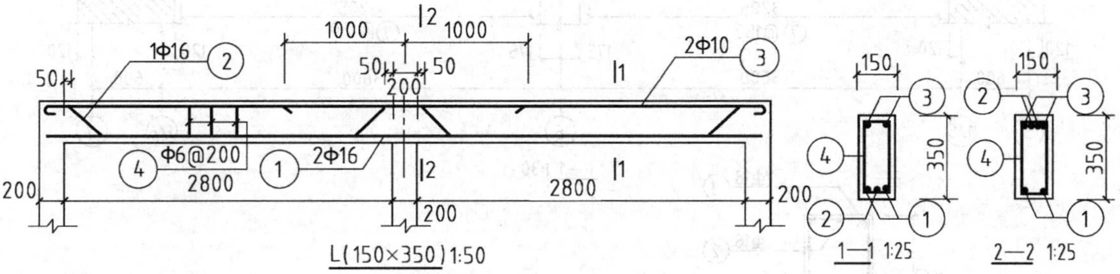

图　108

**二、根据图 109 所示梁配筋图的立面图、钢筋表，绘制 1—1 及 2—2 断面图并注明钢筋编号。

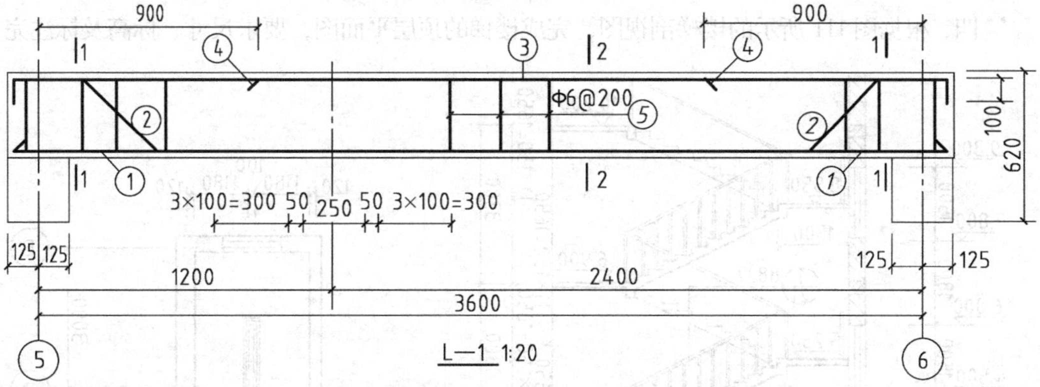

钢筋编号	钢筋简图	直径	根数
1	3800	Φ16	2
2	100 275 423 2650 423 275 100	Φ16	1
3	100 3800 100	Φ16	2
4	1000 100	Φ18	4
5	250 300 200 250	Φ6	20

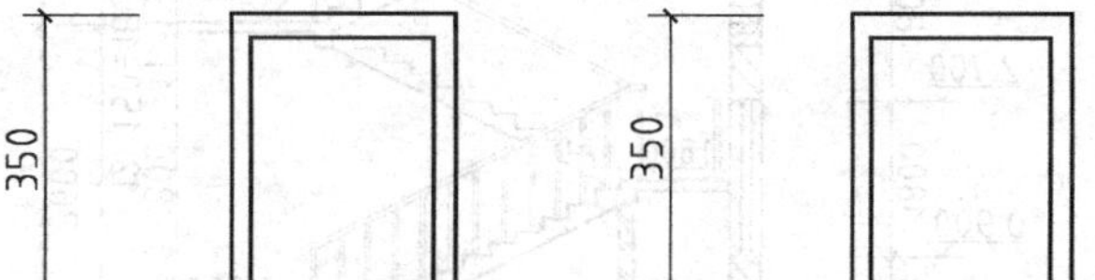

图　109

**三、根据图 110 所示的梁配筋图，画出 2—2 断面图。

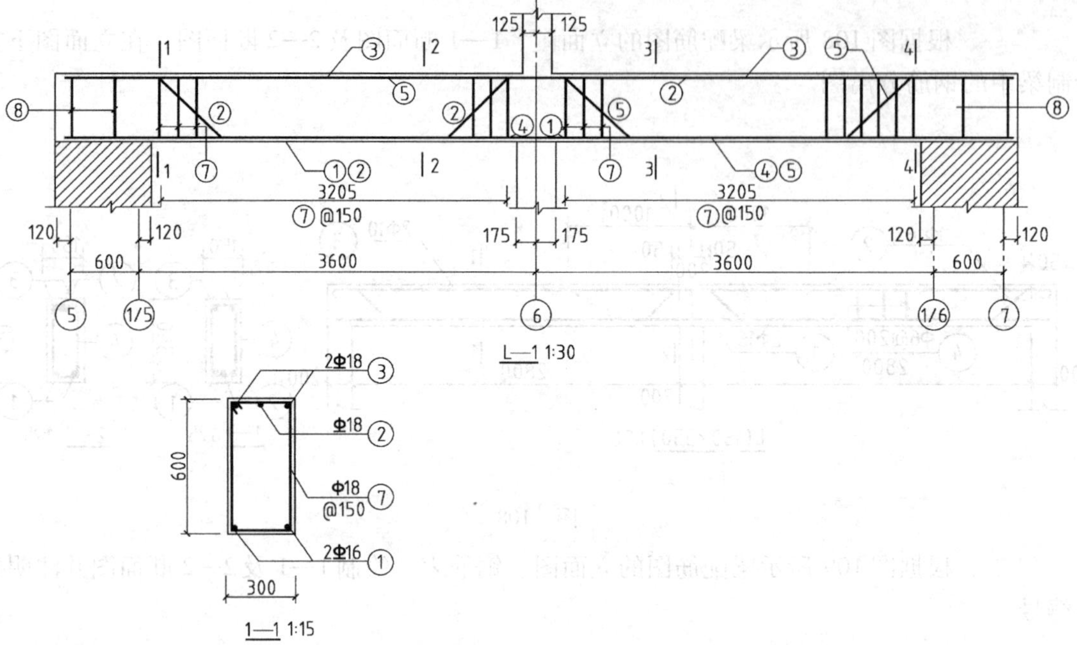

图 110

**四、根据图 111 所示的楼梯剖视图，完成楼梯的顶层平面图，要求尺寸、标高及标注完整。

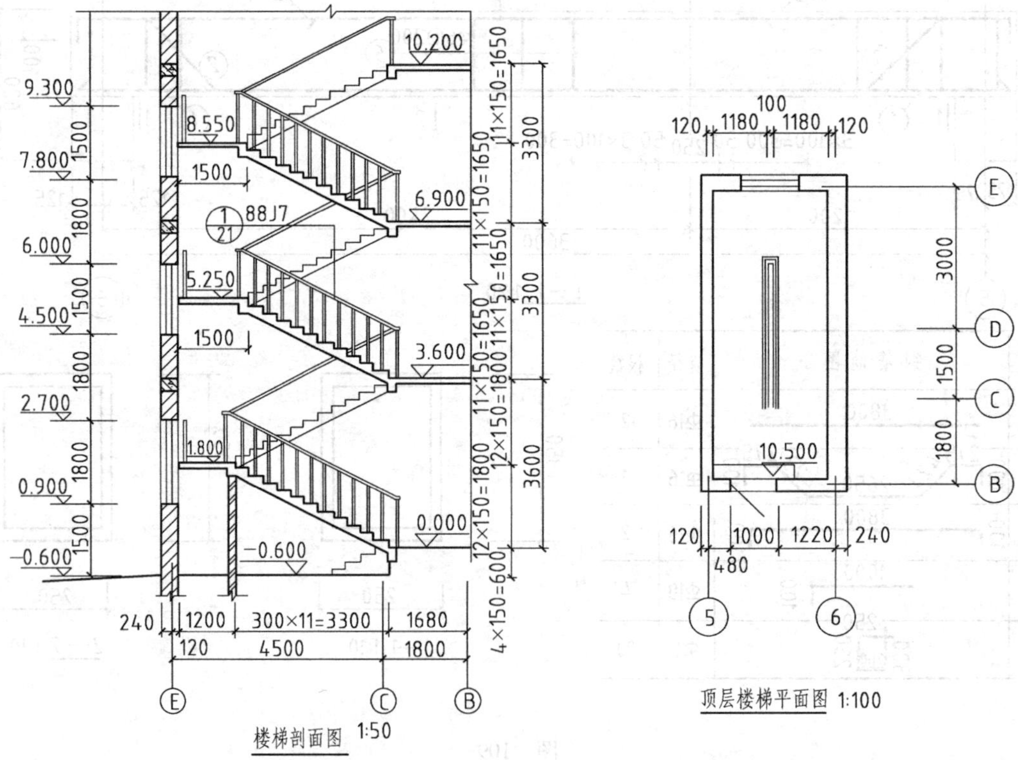

图 111

** 五、根据图 112 所示梁配筋图的立面图及钢筋表，绘制 1—1 、2—2 断面图。

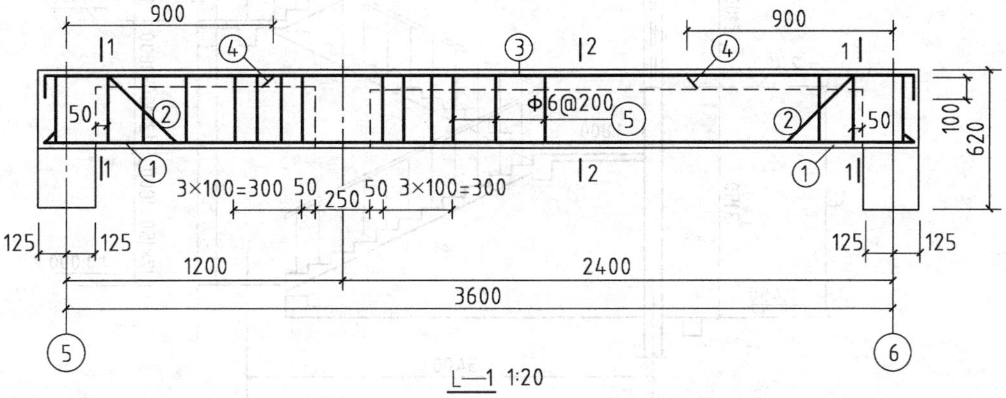

钢筋编号	钢筋简图	直径	根数
1	3800	Φ16	2
2	100 275 423 2650 423 275 100	Φ16	1
3	100 3800 100	Φ16	2
4	1000 100	Φ18	4
5	300 250 250 200	Φ6	20

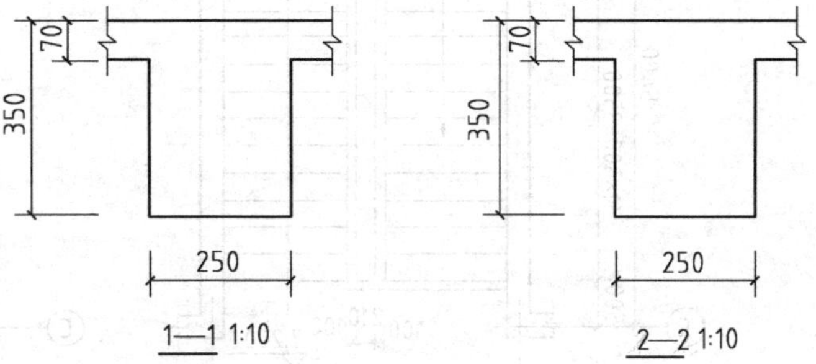

图 112

** 六、根据图 113 所示的楼梯剖面图和顶层平面图，绘制二层平面图，并标注尺寸和标高。

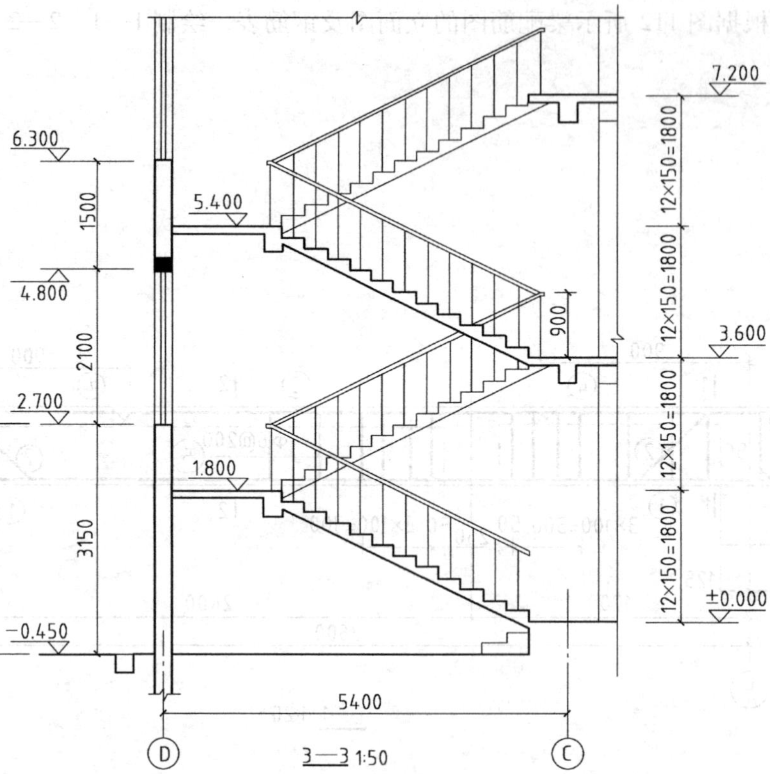

3—3 1:50

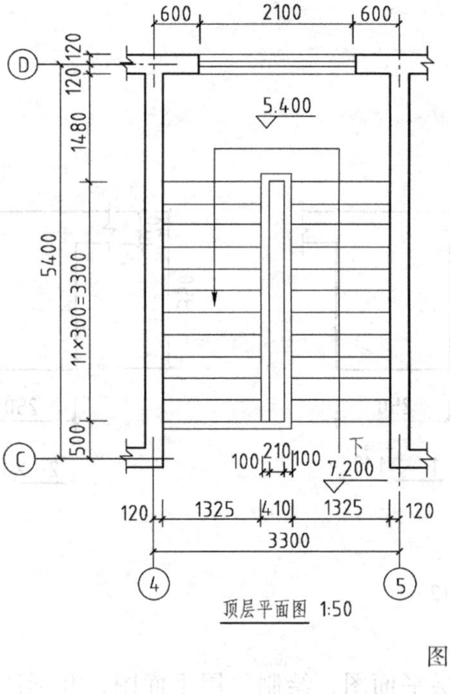

顶层平面图 1:50

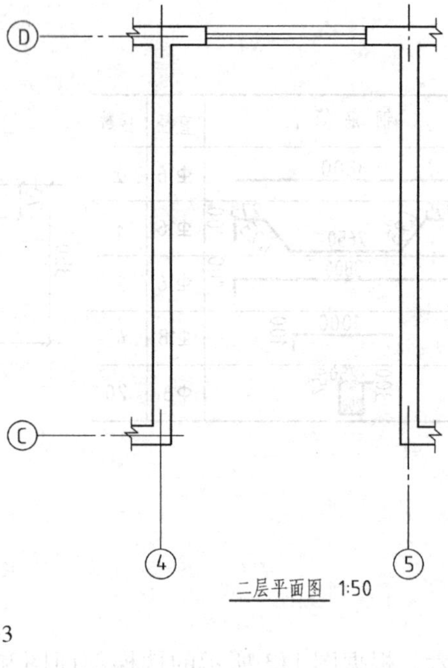

二层平面图 1:50

图 113

第九章 透 视 图

**一、按图 114 所示给定条件，绘制立体的一点透视图。

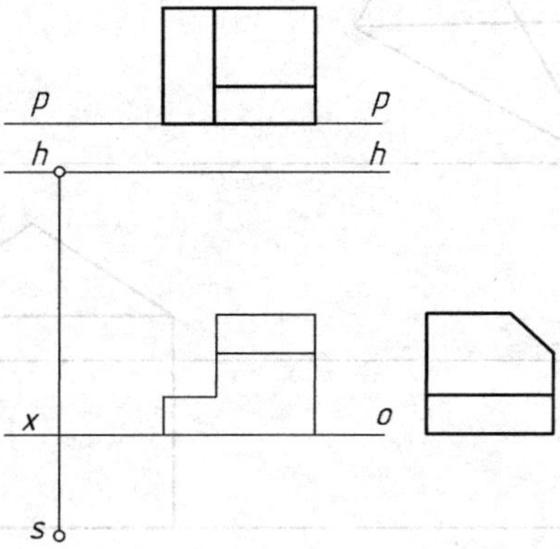

图 114

**二、按图 115 所示给定条件，绘制立体的两点透视图。

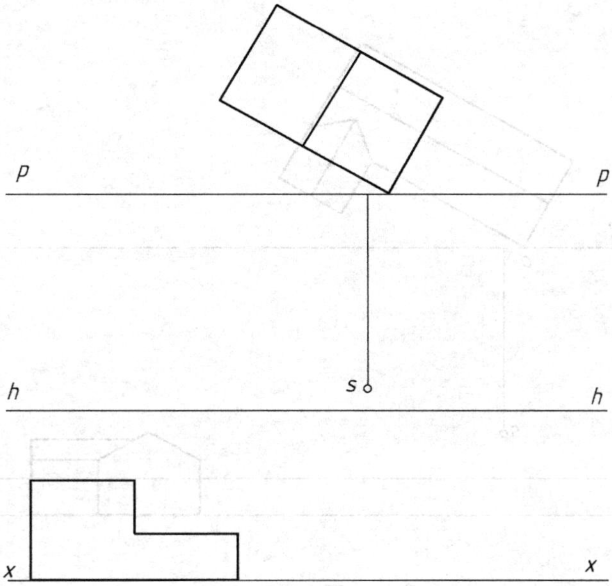

图 115

**三、按图 116 所示给定条件，绘制立体的两点透视图。

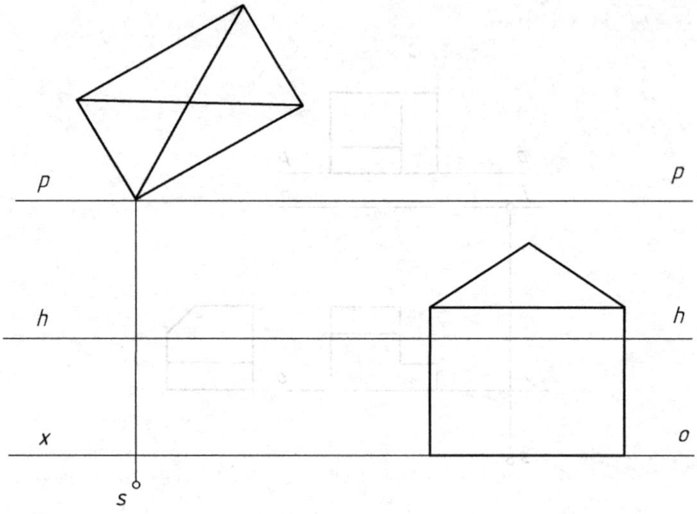

图 116

**四、按图 117 所示给定条件，绘制立体的两点透视图。

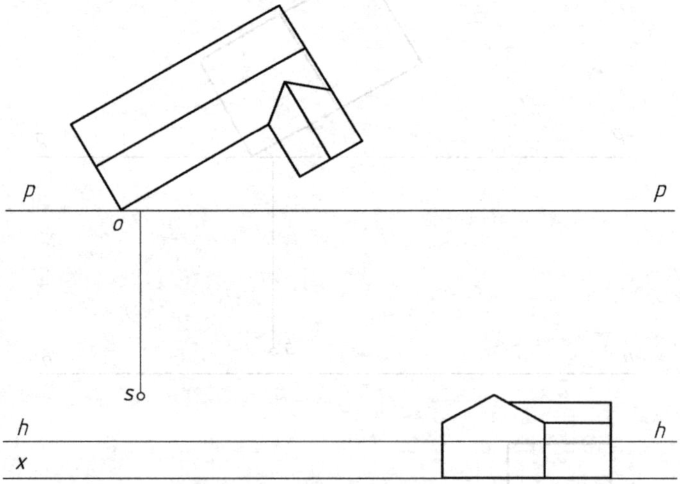

图 117

**五、按图 118 所示给定条件，绘制形体透视图。

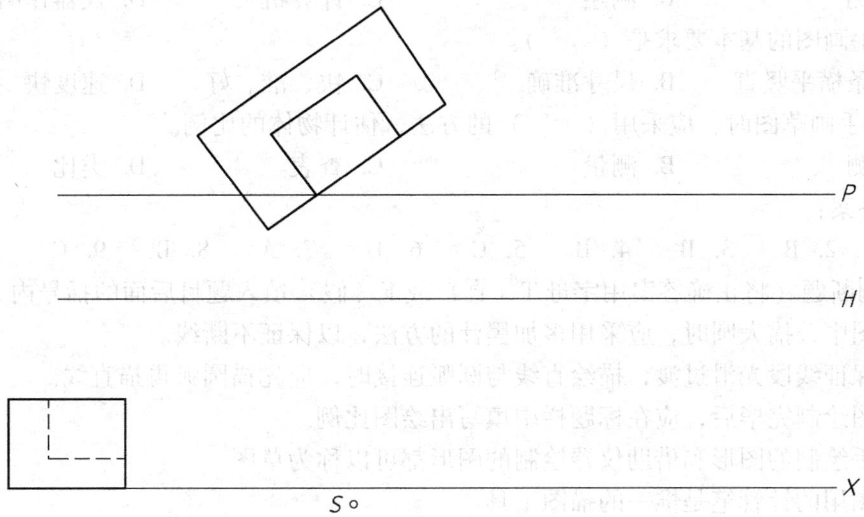

图 118

第十章 描图和徒手绘图

一、选择题（四选一，将正确答案前的字母填入括号内）。

1. 描图的常用工具有（　　）、圆规、曲线板、三角板、描图笔等。

A. 铅笔　　B. 钢笔　　C. 直线笔　　D. 分规

2. 描图时，应遵守先细后粗，（　　），先上后下的步骤。

A. 先圆后直，先右后左　　B. 先圆后直，先左后右

C. 先直后圆，先左后右　　D. 先直后圆，先右后左

3. 在描图纸上去除错线或墨渍时，可用（　　）、局部切换、毛笔蘸醋酸擦除等方法处理。

A. 橡皮擦除　　B. 刀片刮除

C. 白粉遮盖　　D. 白纸贴盖

4. 描图中，在描绘直线与圆弧连接情况时，应（　　）。

A. 先描直线再描圆弧

B. 先描圆弧再描直线

C. 圆弧和直线同时进行

D. 圆弧和直线的先后顺序可任意描

5. 徒手绘图的要求是：画图速度快、（　　）比例准，图面质量好。

A. 画图　　B. 选择　　C. 目测　　D. 计算

6. 草图就是目测估计实物的比例，按一定的技法要求，（　　）绘制的图。

A. 用计算机　　B. 用仪器　　C. 用绘图仪　　D. 徒手

7. 在徒手绘制草图时，草图中的线条应粗细分明，基本（　　），方向正确。

A. 垂直　　B. 水平　　C. 圆　　D. 平直

8. 生产中，常需要根据现有零件，通过（　　）手段画出零件草图。

A. 目测　　B. 测绘　　C. 计算机　　D. 仪器作图

9. 徒手画图的基本要求是（　　）。

A. 线条横平竖直　　B. 尺寸准确　　C. 快、准、好　　D. 速度快

10. 徒手画草图时，应采用（　　）的方法，估计物体的比例。

A. 目测　　B. 测量　　C. 查表　　D. 类比

参考答案：

1. C　2. B　3. B　4. B　5. C　6. D　7. A　8. B　9. C　10. A

二、判断题（将正确答案用字母 T（真）或 F（假）填入题目后面的括号内）。

1. 描图中，描大圆时，应采用多加墨汁的方法，以保证不断线。（　　）

2. 为保证线段光滑过渡，描绘直线与圆弧连接时，应先描圆弧再描直线。（　　）

3. 草图绘制完毕后，应在标题栏中填写出绘图比例。（　　）

4. 徒手绘制的图形和借助仪器绘制的图形都可以称为草图。（　　）

5. 描图用的针管笔是惟一的描图工具。（　　）

参考答案：

1. F　2. T　3. F　4. T　5. F

第十一章　图档管理

一、选择题（四选一，将正确答案前的字母填入括号内）。

1. 图纸的装订位置，应当在图纸的（　　）。

A. 左边　　B. 右边　　C. 上边　　D. 下边

2. 图纸一般应折叠成（　　）的规格后再装订。

A. A3 或 A4　　B. A0 或 A1　　C. A1 或 A2　　D. A2 或 A3

3. 无论哪种装订，都需将（　　）露在外面。

A. 明细表　　B. 技术要求　　C. 图形　　D. 标题栏

4. 无装订边图纸的装订，是在图纸的左边粘贴上（　　），然后再进行装订。

A. 图钉　　B. 装订胶带　　C. 胶布　　D. 硬纸板

5. 国家标准规定，图框格式分为（　　）两种，同一产品的图样只能采用一种格式。

A. 横装和竖装　　B. 有加长边和无加长边

C. 不留装订边和留装订边　　D. 粗实线和细实线

6. 生产现场或技术交流活动使用的工程图样，是由（　　）或原图复制而成的复制图。

A. 描图　　B. 工程图

C. 底图　　D. 照片

7. 常见的复制图样方法有重氮晒图法、（　　）和缩微复制法。

A. 照相　　B. 静电复印法

C. 描图　　D. 拓印

8. 用于复制图样或描绘底图的原图有三种：硬板原图、计算机绘制的设计图和（　　）。

A. 效果图　　B. 草图

C. 轴测图　　D. 设计工作绘制的铅笔图

9. 为保证成套图样的完整性，复制图样一般复制（　　）套。

A. 1　　B. 2　　C. 3　　D. 4

10. 成套图样必须编制（　　）。

A. 图号　　B. 目录　　C. 索引总目录　　D. 时间

11. （　　）应当作为主要的技术资料存档。

A. 草图　　B. 三视图　　C. 示意图　　D. 复制图

12. 凡是绘制了视图、标注了尺寸和编制了（　　）的图纸称为图样。

A. 标题栏　　B. 技术要求　　C. 尺寸　　D. 图号

13. 成套图样必须进行系统的（　　）。

A. 编号　　B. 分类　　C. 分类编号　　D. 编制序号

14. 分类编号，按对象功能、形状的相似性，采用（　　）进制分类法进行编号。

A. 二　　B. 十　　C. 十二　　D. 十六

15. 每个产品、部件、零件的图样和文件均应有独立的（　　）。

A. 代号　　B. 标注　　C. 分类编号　　D. 字母

参考答案：

1. A　2. A　3. D　4. D　5. C　6. C　7. B　8. D　9. B　10. C

11. D　12. B　13. C　14. B　15. C

二、判断题（将正确答案用字母 T（真）或 F（假）填入题目后面的括号内）。

1. 图框的格式分为有装订边和无装订边两种。（　　）

2. 图样一般无需装订，卷起来即可。（　　）

3. 设计中画出的铅笔图，其内容已经反映在底图或复制图中，一般不必存档。（　　）

4. 无装订边的图样可以直接在图样的左边装订。（　　）

5. 分类编号按对象功能、形状的相似性，采用二进制分类法进行编号。（　　）

参考答案：

1. T　2. F　3. T　4. F　5. F

第十二章　计算机绘图

一、用 1:1 的比例绘制图 119 ~ 图 124 所示各图形。

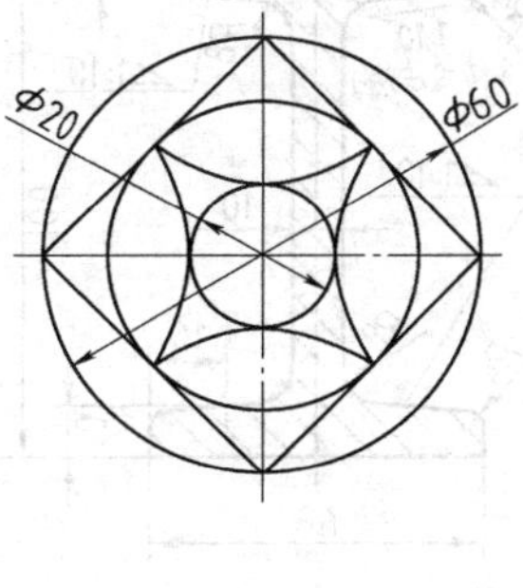

图　119

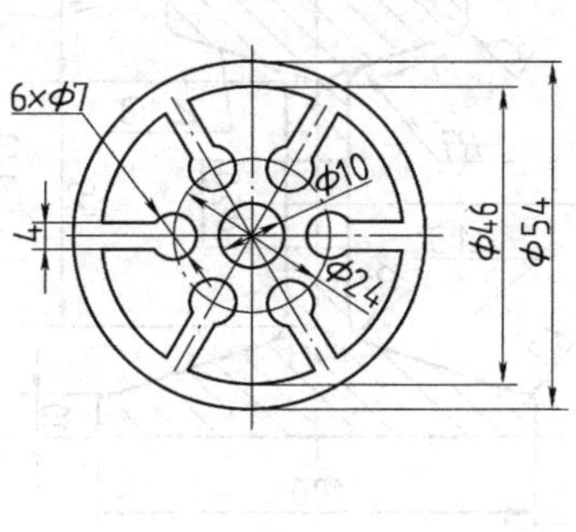

图　120

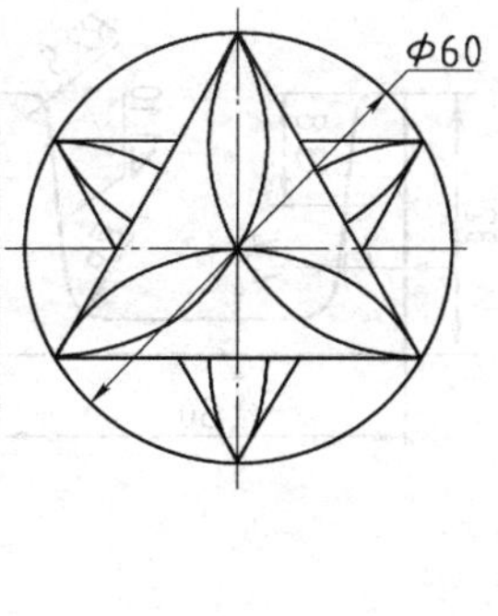

图　121

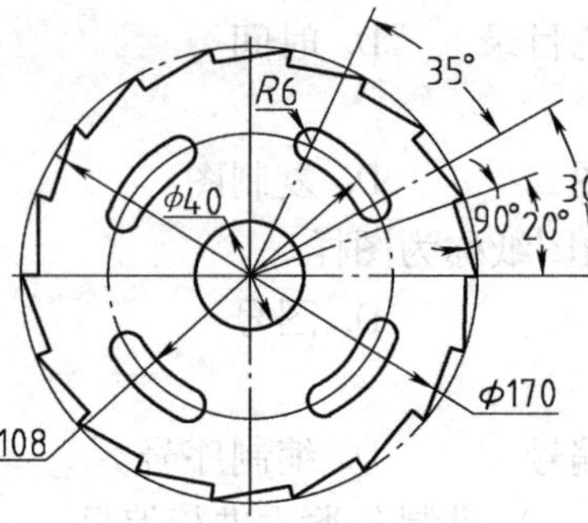

图 122

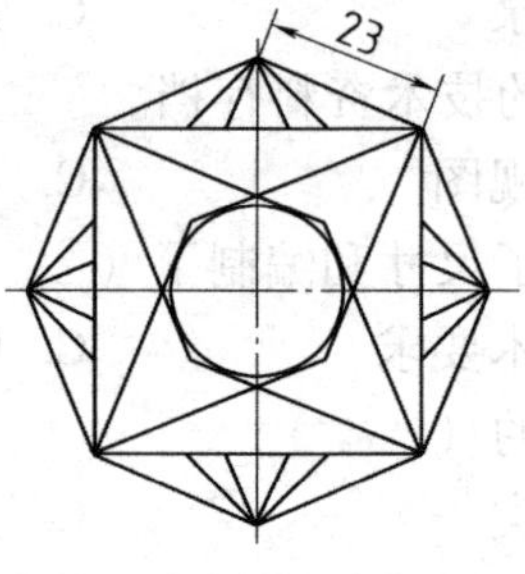

图 123

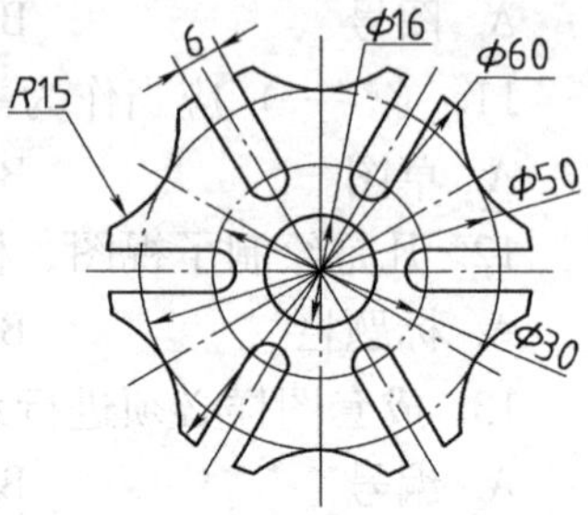

图 124

二、用 1:1 的比例绘制图 125 ~ 图 130 所示各图形。

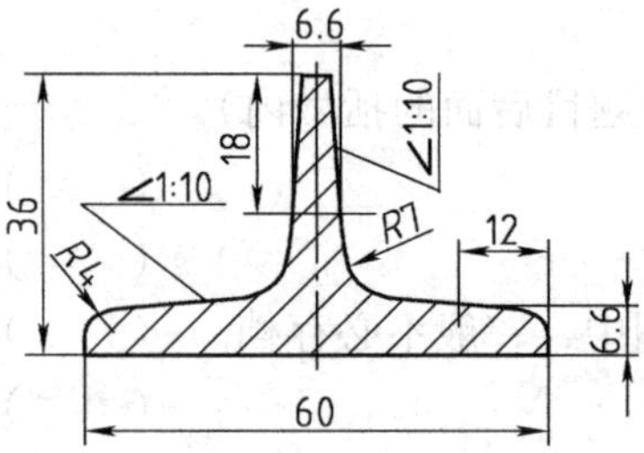

图 125

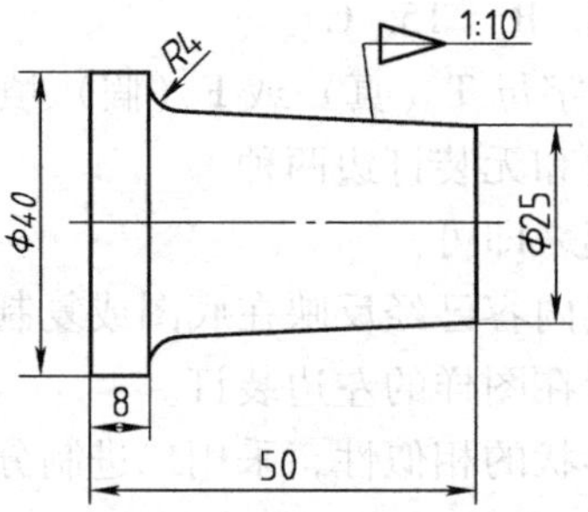

图 126

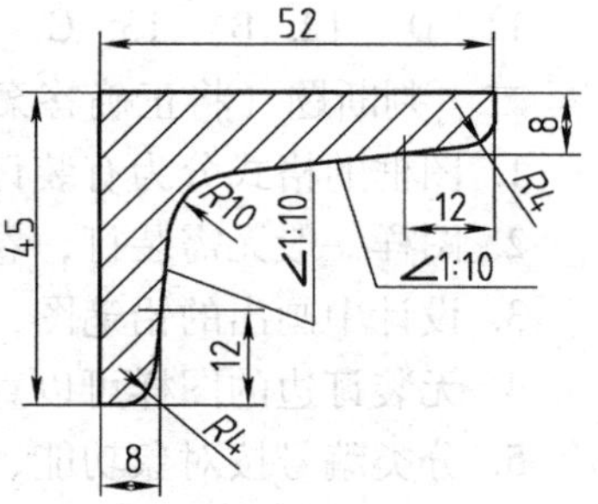

图 127

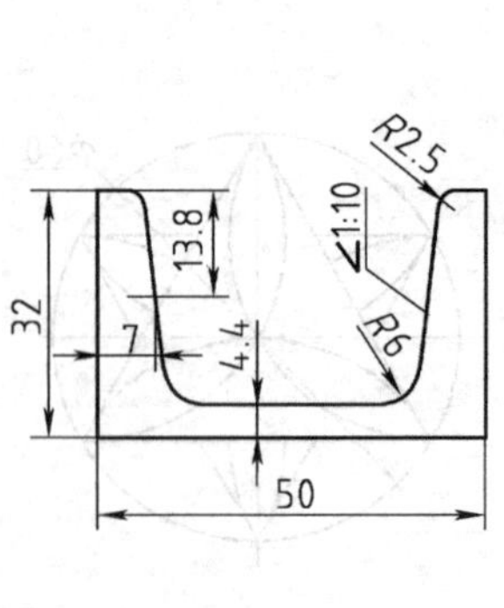

图 128

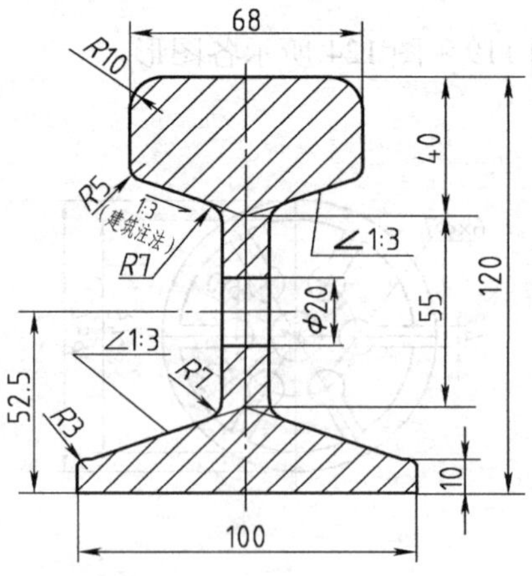

图 129

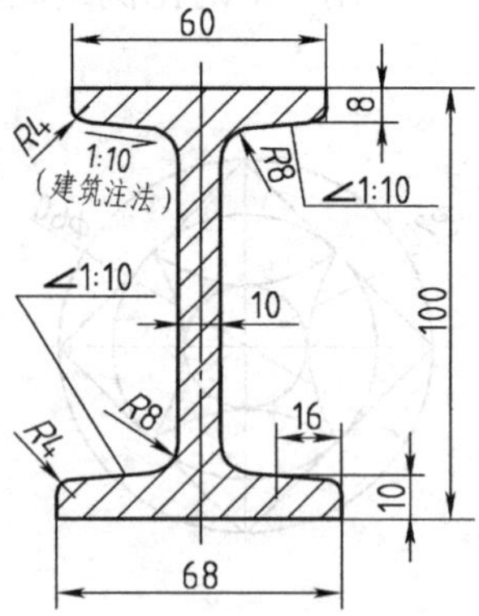

图 130

三、用 1:1 的比例绘制图 131 ~ 图 138 所示各图形。

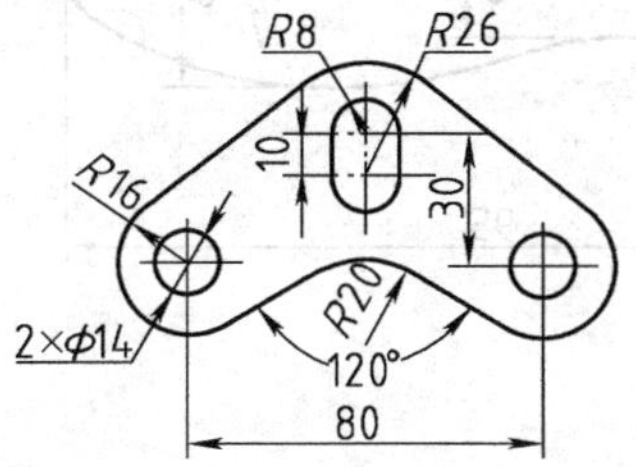

图 131

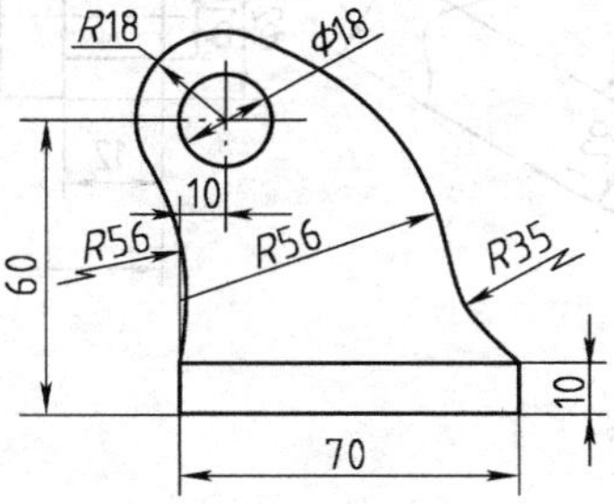

图 132

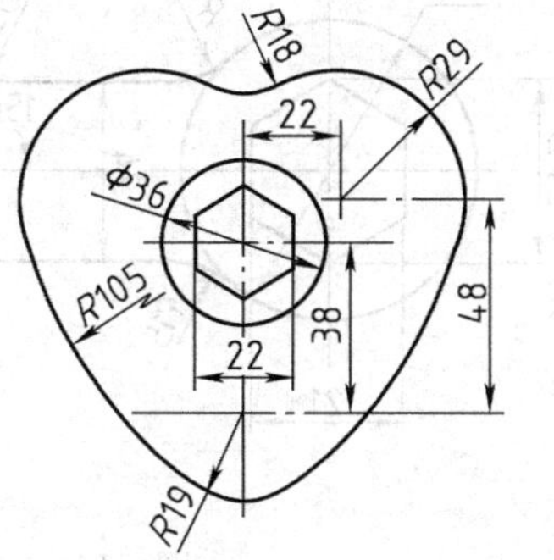

图 133

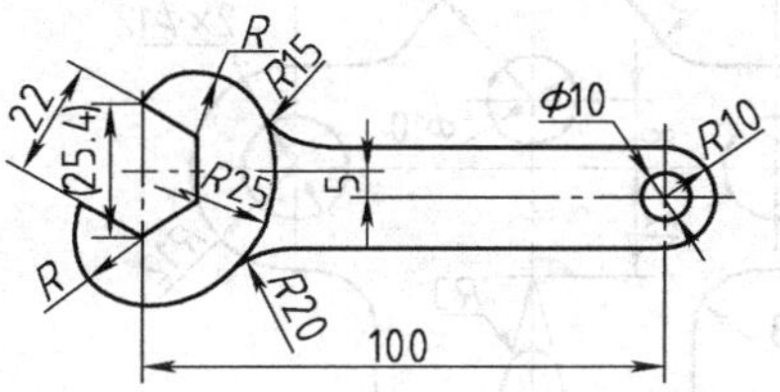

图 134

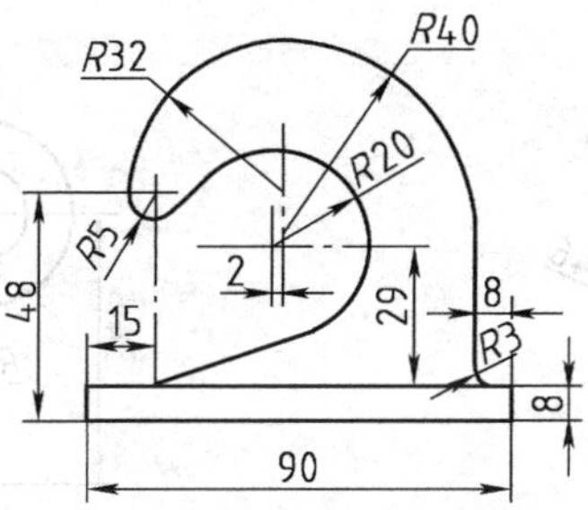

图 135

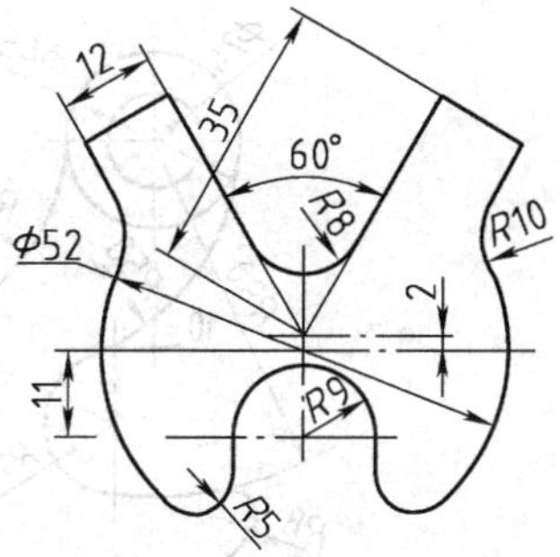

图 136

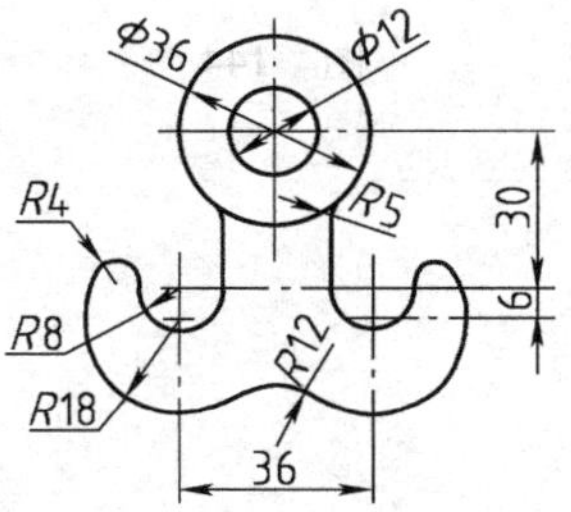

图 137

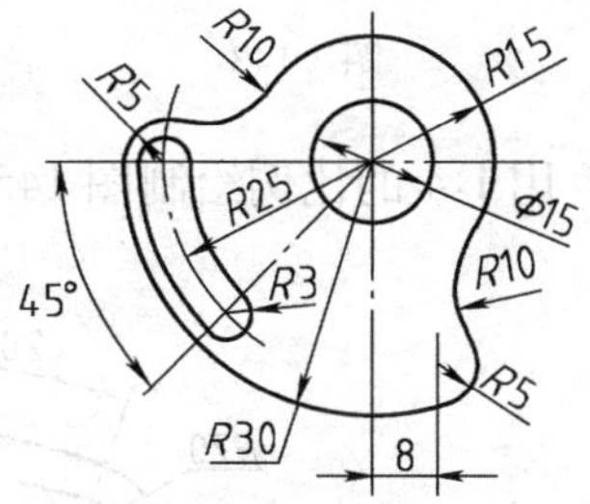

图 138

*四、用 1:1 的比例绘制图 139 ~ 图 144 所示各图形。

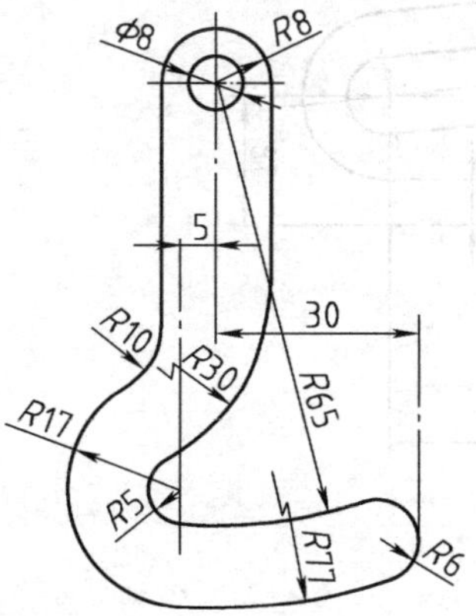

图 139

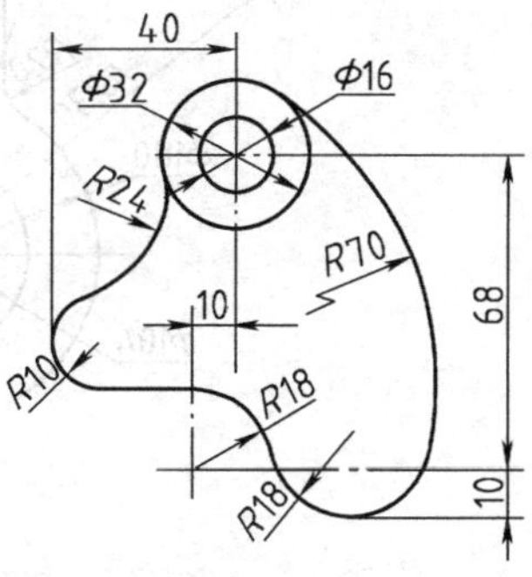

图 140

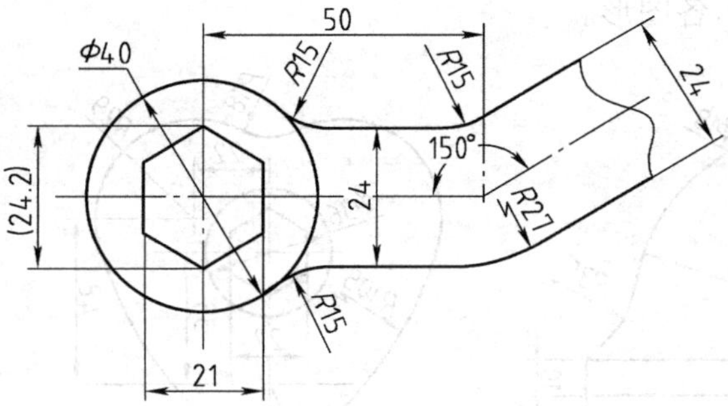

图 141

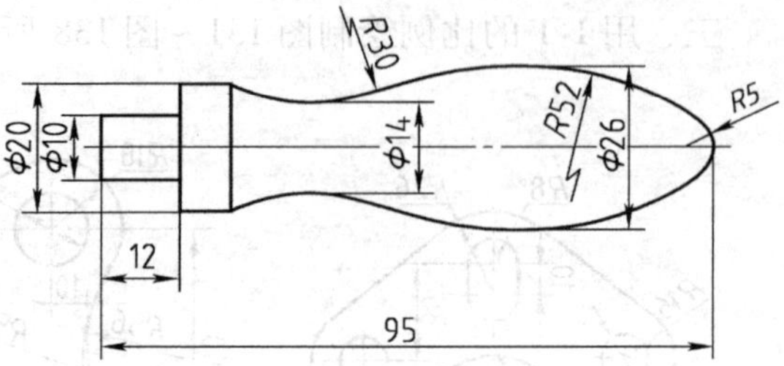

图 142

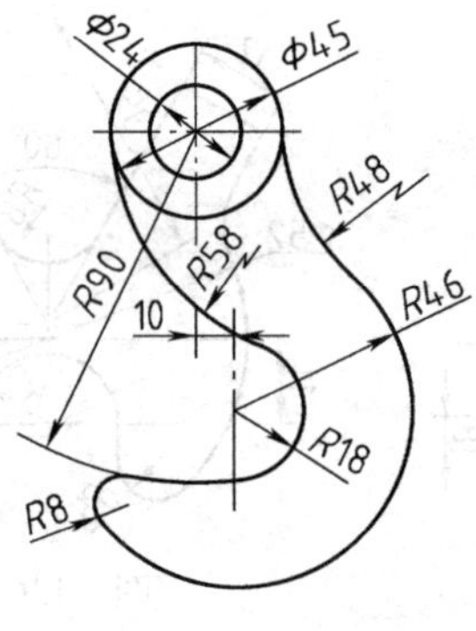

图 143

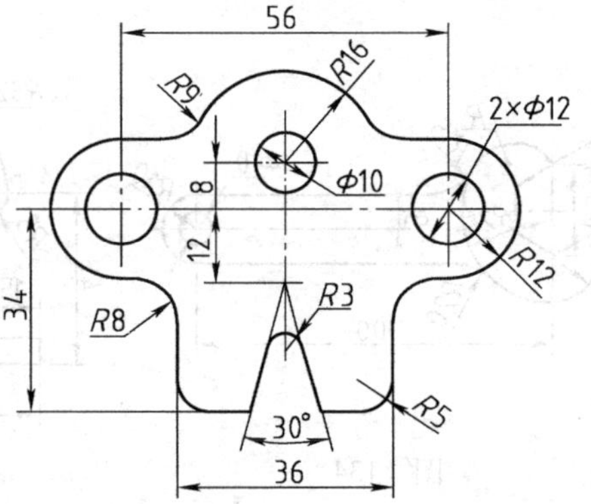

图 144

**五、用 1:4 的比例绘制图 145 所示的图形。

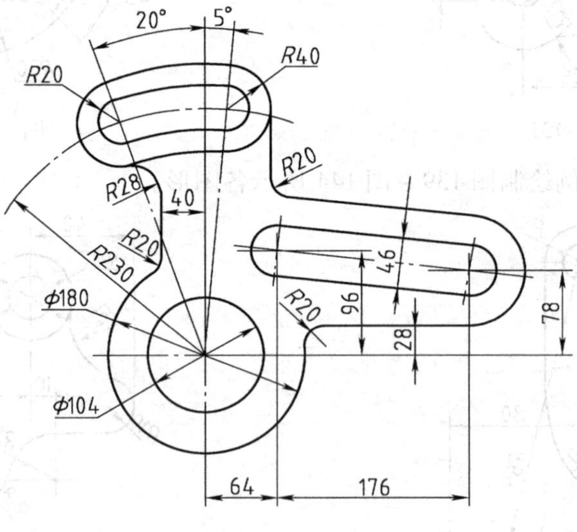

图 145

* * 六、用 1:2 的比例绘制图 146 所示的图形。

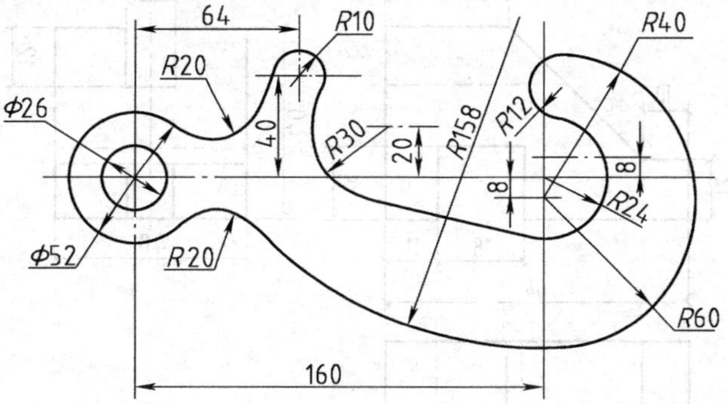

图　146

* * 七、用 1:1 的比例绘制图 147 所示的图形。

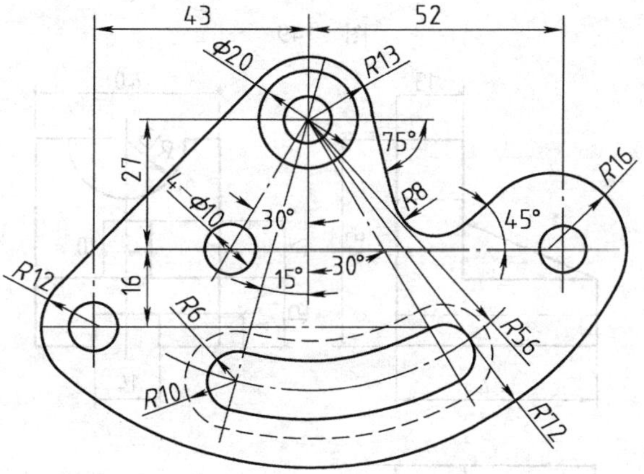

图　147

* * 八、用 1:1 的比例绘制图 148 所示的图形。

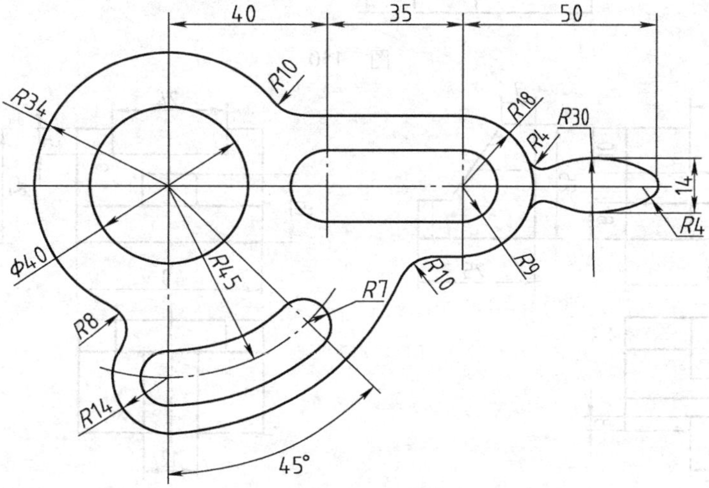

图　148

九、用 1:1 的比例抄画图 149 ~ 图 154 所示的三视图。

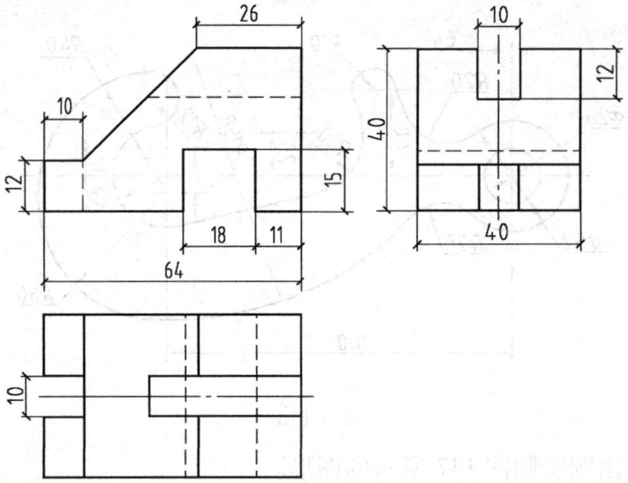

图 149

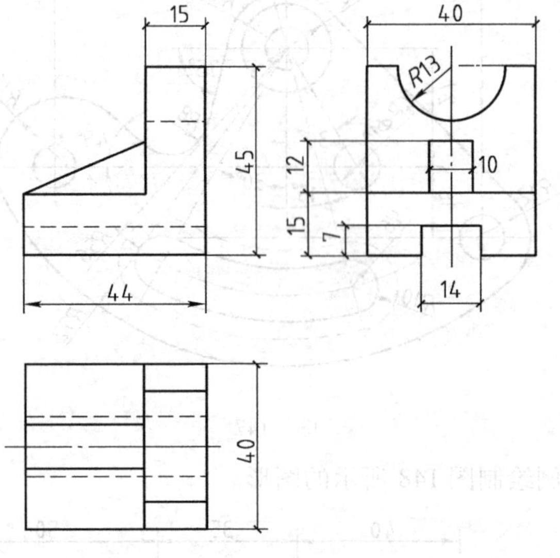

图 150

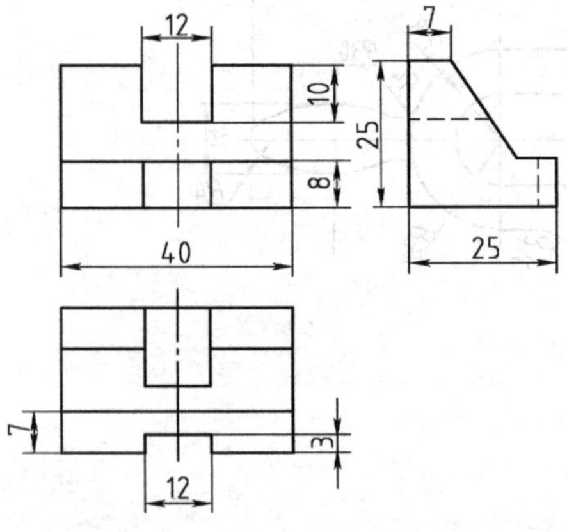

图 151

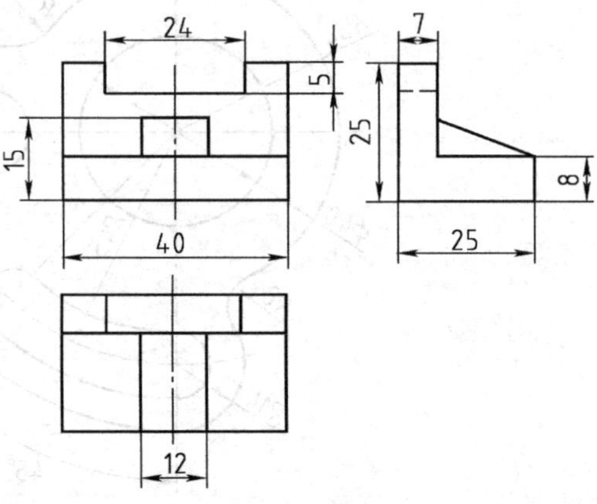

图 152

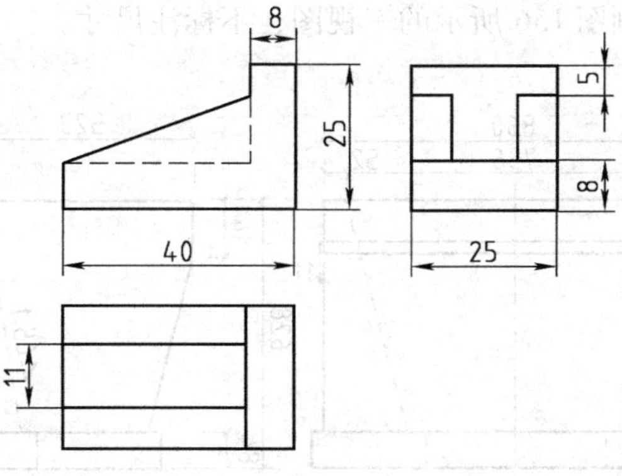

图 153

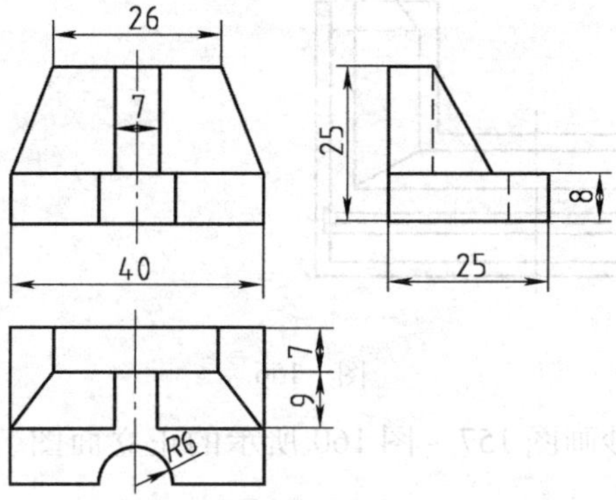

图 154

**十、完成下列各题。

1. 用 1:100 的比例抄画图 155 所示的三视图，不标注尺寸。

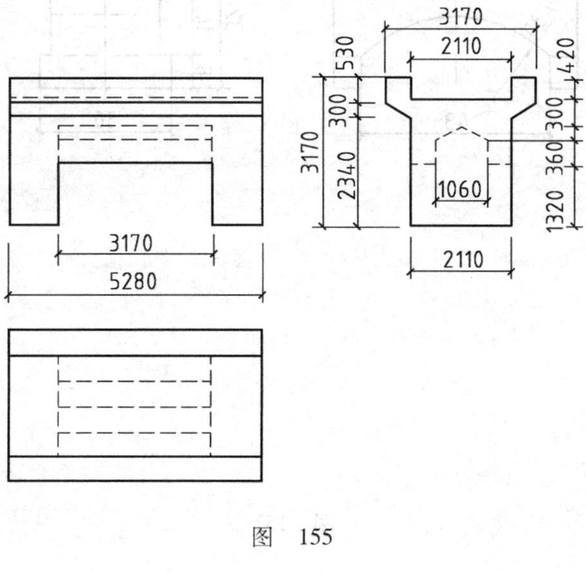

图 155

2. 用 1:10 的比例抄画图 156 所示的三视图，不标注尺寸。

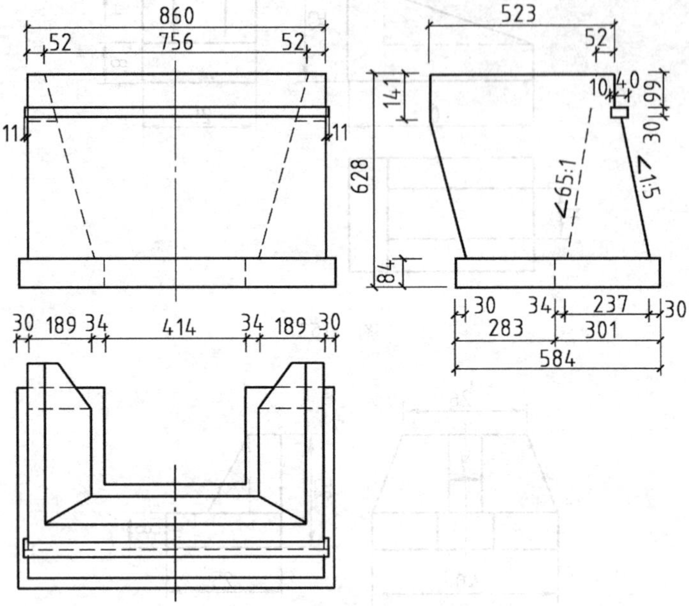

图 156

*十一、按 1:1 的比例抄画图 157～图 160 所示的正立面图、左侧立面图，补画平面图，不标注尺寸。

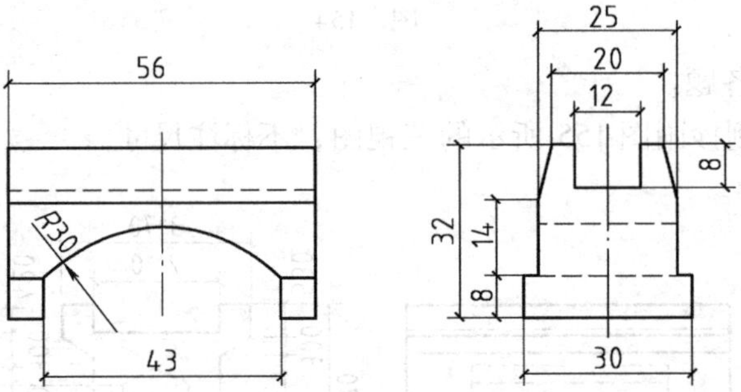

图 157

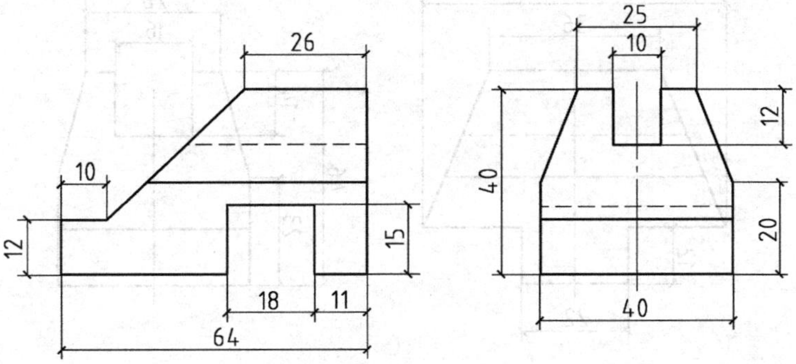

图 158

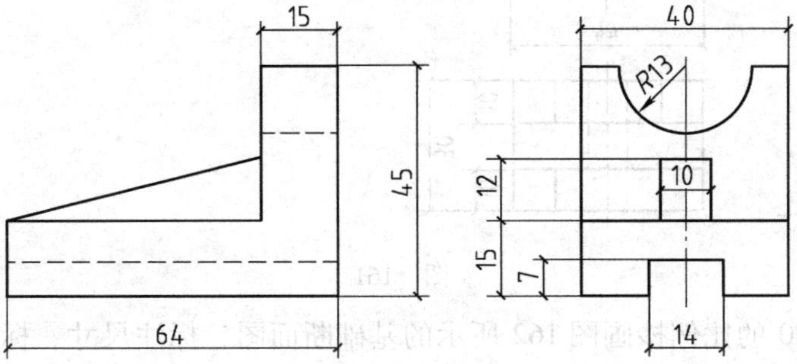

图 159

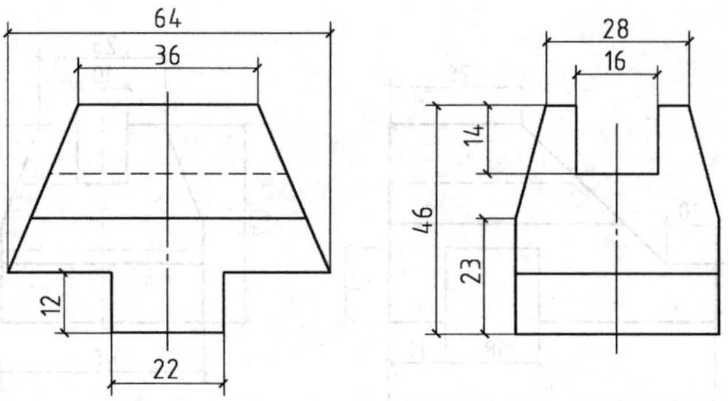

图 160

* 十二、按 1:1 的比例抄画图 161 所示的正立面图、平面图，补画左侧立面图，不标注尺寸。

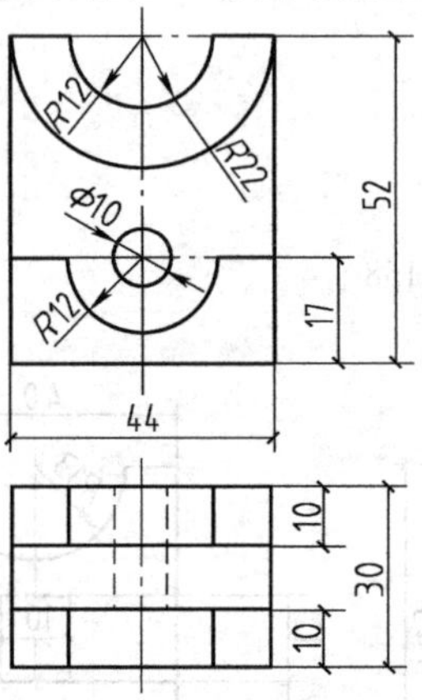

图 161

* 十三、按 1:20 的比例抄画图 162 所示的基础断面图，标注尺寸、标高和轴线编号。

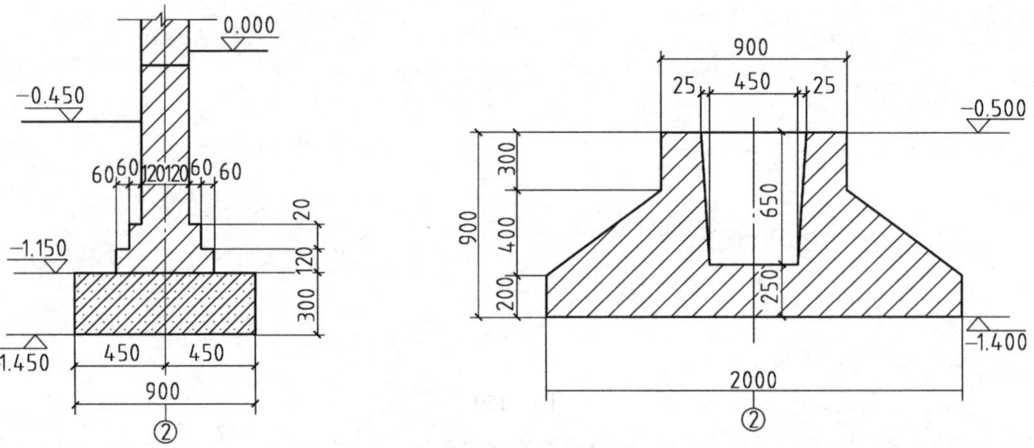

图 162

*十四、根据图 163、图 164 所示的轴测图和尺寸，按 1:1 的比例绘制三视图。

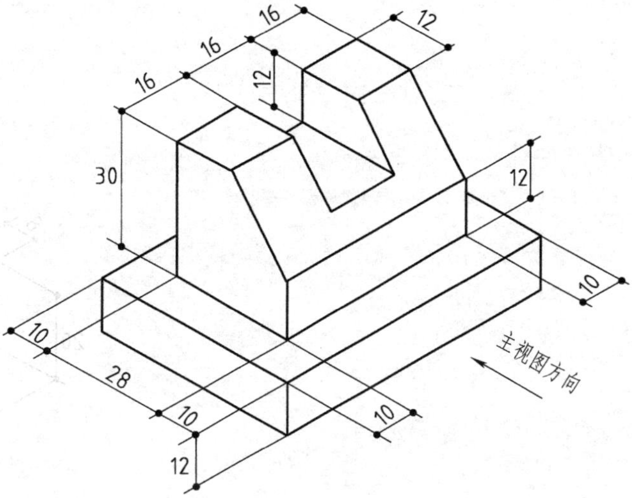

图 163

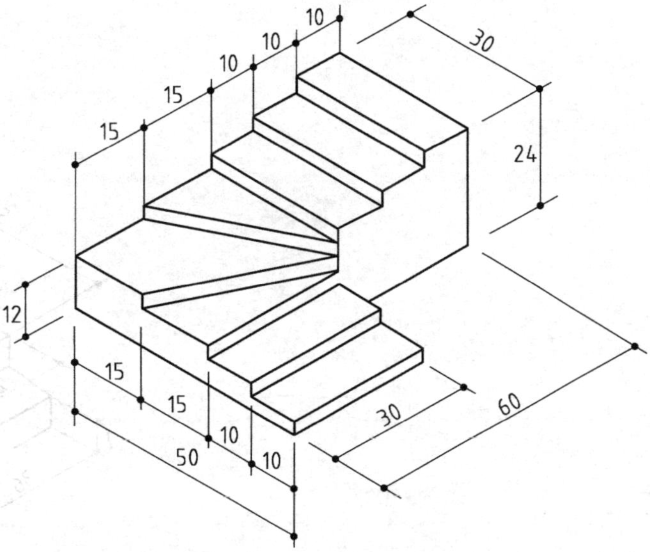

图 164

* 十五、根据图 165、图 166 所示的轴测图和尺寸，按 2:1 的比例绘制三视图。

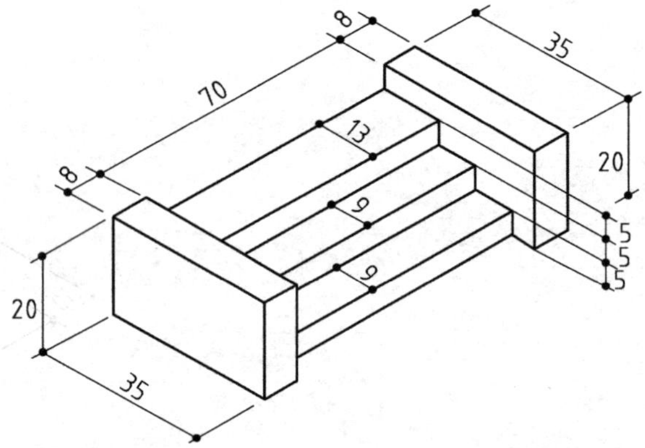

图 165

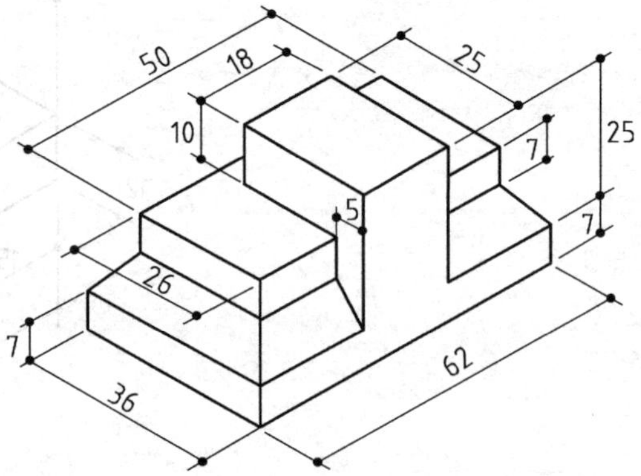

图 166

*十六、抄画图167所示的单层楼房平面图（比例为1:100），标注尺寸、标高（室外地面比室内低210mm）、轴线编号。

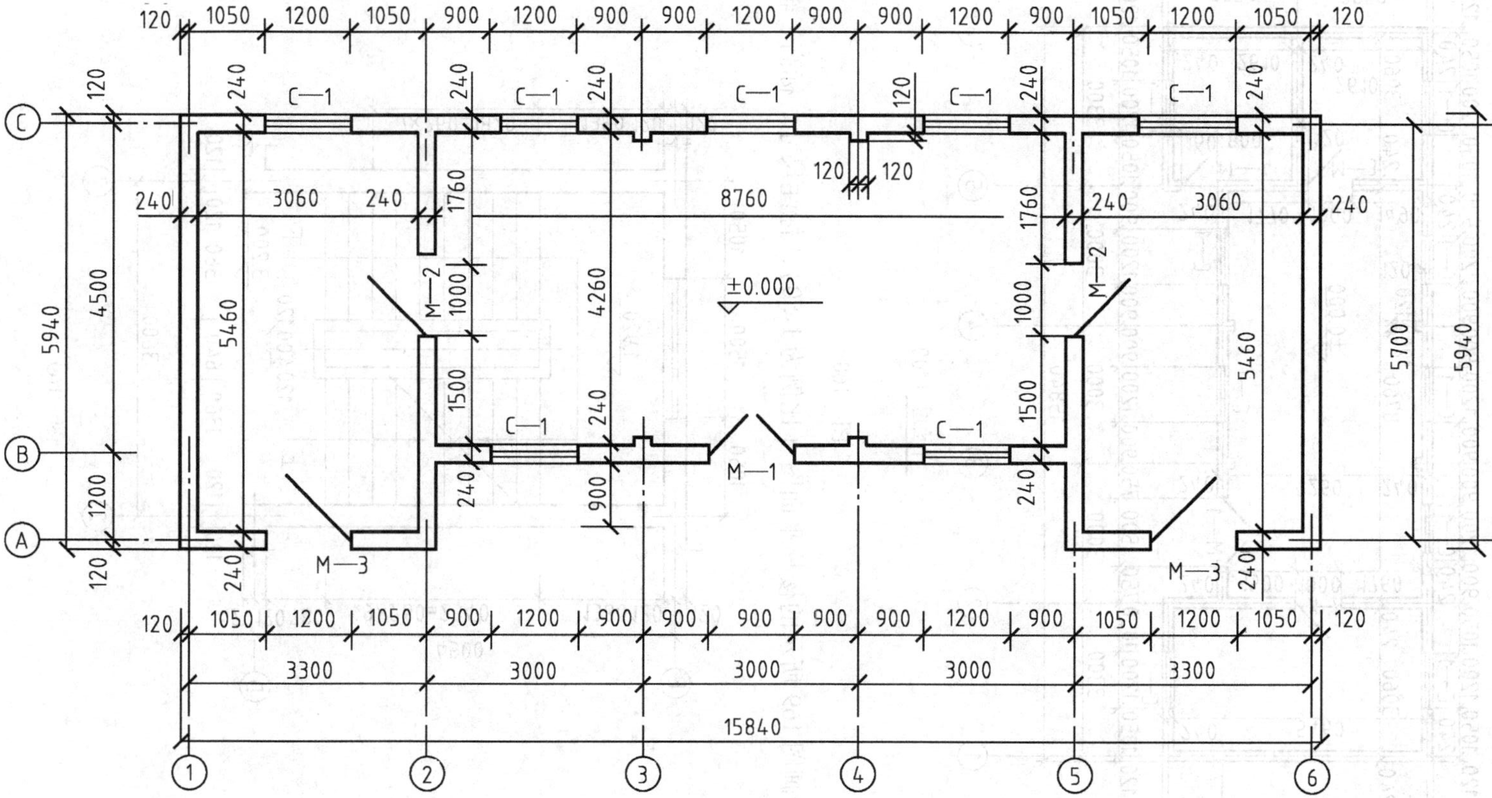

平面图 1:100

图 167

**十七、抄画图168所示的单层楼房平面图（比例为1:100），标注尺寸、标高（室外地面比室内低210mm）、轴线编号。

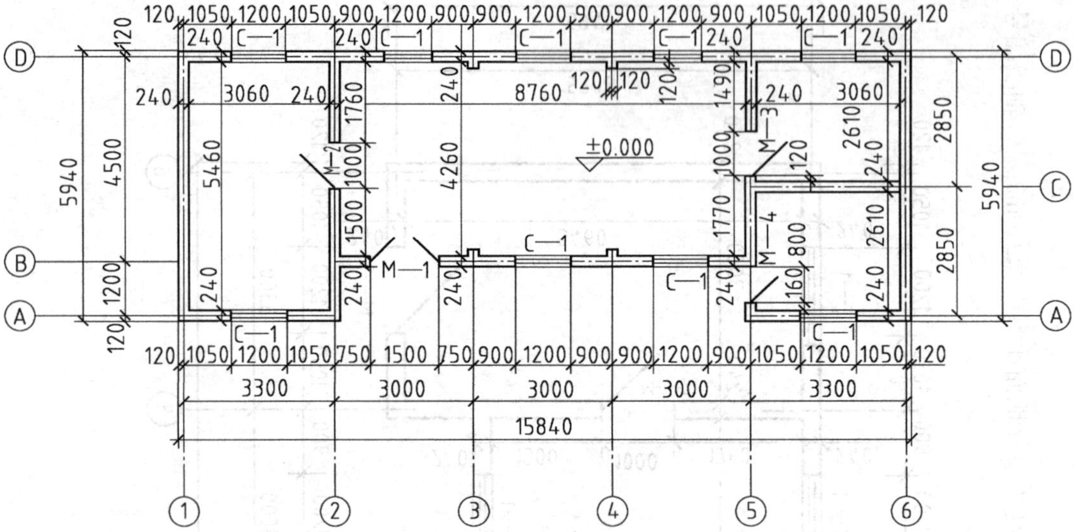

平面图 1:100

图 168

十八、抄画图169所示的楼梯平面图（比例为1:50），标注尺寸、标高、轴线编号。

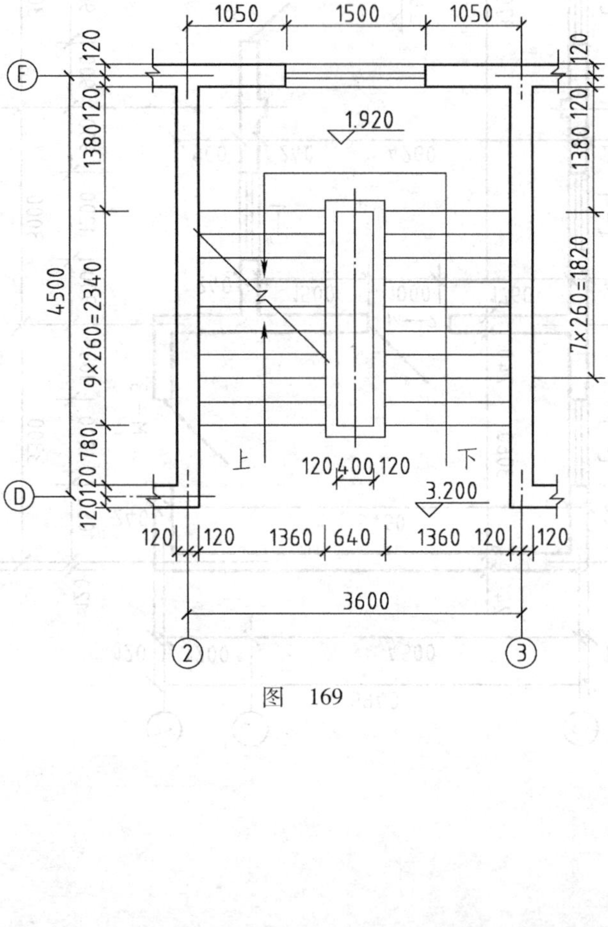

图 169

第四部分 国家职业技能鉴定统一考试测试样卷

职业等级	
职业名称	制图员
姓名	
准考证号	
地区	

考生答题不准超过此线

国家职业技能鉴定统一考试

初级制图员（土建）知识测试样卷

注 意 事 项

1. 请在试卷的标封处填写您的姓名、考号、所在地区及考试等级。
2. 请仔细阅读各种题目的回答要求，作图题一律用铅笔完成。
3. 请保持卷面整洁、线型分明，不要在标封区填写无关内容。

题 号	一	二	三	四	五	六	七	八	总分	总分人
分 数										

得分	评卷人

一、单项选择题。（每小题1分，共10分）

1. 图纸中汉字应写成（　　）体，采用国家正式公布的简化字。

A. 新宋　　B. 隶书　　C. 长仿宋　　D. 方正舒

2. 机械图样中，表示可见轮廓线采用（　　）线型。

A. 粗实线　　B. 细实线　　C. 波浪线　　D. 虚线

3. 图样上标注的尺寸，一般应由（　　）组成。

A. 尺寸数字、尺寸线及其终端、尺寸箭头

B. 尺寸界线、尺寸线及其终端、尺寸数字

C. 尺寸界线、尺寸箭头、尺寸数字

D. 尺寸线、尺寸界线、尺寸数字

4. 2:1 是（　　）比例。

A. 放大　　B. 缩小　　C. 优先选用　　D. 尽量不用

5. （　　）分为正投影法和斜投影法两种。

A. 平行投影法　　B. 中心投影法

C. 投影法　　D. 辅助投影法

6. 平行投影法中的（　　）相垂直时，称为正投影法。

A. 物体与投影面　　B. 投射线与投影面

C. 投射中心与投影线　　　　　　　　D. 投射线与物体

7. （　　）的常用工具有直线笔、圆规、曲线板、三角板、描图笔等。

A. 描图　　B. 制图　　C. 画草图　　D. 画底图

8. 描图时应（　　），先描中心线后描圆。

A. 先描图形后注尺寸和写字　　　　　B. 先注尺寸和写字后描图形

C. 一边描图形一边注尺寸和写字　　　D. 描图形和注尺寸及写字不分先后

9. 图纸管理要保证图样的（　　）、长效性和流通性。

A. 合理性、完整性　　　　　　　　　B. 合理性、时间性

C. 完整性、系统性　　　　　　　　　D. 理论性、系统性

10. 常用的图样复制法有重氮型晒图法、（　　）、缩微复制法等。

A. 照相　　B. 拓印　　C. 静电复印法　　D. 描图

得分	评卷人

二、判断正误题。（每小题 1 分，共 5 分）

1. 一张 A2 幅面图纸相当于 2 张 A1 幅面图纸。（　　）
2. 使用圆规画圆时，应尽可能使钢针和铅芯垂直于纸面。（　　）
3. 丁字尺与三角板随意配合，便可画出 65°倾斜线。（　　）
4. 正等轴测图中，三个轴间角均为 120°。（　　）
5. 正等轴测图中，空间三直角坐标轴对轴测投影面的倾斜角度不同。（　　）

得分	评卷人

三、分析平面图形尺寸标注中的错误，并在右边的图形中进行正确、完整地标注。（10 分）

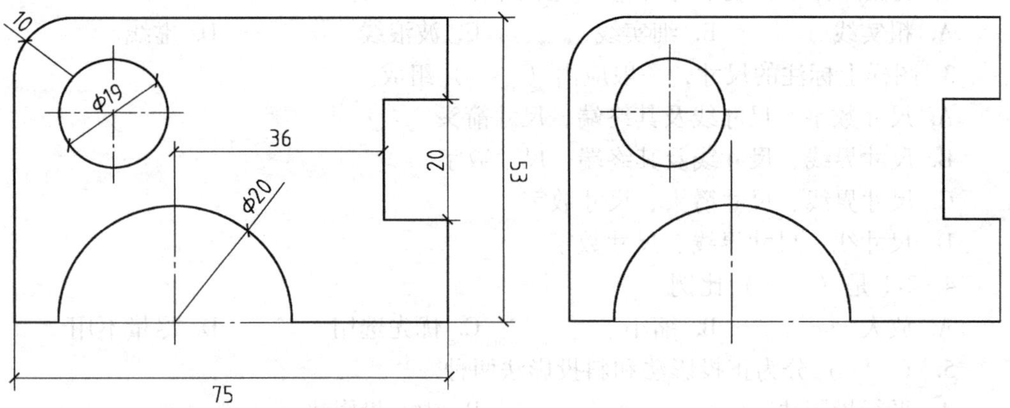

得分	评卷人

四、根据已知的两视图补画第三视图。（15 分）

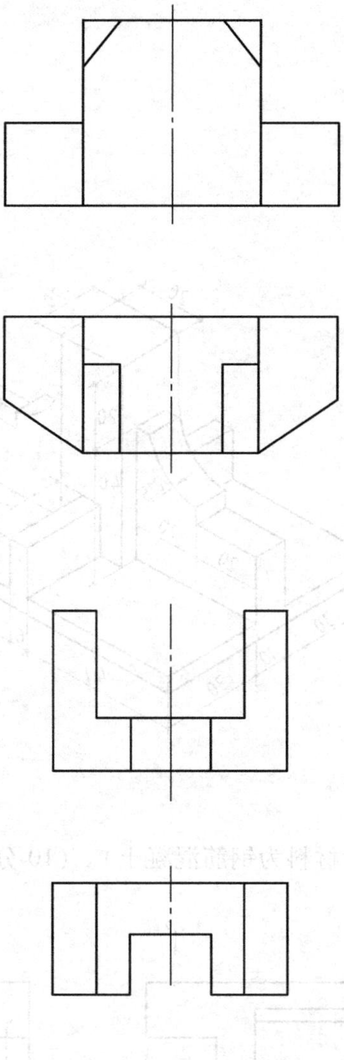

得分	评卷人

五、根据轴测图画出三视图。（20 分）

要求：

1. 线型按一般形体的要求，不按房屋施工图的线型绘制。
2. 只要求画图，不标注尺寸。
3. 按 1:2 的比例画图。

职业等级	
职业名称	制图员
姓名	
准考证号	
地区	

考生答题不准超过此线

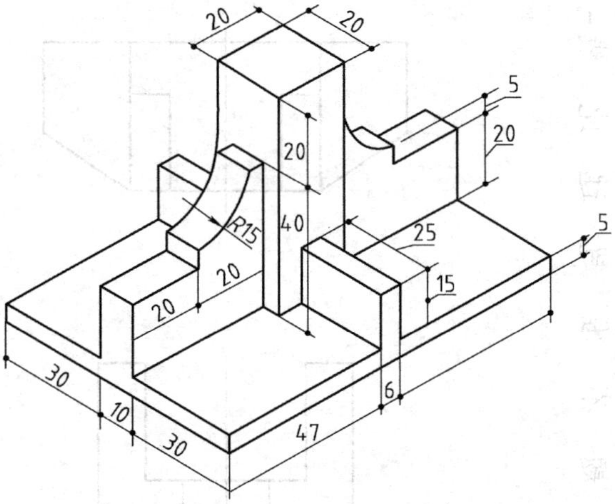

得分	评卷人

六、画出 1—1 断面图、2—2 断面图（材料为钢筋混凝土）。（10 分）

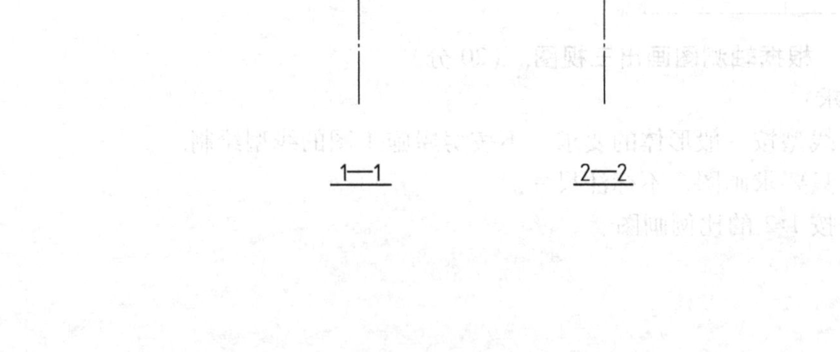

得分	评卷人

七、在下方左右两个图形中分别绘制出钢筋混凝土和金属的材料图例。并在图形下方用 7 号字注明图例的名称，其线型和字体应符合 GB。（10 分）

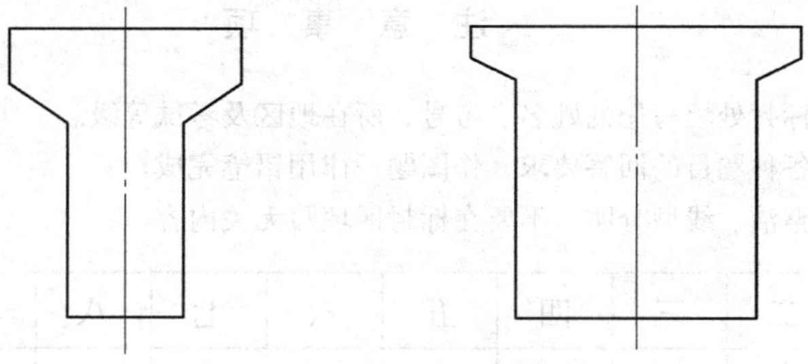

______________　　　　　______________

得分	评卷人

八、完成下列各题。（20 分）

1. 定位轴线的横向编号采用（　　）编写，竖向编号采用（　　）编写，轴线编号写在直径为（　　）毫米的圆内，该圆用（　　）画出，图样中门的代号为(　　)，窗的代号为（　　），该图样中共有（　　）种不同的窗。

2. 根据房屋建筑制图标准中规定的线型，描绘给出的平面图（细线部分不用描），并对定位轴线（图中已用点划线画出）编号。

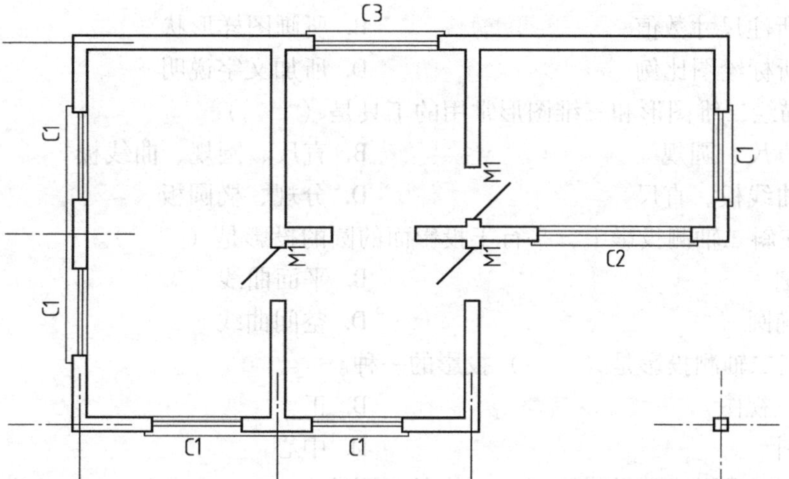

职业等级

职业名称 制图员

姓名

准考证号

地区

考生答题不准超过此线

国家职业技能鉴定统一考试

中级制图员（土建）知识测试样卷

注 意 事 项

1. 请在试卷的标封处填写您的姓名、考号、所在地区及考试等级。
2. 请仔细阅读各种题目的回答要求，作图题一律用铅笔完成。
3. 请保持卷面整洁、线型分明，不要在标封区填写无关内容。

题　号	一	二	三	四	五	六	七	八	九	总分	总分人
分　数											

得分	评卷人

一、单项选择题。（每小题 1 分，共 10 分）

1. 某产品用放大一倍的比例绘图，在标题栏比例项中应填（　　）。

A. 放大一倍　　B. 1×2

C. 2/1　　D. 2:1

2. 制图国家标准规定，字体的号数，即字体的高度分为（　　）种。

A. 5　　B. 6

C. 7　　D. 8

3. 机件的真实大小应以图样上（　　）为依据，与图形的大小及绘图的准确度无关。

A. 所注尺寸数值　　B. 所画图样形状

C. 所标绘图比例　　D. 所加文字说明

4. 描绘二维图形和三维图形常用的工具是（　　）。

A. 直尺、圆规　　B. 直尺、圆规、曲线板

C. 曲线板、直尺　　D. 分规、椭圆板

5. 在斜二轴测投影中，平行于投影面的圆的投影是（　　）。

A. 圆　　B. 平面曲线

C. 椭圆　　D. 空间曲线

6. 正二轴测投影是（　　）投影的一种。

A. 三视图　　B. 正

C. 斜　　D. 中心

7. 中心投影法是投射线（　　）的投影法。

A. 相互平行　　B. 汇交一点

C. 相互垂直　　D. 相互倾斜

8. 正投影的基本特性主要有实形性、积聚性、(　　)。

A. 类似性　　B. 特殊性

C. 统一性　　D. 普遍性

9. 图档管理主要是指对（　　）的格式。

A. 字体　　B. 图纸幅面

C. 产品图样　　D. 尺寸标注

10. 图样的保管，对成套图样必须编制（　　）。

A. 索引总目录　　B. 密码

C. 明细表　　D. 附加栏

得分	评卷人

二、在图中标注尺寸（按 1:20 的比例从图中量取尺寸数值，取整数），**按表中给出的数值在图中标注标高。**（10 分）

表面	*A*	*B*	*C*	*D*
标高	-1.450	-1.150	-0.450	0.000

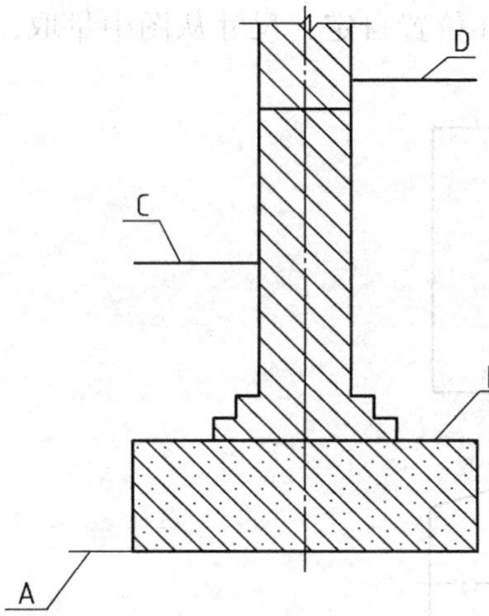

得分	评卷人

三、作 ***A—A*** 全剖视图。(15 分)

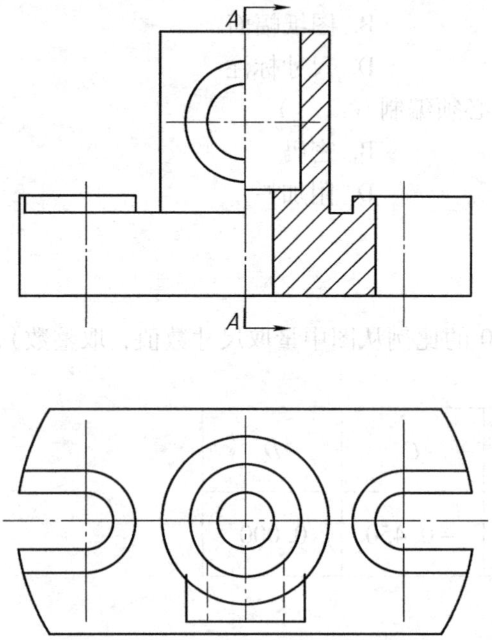

得分	评卷人

四、画出 ***A*** 向斜视图（位置自定，尺寸从图中量取，不可见线用虚线画出）。(10 分)

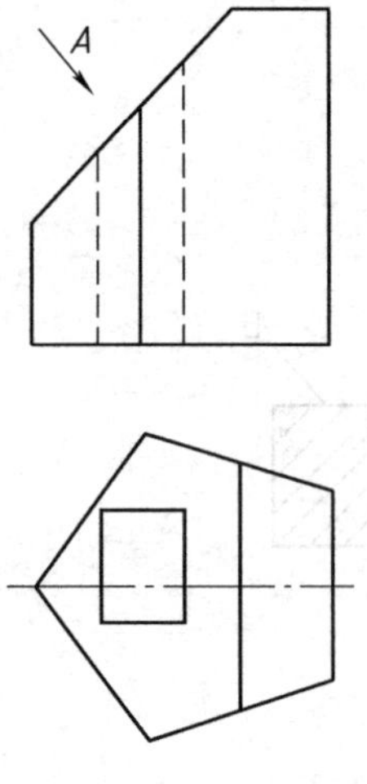

职业等级	
职业名称	制图员
姓名	
准考证号	
地区	

考生答题不准超过此线

得分	评卷人

五、补画左视图（不可见线用虚线画出）。（10 分）

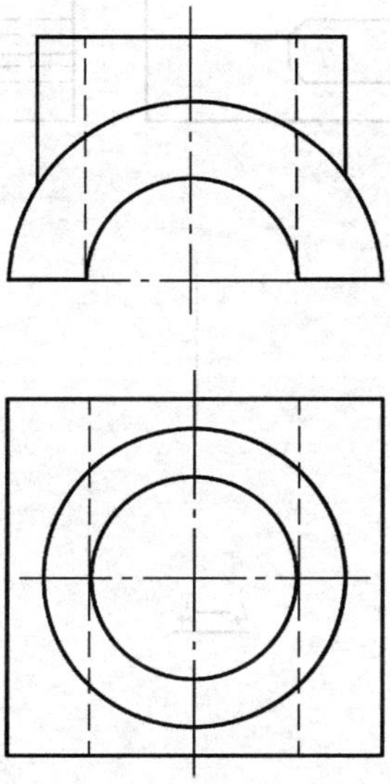

得分	评卷人

六、根据物体的投影图，画出正等轴测图。（10 分）

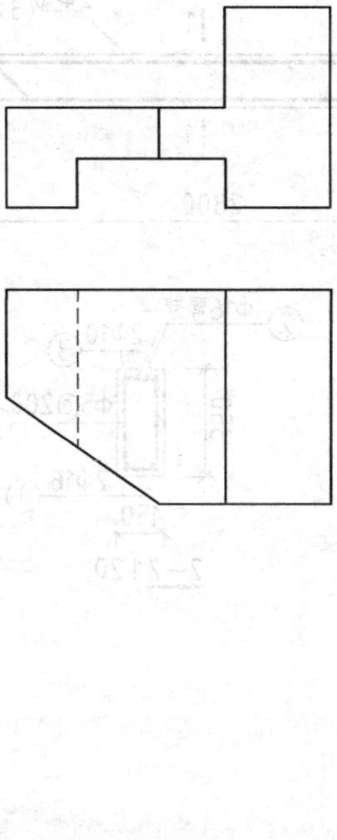

得分	评卷人

七、画出牛腿柱的1—1、2—2、3—3、4—4断面图（材料为钢筋混凝土）。(10分)

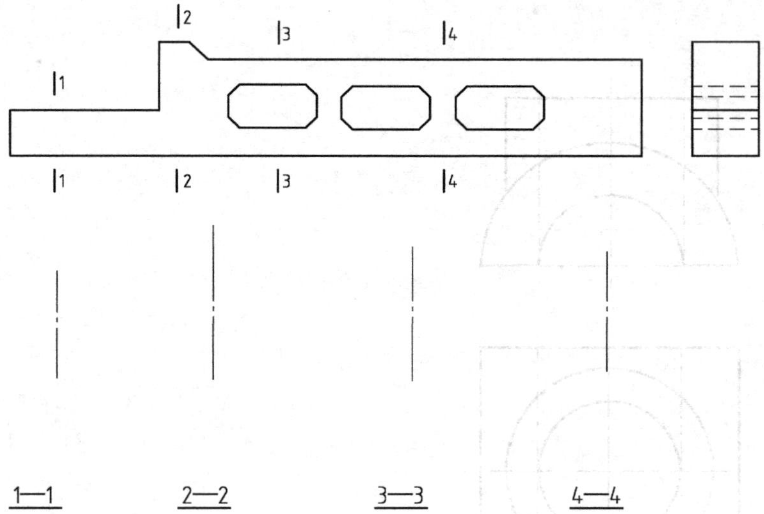

得分	评卷人

八、看懂双跨梁配筋图，画出1、2、3、4号钢筋的成形图（只画图不注尺寸，比例同立面图；2号钢筋在左、右跨各有一根，跨中2000mm长为左、右2号钢筋的搭接长度，左、右2号钢筋应分别画出）。(10分)

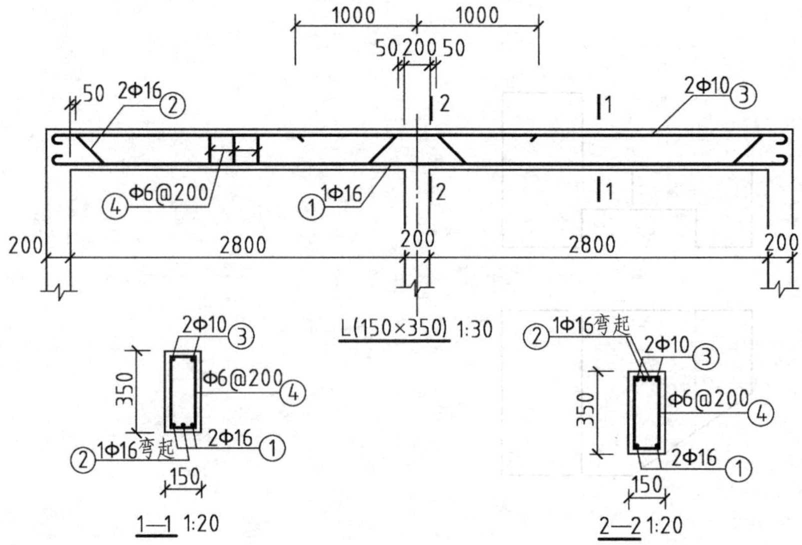

职业等级

职业名称 制图员

姓名

准考证号

地区

考生答题不准超过此线

得分	评卷人

九、完成下列各题要求。（15 分）

1. 按建筑平面图的线型要求，用三种不同的线宽描绘给出的平面图（房屋四周有散水，右下角有室外台阶、雨篷柱、一大一小两个花池）；2. 填写平面图中的轴线编号；3. 标注室内地面的标高（厨房地面比室内主要地面低 20mm）。

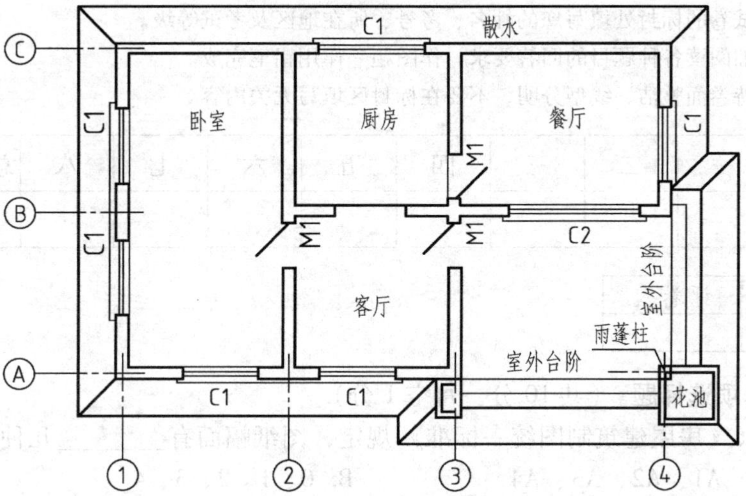

职业等级	

职业名称	制图员

姓名	

准考证号	

地区	

考生答题不准超过此线

国家职业技能鉴定统一考试

高级制图员（土建）知识测试样卷

注 意 事 项

1. 请在试卷的标封处填写您的姓名、考号、所在地区及考试等级。
2. 请仔细阅读各种题目的回答要求，作图题一律用铅笔完成。
3. 请保持卷面整洁、线型分明，不要在标封区填写无关内容。

题　号	一	二	三	四	五	六	七	八	总　分	总分人
分　数										

得分	评卷人

一、单项选择题。(共 10 分，每空 1 分)

1. 国家《房屋建筑制图统一标准》规定，图纸幅面有________几种。

A. A0、A1、A2、A3、A4　　B. 0、1、2、3、4

C. A0、A1、A2、A3、A4、A5　　D. 0、1、2、3、4、5

2. 国家《房屋建筑制图统一标准》规定，汉字应写成________字体。

A. 宋体　　B. 仿宋体　　C. 长仿宋体　　D. 黑体

3. 应在图样中注出绝对标高的房屋施工图样是________。

A. 房屋平面图　　B. 房屋总平面图　　C. 房屋立面图　　D. 房屋剖面图

4. 绘制钢筋混凝土构件图时，构件底层钢筋弯钩的方向应________。

A. 向下或向右　　B. 向下或向左　　C. 向上或向左　　D. 向上或向右

5. 画形体的剖切轴测图时，一般是先画出形体的外形轴测图，然后用________通过形体内部孔洞的中心将其剖开。

A. 倾斜面　　B. 垂直面　　C. 平行面　　D. 两垂直相交的平面

6. 画室内给排水管道的系统图时，采用________。

A. 正面斜二等测　　B. 正面斜等测　　C. 水平斜二等测　　D. 水平斜等测

7. 钢筋混凝土构件中的钢筋编号应填写在直径________毫米的细实线圆内。

A. 6　　B. 8　　C. 10　　D. 14

8. 绘制房屋剖面图时，应在________中标注剖切平面的位置及投影方向。

A. 顶层平面图　　B. 标准层平面图　　C. 底层平面图　　D. 地下室平面图

9. 工程图样的编号，一般要求对________的图样和文件均应有独立的编号。

A. 总图，外形图，安装图　　B. 产品，部件，零件

C. 零件图，装配图　　D. 表格图

10. 对工程图样的分类、编号，按对象（产品、零部件）功能、形状的相似形，采

用________分类法进行分类。

A. 二进制　　B. 十进制　　C. 十二进制　　D. 六十进制

得分	评卷人

二、画出 *A—A* 全剖面图。(14 分)

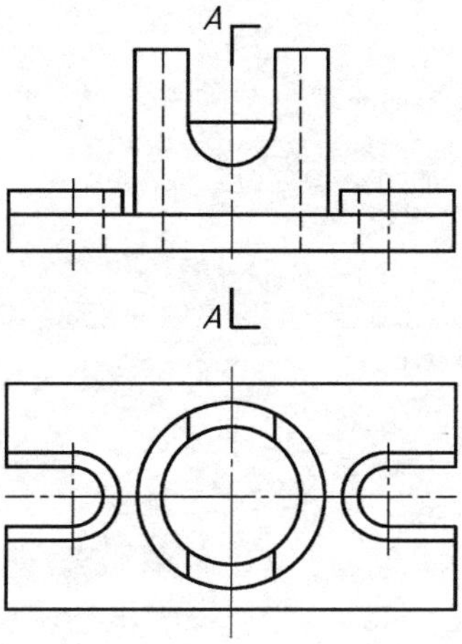

得分	评卷人

三、补全 *H* 投影图所缺图线，画出 *W* 投影图。(12 分)

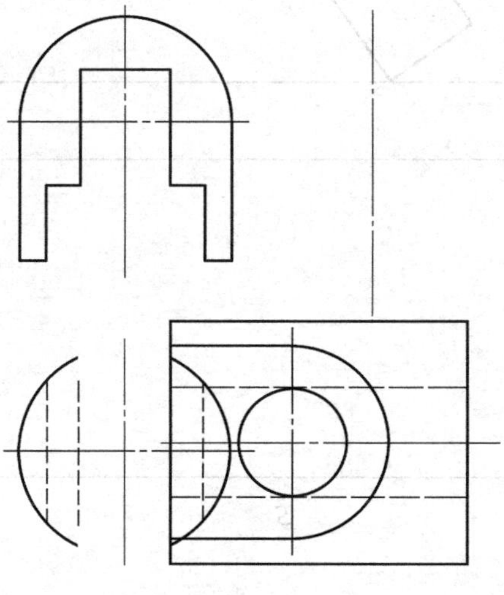

得分	评卷人

四、补画主视图，不可见线用虚线画出。(12 分)

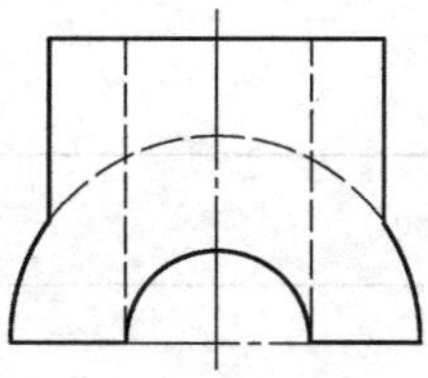

职业等级	
职业名称	制图员
姓名	
准考证号	
地区	

考生答题不准超过此线

得分	评卷人

五、绘制正等轴测图（数值从图中 1:1 量取）。（12 分）

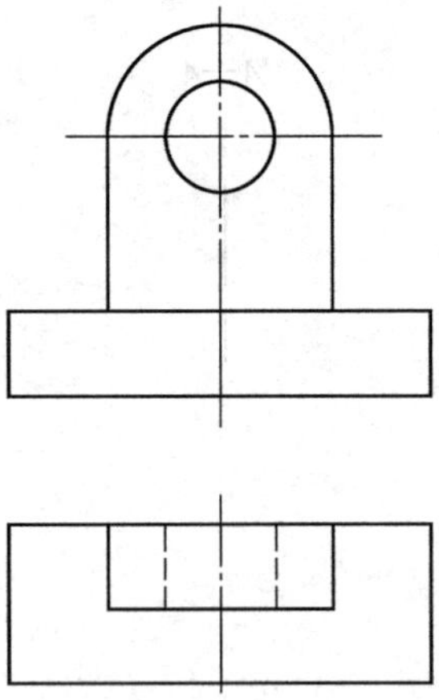

得分	评卷人

六、画出形体的透视图。（15 分）

得分	评卷人

七、根据梁配筋图的立面图及钢筋表，绘制 **1—1**、**2—2** 及 **3—3** 断面图。(15 分)

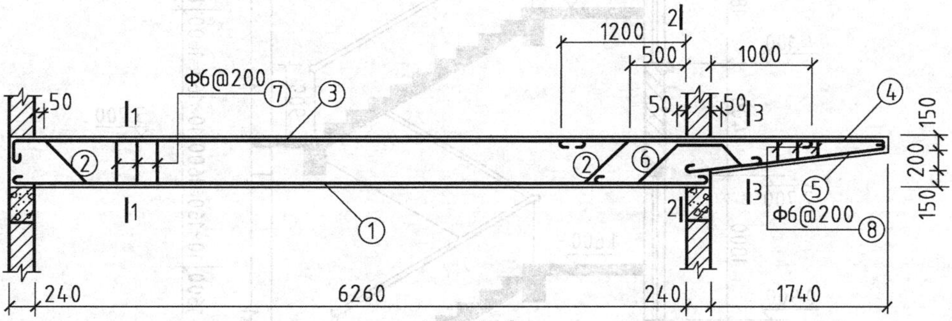

L—1 1:40

钢筋编码	钢筋简图	直径	根数
1	6690	Φ25	2
2	175 265 635 4810 635 1740	Φ22	1
3	175 5425	Φ12	2
4	3155	Φ20	2
5	1960	Φ12	2
6	400 566 340 340 200	Φ20	1
7	162 462	Φ6	34
8	162 172~312	Φ6	10

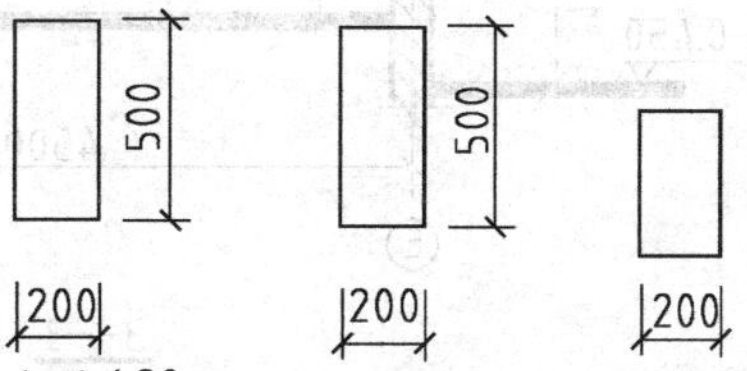

1—1 1:20　　2—2 1:20　　3—3 1:20

得分	评卷人

八、根据楼梯剖面图和顶层平面图，绘制二层平面图，并标注尺寸及标高。(10 分)

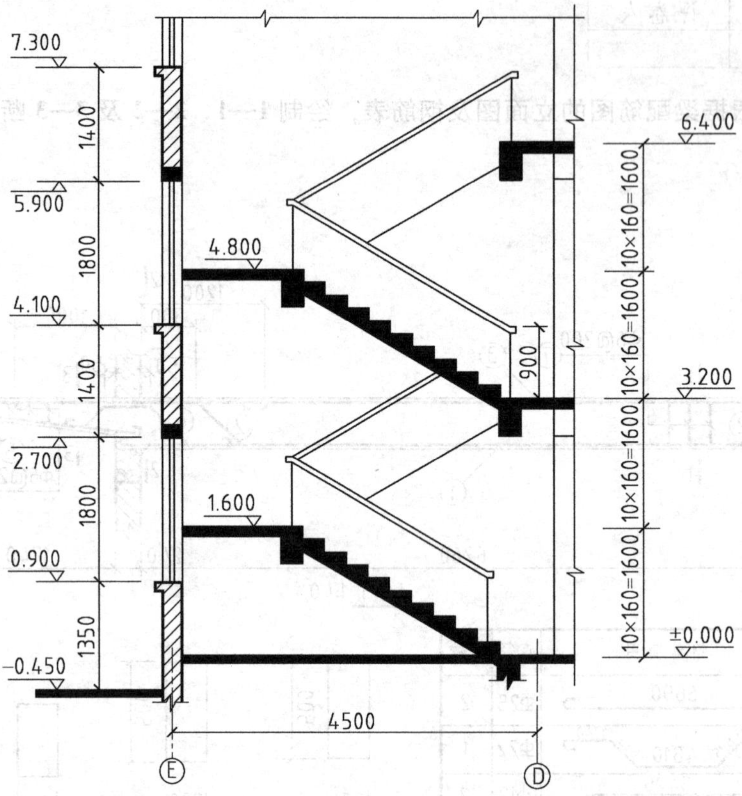

3—3 1:50

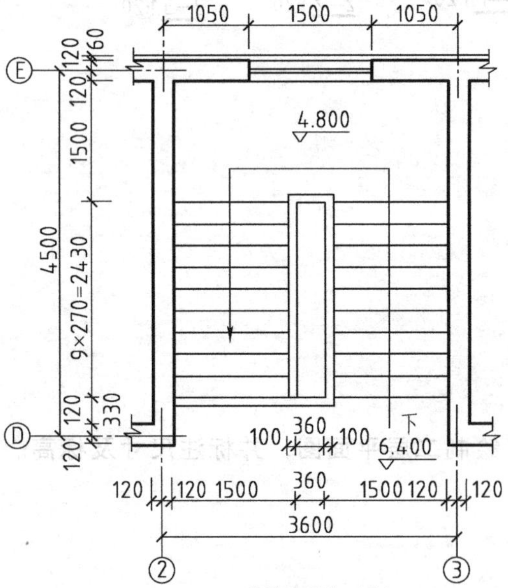

顶层平面图 1:50

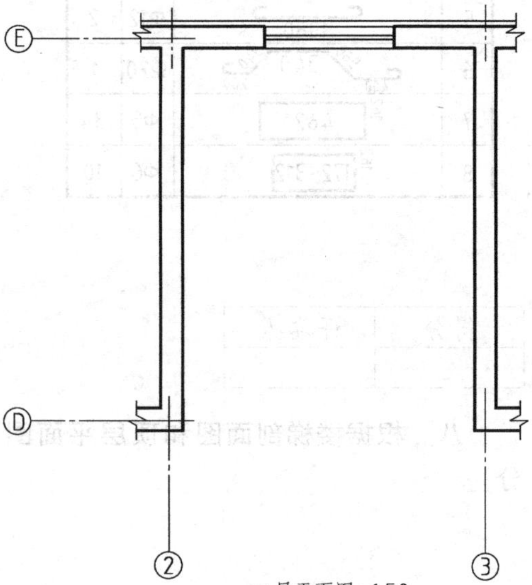

二层平面图 1:50

机械、土建类共用
国家职业技能鉴定统一考试
初级制图员《计算机绘图》测试样卷

1. 考试要求。(15 分)

(1) 设置 A3 图幅，用粗实线画出边框（277mm × 400mm），按尺寸在其右下角绘制标题栏，在对应栏内填写姓名和准考证号，字高 7mm。

(2) 试题中的尺寸标注按图中格式。尺寸参数：字高为 3. 5mm，箭头长度为 4mm，尺寸界线延伸长度为 2mm，其余参数使用系统缺省配置，技术要求字体高度 5mm。

(3) 分层绘图。图层、颜色、线型要求如下：

层名	颜色	线型	用途
0	黑/白	实线	粗实线
1	红	点画线	中心线
2	洋红	虚线	虚线
3	绿	实线	细实线
4	黄	实线	尺寸
5	蓝	实线	标注

其余参数使用系统缺省配置。另外需要建立的图层，考生自行设置。

(4) 将所有试题结果图形存储在一个文件中，均匀布置在边框内。存盘前使图框充满屏幕，文件名采用考试号码。

2. 按标注尺寸 1:1 绘制图形，不标注尺寸。(15 分)

注：斜线的尺寸，机械类按斜度、土建类按坡度画。

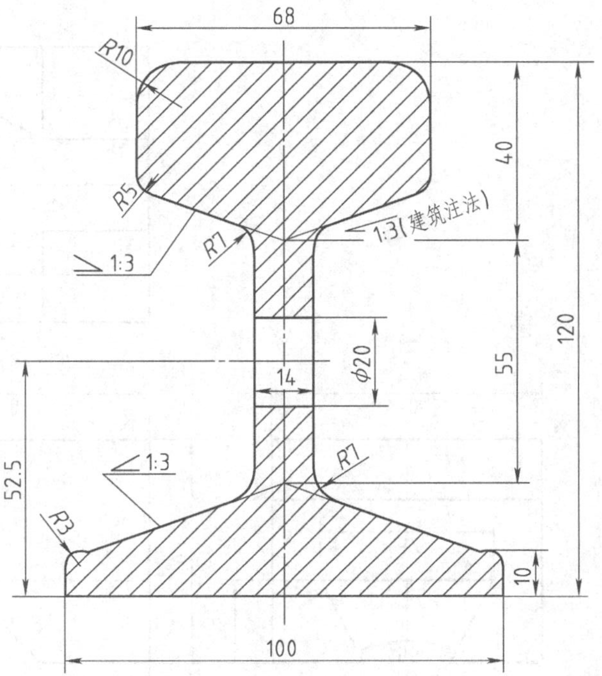

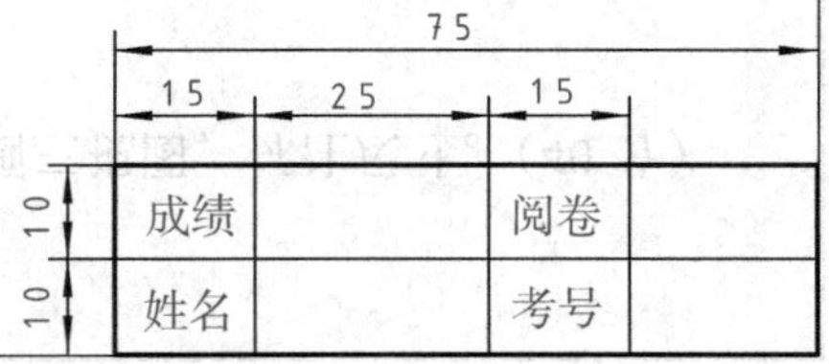

3. 按标注尺寸 1:1 绘制图形，并标注尺寸。(20 分)

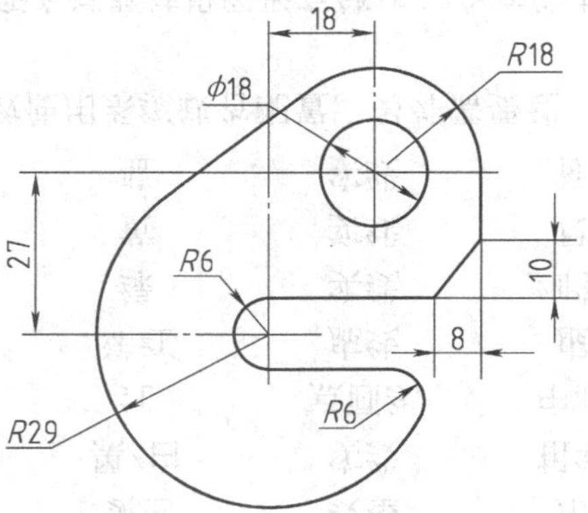

4. 按标注尺寸 1:1 绘制图形，不标注尺寸。(10 分)

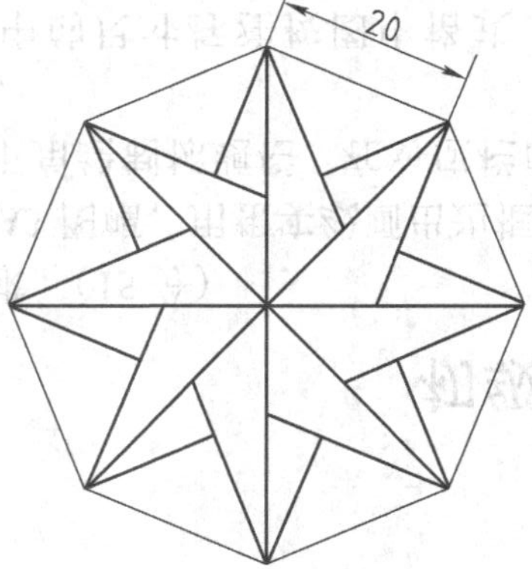

5. 按标注尺寸 1:1 抄画三视图，标注尺寸。(40 分)

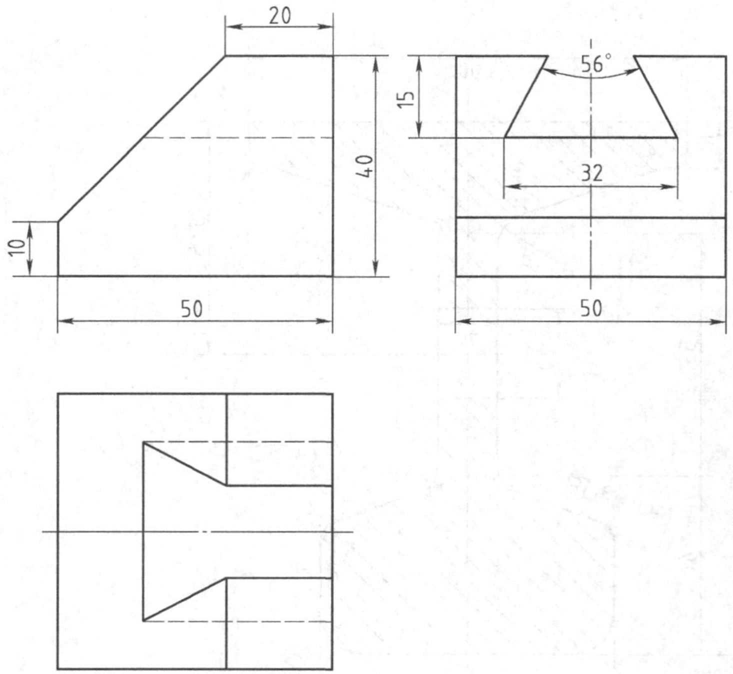

土 建 类 用

国家职业技能鉴定统一考试

中级制图员《计算机绘图》测试样卷

1. 考试要求。(10 分)

(1) 设置 A3 图幅，用粗实线画出边框（277mm × 400mm），按尺寸在其右下角绘制标题栏，在对应栏内填写姓名和准考证号，字高 7mm。

(2) 试题中的尺寸标注按图中格式。尺寸参数：字高为 3.5mm，箭头长度为 4mm，尺寸界线延伸长度为 2mm，其余参数使用系统缺省配置，技术要求字体高度 5mm。

(3) 分层绘图。图层、颜色、线型要求如下：

层名	颜色	线型	用途
0	黑/白	实线	粗实线
1	红	点画线	中心线
2	洋红	虚线	虚线
3	绿	实线	细实线
4	黄	实线	尺寸
5	蓝	实线	标注

其余参数使用系统缺省配置。另外需要建立的图层，考生自行设置。

(4) 将所有试题结果图形存储在一个文件中，均匀布置在边框内。存盘前使图框充满屏幕，文件名采用考试号码。

2. 按标注尺寸 1:1 绘制图形，并标注尺寸。(20 分)

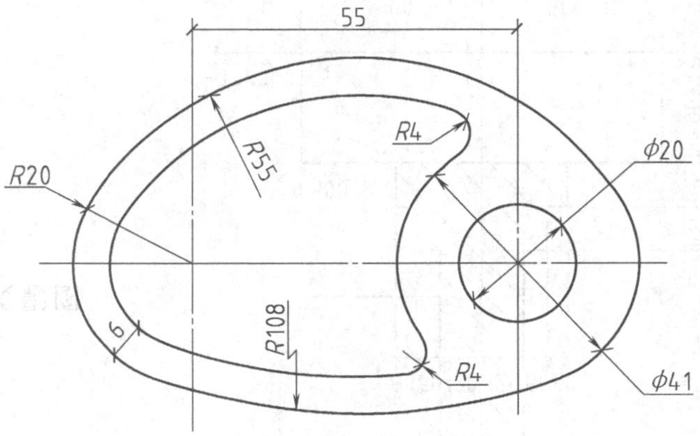

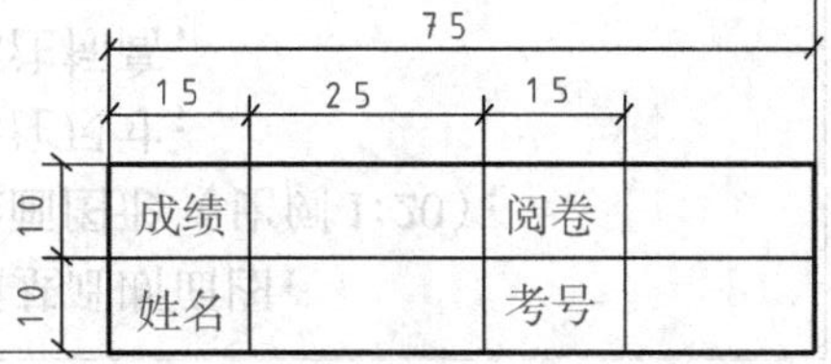

3. 按标注尺寸 1:1 抄画主、左视图，补画俯视图（图中不标注尺寸）。（30 分）

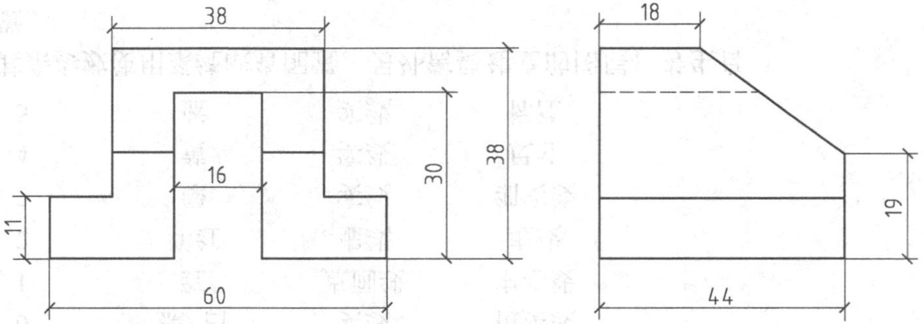

4. 参考轴测图和给出的尺寸，用 1:10 的比例画出 V、H、W 三面投影图（仅按比例和尺寸画图，不标注尺寸）。（20 分）

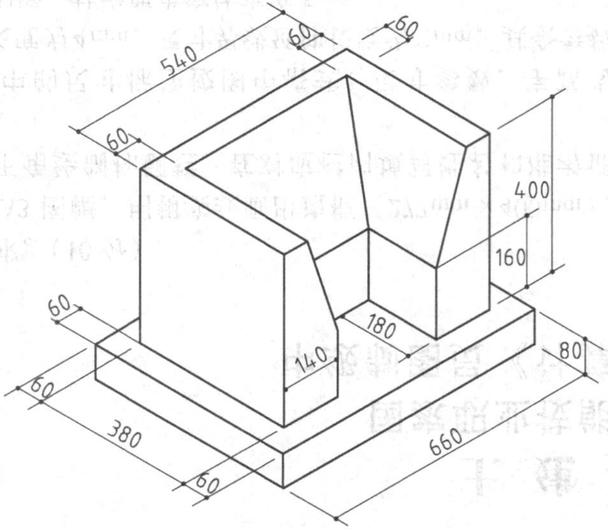

5. 抄画基础断面图：

（1）抄画图形（比例 1:20）；

（2）标注尺寸；

（3）标注标高；

（4）标注轴线编号。（20 分）

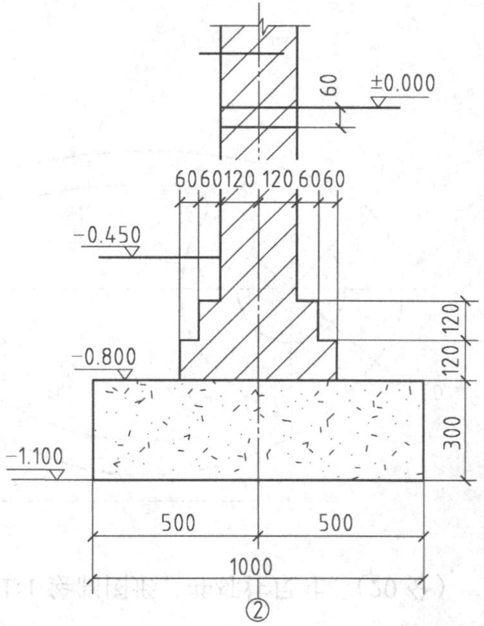

土 建 类 用

国家职业技能鉴定统一考试
高级制图员《计算机绘图》测试样卷

1. 考试要求。(10 分)

(1) 设置 A3 图幅，用粗实线画出边框（277mm × 400mm），按尺寸在其右下角绘制标题栏，在对应栏内填写姓名和准考证号，字高 7mm。

(2) 试题中的尺寸标注按图中格式。尺寸参数：字高为 3.5mm，箭头长度为 4mm，尺寸界线延伸长度为 2mm，其余参数使用系统缺省配置，技术要求字体高度 5mm。

(3) 分层绘图。图层、颜色、线型要求如下：

层名	颜色	线型	用途
0	黑/白	实线	粗实线
1	红	点画线	中心线
2	洋红	虚线	虚线
3	绿	实线	细实线
4	黄	实线	尺寸
5	蓝	实线	标注

其余参数使用系统缺省配置。另外需要建立的图层，考生自行设置。

(4) 将所有试题结果图形存储在一个文件中，均匀布置在边框内。存盘前使图框充满屏幕，文件名采用考试号码。

2. 按标注尺寸 1:1 绘制图形，并标注尺寸。(25 分)

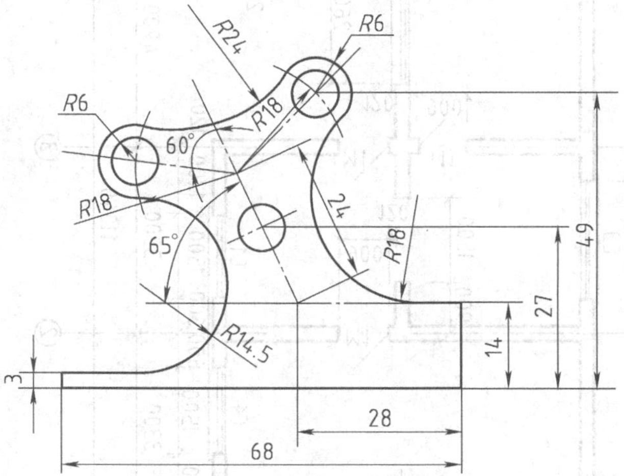

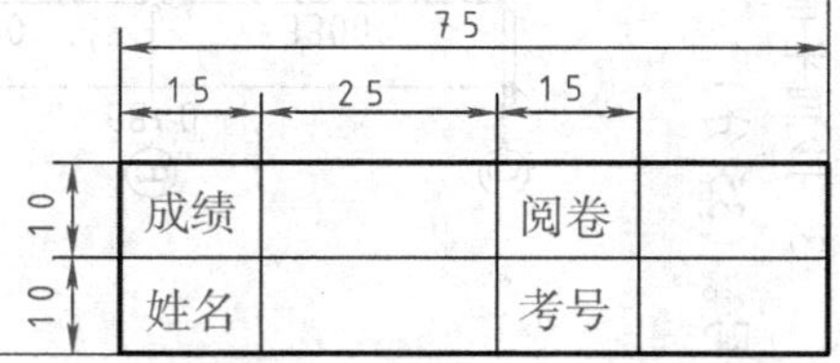

3. 抄画平面图（比例 1:100），画出指北针，标注尺寸、标高、门窗编号、定位轴线编号。(35 分)

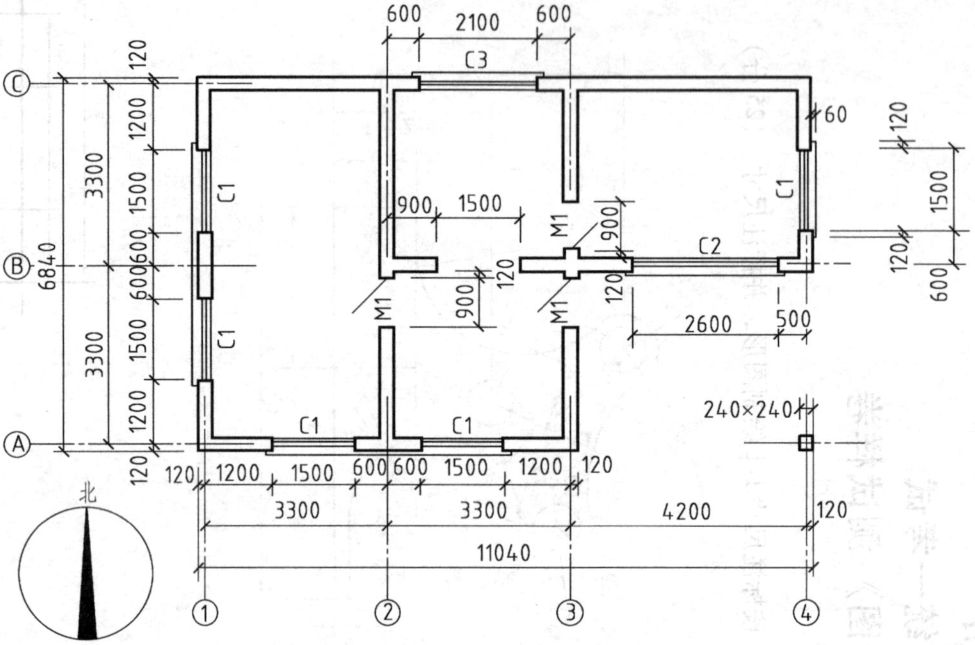

4. 画出三个视图（比例 1:100，不标尺寸）。(30 分)

注：原图中的尺寸单位为厘米。

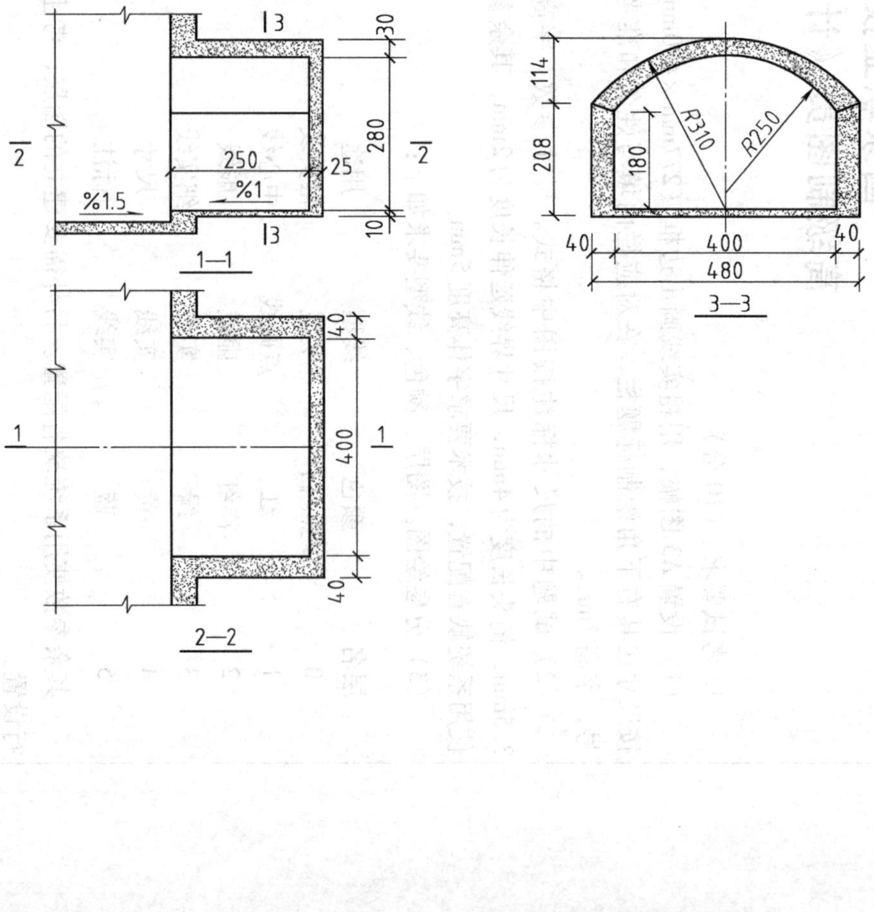

参 考 文 献

[1] 何斌，陈锦昌，陈炽坤．建筑制图［M］.4 版．北京：高等教育出版社，2004.
[2] 尚凤武．制图员国家职业资格培训教程［M］．北京：中央广播电视大学出版社，2003.
[3] 杨惠英，王玉坤．机械制图（非机类）［M］．北京：清华大学出版社，2002.
[4] 苑国强，等．制图员考试鉴定辅导［M］．北京：航空工业出版社．2003.
[5] 许永年，覃小斌．工程制图［M］．北京：中央广播电视大学出版社．1999.
[6] 尚凤武．工程制图和计算机绘图辅导教材［M］．北京：中央广播电视大学出版社，1999.